Jana Bergmann

Analyse und anlagentechnische Verbesserung des Nasspressverfahrens

TUD*press*

Jana Bergmann

Analyse und anlagentechnische Verbesserung des Nasspressverfahrens

TUD_press_
2016

Die vorliegende Arbeit wurde am 14. August 2015 an der Fakultät Maschinenwesen der Technischen Universität Dresden als Dissertation eingereicht und am 10. Dezember 2015 verteidigt.

Gutachter:
Prof. Dr.-Ing. habil. Rüdiger Lange
Prof. Dr.-Ing. habil. Prof. E. h. Dr.-Ing. E. h. mult. Dr. h.c. mult. Reimund Neugebauer

Bibliografische Information der Deutschen Nationalbibliothek
Die Deutsche Nationalbibliothek verzeichnet diese Publikation in der Deutschen Nationalbibliografie; detaillierte bibliografische Daten sind im Internet über http://dnb.d-nb.de abrufbar.

Bibliographic information published by the Deutsche Nationalbibliothek
The Deutsche Nationalbibliothek lists this publication in the Deutsche Nationalbibliografie; detailed bibliographic data are available in the Internet at http://dnb.d-nb.de.

ISBN 978-3-95908-039-2

Eckhard Richter & Co. OHG
Bergstr. 70 | D-01069 Dresden
Tel.: 0351/47 96 97 20 | Fax: 0351/47 96 08 19
http://www.tudpress.de

TUDpress ist ein Imprint von w. e. b.

Gesetzt von der Autorin.
Printed in Germany.

Analyse und anlagentechnische Verbesserung des Nasspressverfahrens

Von der Fakultät Maschinenwesen

der

Technischen Universität Dresden

zur

Erlangung des akademischen Grades

Doktoringenieur (Dr.-Ing.)

angenommene Dissertation

Verfasser:	Dipl.-Ing. Jana Bergmann (geb. Göschel)
Geboren am:	25.01.1988
in:	Karl-Marx-Stadt jetzt Chemnitz

Tag der Einreichung:	14.08.2015
Tag der Verteidigung:	10.12.2015
Gutachter:	Prof. Dr.-Ing. habil. Rüdiger Lange
	Prof. Dr.-Ing. habil. Prof. E. h. Dr.-Ing. E. h. mult. Dr. h.c. mult. Reimund Neugebauer
Vorsitzender der Promotionskommission:	Prof. Dr.-Ing. habil. Prof. E.h. Dr. h.c. Werner Hufenbach

Danksagung

Für die Bereitstellung des interessanten Dissertationsthemas danke ich der Professur für Chemische Verfahrenstechnik der Fakultät Maschinenwesen der Technischen Universität Dresden. Mein besonderer Dank gilt Herrn Prof. Dr.-Ing. habil. Rüdiger Lange, der mich nachhaltig gefordert, gefördert und wissenschaftlich inspiriert hat und sich bereit erklärt hat, das Dissertationsvorhaben zu betreuen.

Der BMW Group danke ich für das Ermöglichen der Bearbeitung der Teilaufgaben im Rahmen des Doktorandenprogramms. Die Zurverfügungstellung von Softwarelizenzen und der Zugang zu Fertigungs- und Versuchsanlagen sowie die Nutzung von Laboranalysetechnik machte die Umsetzung der Arbeit erst möglich. Herrn Dr.-Ing. Hans Dörmann danke ich für die industrieseitige Betreuung der Arbeit und insbesondere für die konstruktiven Gespräche und das ehrliche Feedback.

Bei meinen Kollegen bedanke ich mich für die stets sehr gute Zusammenarbeit und die Freiheit beim Entwickeln und Bearbeiten meiner Arbeit. Weiterer Dank gilt den Kollegen an den Standorten Landshut und Dingolfing, welche die Umsetzung einzelner Teilaufgaben durch Bereitstellung finanzieller Mittel sowie Unterstützung bei der Bedienung von Versuchs- und Prüfanalgen und Modifizierung des Simulationsmodells ermöglicht haben.

Nicht zuletzt danke ich meiner Familie für das Verständnis und die Unterstützung, die sie mir zu jeder Zeit entgegengebracht haben.

Meinen Eltern
gewidmet

Inhaltsverzeichnis

Abkürzungsverzeichnis

Abkürzung	*Bedeutung*
A	Auswerfer
AC	Alternating current (Wechselstrom)
ANOVA	Analysis of varianz
-B	Breiten- / Querrichtung
CFK	Kohlenfaserverstärkter Kunststoff
CT	Computertomographie
DC	Direct current (Gleichstrom)
EP	Epoxid
EU	Europäische Union
FE	Finite Elemente
FMEA	Failure Mode and Effects Analysis
HB	Lagerungsbox mit hoher Temperatur
HM	High Modulus
HMS	High Modulus & Strength
HoQ	House of Quality
HS	High Strain
HT	High Tenacity
ID	Identifikator
IM	Intermediate Modulus
IMS	Intermediate Modulus & Strength
IPM	Integriertes Prozessdatenmanagement
IR	Infrarot
i.O.	In Ordnung - Gutteil
K-N	Keine Lagerung / Neuware
L	Lagerware
LCM	Liquid Composite Molding
-L	Längsrichtung
M	Merkmal
MG	Mit Gewicht
mS	Mittlerer Stack
M2	0°-Gelegematerial
M3	+45°-Gelegematerial
M4	-45°-Gelegematerial
N	Nest/Kavität
n.i.O.	Nicht in Ordnung - Ausschuss

OG	Ohne Gewicht
oS	Oberer Stack
OTG	Obere Toleranzgrenze
OW	Oberwerkzeug
PA	Polyamid
PAN	Polyacrylnitril
QFD	Quality Function Deployment
R	Spannrahmen
RTM	Resin Transfer Molding
SPS	Speicherprogrammierbare Steuerung
ST	Strong Tenacity
T	Temperatur (im SPSS Modeler)
TG	Thermographie
UHM	Ultra High Modulus
UHT	Ultra High Tenacity
UM	Ultra Modulus
UMS	Ultra High Modulus & Strength
US	Ultra Strength
uS	Unterer Stack
USM	Ultraschallmessung
UT	Ultra Tenacity
UTG	Untere Toleranzgrenze
UW	Unterwerkzeug
VM	Visuelle Methoden
VS	Vorserie
Wx	Versuchsdauer (x = Wochennummer)
WSM	Wirbelstrommessung
xB	Binderseite (x = Materialnummer)

Symbol	***Größe***	***Einheit***
A_B	Bruchdehnung	[%]
b	Korrelationskoeffizient	
c	Vergleichswert	
c_g	Mess- und Prüfmittelfähigkeit	
c_m	Maschinenfähigkeit	
c_{mk}	Maschinenfähigkeitsindex	
c_p	Prozessfähigkeit	
c_{pk}	Prozessfähigkeitsindex	

E	Einfluss eines Kriteriums	
E_f	Elastizitätsmodul	[GPa]
F_N	Normalkraft	[N]
R	Reibkraft	[N]
G	Gewichtung	
g	Normalfallbeschleunigung (9,81)	[m/s²]
g_E	Exzess	
g_S	Schiefe	
i	Laufvariable	
j	Laufvariable	
k	spezifische Permeabilität	[m²]
K	Tausend	
K_x	Merkmalsausprägung	
n	Anzahl der Werte	
q	Quadratsumme	
r	Gruppenanzahl	
RT	Raumtemperatur	[°C]
R_Z	Zugfestigkeit	[GPa]
s	Standardabweichung	
s^2	Varianz	
$s_{x,y}$	Kovarianz	
t	Zeit	[s]
T_t	Garnfeinheit	[tex]
v	Durchflussgeschwindigkeit	[m/s]
v_0	Prüfgröße	
W_{abs}	Absolute Wichtigkeit	
W_{rel}	Relative Wichtigkeit	
x	Einzelwert	
$\bar{x}$	Mittelwert	
α	Signifikanzniveau	
Δp	Druckunterschied	[Pa]
Δx	Zurückgelegter Weg	[m]
η	dynamische Viskosität	[Pas]
θ	Temperatur	[°C]
ρ	Dichte	[g/cm³]

1 Einleitung

Die 2009 im Rahmen der EU-Verordnung 443/2009 festgelegten Normen für die Kohlenstoffdioxidemissionen von Personenkraftwagen bedingen einen zunehmenden Anspruch an die Automobilindustrie, den Ausstoß von Kohlenstoffdioxid zu minimieren. Ansätze für die Realisierung der auferlegten Forderungen liegen in der Entwicklung alternativer Antriebssysteme sowie in der Reduzierung des Fahrzeuggewichts. Als besonders zukunftsträchtig werden Fahrzeuge mit Elektromotor angesehen, welche während des Fahrbetriebs kein Kohlenstoffdioxid freisetzen. Aufgrund des hohen Gewichts der derzeit im Automobil verbauten Akkumulatoren, besteht der Anspruch, deutliche Gewichtsreduktionen am Fahrzeug selbst umzusetzen, um eine zufriedenstellende Fahrreichweite erzielen zu können. Dementsprechend ersetzt man beim Bau von Elektrofahrzeugen Stahlbauteile vorrangig durch Komponenten aus Aluminium oder kohlenstofffaserverstärktem Kunststoff (CFK).

Die Anforderungen und Randbedingungen zur Herstellung von Faserverbundstoffen im Automobilbau unterscheiden sich teilweise stark von anderen Industriezweigen wie der Luft- und Raumfahrt, in denen sich dieses Material bereits etabliert hat. Insbesondere die Umsetzung der deutlich höheren Stückzahlen sowie kosten- und ressourceneffizienter Fertigungsverfahren stellen eine Herausforderung dar.

Dieser Entwicklungsprozess beginnt bereits bei der werkstoffgerechten Auslegung der Bauteile aus faserverstärkten Kunststoffen, um einen überdimensionierten Materialeinsatz vorzubeugen. Das anisotrope Materialverhalten der Faserverstärkung ermöglicht die Umsetzung einer völlig neuen Bauteilgeometrie, setzt aber gleichermaßen ein enormes Fachwissen bei der Auslegung der mechanischen Eigenschaften des Bauteils voraus. Gleiches gilt für die verschiedenen Fertigungsverfahren, welche aktuell angewandt werden. Im Vergleich zu Fertigungsprozessen aus der metallverarbeitenden Industrie wird die Vielzahl an Einflussfaktoren durch die natürliche Inhomogenität des Faserhalbzeugs und die Verarbeitungsbedingungen des Matrixmaterials erweitert.

Um einen Fertigungsablauf für einen Serienprozess in der Automobilindustrie zu befähigen, ist es wichtig, kritische Faktoren zu kennen und zu beherrschen, um im Rahmen eines stabilen Prozesses, qualitativ hochwertige Bauteile in einer rentablen Prozesszeit und mit einem geringen Ausschussanteil herzustellen. Zusammengefasst gilt es, die Kosten, Taktzeit, Prozessschwankungen und den Ausschuss des Fertigungsverfahrens zu minimieren.

2 Motivation und Zielsetzung

Die Basis für die Umsetzung eines ganzheitlichen Leichtbaukonzepts mit dem Einsatz neuer Materialien im hohen Stückzahlbereich bildet die Bereitstellung und langfristige Verfügbarkeit der Ausgangsmaterialien. Weiterhin gilt es Fertigungsverfahren zu identifizieren, welche die Stückzahlumsetzung in ausreichender Qualität ermöglichen sowie kosten- und ressourceneffizient umsetzbar sind. Um diese Kriterien im Serienprozess erfüllen zu können, müssen diese Fertigungsprozesse im Unternehmen oder für die externe Bauteilfertigung beim Lieferanten befähigt werden. Insbesondere bei neuen Technologien, welche sich in dem jeweiligen Industriezweig noch nicht etabliert haben, ist die Befähigung häufig eng mit einer Weiterentwicklung und Anpassung des Prozesses auf die gegebenen Randbedingungen verknüpft. So müssen neben dem Aufbau der Fertigungsanlage selbst auch die logistischen Systeme zur Versorgung der Anlage und Messtechnik zur Überwachung des Fertigungsprozesses integriert werden.

Bei der Herstellung von Faserverbundwerkstoffen gibt es, aufgrund der Beschaffenheit der Ausgangsmaterialien eine Vielzahl von Einflussfaktoren und Wechselwirkungen, welche die Bauteilqualität maßgeblich beeinflussen können. Für die Umsetzung eines stabilen und ökonomischen Prozesses in einer Großserienfertigung ist es daher essenziell, diese zu kennen und den Einfluss auf die Bauteilqualität zu identifizieren. Hierzu gehören nicht nur Parameter, welche an der Fertigungsanlage eingestellt werden können, sondern auch die vorherrschenden Umgebungsbedingungen, die Qualität der Ausgangstoffe und der Industrialisierungsgrad der Fertigung. Die Kenntnis der Wirkzusammenhänge ist nötig, um wirtschaftliche Prozessfenster festlegen zu können, welches sich neben der Einhaltung der Qualitätsanforderungen und somit niedrigem Ausschussanteil z. B. durch eine besonders geringe Taktzeit oder eine hohe Energieeffizienz auszeichnet.

Mit dem Fokus auf einer wirtschaftlichen Prozessausführung stellt die Einsparung von Eingangsmaterialien, vor allem der teuren Faserhalbzeuge, ein effektives Konzept dar. Daher ist es wichtig die Vorgehensweise dahingehend zu verbessern, dass bei geringerem Materialeinsatz Bauteile gleicher Qualität gefertigt werden können. Vorrangig in der Entwicklungs- und Anlaufphase werden große Materialmengen für Versuchsbauteile umgesetzt, welche nicht für Serienfahrzeuge verwendet werden können. Da Recyclingverfahren für Faserverbundwerkstoffe aktuell nur das Downcycling der Materialen erreichen und keine vollständige Rückgewinnung der Materialeigenschaften möglich ist, besitzt die Reduzierung des Materialeinsatzes in der Anlaufphase des Fertigungsprozesses großes Potenzial für Kosteneinsparungen.

Alternativ gilt es innovative Methoden, wie Simulationsverfahren weiterzuentwickeln, um mit geringem Materialeinsatz die Auswirkungen von Prozessvariationen in ausreichender Güte abbilden zu können und durch die damit erzielte Reduzierung des Versuchsaufwandes, den Prozess schneller auf einen serienreifen Stand zu bringen. [30]

Ziel der Arbeit ist es, einen Beitrag zur Industrialisierung, Anlaufunterstützung und anlagentechnischen Stabilisierung einer Großserienfertigung im Nasspressverfahren zu leisten sowie eine Verbesserung der Prognosegüte der Prozesssimulation durch Erarbeitung und Anwendung von Wirkzusammenhängen in einer bestehenden Serienproduktion von Nasspressbauteilen in der Automobilindustrie zu bewirken.

Es werden sowohl Einfluss- als auch Zielgrößen identifiziert und definiert. Diese dienen als Eingangsgrößen für ein Modell der Wirkzusammenhänge, welches die Basis der Arbeit bildet. Ziel des Modells ist die Darstellung der Zusammenhänge relevanter Einflussgrößen und entsprechender Zielgrößen. Hierfür wird eine gesamthafte Prozessanalyse durchgeführt, welche die Wechselwirkungen zwischen Einfluss- und Zielgrößen veranschaulicht. Geeignete Methoden sind das Quality Function Deployment (QFD) zur direkten Gegenüberstellung und Wertung der Prozessparameter und Qualitätsanforderungen oder die Erstellung einer Failure Mode and Effects Analysis (FMEA) zur Darstellung und Risikobewertung der Ursache-Wirkungs-Ketten. Darauf aufbauend erfolgt die Durchführung von Versuchsreihen an realen Bauteilen, welche durch die Aufzeichnung von Prozessparametern dem Aufbau einer Datengrundlage dienen. Zur Auswertung der in Form von Datenbanken gesammelten Werte werden verschiedene Methoden des Data Minings herangezogen, deren Umsetzung mithilfe der Software IBM® SPSS® Modeler erfolgt. Die gewonnenen Ergebnisse werden hinsichtlich ihrer Gültigkeit anhand von Versuchsbauteilen überprüft und mit einem bestehenden Simulationsmodell abgeglichen. Auf Basis der durch die Prozessanalyse identifizierten kritischen Einflussgrößen sollen Kennwerte ermittelt werden, die in das Modell integriert werden können, um Differenzen zwischen Simulationsmodell und realem Bauteil zu minimieren. Zum Aufzeigen von Eigenschaftsveränderungen der verwendeten Halbzeuge bzw. Abweichungen des Prozesses durch Variation einzelner Einflussgrößen folgt die Durchführung von Versuchen mit repräsentativen Probekörpern. Die Berücksichtigung der Versuchsergebnisse ermöglicht eine Verbesserung der Drapiersimulation durch Implementierung eines Kontaktmodells, das näher am realen Nasspressprozess liegt und eine höhere Prognosegüte aufweist. Zur Verifizierung wird die Simulation mit verschiedenen Bauteilen verglichen, sodass eine Übertragbarkeit auf unterschiedliche Bauteilgeometrien gewährleistet werden kann.

Zur Erreichung der Zielsetzung werden die folgenden Teilaufgaben definiert:

- Erarbeitung des Standes der Technik mittels Literatur- und Patentrecherche sowie einer detaillierten Vorortanalyse der Fertigungsanlagen,
- Entwicklung eines theoretischen Konzeptes zur Bewertung des Fertigungsprozesses und der Zusammenhänge zwischen Bauteilmerkmalen und Prozessgrößen und deren Wechselwirkungen,
- Anwendung, Bewertung und Vergleich von Methoden der statistischen Prozessanalyse bzgl. der Eignung als Analysemethode für inhomogene Daten in der frühen Prozessphase,
- Ableitung anlagentechnischer Prozessverbesserungsmaßnahmen,
- Analyse und Bewertung vorhandener Prüfverfahren und Entwicklung neuer Methoden zur Charakterisierung von Materialeigenschaften von Faserhalbzeugen bzw. Verbundstoffen,
- Abgleich der ermittelten Materialeigenschaften mit einer Materialdatenbank und einem Simulationsmodell sowie die Integration neuer Kennwerte in dieses,
- Verifizierung der theoretischen und statistischen Ergebnisse und der Versuchsresultate am realen Prozess und Referenzbauteilen.

Die detaillierte Vorgehensweise, ermittelten Ergebnisse und die daraus gewonnenen Erkenntnisse werden im Rahmen dieser Arbeit dokumentiert.

3 Stand der Technik

Basierend auf Literatur- und Patentrecherchen sowie den Austausch mit Erfahrungsträgern wird nachfolgend der Stand der Technik zu den Materialien und Fertigungsverfahren für die Herstellung von Faserverbundstoffen dargestellt. Der Einsatz eines Faserhalbzeugs als tragende Bauteilstruktur bedingt ein anisotropes Materialverhalten, welches sich stark von den Eigenschaften metallischer Werkstoffe abhebt. Dies eröffnet einerseits neue Möglichkeiten für die Auslegung der Bauteilgeometrie, erfordert jedoch andererseits umfangreiches Fachwissen in Bezug auf die verwendeten Materialien und deren Einsatzgrenzen. Für die Herstellung von Faserverbundstoffen bietet der Markt eine Vielzahl verschiedener Materialen, Halbzeuge und Verfahren, welche anwendungsspezifisch zum Einsatz kommen. So ist es möglich, die Bauteileigenschaften individuell auf die gegebenen Anforderungen anzupassen. In Abhängigkeit der Materialkombination entscheidet sich zudem, welche Herstellverfahren für das Bauteil geeignet sind.

Neben den Eigenschaften der zu verarbeitenden Materialien sind auch die geforderten Stückzahlen und die Dimensionen der Bauteile relevant für den Fertigungsprozess. In den jeweiligen Anwendungsbereichen haben sich daher in der Vergangenheit Fertigungsverfahren etabliert, welche z. B. besonders gut für große Bauteile geeignet sind oder aufgrund eines hohen Anteils von Handarbeit eine hohe Präzession beim Drapieren des Fasermaterials ermöglichen. Die wichtigsten Kriterien für einen effektiven Prozess im Automobilbau sind eine gute Prozessfähigkeit, die Umsetzbarkeit niedriger Taktzeiten und eine geringe Störanfälligkeit gegen äußere Einflüsse. Wenn diese Anforderungen erfüllt sind, ist es möglich Bauteile in gleichbleibender Qualität und zu einem kalkulierbaren und niedrigen Preis zu fertigen. Um das Materialverhalten während des Fertigungsprozesses beurteilen zu können, werden vermehrt Simulationsmodelle erstellt, um reale Prozesse kostensparend abzubilden. Im Gegensatz zu metallischen Werkstoffen stellt die Darstellung der heterogenen und anisotropen Eigenschaften des Materials eine besondere Herausforderung dar, welche durch das unterschiedliche Verhalten von Faser- und Matrixmaterial erzeugt wird.

3.1 Materialien und Halbzeuge

Bereits die Wahl der Ausgangsstoffe beeinflusst die Eigenschaften des fertigen Verbundbauteils. Die drei wichtigsten Kriterien sind die verwendete Faser, die Art und Weise in der Weiterverarbeitung und das Harzsystem, mit dem das Faserhalbzeug kombiniert wird. Hinzukommen eine Reihe von Hilfsstoffen, welche die logistischen Vorgänge während der Fertigung bzw. den Fertigungsprozess positiv beeinflussen. Aufgrund der Vielzahl von Variationsmöglichkeiten, welche sich aus Verarbeitungsweise und Kombination der Materialien ergibt, ist es sinnvoll die Eigenschaften der Einzelkomponenten zu betrachten. [117]

3.1.1 Fasern

Das für die Herstellung von Faserverbundstoffen verwendete Fasermaterial stellt das wichtigste Kriterium für die mechanischen Eigenschaften des Bauteils dar. Für industrielle Anwendungen haben sich Kohle-, Glas-, Aramid- und Basaltfasern etabliert, wobei aufgrund des Strebens nach ressourceneffizienter Fertigung aktuell auch die Weiterentwicklung von Naturfasern wie Kenaf für den Einsatz in Faserverbundstoffen vorangetrieben wird. Im Rahmen der Arbeit werden vorrangig kohlenstofffaserverstärkte Kunststoffe thematisiert, welche aufgrund des geringen Gewichts, mit einer Dichte ρ um 1,8 [g/cm³], in Kombination mit den sehr guten mechanischen Eigenschaften für eine Umsetzung als Karosseriebauteil geeignet sind. [12; 103]

Mechanische Eigenschaften

Die herausragenden Festigkeitswerte und Elastizitätsmoduln der Kohlenstofffaser sind auf die chemische Struktur der Faser zurückzuführen. Diese setzt sich fast vollständig aus Kohlenstoffatomen zusammen, welche als Graphit-Einkristall parallel zur Faserrichtung ausgerichtet sind. Daraus resultieren sehr hohe Elastizitätsmoduln und Festigkeiten in Faserrichtung, welche auf den kovalenten Bindungen zwischen den Kohlenstoffatomen basieren und ein deutlich geringeres Elastizitätsmodul quer zur Faser, da lediglich die schwächeren van der Waals Kräfte wirken (Abbildung 1).

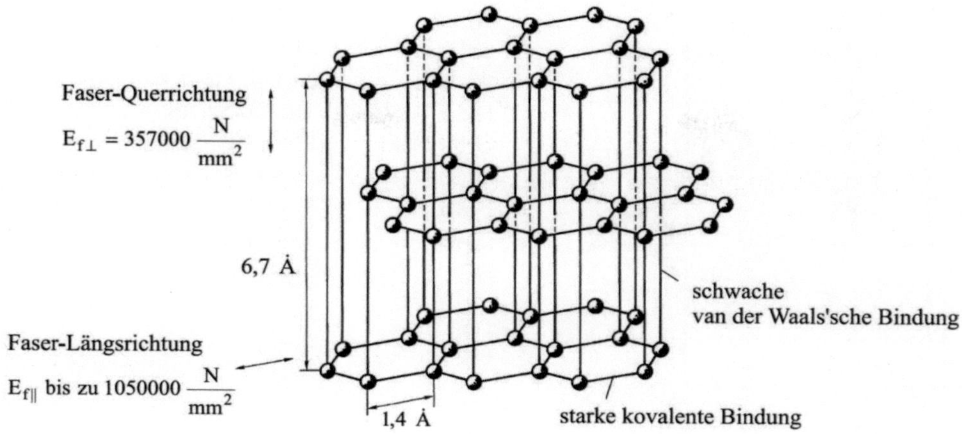

Abbildung 1: Darstellung atomarer Aufbau eines Graphitkristalls [106]

Je vollständiger diese Struktur in einer realen Faser umgesetzt werden kann, desto besser die mechanischen Eigenschaften. Beeinflusst werden kann dies durch die Qualität des Ausgangsmaterials. Weist es bereits Fehlstellen und Unreinheiten auf, sind keine guten Fasereigenschaften zu erwarten. Dies ist z. B. bei Naturfasern der Fall, welche aufgrund des natürlichen Wachstums zu Defekten neigen. Daher kommen als Ausgangsmaterial für Hochleistungsfasern chemisch erzeugte Ausgangsfasern (Precursors) wie Polyacrylnitrilfasern (PAN-Fasern) zum Einsatz. [12; 42; 106]

Die Verarbeitung der Kohlenstofffaser erfolgt in Form von Multifilamentgarnen, welche im Bereich des Leichtbaus als Rovings bezeichnet werden. Eine typische Kennzahl, welche in diesem Zusammenhang genannt wird ist die Garnfeinheit (T_t). Diese wird mit der Einheit [tex] angegeben und setzt sich aus dem Fasergewicht pro Längeneinheit zusammen (Formel 1).

$$1\,[tex] = \frac{1\,[g]}{1000\,[m]} \tag{1}$$

Um den Roving vollständig zu charakterisieren ist dann die Angabe der Anzahl von Einzelfilamenten üblich. Im Falle von 50.000 Filamenten wird diese als tausendstel Bruchteil in Form von $50K$ angegeben. [33]

In Abhängigkeit des Einsatzgebietes gibt es eine Vielzahl verschiedener Fasertypen, welche sich durch unterschiedliche Festigkeitswerte und Elastizitätsmoduln auszeichnen: repräsentative Faktoren sind z. B. die Zugfestigkeit R_Z, das Elastizitätsmodul E_f oder die Bruchdehnung A_B (Anhang 1). Stellt man die mechanischen Eigenschaften gegenüber, so ergibt sich die folgende Übersicht (Abbildung 2).

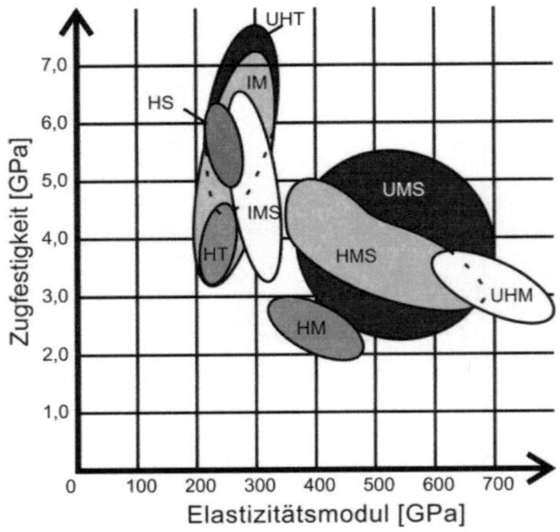

HT	High Tenacity
UHT/ UT /ST	Ultra High Tenacity
IM	Intermediate Modulus
HM	High Modulus
UHM / UM	Ultra High Modulus
IMS	Intermediate Modulus & Strength
HMS	High Modulus & Strength
UMS	Ultra High Modulus & Strength
HS	High Strain

Abbildung 2: Übersicht Fasereigenschaften

Die Fasereigenschaften können zum einen durch die Wahl des Precursors und zum anderen durch das Herstellverfahren eingestellt werden. Die Flexibilität der Materialeigenschaften stellt einen entscheidenden Vorteil gegenüber anderen industriellen Werkstoffen dar. Kohlenstofffasern weisen eine sehr gute Ermüdungsfestigkeit auf und sind im Faser-Kunststoff-Verbund aufgrund ihrer hohen Steifigkeit in der Lage einen Großteil der angelegten Last aufzunehmen und somit das Matrixmaterial und die Faser-Matrix-Anbindung zu schützen. Dadurch treten Delamination oder Risse im Matrixmaterial erst bei hohen Beanspruchungen auf. Dabei ist stets die Anisotropie des Materials zu berücksichtigen. So unterscheiden sich die Materialeigenschaften längs und quer zur Faserrichtung gravierend. Dies muss vor allem bei der Auslegung des Bauteiles in Abhängigkeit des Lastfalls berücksichtigt werden. Bei der Wahl einer geeigneten Faser muss daher auf das korrekte Verhältnis zwischen Druckfestigkeit und Zugfestigkeit geachtet werden. Die Anisotropie des Werkstoffes bedingt neben Unterschieden in den mechanischen Eigenschaften auch ein anderes thermisches Materialverhalten. [6; 25; 50; 51; 78; 91; 106; 114]

Thermische Eigenschaften

Wie bei den Elastizitätsmoduln und der Festigkeit der Faser ist auch der thermische Ausdehnungskoeffizient der Kohlenstofffaser richtungsabhängig. Je besser die Ausrichtung des Graphitgefüges in der Faserstruktur, desto markanter sind die Unterschiede ausgeprägt. So ist der thermische Ausdehnungskoeffizient quer zur Faserrichtung positiv und längs zur Faser negativ. Insbesondere bei Fertigungsprozessen, welche temperaturunterstützt laufen, muss dies berücksichtigt werden, um im erkalteten Bauteilzustand die geometrischen Bauteilanforderungen erfüllen zu können.

Die mechanischen Eigenschaften werden durch Temperatureinflüsse kaum beeinflusst. Erst bei Temperaturen um 400 [°C] können Kohlenstofffasern in einer oxidierenden Atmosphäre zersetzt werden. Da dieser Temperaturbereich im Karosseriebau sowohl bei der Bauteilfertigung als auch im Betriebszustand nicht erreicht wird, kann dieser Punkt vernachlässigt werden. Neben der Temperaturbeständigkeit, zeigen Kohlenstofffasern auch eine sehr gute Resistenz gegen andere Umwelteinflüsse. [106]

Chemische und elektrische Eigenschaften

Kohlenstofffasern weisen eine sehr gute chemische Beständigkeit gegenüber den meisten Säuren und Basen auf. In Kombination mit der sehr guten Leitfähigkeit von Kohlenstofffasern stellt dies ein wichtiges Kriterium für das Korrosionsverhalten des Materials dar. Da die Kohlenstofffaser als starke Kathode wirkt, ist der direkte Kontakt zu unedlen Metallen wie Aluminium oder verzinktem Stahl in Kombination mit einem Elektrolyt zu vermeiden. Durch Korrosionsschutzmaßnahmen, welche ein Eindringen von Elektrolytflüssigkeit verhindern oder durch geeignete Fügetechniken wie das Verkleben, kann das Korrosionsrisiko verringert werden. [52; 106]

Die Vielzahl an positiven Materialeigenschaften zeichnen Kohlenstofffasern gegenüber anderen Faserhalbzeugen aus. Dementgegen steht der extrem hohe Materialpreis, welcher den Einsatz von Kohlenstofffasern limitiert. Es muss vor der Auslegung eines Bauteiles in Faserverbundbauweise durchdacht werden, welchen Mehrgewinn der Einsatz von Kohlenstofffasern im Vergleich zu Aluminium bringt. So ist in Abhängigkeit der Bauteil-anforderungen auch zu entscheiden in welcher Form die Kohlenstofffaser verarbeitet werden soll. Werden hohe Festigkeitsanforderungen gestellt, sind Endlosfaserverstärkungen erforderlich und es muss von einem sehr hohen Materialpreis ausgegangen werden. Anders ist dies bei Bauteilen, welche weniger belastet werden. Hier können Recyclingmaterialien oder Kurzfasern verwendet werden, welche aufgrund einer geringeren Faserorientierung weniger Kraft aufnehmen können, jedoch auch geringere Kosten verursachen. [75]

3.1.2 Faserhalbzeuge

Es gibt für die verschiedenen Einsatzbereiche von Kohlenstofffasern unterschiedliche Faserhalbzeuge, welche zum einen eine sehr gute Anpassung an den Lastfall ermöglichen und zum anderen eine einfachere Verarbeitbarkeit des Fasermaterials bewirken. In Abhängigkeit der angestrebten Bauteilgeometrie kommen flächige, schlauchförmige oder dreidimensionale Faserhalbzeuge zum Einsatz, um die Festigkeitsanforderungen des Bauteils zu erfüllen.

Übersicht der Faserhalbzeuge

Für die Herstellung der Faserhalbzeuge gibt es eine Vielzahl von Verfahren, welche bereits aus der Textiltechnik bekannt sind. Die Textilien unterscheiden sich in ihren mechanischen Eigenschaften und ihrer Drapierfähigkeit (Abbildung 3).

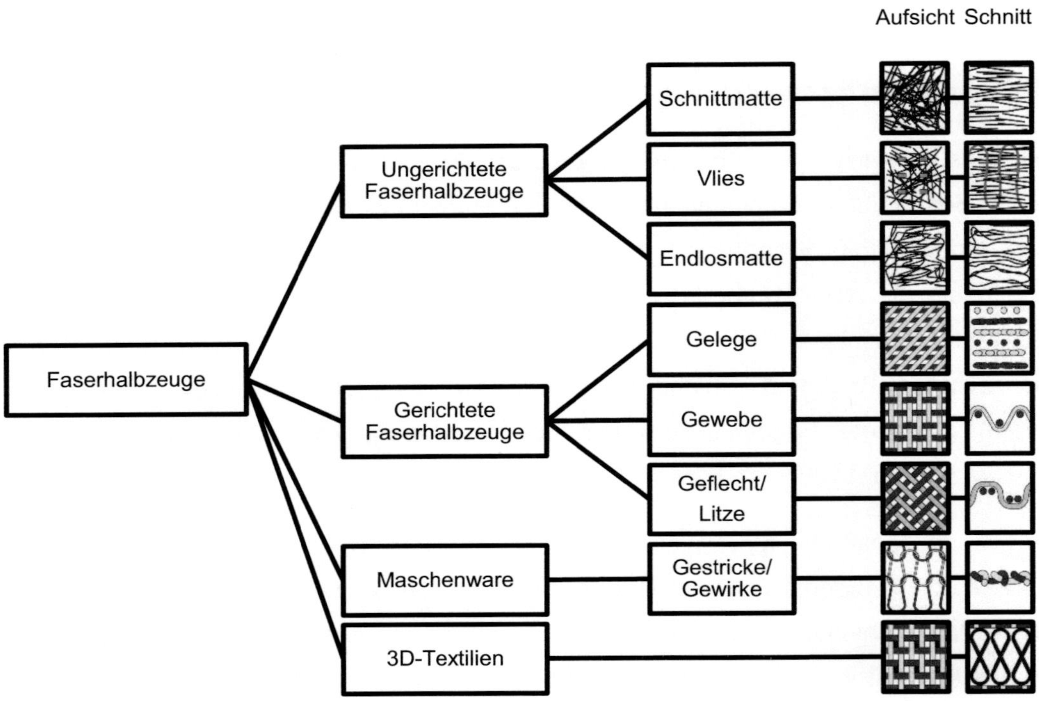

Abbildung 3: Übersicht der Faserhalbzeuge

Es wird zwischen ungerichteten Faserhalbzeugen, gerichteten Faserhalbzeugen und Maschenware unterschieden. 3D-Textilien stellen eine Sonderform dar.

Ungerichtete Faserhalbzeuge weisen aufgrund der losen Faseranordnung eine geringe Dichte und damit ein niedriges Flächengewicht auf. Schnittmatten bestehen aus beliebig verteilten geschnittenen Fasern, welche durch Kleben oder Steppen fixiert werden. Der Unterschied zu Endlosmatten besteht in der Verwendung eines Endlosfadens. Werden die Fasern zusätzlich vernäht, erhält man ein Vlies, das zum einen über eine ebenere Oberfläche verfügt und zum anderen gut zu verarbeiten ist und sich somit für den Einsatz im Automobilbau eignet. Gelege bestehen aus parallel angeordneten Einzelrovings, welche z. B. durch Vernähen fixiert werden. Durch Verweben von Rovings unterschiedlicher Ausrichtung lassen sich flächige Gewebe herstellen. Aufgrund der Vielzahl an Bindungsarten eignen sich z. B. Gewebe mit Köperbindung auch als Designelement im Sichtbereich. Für dreidimensionale Gebilde wird das Umflechten mittels Flechtrad angewandt. Die Struktur des Materials ähnelt dem des Gewebes. Der Unterschied besteht in der Schlauchform des

Faserhalbzeugs. Werden mehrere Schichten übereinander geflochten und der Schlauch an einer Seite geöffnet erhält man ein mehrlagiges flächiges Halbzeug, welches als Litze bezeichnet wird. Gestricke weisen aufgrund der Maschen eine hohe Beweglichkeit und Flexibilität auf. 3D-Textilien erhält man durch den Einsatz von Mehrlagen- oder Abstandsgeweben bzw. Rundgewirken. Mit diesen ist es möglich voluminöse Textilstrukturen zu erzeugen ohne das Material umzuformen. [7; 48; 78; 96; 105]

Bei der Anwendung von Faserhalbzeugen muss berücksichtigt werden, dass die mechanischen Eigenschaften der Fasern nur dann vollkommen ausgereizt werden können, wenn diese gestreckt und nicht in gekrümmter Form verarbeitet werden.

Mechanische Eigenschaften

Ist der Faserverlauf in Längsebene gewellt bzw. tritt in Bauteildickenrichtung eine Faserondulation auf, wie es z. B. bei Geweben oder Geflechten der Fall ist, resultiert eine Unterbrechung des Kraftflusses, die eine Verringerung der Materialfestigkeit bedingt. Daher eignen sich Fasermatten und Vliese nur für Bauteile, welche wenig beansprucht werden. Müssen von Komponenten größere Kräfte aufgenommen werden, stellen unidirektionale Gelege, aufgrund ihrer sehr guten mechanischen Eigenschaften, die bessere Wahl dar. Da mehraxiale Faserhalbzeuge wie Geflecht, Gelege oder Gestricke Kräfte in mehr als eine Richtung aufnehmen können, werden im Gegensatz dazu mehrere Lagen verschiedener Ausrichtung miteinander kombiniert (Abbildung 4).

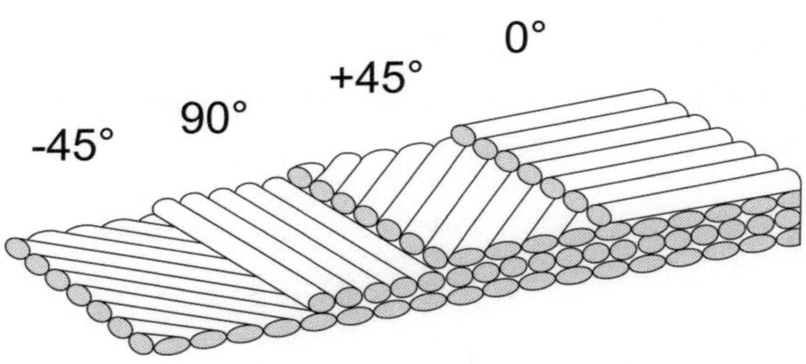

Abbildung 4: Beispiel Multiaxialgelege nach [105]

So kann die Kraftaufnahme in mehrere Richtungen erfolgen ohne den Nachteil der Faserondulation in Kauf zu nehmen. Übliche Ausrichtungen hierfür sind 0°, ±45° und 90°. Eine weitere Option, die mechanischen Eigenschaften zu beeinflussen, ist die Verwendung von Faserhalbzeuge mit unterschiedlichem Flächengewicht. Dabei muss stets berücksichtigt werden, dass eine Änderung des Faserhalbzeugs auch das Drapierverhalten beeinflusst. [105]

Drapierbarkeit

Der Verwendung von Fasermaterialien stellt eine große Herausforderung an das formgebende Verfahren dar. Bei der Auslegung des Werkzeuges ist es wichtig, das spezifische Materialverhalten des Faserhalbzeugs zu berücksichtigen. So können sich Gestricke aufgrund ihrer lockeren Bindung optimal an komplexe Geometrien anpassen. Bei der Verwendung von Geweben als Faserhalbzeug, ist ebenfalls eine gute Flexibilität des Materials zu beobachten. Will man jedoch die sehr guten Eigenschaften der Kohlenstofffaser in Form von Multiaxialgelegen nutzen, ist mit Herausforderungen beim Drapieren des Materials zu rechnen, da sich die in unterschiedlichen Richtungen verlaufenden Rovings auf verschiedene Weise dem Werkzeug anpassen.

Bei der Verarbeitung von flächigen Halbzeugen ist zunächst das Verhalten der einzelnen Lagen zu beachten. Durch das Anpassen an die Werkzeuggeometrie kann es zum Verschieben der Lagen zueinander kommen. Dies ist einerseits wünschenswert, da auf diese Weise z. B. die Entstehung von Falten durch Materialanhäufung reduziert werden kann. Andererseits werden die Materialeigenschaften des fertigen Bauteils z. B. durch die Rotation einer Lage beeinflusst, sodass geprüft werden muss, ob die geforderte Belastbarkeit des Materials noch gewährleistet ist. Diese Materialverschiebung muss vor allem in Radien berücksichtigt werden, da die Lauflänge der einzelnen Lagen im Außenradius verkürzt wird. Gleichermaßen kann es in Innenradien zum Aufstauen von Material kommen, welches sich auf das Imprägnierverhalten auswirkt. Dies gilt auch für den eingestellten Spalt zwischen Ober- (OW) und Unterwerkzeug (UW). Bei geringeren Abständen wird das Faserhalbzeug stärker komprimiert, wodurch die Beweglichkeit des Materials eingeschränkt und der Widerstand beim Imprägnieren durch einen höheren Faservolumengehalt größer ist (Abbildung 5).

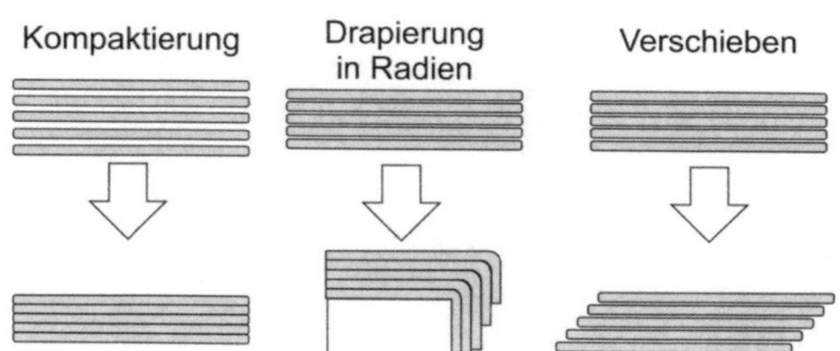

Abbildung 5: Materialverhalten Stack beim Drapieren

Betrachtet man die einzelnen Lagen im Detail, gibt es große Unterschiede beim Verhalten der Faserhalbzeuge. So weisen ungerichtete Faserverstärkungen wie z. B. Vlies ein nahezu isotropes Materialverhalten auf. Bei Gelege- und Gewebematerialien kann es durch das Drapieren zur Veränderungen der Materialeigenschaften kommen, welche aus dem Verschieben, Strecken, Stauchen oder dem Scheren des Materials resultieren (Abbildung 6).

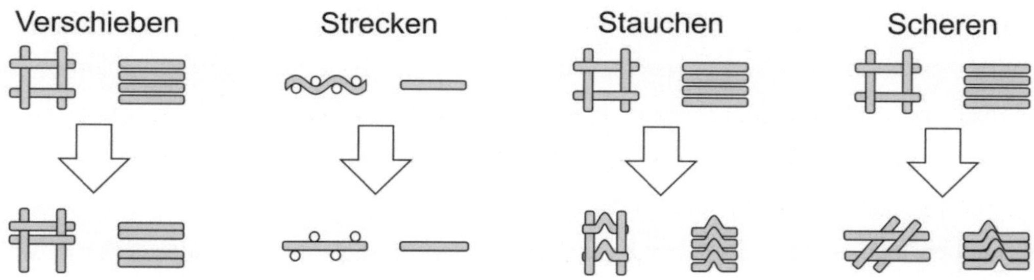

Abbildung 6: Materialverhalten Einzellage beim Drapieren

Dabei können die mechanischen Eigenschaften z. B. durch Richtungsänderung des Faserhalbzeugs oder dem Reißen bzw. Falten einzelner Rovings stark reduziert werden. Ein weiterer Aspekt, welcher die Drapierbarkeit des Materials beeinflusst, ist das Flächengewicht des Materials. Bei der Verwendung von Rovings mit höherer Filamentanzahl besitzt das daraus gefertigte Gelege- oder Gewebematerial ein steiferes Verhalten und die Einzelrovings sind schwerer zu durchtränken. Beim Einsatz von Maschenware gilt zu beachten, dass durch starke Dehnung oder Komprimierung des Materials mit starken Schwankungen des Faservolumengehaltes zu rechnen ist, welche auch größere Reinharzbereiche bedingen.

Aufgrund der Vielzahl an geometrischen Faktoren, die das Drapierverhalten und weiterführend die Bauteilqualität von Verbundbauteilen beeinflussen, gilt es das verwendete Fasermaterial so zu wählen, dass eine Drapierung ohne Beschädigung des Materials möglich ist bzw. das Werkzeug derart zu gestalten, dass geometrisch anspruchsvolle Bauteile gefertigt werden können. [48; 90; 93; 105; 112]

Obwohl das Faserhalbzeug den größten Anteil der Kraftaufnahme übernimmt, können die sehr guten Eigenschaften eines Faserverbundstoffes erst durch den Einsatz eines geeigneten Matrixmaterials erreicht werden.

3.1.3 Matrixmaterialien

Die Matrix der Faserverbundstoffe muss so gewählt werden, dass diese das Faserhalbzeug hinsichtlich der Materialeigenschaften ergänzt. Die offensichtlichste Aufgabe des Matrixmaterials stellt das Stützen und Fixieren der Faser im Verbund dar. Besonders entscheidend ist dabei die Kraftaufnahme senkrecht zur Faser, welche der Schwachpunkt des Fasermaterials ist. Durch eine enge Anbindung der Faser zur Matrix können Kräfte über die Matrix zwischen den Fasern weitergeleitet werden. Aufgrund des großen Volumenanteils beeinflusst das Matrixmaterial Eigenschaften wie z. B. die Dichte des fertigen Verbundbauteils entscheidend. Auch die Resistenz gegenüber Umwelteinflüssen kann über die Wahl der Matrix gesteuert werden, sodass diese entsprechend der Bauteilanforderungen erfolgen muss. Unterschiede gibt es in der chemischen Zusammensetzung des Harzsystems, welche neben den mechanischen Eigenschaften auch die anzuwendende Fertigungstechnik und das Recyclingpotenzial bestimmt. Weiterhin können diese unterschiedlichen Kunststoffe in verschiedenen Zuständen verarbeitet werden. [108]

Materialverhalten

Grundsätzlich besteht die Möglichkeit sowohl Duroplaste, Thermoplaste als auch Elastomere durch Anwendung eines geeigneten Fertigungsverfahrens als Matrixmaterial einzusetzen. Als Matrixmaterial für stark beanspruchte Karosseriebauteile im Automobilbereich eignen sich Elastomere nicht, da deren Stärke in der Aufnahme von Zugbelastungen liegt. Thermoplaste und Duroplaste sind daher für die Fertigung von Karosseriebauteilen besser geeignet. Dabei gibt es maßgebliche Unterschieden hinsichtlich Verarbeitungsweise und Materialeigenschaften (Anhang 2).

Stellt man die Eigenschaften zweier repräsentativen Vertreter der Duroplaste – Epoxid (EP) und Thermoplaste – Polyamid (PA) gegenüber, ergibt sich die folgende Übersicht (Tabelle 1):

Tabelle 1: Vergleich mechanische Eigenschaften Duroplast / Thermoplast nach [4; 67]

Eigenschaft	Duroplast (EP)	Thermoplast (PA)
Zugfestigkeit R_Z [GPa]	0,06 – 0,08	0,05 – 0,08
Elastizitätsmodul E_f [GPa]	3 – 4,5	1,5 – 3
Bruchdehnung A_B [%]	2 – 6	200 – 250
Thermische Stabilität [°C]	60 – 180	80 – 120

Um ein Faserhalbzeug mit einer thermoplastischen Matrix zu imprägnieren, muss diese in flüssigem Zustand vorliegen. Da Thermoplastschmelzen eine sehr hohe Viskosität aufweisen, kann durch einen Oberflächenauftrag und anschließendes Verpressen nur schwer ein homogenes Bauteil gefertigt werden. Aufgrund der aufwendigen Verarbeitungsweise werden Thermoplaste derzeit nicht mit Endlosfaserverstärkungen in Serie eingesetzt. Sie besitzen jedoch im Vergleich zu duroplastischen Matrizes ein deutlich höheres Recyclingpotenzial, da sie durch Temperatureinwirkung wieder verflüssigt und vom Verstärkungsmaterial separiert werden können.

Im Vergleich zu Thermoplasten weisen Duroplaste meist eine geringere Viskosität auf, die eine einfachere Verarbeitung des Materials ermöglicht. Ein oberflächiger Harzauftrag mit anschließender Einwirkzeit ist ausreichend, um das Fasermaterial vollständig zu durchtränken. Unterstützt durch Druck oder Vakuum können höhere Faservolumengehalte erzielt werden. Üblich ist eine Umsetzung in Form von Mehrkomponentenduroplasten wie z. B. Epoxidharzen, welche durch Zugabe eines Härters zur Reaktion gebracht werden. Da diese Reaktion irreversibel ist, stellt das Recycling von Faserverbundstoffen mit duroplastischer Matrix aktuell noch eine große Herausforderung dar. Auch wenn es Ansätze gibt, welche ein Auflösen des Matrixmaterials mit überkritischem Wasser vorsehen, ist auf diese Weise lediglich ein Trennen von Matrix- und Fasermaterial möglich.
[4; 30; 46; 65; 67; 88; 89; 108; 109; 119]

Neben den Materialeigenschaften des fertigen Verbundbauteils werden durch die Wahl des Matrixsystems auch die möglichen Verarbeitungsvarianten definiert.

Verarbeitung

Für die verschiedenen Matrixvarianten gibt eine Reihe von Verarbeitungsmethoden. Die Homogenität des Materials und das Erreichen des gewünschten Faservolumengehalts sind für faserverstärkte Kunststoffe essenziell. Duroplastische und thermoplastische Matrixsysteme lassen sich auf verschiedene Art und Weise verarbeiten. In Abhängigkeit der Bauteilgröße, der Geometrie, dem Anwendungsbereich des Teils sowie den tolerierbaren Fertigungskosten muss eine geeignete Verarbeitungsweise gewählt werden. So können diese in flüssiger Form z. B. als Mehrkomponentenharz oder Thermoplastschmelze eingesetzt werden. Die geringe Viskosität duroplastischer Harzsysteme im Verarbeitungszustand ermöglicht im Vergleich zu den Schmelzen mit hoher Viskosität eine einfache Durchtränkung des Faserhalbzeugs.

Um mittels Thermoplasten eine homogene Imprägnierung zu ermöglich, können diese als feines Granulat auf das Faserhalbzeug aufgestreut und durch leichte Temperaturerhöhung angesintert werden. Auch für duroplastische Harzsysteme werden neuartige Härter entwickelt, welche ein thermoplastisches Verhalten des Harzsystems bewirken.

Das Reaktionsverhalten bei Temperaturerhöhung von Raumtemperatur (RT) auf Reaktionstemperatur unterscheidet sich daher von dem der Thermoplaste und Duroplaste (Abbildung 7).

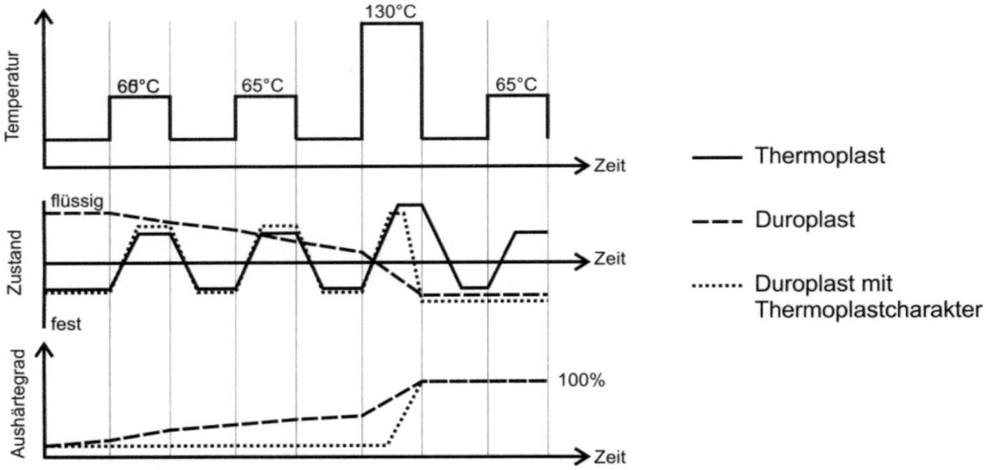

Abbildung 7: Materialverhalten verschiedener Matrixvarianten

So kann dieses mehrfach durch Erhitzen bis an eine Grenztemperatur in den flüssigen Zustand überführt werden ohne vollständig auszuhärten und somit auch auf der Faseroberfläche angesintert werden. Erst beim Überschreiten einer Temperaturschwelle vernetzt das Harzsystem vollständig. Die vorimprägnierten Faserhalbzeuge zeichnen sich durch ein einfaches Handling aus, da beim Herstellen des Faserverbundbauteils der Auftrag oder die Injektion des Matrixmaterials entfällt. Einen ähnlichen Prepregcharakter haben Sheet-Materialien. Bei diesen wird das Matrixmaterial nicht nur auf der Oberfläche angesintert sondern in Plattenform mit dem Faserhalbzeug verpresst. Vor der Bauteilherstellung werden die Sheets erhitzt und anschließend in die finale Geometrie gepresst. Der Vorteil des duroplastischen Pulverharzsystems bzw. der Sheets besteht in der späteren Formbeständigkeit bei Temperatureinwirkung. [37]

Neben den Aggregatszuständen stellt auch der benötigte Technikbedarf ein wichtiges Kriterium dar. Die Verwendung von Mehrkomponenten-Harzsystemen erfordert den Einsatz von Mischköpfen, um die einzelnen Bestandteile erst kurz vor dem Auftrag auf das Faserhalbzeug in Kontakt zu bringen und ein frühzeitiges Aushärten zu vermeiden. Weiterhin muss im formgebenden Werkzeug ein Temperatureintrag erfolgen, um das Vernetzen des Harzsystems innerhalb einer kurzen Taktzeit zu ermöglichen. Beim Einsatz von Thermoplasten ist ebenfalls ein erhöhter Energiebedarf erforderlich, da das Matrixmaterial aufgeschmolzen werden muss. Bei einigen Fertigungsverfahren erfolgt der Matrixeintrag zudem vakuumunterstützt, um eine vollständige Imprägnierung zu gewährleisten, welche essenziell für die Festigkeit des Bauteils ist.

Imprägnierverhalten

Das Imprägnierverhalten beim Fertigen von Faserverbundbauteilen wird zum einen durch das Faserhalbzeug und zum anderen durch das Matrixmaterial beeinflusst. Beim Fasermaterial ist dieses von der Permeabilität abhängig, welche durch Faktoren wie z. B. die Faserdicke, die Art des Faserhalbzeugs sowie den Faservolumengehalt beeinflusst wird. Seitens der Matrix stellt die Viskosität das wichtigste Kriterium dar. Hinzu kommt die Art und Weise wie diese appliziert oder injiziert wird. Da die Matrixmenge für das Drapierverhalten des Materials ebenfalls relevant ist, gilt es diese im ausreichenden Maß zu dosieren, um die Entstehung von Trockenstellen zu vermeiden und eine gute Gleitfähigkeit des Fasermaterials zu gewährleistet. [112; 118]

Bei Pressverfahren wird die Verteilung des Matrixmaterials im Faserhalbzeug durch den angelegten Pressendruck verbessert. Für vakuumunterstützte Injektionsverfahren sind die Positionen der Entlüftungsventile sowie der Aushärtegrad des Materials und die damit verknüpfte Viskosität relevant. Zur Beschreibung des Durchflusses eines flüssigen Mediums durch ein poröses wird Darcy`s Gesetz herangezogen, welches die idealisierte Berechnung der Durchflussgeschwindigkeit v ermöglicht (Formel 2).

$$v = \frac{k}{\eta} * \frac{\Delta p}{\Delta x} \tag{2}$$

Als Eingangsgrößen der Gleichung werden die spezifische Permeabilität k des porösen Mediums, die dynamische Viskosität η des Fluids sowie ein Faktor, welcher die treibende Kraft des Fluids beschreibt, herangezogen. Der Antriebsfaktor kann z. B. aus dem Quotienten der Druckdifferenz Δp und dem zurückzulegenden Weg Δx bestehen. [84; 95]

Das reale Verhalten des Matrixmaterials weicht bei Faserverstärkungen aufgrund vieler Einflussgrößen wie z. B. der Inhomogenität des Materials oder dem Kapillardruck innerhalb der Rovings, von diesem idealisierten Gesetz ab. Allgemein kann bei mehrlagigen Faserhalbzeugen zwischen vier verschiedenen Imprägnierverhalten unterschieden werden, welche in mikroskopische und makroskopische Vorgänge unterteilt werden (Abbildung 8).

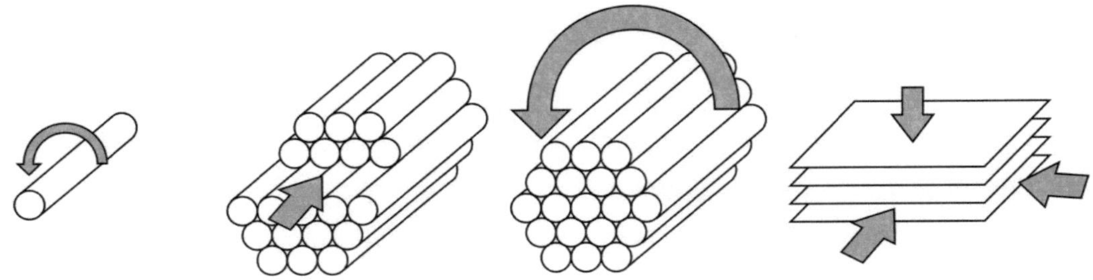

Abbildung 8: Übersicht mikroskopische a)-b) und makroskopische c)-d) Imprägnierung

Die erste Darstellung a) beschreibt die Imprägnierung der Einzelfaser, also dessen Oberflächenbenetzung. Die zweite b) berücksichtigt den Materialdurchgang innerhalb eines Rovings und die dritte den Verlauf außerhalb eines Faserbündels c). In der letzten Variante d) erfolgt eine Betrachtung des Matrixverlaufs zwischen den einzelnen Faserlagen. Der Bauteilgeometrie entsprechend muss die richtige Fließgeschwindigkeit gewählt werden, um Lufteinschlüsse zu vermeiden. Ist diese zu hoch, bewegt sich das Matrixmaterial vorrangig zwischen den Faserbündeln wodurch die Imprägnierung der Einzelrovings zurück bleibt. Ist die Fließgeschwindigkeit zu gering gewählt, wird die Matrix primär durch den Kapillareffekt der Rovings durch das Bauteil gezogen, sodass Lufteinschlüsse zwischen den Rovings entstehen können. Ein weiterer relevanter Faktor, welcher das Imprägnierverhalten beeinflusst, ist der Werkzeugabstand innerhalb der Kavität. Liegt das Fasermaterial nicht bündig am Werkzeug an, kann sich das Matrixmaterial in diesem Spalt ohne Widerstand ausbreiten. Dadurch wird zum einen die Durchtränkung des Faserhalbzeugs gestört und zum anderen entstehen Reinharzbereiche auf der Bauteiloberfläche. Es ist also erforderlich das Werkzeug derart auszulegen, dass ein Vorauseilen der Matrixfront an der Werkzeugoberfläche vermieden wird. [79; 83; 84; 92; 112]

Neben Bauteilgeometrie und der Werkzeuggestaltung können auch verwendete Hilfsstoffe das Imprägnierverhalten entscheidend beeinflussen.

3.1.4 Hilfsstoffe

Neben dem Fasermaterial und dem Harzsystem kommen Hilfsstoffe zum Einsatz, welche maßgeblich auf den Fertigungsprozess einwirken. Durch deren Verwendung werden Vereinfachungen bei der Prozessführung angestrebt. Dazu müssen im Vorfeld die Auswirkungen auf Folgeprozesse abgeschätzt werden, da durch Veränderungen von Oberflächenbeschaffenheit oder Materialeigenschaften auch die Randbedingungen für die weitere Bauteilbearbeitung und Montage beeinflusst werden. Hilfsstoffe können an der Fertigungsanlage verwendet oder ins Faserhalbezeug bzw. Harzsystem integriert werden.

Schlichte

Ein optionaler Schritt bei der Herstellung von Fasermaterialien ist der Auftrag einer Schlichte. Diese polymere Faserbeschichtung dient unter anderem zum Schutz der Faser bei der weiteren Verarbeitung. Die Beschädigung der Faseroberfläche durch Biegen der Faser bzw. das elektrische Aufladen durch Reibung, welche bei der Verarbeitung z. B. durch Weben oder Flechten auftritt, kann durch eine Beschichtung reduziert werden. Weiterhin dient die Schlichte als Haftmedium zwischen den Einzelfilamenten beim Herstellen von Garnen und bei der Herstellung von Faserverbundstoffen als Haftvermittler zwischen Faser und Matrix. Übliche Schlichten für Kohlenstofffasern sind Epoxidharze, welche ohne Härter auf die Faser aufgetragen werden. Bei Kontakt mit einem Harzsystem, das kompatibel ist, reagiert dieses mit den Partikeln an der Faseroberfläche. Erfolgt bei der Herstellung der Kohlenstofffaser eine Oxidation der Faseroberfläche, so entsteht eine reaktive Oberfläche, welche eine sehr gute Faser-Matrix-Anbindung ermöglicht. Daher werden in einigen Fällen auch Fasern ohne Schlichte verwendet, obwohl diese schwerer zu verarbeiten sind. [49; 54; 106; 107]

Gleichermaßen lässt sich auch die Verarbeitung der Faserhalbzeuge durch den Einsatz von Fixierungsmedien und Bindern erleichtern.

Fixierungsmedien / Binder

Da der Umgang mit Faserhalbzeugen im automatisierten Prozess eine große Herausforderung darstellt, gibt es bereits verschiedene Methoden, welche ein einfacheres Handling der Fasern ermöglicht.

Besonders bei der Verwendung von Geweben oder Gelegen, die in Form eines Stapels von Einzellagen – Stacks – verwendet werden, bietet es sich an, diese zu verbinden, um logistische Vorgänge zu erleichtern. Die folgenden Verbindungstechniken sind hierfür geeignet:

- Verbinden durch Nähen
- Verbinden durch Heften
- Verschweißen mittels Binder

Bei allen Varianten ist zu beachten, dass diese einen Einfluss auf das Materialverhalten haben. Durch lokales Fixieren der Faserhalbzeuge wird die Beweglichkeit der Lagen zueinander eingeschränkt und somit die Drapierbarkeit verändert. Bei Techniken, welche das Durchdringen des Faserhalbzeugs mit einer Nadel bzw. eines im Material verbleibenden Fadens vorsehen, muss berücksichtigt werden, dass durch die entstehenden Gassen im Faserhalbzeug auch das Imprägnierverhalten beeinflusst wird. [112]

Füllstoffe

Der Einsatz von Füllstoffen ermöglicht eine Anpassung des Faserverbundstoffes, an die an ihn gestellten Anforderungen. Zum einen ist es möglich die Konsistenz des Matrixmaterials zu ändern und somit die Verarbeitung der Matrix zu vereinfachen oder Stoffeigenschaften wie die Faser-Matrix-Anbindung zu verbessern. Zum anderen kann mittels der Füllstoffe die Beständigkeit des Materials gegen mechanische Beanspruchung bzw. die Einwirkung von UV-Strahlung, Elektrizität oder hohen Temperaturen verbessert werden. Nicht zuletzt ist es durch den Einsatz von Füllmitteln möglich, die Menge an Matrixmaterial zu verringern und somit eine Reduzierung der Materialkosten zu bewirken. Eine weitere Option stellt die Integration eines internen Trennmittels dar. [54; 100; 107]

Trennmittel

Die Verwendung eines Trennmittels vereinfacht das Entformen der faserverstärkten Kunststoffe aus dem Werkzeug. Es wird zwischen internen Trennmitteln, die in das Harzsystem integriert sind und externen Trennmitteln, welche auf die Werkzeugoberfläche aufgetragen werden unterschieden. Für die Verwendung eines internen Trennmittels ist abzusichern, dass dieses mit dem Harzsystem kompatibel ist. Es ist zu klären, ob das Trennmittel inert ist oder einen Einfluss auf die Aushärtereaktion und weiterführend auf die mechanischen Eigenschaften des fertigen Bauteils hat. Für externe Trennmittel stehen Anforderungen an die Bauteiloberfläche im Vordergrund, da dieses eine gute Benetzbarkeit der Werkzeugoberfläche und gleichzeitig eine gute Ablösbarkeit des Teils im ausgehärteten Zustand gewährleisten muss. Weiterhin bestimmt die chemische Zusammensetzung des externen Trennmittels z. B. die Vorbehandlungsmaßnahmen für das Verkleben der Bauteile. So müssen Trennmittel, welche nicht durch einen Waschprozess entfernt werden können durch abrasive Methoden abgetragen werden, die aufwendig sind und die Eigenschaften des Bauteils verändern. [5]

Prozesshilfsstoffe können positiv auf den Fertigungsablauf einwirken. Für einen effektiven und sinnvollen Einsatz gilt es, die Auswirkungen auf die Bauteileigenschaften und Folgeprozesse zu analysieren und die daraus resultierende Prozessvereinfachung abzuschätzen.

Die eingesetzten Materialien und Halbzeuge haben einen entscheidenden Einfluss auf die Herstellung von Faserverbundstoffen. Bei der Fertigung von Kompositen lassen sich die Eigenschaften des fertigen Bauteils mittels des angewandten Herstellungsverfahrens beeinflussen.

3.2 Fertigungsverfahren und Prozesstechnik

Es gibt eine Vielzahl von Fertigungsverfahren für Kohlenstofffaserverbundstoffe. Für die hohen Stückzahlen, welche im Automobilbereich gefordert werden, eignet sich jedoch nur eine begrenzte Anzahl von Verfahren, da ein hoher Automatisierungsgrad umgesetzt werden muss, um insbesondere die Taktzeiten gering zu halten und die Produktion zudem einen möglichst geringen Kostenaufwand bei hoher Bauteilqualität mit sich bringen muss.

Das bekannteste Verfahren ist das Resin Transfer Molding (RTM), bei dem ein vorgeformtes Faserhalbzeug in ein dicht abschließendes Werkzeug eingebracht wird und das Harz mittels Vakuum durch das Faserhalbzeug hindurchgesaugt wird. Dieses Verfahren hat sich insbesondere für Bauteile mit komplexer Bauteilgeometrie durchgesetzt.

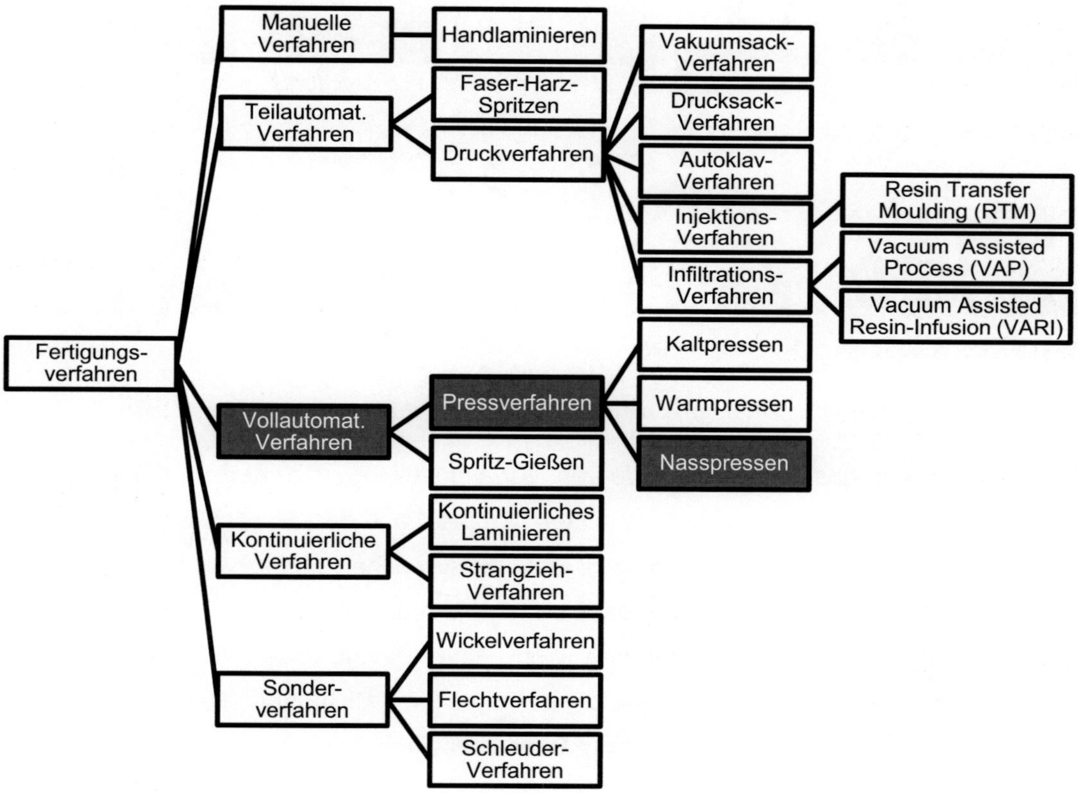

Abbildung 9: Übersicht Fertigungsverfahren faserverstärkter Kunststoffe

Werden geringe Taktzeiten angestrebt, so stellt das RTM-Verfahren nicht die erste Wahl dar. Das im Rahmen dieser Arbeit behandelte Nasspressverfahren eignet sich für Bauteile mit einfacher Geometrie deutlich besser. Es kann den vollautomatisierbaren Pressverfahren zugeordnet werden (Abbildung 9). [8; 22; 28]

3.2.1 Nasspressen

Beim Nasspressverfahren erfolgen im Gegensatz zum RTM viele Fertigungsschritte außerhalb des Werkzeuges. So wird das Faserhalbzeug mit Matrixmaterial außerhalb der Kavität kombiniert. Im Anschluss an die Formgebung innerhalb des Pressenwerkzeuges wird das Bauteil zu vollständigen Aushärten wieder entnommen. Begonnen bei der Bereitstellung der Ausgangsmaterialien bis hin zur mechanischen Bearbeitung, welche den letzten Schritt der Bauteilfertigung darstellt, ist hierfür eine Vielzahl von logistischen Schritten notwendig (Abbildung 10).

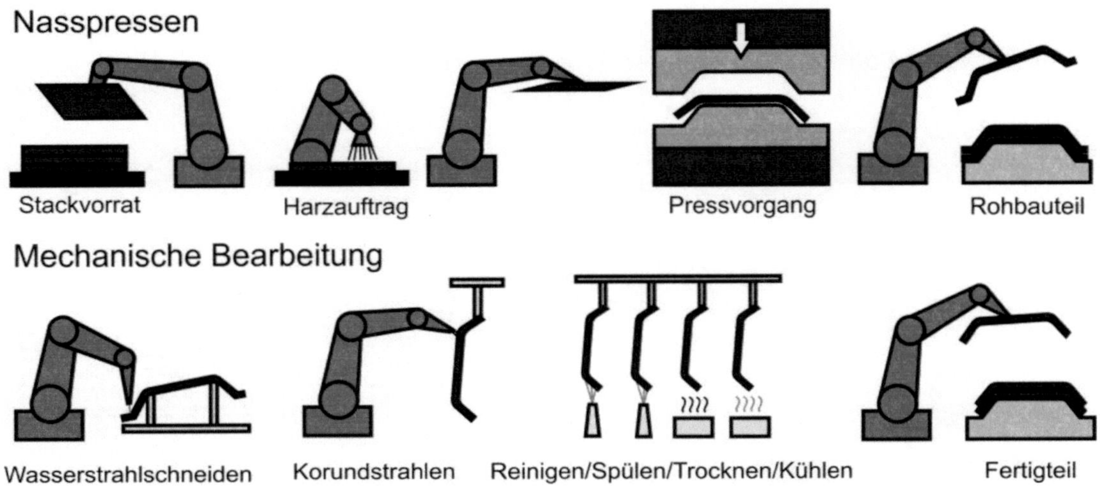

Abbildung 10: Verfahrensablauf Nasspressen mit mechanischer Bearbeitung

Die Entscheidung das Nasspressverfahren zur Herstellung von Karosseriebauteilen im Automobilbau anzuwenden beruht zu einem Großteil auf der Möglichkeit mit niedrigen Zykluszeiten zu fertigen. Um dieses Ziel zu erreichen müssen zum einen die Ausgangsmaterialien derart vorliegen, dass sie in einem automatisierten Prozess verarbeitet werden können und zum anderen ist eine schrittweise Verbesserung der Parameterabstimmung und Prozesseigenschaften in Richtung geringer Taktzeiten vorzunehmen. Da neben den Produktionsintervallen auch die Reduzierung des Materialeinsatzes im Vordergrund steht, gilt es die Ausgangsmaterialien dahingehend zu verbessern, dass diese als Ausschussursache vermieden werden können. [10]

Ausgangsmaterialien

Beim Nasspressverfahren kommen Faserhalbzeuge in Form von Stacks zum Einsatz. Diese mehrlagigen, flächigen Gelege- oder Gewebestapel müssen, um eine automatisierte Handhabung an der Anlage zu ermöglichen, während des Transports z. B. durch Rungen fixiert werden. Auf diese Weise soll ein Abgleiten oder Verrutschen der Stacks vermieden werden. Um auch die Einzellagen ausreichend zu stabilisieren, ohne das Drapier- oder Imprägnierverhalten des Materials zu beeinflussen, werden die Fixierungspunkte im Randbereich des Materials positioniert. Weiterhin verfügt jedes Faserhalbzeug über eine Identifikator (ID-Label), welches Informationen zur Herstellzeit beinhaltet und auch während des Fertigungsverfahrens an den einzelnen Stationen abgescannt wird, um eine Rückverfolgung des Stacks und des späteren Bauteils zu ermöglichen. Für die Verarbeitung in der Nasspressanlage werden die Stacks auf einem Transportbehälter gestapelt (Abbildung 11).

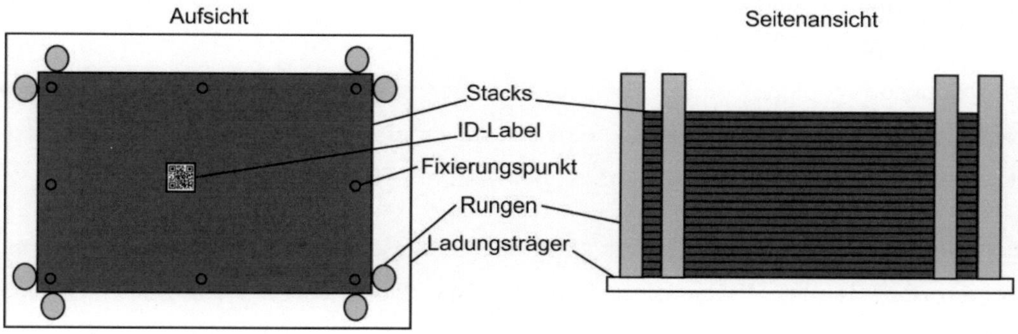

Abbildung 11: Stackdetails und Transportbehälter

In Abhängigkeit der geforderten Bauteildicke und des verwendeten Materials wird der Stack in mehrere Einzelteile aufgeteilt. Auf diese Weise ist z. B. bei einer hohen Anzahl an Einzellagen ein zusätzlicher Harzauftrag möglich, um eine vollständige Durchtränkung des Materials zu bewirken. In diesem Fall stellt allerdings auch die Materiallogistik eine größere Herausforderung dar. Zum einen ist es notwendig, dass alle Stackteile in ausreichender Anzahl verfügbar sind und diese zum anderen in der Anlage richtig kombiniert werden. Weiterhin muss berücksichtigt werden, dass alle Teile über ein separates ID-Label verfügen, welches nach Verarbeitung zum Bauteil auf eines reduziert wird. [45]

Harzauftrag

Für die Herstellung von Nasspressbauteilen eignen sich Duroplaste – insbesondere Epoxidharze – besonders gut, da diese aufgrund der niedrigen Viskosität im Verarbeitungszustand leicht in das Faserhalbzeug eindringen. In Abhängigkeit des gewählten Harzsystems ist es notwendig, die Anlagentechnik darauf abzustimmen. Die wichtigsten Faktoren können aus der Klebetechnik abgeleitet werden:

- Anzahl der Einzelkomponenten
- Viskosität/Viskositätsverlauf des Materials
- Reaktionsverhalten

Besteht das Harzsystem aus mehreren Komponenten müssen diese vor dem Harzauftrag im richtigen Verhältnis gemischt werden. Im automatisierten Prozess erfolgt dies über ein Dosiersystem, welches die Komponenten dynamisch mit Hochdruck im korrekten Mischungsverhältnis kombiniert. Eine statische Alternative hierzu stellt die Verwendung von Mischrohren dar, welche jedoch aus Kostengründen nicht für einen Einsatz in der Serienproduktion geeignet sind. Dies resultiert vor allem aus der Tatsache, dass viele Epoxidharze auch ohne thermische Einwirkung reagieren und schmale Düsen schnell verstopfen, wenn sie nicht ausreichend gespült werden. [4; 9; 10; 29; 55; 62]

Beim Auftrag des Harzsystems auf das bereitgestellte Faserhalbzeug kann die Harzmenge zum einen über den im Mischkopf eingestellten Durchfluss, welcher von der Harzviskosität abhängig ist, reguliert werden und zum anderen über die Geschwindigkeit mit der sich die Auftragsdüse über das Faserhalbzeug bewegt. Ist diese langsamer, wird aufgrund der längeren Auftragsdauer mehr Harz appliziert. Es gilt zu beachten, dass die Durchflussrate nicht zu hoch gewählt wird, um Luftblasen im Matrixmaterial zu vermeiden. Eine wichtige Rolle spielt zudem das Auftragsmuster, da in den Bereichen, welche zuerst mit Harz benetzt werden, das Matrixmaterial tiefer in das Faserhalbzeug eindringen kann (Abbildung 12).

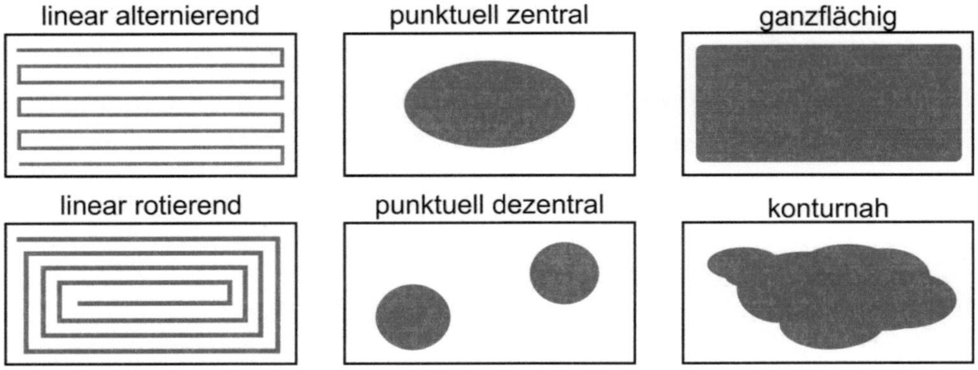

Abbildung 12: Übersicht Harzauftragsvarianten

Bei Bauteilen, welche aus mehreren Stacks kombiniert werden, kann der Harzauftrag entweder zwischen den Lagen oder in Form eines doppelten Harzauftrags erfolgen. Letzterer bietet die Möglichkeit insbesondere in Bereichen mit dickeren Bauteilquerschnitt, wie z. B. in Radien, zusätzliches Matrixmaterial zur Verfügung zu stellen, um die Gefahr von Trockenstellen zu vermindern. Bauteile, welche in einem Werkzeug mit stark geneigter Kavität gefertigt werden, stellen eine besondere Herausforderung dar, da sich das aufgetragene Matrixmaterial beim Einlegen in die Kavität oberflächlich verteilt, sofern es nicht bereits ins Faserhalbzeug eingedrungen ist. Für die Imprägnierung ist weiterhin das Reaktionsverhalten des Harzsystems relevant. So ist die Verteilung der Matrix im Faserhalbzeug von der Viskositätsänderung beim Aushärten des Harzes abhängig. Bei einigen Harzsystemen steigt die Viskosität linear, bei anderen eher sprunghaft an und in einigen Fällen erfolgt zunächst ein Abfall der Viskosität bis diese schließlich wieder steigt. Daher gilt es die Auftrags- und Imprägnierdauer auf das Harzsystem abzustimmen, sodass für das Verpressen des Bauteiles im nächsten Schritt bestmögliche Bedingungen geschaffen werden. [62; 112]

Pressvorgang

Im Anschluss an den Harzauftrag wird das imprägnierte Faserhalbzeug in das geöffnete Werkzeug der Presse eingelegt. Dieses besteht aus einem stationären Unterwerkzeug und aus einem beweglichen Oberwerkzeug, welches zum Einlegen des Ausgangsmaterials und zum Entnehmen des fertigen Bauteils angehoben wird. In der Regel ist das Werkzeug beheizt, um die Reaktion des Harzsystems zu beschleunigen. Dies ist einerseits notwendig, um kurze Taktzeiten zu erreichen, andererseits muss dafür gesorgt werden, dass der Pressvorgang ungestört und zügig abläuft, um ein frühzeitiges Aushärten des Harzes zu vermeiden. Zum Beheizen der Werkzeuge werden diese z. B. mit temperierten, flüssigen Medien durchströmt, welche ihre thermische Energie an das Werkzeug abgeben. Alternativen hierzu sind induktive Heizmethoden, Infrarottechnologien oder Widerstandsheizungen. [32]

Ist das Halbzeug korrekt positioniert, startet der Pressvorgang. Dabei bewegt sich das Oberwerkzeug zunächst schnell nach unten. Kurz vor dem Kontakt mit dem Fasermaterial wird es abgebremst, um anschließend kontrolliert abgesenkt zu werden. Da in diesem Schritt die Drapierung des Halbzeugs in die Kavität erfolgt, kann bei Verwendung einer Servopresse ein bauteilspezifisches Pressenprofil abgefahren werden, um das Material bis zum georderten Faservolumengehalt zu komprimieren. So stehen eine falten- und spannungsfreie Ablage des Fasermaterials sowie eine gleichmäßige Verteilung des Harzsystems im Vordergrund (Abbildung 13). [113]

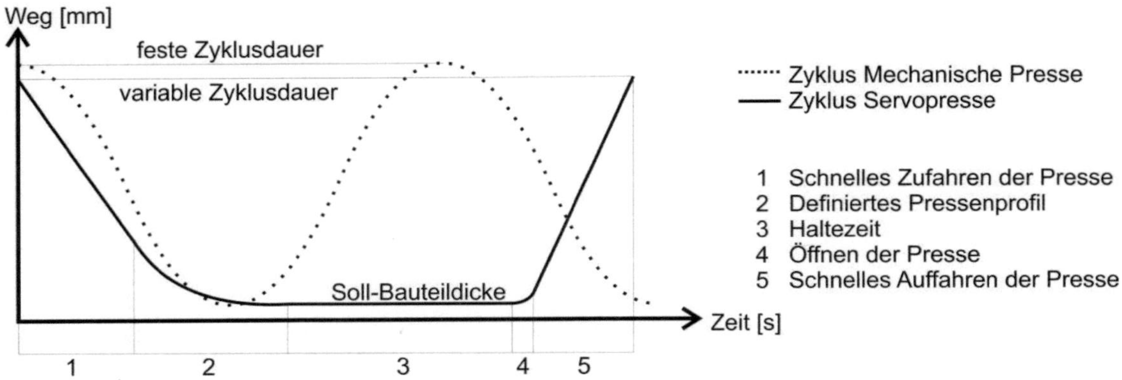

Abbildung 13: Presszyklus Servopresse - Vergleich mechanische Presse

Zur Unterstützung des Drapierverhaltens und um eine starke Beanspruchung des Materials zu vermeiden wird das Werkzeug mit Zusatzfunktionen ausgestattet. So kann durch Spannrahmen das Faserhalbzeug gestrafft werden, um ein Einfallen und somit die Anhäufung von Material zu vermindern. Schieber werden eingesetzt, um das Material in stark gekrümmten Bereichen des Werkzeuges mit kleinen Winkeln und Radien leichter ablegen zu können und das Material in diesen Positionen zu fixieren. Eine Staukante ist in den meisten Werkzeugen für den kontrollierten Austritt von überschüssigem Harz vorgesehen ist. (Abbildung 14).

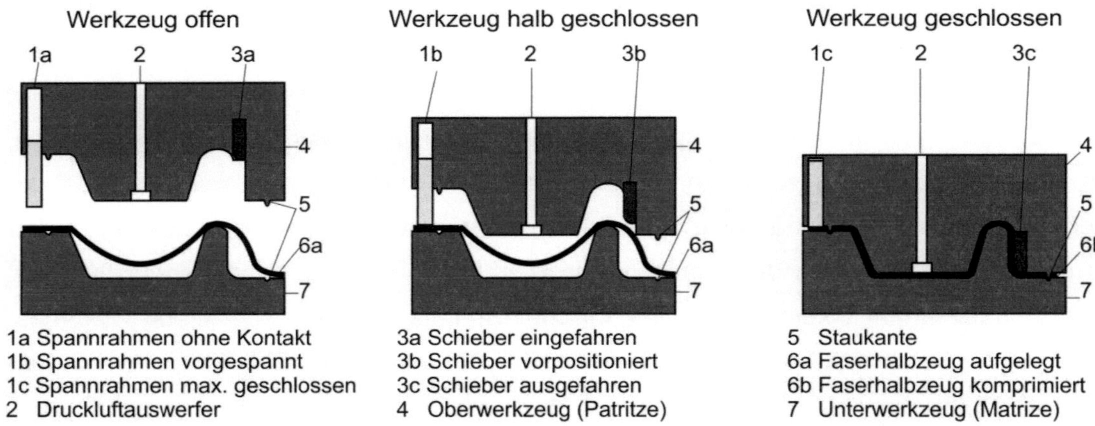

Abbildung 14: Schema Nasspresswerkzeug

Nach dem vollständigen Absenken des Oberwerkzeugs bleibt die Kavität geschlossen bis der Vernetzungsgrad des Harzsystems hoch genug ist und das Bauteil die notwendige Stabilität besitzt, um transportiert zu werden. [10; 86; 94; 111]

Aushärten / Abkühlen

Aus der Kavität wird das Bauteil direkt in eine so genannte Kühlschließe überführt. Diese besteht aus zwei Teilen. Das Bauteil wird in das Unterteil eingelegt und durch die Gewichtskraft des Oberteils beschwert. In dieser kann das Matrixmaterial vollständig aushärten und abkühlen. Hierfür wird eine Temperatur für die Kühlschließe gewählt, welche unterhalb der des Nasspresswerkzeugs liegt und höher als die Raumtemperatur ist, um ein langsames und spannungsfreies Abkühlen zu ermöglichen. Die Werkzeugform entspricht einem groben Abbild des Pressenwerkzeugs, um Verzug, welcher aus dem material-abhängigen Schwund beim Abkühlen resultiert, entgegen zu wirken. [110]

Mechanische Bearbeitung

Sind die Bauteile vollständig abgekühlt, müssen die Randbereiche auf die finale Bauteilgeometrie zugeschnitten werden. Im Serienprozess haben sich hierfür das Wasserstrahlschneiden und das Fräsen der Bauteile etabliert. Beide Verfahren ermöglichen einen präzisen Zuschnitt der Bauteile, weisen jedoch auch Vor- und Nachteile auf.

Beim Wasserstrahlschneiden wird ein Wasserstrahl mit einem Druck von 2000 bis 4000 [bar] auf die Oberfläche des eingespannten Bauteils gerichtet. Die hohe kinetische Energie des Wassers bewirkt einen kontinuierlichen Materialabtrag. Dieser Prozess kann durch den Einsatz eines Abrasivmittels wie z. B. Granatsand verstärkt werden. Die Vorteile des Wasserstrahlschneidens bestehen darin, dass der durch den Materialabtrag entstehende Staub direkt gebunden wird und die Schnittstelle sich durch die Kühlwirkung des Wasserstrahls nicht erwärmt. Durch eine Aufarbeitung des Strahlmediums kann dieses über viele Zyklen wiederverwendet werden. Der Nachteil einer Wasserstrahlanlage besteht in der aufwendigen Prozesstechnik und den damit verbundenen hohen Anschaffungskosten sowie der Lärmemission beim Schneidvorgang. Weiterführend stellt die Darstellung von Löchern im Bauteil insbesondere deren Rundheit und die Wiederholgenauigkeit des Durchmessers eine große Herausforderung dar. [61; 80]

Bei der Bearbeitung mit einem Fräswerkzeugs erfolgt der Trennprozess spanabhebend durch ein Schneidwerkzeug. Die Wahl des Werkzeugs hängt zum einen von der Beschaffenheit des faserverstärkten Kunststoffes ab und zum anderen von den Radien und Bohrungen, welche mit diesem gefräst werden sollen. Die Staubentwicklung beim Fräsprozess von faserverstärkten Kunststoffen macht den Einsatz einer Luftabsaugung notwendig. Weiterhin kann als kritisch angesehen werden, dass die Kantenbereiche durch die mechanische Einwirkung stark erhitzt werden. Dies bedingt auch einen schnellen Verschleiß der Schneidwerkzeuge, welche regelmäßig nachgearbeitet oder ersetzt werden müssen. Im Vergleich zum Wasserstrahlschneiden wird die mechanische Bearbeitung durch Fräsen seit vielen Jahren im Automotive-Bereich umgesetzt, sodass die Anlagen und das Knowhow zu diesem Verfahren in vielen Unternehmen bereits besteht und nicht neu aufgebaut werden muss. [1]

Die Entscheidung, welches Verfahren angewandt wird, hängt somit zum einen von der Anzahl der zu fertigenden Bauteile ab und zum anderen von den fertigungstechnischen Möglichkeiten des Unternehmens. Die wichtigste Anforderung, welche durch das Bearbeitungsverfahren erfüllt sein muss, ist die Erzeugung einer glatten Schnittkante, die keine Delamination einzelner Kohlenstofffaserlagen aufweist. [104]

Das Nasspressverfahren stellt eine sehr gute Option zur Herstellung von Karosseriebauteilen im Automobilbereich dar. Um die Effizienz des Prozesses bis zur Serientauglichkeit zu steigern, muss ein gewisser Automatisierungsgrad angestrebt werden, welcher einen stabilen Prozessfluss ermöglicht. Weiterhin ist insbesondere in der frühen Phase eines Prozesses eine kontinuierliche Prozessverbesserung notwendig, um langfristig eine gute Bauteilqualität zu erzielen.

3.2.2 Automatisierung und Prozessverbesserung

Bei der Planung von Automatisierungs- und Prozessverbesserungsmaßnahmen stellen Änderungen, welche direkt an der Fertigungsanlage umgesetzt werden können, die offensichtlichsten Maßnahmen dar. Die anlagentechnische Verbesserung kann jedoch zudem durch die Erweiterung des Prozessverständnisses derart gefördert werden, dass langfristig auch für unerwartete Prozessereignisse ein schneller Lösungsweg gefunden werden kann. Die Erfassung von Prozessdaten sowie die Entwicklung effektiver Analyseverfahren zur quantitativen Bestimmung der Bauteilqualität stellen hierfür eine entscheidende Grundlage dar. Durch eine umfangreiche Untersuchung des Materialverhaltens können zudem Simulationsansätze entwickelt werden, welche eine ressourcenschonende Überprüfung der Maßnahmenwirksamkeit ermöglichen können.

Prozesstechnik

Die Automatisierung der Prozesstechnik stellt für das Nasspressverfahren einen wichtigen Schritt für das Erreichen niedriger Taktzeiten dar. Um eine schnelle und verzögerungsfreie Verarbeitung der Materialien zu gewährleisten, werden die Transportvorgänge an den einzelnen Stationen (vgl. 3.2.1) automatisiert. Da die Faserhalbzeuge in gestapelter Form vorliegen, gilt es zunächst einen der Stacks vom Stapel zu vereinzeln. Die Separierung eines Stacks erfolgt im Serienprozess über Nadelgreifer. Mit diesen wird der Stack im Randbereich durch sich zueinander verschränkende Nadeln fixiert und kann vom Stapel abgehoben werden (Abbildung 15). [68]

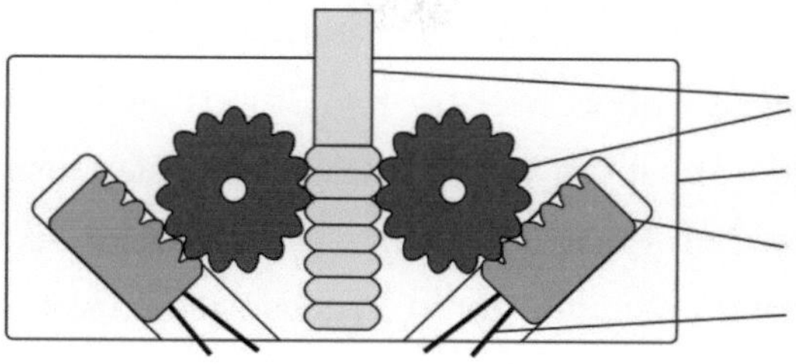

Abbildung 15: Schnitt Schema Nadelgreifer nach [68]

Die weitere Handhabung des Faserhalbzeugs zur Imprägnierstation und daraufhin zur Presse erfolgt ebenfalls über Nadelgreifer, welche z. B. in einen Rahmen integriert sind. Das wichtigste Kriterium für die automatisierte Handhabung ist, neben der Tatsache, dass die Faserhalbzeuge gut fixiert sein müssen, die Positioniergenauigkeit auf dem Imprägniertisch und im Werkzeug. Da der Harzauftrag zum Erreichen konstanter Materialmengen und Prozessbedingungen durch einen Roboter erfolgt, kann das Auftragsmuster nicht an einen verschobenen oder geknickten Stack angepasst werden. Insbesondere für die Transportprozesse ist eine hohe Qualität der Ausgangsstoffe und eine sorgfältige Handhabung notwendig, da der erhöhte Kostenaufwand der Automatisierungstechnik andernfalls nicht kompensiert werden kann und eine manuelle Entnahme und Ausrichtung der Stacks sinnvoller wäre. [27; 31; 68; 99]

Neben den Transportprozessen bietet auch der Pressprozess ein großes Potenzial an Automatisierungsmöglichkeiten. Der gesamte Pressvorgang, welcher das Schließprofil und auch die Temperatur des Werkzeugs beinhaltet, kann z. B. mittels speicherprogrammierbarer Steuerung (SPS) zentral gesteuert werden. Dies ist besonders in frühen Prozessphasen sinnvoll, um die Prozessparameter schnell anzupassen. Auf diese Weise ist es zudem möglich für jede Bauteilart, die auf einer Presse gefertigt wird, ein eigenes Pressprofil zu hinterlegen, welches auf die Ausgangsmaterialien und die Baueilgeometrie angepasst ist. Bei Bauteilen mit kleinen Radien und eine komplexen Geometrie ist es sinnvoll, zusätzliche Auswerfer im Werkzeug vorzusehen. Diese drücken das Bauteil nach dem Öffnen aus der Kavität und ermöglichen eine leichte Bauteilentnahme. Das Werkstück kann anschließend mittels Vakuum-Sauggreifern entnommen und zur Abkühlschließe oder Entnahmestation transportiert werden. [3; 13; 53; 94]

Da eine Verbesserung der Bauteilqualität und Erhöhung der Prozessstabilität nur durch Aufzeichnung und Auswertung von Prozessparametern erfolgen kann, werden in die Fertigungstechnik Sensoren zum Aufzeichnen der Kenngrößen integriert.

Datenerfassung / Auswertung

Zur Umsetzung von Verbesserungsmaßnahmen ist es notwendig, den Prozess sowie die Einflüsse der verschiedenen Parameter und deren Wechselwirkungen zu kennen. Hierfür ist es unerlässlich eine Datenbasis zu schaffen, welche als Grundlage für die Analyse des Prozesses dient. Da der Einbau von Sensoren mit einem hohen Kostenaufwand verbunden ist, erscheint es sinnvoll nur notwendige Parameter aufzuzeichnen. Eine Identifizierung der für das Nasspressen relevante Parameter und deren Wechselwirkungen ist derzeit noch nicht erfolgt.

Die Auswahl an möglichen Kenngrößen, welche bei der Herstellung von Nasspressbauteilen aufgezeichnet werden können, lässt sich zu den Schwerpunkten Drücke, Temperaturen, Gewichte, Zeiten und Kinetik zusammenfassen. Für die einzelnen Parameter gibt es zudem verschiedene Mess- und Sensortechniken, welche in Abhängigkeit der vorhandenen Anlagentechnik eingesetzt werden können (Tabelle 2):

Tabelle 2: Übersicht Kenngrößen und Sensorarten nach [11]

Kenngröße	Sensorarten	Beispiel
Druck	Optische Faser Drucksensornetz Piezoelement	Pressenprofil Maximaldruck
Temperatur	Optische Faser IR-Strahlung Thermoelement	Werkzeugtemperaturen Komponententemperaturen
Gewicht	Wägetisch	Stackgewicht Harzgewicht
Zeit	Definiert durch Pressenprogramm	Imprägnierdauer Aushärtezeit
Kinetik	Visuell Drucksensornetz optische Faser DC-Widerstand AC-Dielektrizität Ultraschall Piezoelement IR-Strahlung	Durchflussrate Fließfrontposition Aushärtegrad

Weitere Unterschiede gibt es beim Aufzeichnungsort. Die Sensoren können ins Werkzeug integriert werden. Dabei steigen zwar die Herstellungskosten für das Werkzeug, allerdings wird die Bauteilstruktur durch die Sensoren nicht beeinflusst. Dies gilt nicht für Sensoren, welche direkt in das Bauteil integriert werden. In diesem Fall müssen diese derart ausgelegt werden, dass die Festigkeit nicht beeinträchtigt wird. Weitere Faktoren, welche berücksichtigt werden müssen sind die Korrosionsbeständigkeit des Messfühlers und die Erhöhung des Bauteilgewichts durch die Integration der Messtechnik. Da derartige Messfühler nur einmal verwendet werden können, ist der Kostenaufwand für die Messtechnik sehr hoch. Auf diese

Weise können jedoch Untersuchen über die gesamte Lebensdauer des Bauteiles durchgeführt werden, welche weniger im Automobilbereich, sondern viel mehr für Großbauteile wie z. B. Windradflügel sinnvoll sind. Die letzte Variante der Kenngrößenermittlung erfolgt kontaktlos z. B. über Infrarotstrahlung (IR) oder Laser. [11; 47; 53; 112]

Die ermittelten Prozessdaten lassen sich auf verschiedene Weise nutzbar machen. Durch Ausleiten der Daten aus dem System können diese durch Methoden der Statistik anhand von Kennwerten oder auf visuellem Weg ausgewertet werden.

Analysemethoden

Um die Einflüsse von Prozessabweichungen und –änderungen überprüfen zu können, müssen entsprechende Analysemethoden angewendet werden, welche eine qualitative und quantitative Aussage zur Bauteilqualität zulassen. Die einfachste Maßnahme stellt die visuelle Bewertung der Bauteiloberfläche dar. Auf diese Weise können Merkmale wie z. B. oberflächige Falten und Trockenstellen erkannt werden. Aufgrund der Undurchsichtigkeit von Verbundstoffen, welche mit Kohlenstofffaser verstärkt werden, ist es jedoch unmöglich auf diese Weise Merkmale im Bauteilinneren zu identifizieren. Da zerstörende Bauteilprüfungen mit einem hohen Kostenaufwand verbunden und somit für den Serienprozess nicht geeignet sind, werden zerstörungsfreie Methoden angewendet:

- Ultraschallmessungen (USM)
- Wirbelstrommessung (WSM)
- Computertomographie (CT)
- Thermographie (TG)
- Visuelle Methoden (VM)

Die einzelnen Messmethoden weisen verschiedene Vor- und Nachteile auf, welch über deren Eignung für eine messtechnische Absicherung im Serienprozess entscheiden (Tabelle 3).

Tabelle 3: Bewertung zerstörungsfreie Messverfahren

Kriterium	Messtechnik USM	WSM	CT	TG	VM
Kosten	+	+	--	-	++
Zeitaufwand	+	+	--	-	-
Technikbedarf	+	+	--	-	+
Automatisierbarkeit	++	+	--	-	-
Eindringtiefe Signal	+	-	++	-	--
Messfläche	--	--	+	+	+
Geometrieabhängigkeit	-	--	++	+	++
Berühungsfreies Messen	--	--	++	++	++
Auflösung	+	+	++	-	++
Abweichung	+	-	+	++	+
Verbrauchsmittelbedarf	-	/	/	/	/

Gut umsetzbare Methoden wie Ultraschall- oder Wirbelstrommessungen zeigen lediglich Inhomogenität und Grenzflächen im Material auf. Weiterhin sind diese Verfahren aufgrund kleiner Messbereiche lokal beschränkt und könnten im Serienprozess effektiv nur in kritischen Bereichen angewendet werden. Unvorhersehbare Unregelmäßigkeiten blieben entsprechend unentdeckt. Eine sehr gute Abdeckung und Detailtreue bietet die Computertomographie. Aufgrund der hohen Gerätekosten und des hohen Zeitaufwandes von bis zu mehreren Stunden je Messung ist sie für eine Prüfung hoher Stückzahlen ungeeignet. Die Thermographie und visuelle Methoden bieten hingegen ein großes Potenzial, welches jedoch noch nicht auf einem serientauglichen Stand angelangt ist. Bestehende Algorithmen, welche zur automatisierten Analyse der Prüfbilder dienen, müssen noch verbessert werden, um zuverlässige Ergebnisse zu liefern. Für die Bauteilanalyse in der frühen Prozessphase ist es daher sinnvoll zerstörende mit zerstörungsfreien Methoden zu kombinieren.
[56; 60; 63; 82]

Neben der Prozessanalyse lassen sich Qualitätsdaten in Kombination mit verschiedenen Materialprüfverfahren auch zur Verifizierung von Simulationsansätzen nutzen.

Simulation Drapier- und Pressverfahren

Die Entwicklung von Simulationsmodellen für Faserverbundstoffe ermöglicht eine schnelle und ressourcensparende Betrachtung von möglichen Einflüssen, welche aus Prozessvariationen resultieren. Hierzu zählen z. B. Werkzeuganpassungen oder die Verbesserung der eingestellten Prozessparameter. Auf diese Weise können Entwicklungszeiten reduziert und eine kosteneffiziente Verbesserung der Bauteilqualität erreicht werden. Um die Vielfalt an Fertigungsprozessen und Materialvarianten darstellen zu können, sind Analysen der jeweiligen Einflussfaktoren notwendig (Abbildung 16).

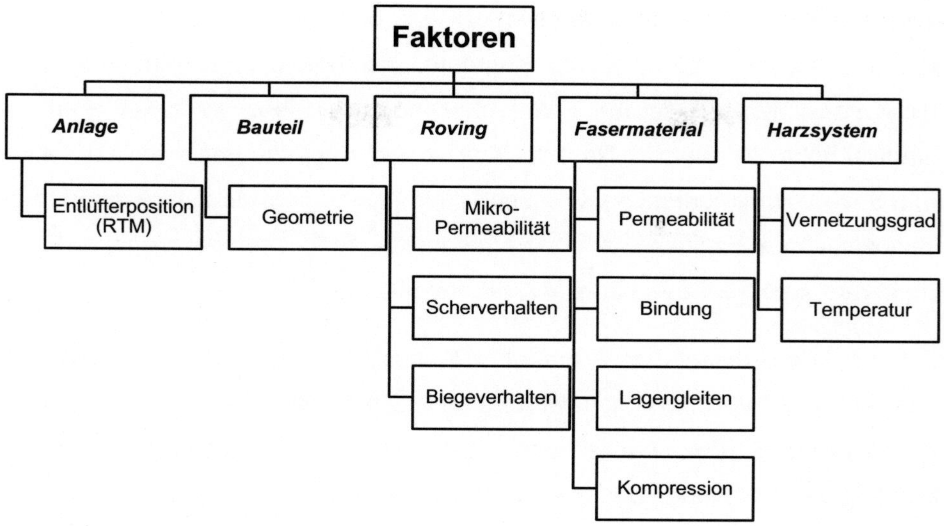

Abbildung 16: Übersicht Einflussfaktoren Simulation

Neben der verwendeten Anlagentechnik spielt besonders die Geometrie des zu fertigenden Bauteils eine entscheidende Rolle. Das abzubildende Drapierverhalten des Materials wird wiederum durch die Eigenschaften der einzelnen Rovings bzw. des Fasermaterials beeinflusst. Die letzte Komponente bildet das Harzsystem, welches ebenfalls in die Simulation integriert werden kann. [2; 19; 47; 57; 81]

In der Literatur gibt es aktuell viele Ansätze für die Darstellung des Liquid Composite Moldings (LCM) bzw. im Speziellen des RTM-Verfahrens. Es wird zumeist das Drapierverhalten des trockenen Faserhalbzeugs betrachtet wie es z. B. bei der Herstellung von Preforms der Fall ist. Eine typische Referenzgeometrie stellt die Halbkugelform mit Rand dar, da diese das Drapierverhalten in einem großen und kleinen Radius sowie den Übergang in eine ebene Fläche abbildet und Aussagen über das Materialverhalten und die Entstehung von Merkmalen in diesen Bereichen zulässt. Weiterhin ist relevant, ob im realen und simulierten Prozessablauf ein Spannrahmen eingesetzt wird, welcher das Material fixiert oder wie hoch die Schließgeschwindigkeit des Werkzeugs gewählt wird. [43; 59]

Neben der Geometrie hat das Faserhalbzeug einen großen Einfluss auf das Drapierverhalten. In der Simulation muss daher zwischen Gelege- und Gewebematerial unterschieden werden. Relevante Faktoren durch die sich die Materialien unterscheiden sind z. B. das Scher- und Biegeverhalten sowie die Reibkräfte zwischen den Faserhalbzeugen und dem Werkzeug. In der Literatur ist der Gleitreibungskoeffizient zwischen Faserhalbzeugen mit einem Wert um 0,3 angegeben und wird meist als konstant angesehen. Der Reibwert zwischen Werkzeug und Fasermaterial variiert in Abhängigkeit des Werkzeugmaterials zwischen 0,2 und 0,5. Für die Darstellung der Permeabilität gibt es verschiedene eindimensionale Modelle, welche z. B. als Vergleich für das RTM-Verfahren herangezogen werden oder radiale Modelle, die eine punktuelle Harzzufuhr in der Mitte des Faserhalbzeugs abbilden. Ein weiteres Kriterium, das häufig in Zusammenhang mit der Permeabilität betrachtet wird ist der Faservolumengehalt. Dieser kann vor allem in engen Radien deutlich höher sein, als im Rest der Kavität und somit die Permeabilität beeinflussen. Neben dem Faservolumengehalt haben auch Fixierungsmedien wie z. B. Nähfäden aufgrund der Stichkanäle einen Einfluss auf die Permeabilität des Faserhalbzeugs, welche in der Simulation berücksichtig werden kann. [43; 58; 59; 90; 112]

Ergänzend zur Drapiersimulation kann eine Flusssimulation umgesetzt werden, welche insbesondere für LCM-Verfahren angewendet wird. Die Position der Fließgrenze wird hierfür im realen Prozess z. B. über Drucksensoren ermittelt. In der Simulation kann anschließend die zeitabhängige Änderung der Fließfront unter Druck nachgestellt und geeignete Positionen für Entlüfter ermittelt werden. [26; 38; 81; 83; 90]

Für LCM-Verfahren können bereits eine Vielzahl von Material- und Prozesseigenschaften simulativ nachgestellt werden. Dabei gilt stets zu beachten, dass mit steigender Anzahl der Details und Einflussgrößen der benötigte Rechenaufwand drastisch steigt. Es gilt abzuwägen, für welche Kenngrößen es sinnvoll ist, diese zu betrachten und welche Genauigkeit für eine Beurteilung notwendig ist. Da das Nasspressverfahren sich in vielen Details von den LCM-Verfahren unterscheidet, können nur wenige der Ansätze auf dieses übertragen werden. Am ähnlichsten sind Drapiersimulationen für die Herstellung von Preforms. Da es sich jedoch um die Verarbeitung trockener Faserhalbzeuge handelt, wird der Einfluss des Harzsystems nicht berücksichtig. Ansätze zur Permeabilität und Harzfluss variieren aufgrund des alternativen Harzauftrags, der vorgesehenen Imprägnierzeit und anschließenden Kompaktierung im Werkzeug ebenfalls von dem der LCM-Verfahren, sodass es laut aktueller Literatur keine Möglichkeit gibt, das Nasspressverfahren als Ganzes zu simulieren. [43]

Für eine umfassende Automatisierung und Prozessverbesserung ist es notwendig, nicht nur die Fertigungstechnik sondern auch zugehörige Prozesse wie das Aufzeichnen von Prozess- und Qualitätsdaten und die dafür notwendigen Technologien weiterzuentwickeln. Anhand des Standes der Technik zu den eingesetzten Materialien und dem Fertigungsprozess werden Defizite verdeutlicht, welche im folgenden Abschnitt zusammengefasst werden.

3.3 Zusammenfassung der Defizite

Die Herstellung von Faserverbundstoffen ist durch die Variationsmöglichkeiten der Ausgangsmaterialien ein Prozess mit einer hohen Anzahl an Einflussgrößen. Aufgrund der komplexen, meist mehrstufigen Fertigungsprozesse kommen viele Prozessparameter hinzu, welche in der frühen Phase eines Fertigungsprozesses derart auszulegen sind, dass ein stabiler und effizienter Prozess gefahren werden kann. Das oberste Ziel liegt in der Reduktion des Ausschusses und der damit verbundenen Materialeinsparung sowie der Verringerung der Taktzeit. Die Automatisierung der Fertigungsanlage stellt einen ersten Schritt dar, ist jedoch keinesfalls ausreichend, um die Anforderungen, welche im Serienprozess gestellt werden zu erfüllen. Besonders im Fall von unvorhergesehenen Prozessschwankungen ist es notwendig, deren Ursache schnell finden und Verbesserungsmaßnahmen z. B. durch Prozesssimulation ressourcenschonend überprüfen zu können. Dies setzt zum einen geeignete Messtechnik voraus, welche in die Anlage integriert ist und zum anderen die Fähigkeit die gewonnenen Daten zu deuten. Für dieses Vorhaben sind umfangreiche Kenntnisse zum Fertigungsprozess und insbesondere zu den Einflüssen von Parameteränderungen und den Wechselwirkungen der einzelnen Prozessgrößen notwendig. Da dieses Wissen für das Nasspressverfahren in einer strukturierten, verwendbaren Form nicht existiert und zusätzliches Know-how erworben werden muss, ist an dieser Stelle der erste Schwerpunkt zu setzen.

4 Analyse des Fertigungsprozesses

Da das angestrebte Ziel dieser Arbeit in der Analyse und anlagentechnischen Verbesserung des Nasspressverfahrens liegt, ist im ersten Schritt die Ausgangssituation darzustellen, bei dem die Vorortanalyse der Fertigungsanlagen ein essenzielles Kriterium darstellt. Es wird ein neuer Fertigungsprozess für faserverstärkte Kunststoffe analysiert, welcher durch eine konkrete Abfolge von Prozessschritten definiert ist. Aufgrund der Tatsache, dass es sich bei dem Prozess zu Beginn der Betrachtung nicht um einen etablierten Serienprozess handelt, gibt es keinerlei Erfahrungen zur Prozessführung sowie den Zusammenhängen und Wechselwirkungen zwischen den einzelnen Prozessgrößen (Abbildung 17).

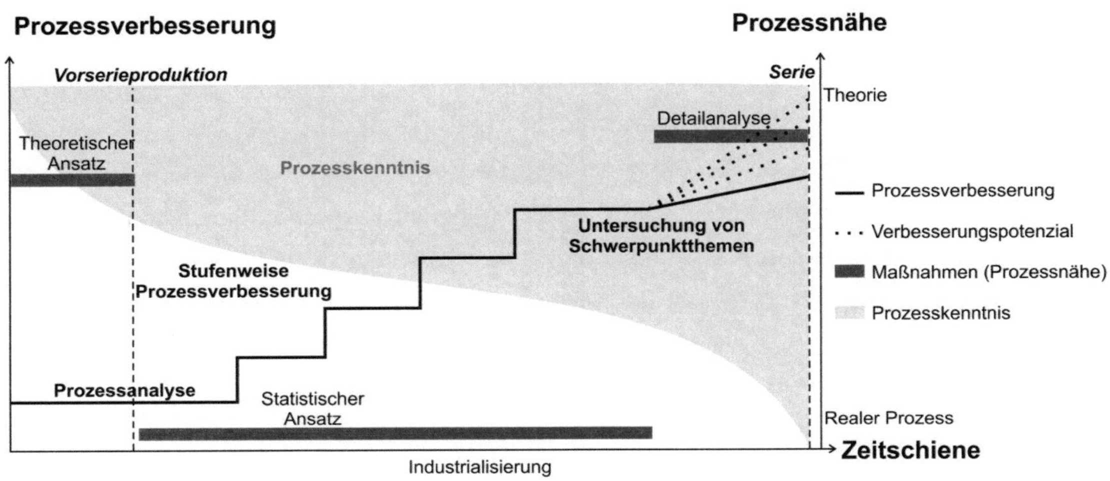

Abbildung 17: Vorgehensweise Prozessanalyse und -verbesserung

Dementsprechend ist in der frühen Prozessphase bis zur Vorproduktion nur ein geringes Maß an Prozesskenntnis verfügbar, welches auf ähnlichen Prozessen bzw. auf den Erfahrungen aus angelehnten Verfahren resultiert. Um zunächst einen Überblick zu erhalten, wird ein theoretischer Ansatz gewählt, welcher auf kosten- und ressourcensparende Art und Weise erste Erkenntnisse generiert. Die theoretische Analyse trägt nicht direkt zur Prozessverbesserung bei, bildet jedoch die Grundlage für weitere Untersuchungen wie den statistischen Ansatz, welcher im Gegensatz zur theoretischen Analyse auf der Basis realer Prozesswerte umgesetzt wird und somit sehr nah am Fertigungsprozess liegt. Die im Rahmen der theoretischen und statistischen Analyse identifizierten Schwerpunkte stellen die Basis für die Detailanalyse dar, welche anlagen- und materialspezifisch umgesetzt wird.

4.1 Theoretischer Ansatz

Theoretische Analysen zeichnen sich durch einen geringen Materialaufwand aus und lassen sich ohne den Einsatz von Fertigungstechnik umsetzen. Dafür ist ein hohes Maß an Expertenwissen notwendig, um die Aufgabenstellung lösen zu können. Durch die Kombination verschiedener Analysemethoden lässt sich die Vielzahl an Eingangs- bzw. Einflussgrößen einerseits in übersichtlicher Form darstellen und andererseits Schritt für Schritt komprimieren (Abbildung 18).

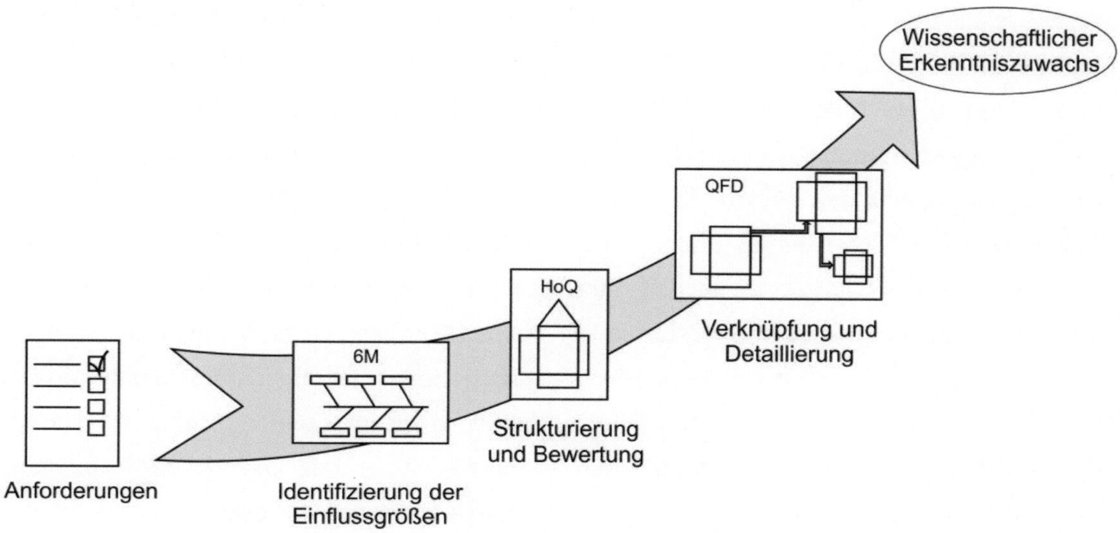

Abbildung 18: Vorgehensweise theoretischer Ansatz

Die allgemeine Vorgehensweise besteht zunächst im Verstehen des Prozesses und der Definition der Anforderungen, welche an den Prozess bzw. an das zu fertigende Bauteil gestellt werden. Die nächste Stufe umfasst die Identifizierung aller möglichen Einflussgrößen, deren Veränderung sich auf die Bauteilqualität auswirken können. Diese gilt es im Anschluss derart zu strukturieren und zu bewerten, dass kritische Faktoren herausgestellt werden. Die so aufbereiteten Informationen werden im Detail betrachtet und miteinander verknüpft, um die Einflüsse auf den Fertigungsprozess zu erkennen. Aus diesen Ergebnissen können Handlungsbedarfe abgeleitet werden, durch deren Umsetzung ein besseres Prozessverständnis erlangt werden kann.

4.1.1 Definition der Anforderungen

Im Bereich des Karosseriebaus ist es wichtig neben den Anforderungen an den Fertigungsprozess, auch die an die Bauteilqualität gestellten zu berücksichtigen, da Karosseriebauteile ein wichtiges Sicherheitskriterium darstellen. Es ist nicht auszuschließen, dass Forderungen, welche an den Prozess gestellt werden, widersprüchlich zu denen der Bauteile sind. Die Bauteilanforderungen sind von ihrer Funktion abhängig. So unterscheiden sich z. B. die von elektronischen Komponenten entscheidend von denen der Karosseriebauteile, welche im Rahmen der Arbeit analysiert werden. Im Automobilbereich steht besonders die Fahrgastsicherheit im Fokus, welche die Anforderungen an die Festigkeit des Bauteils impliziert. Diese können durch Merkmale wie z. B. Trockenstellen oder Falten reduziert werden. Ein weiterer Aspekt ist die Bauteilgeometrie, welche für den korrekten Verbau der Teile relevant ist. Bereits aus kleinen Abweichungen können hierdurch Schwierigkeiten beim Verbau resultieren und im eingebauten Zustand zu Spannungen im Bauteil führen. Hierzu gehört auch die exakte Position von Fixierungspunkten, welche im Fahrzeug keine Funktion haben, jedoch als Aufnahme und Positionierhilfe für Mess- und Montagevorrichtungen dienen. Diese können z. B. in Form von Reinharzgeometrien ausgeführt werden, welche aus Korrosionsschutzgründen neben der Positioniergenauigkeit auch Dichtheitsanforderungen erfüllen müssen. Ein weiterer Punkt sind die fahrzeugspezifischen Eigenschaften des Bauteiles, welche sichergestellt werden müssen. Dies setzt beispielsweise voraus, dass die Dicke des Bauteils ausreichend ist, um in der Montage Anbauteile problemlos anzubringen oder eine vollständige Imprägnierung der Fasern gegeben ist, um Korrosionsrisiken zu minimieren. Obwohl die meisten CFK-Karosserieteile nicht im Kundensichtbereich liegen, stellt die Oberflächenqualität der Bauteile ein weiteres Kriterium dar. Im Falle der Karossiere muss das Verkleben der Bauteile möglich sein und die Gefahr der Korrosion von Anbauteilen durch freigelegte Kohlenstofffasern verringert werden. [23]

4.1.2 Identifizierung der Parameter

Für eine Analyse des Gesamtprozesses ist es notwendig zunächst alle relevanten Einflussgrößen zu sammeln. Hierfür eignet sich die 6M-Methode nach Ishikawa sehr gut. Auf diesem Weg ist es möglich, die Parameter zu strukturieren. Es werden dabei sechs übergeordnete Kategorien betrachtet, denen die Einflussfaktoren zugeordnet werden - Maschine, Methode, Material, Mensch, Messung, Milieu. [77]

Wendet man diese Methode auf das Nasspressverfahren an, so können Prozesseinstellungen, welche direkte Auswirkungen auf den Produktionsprozess haben der Kategorie Maschine zugeordnet werden. Die Ausführung und Umsetzung des Fertigungsprozess sowie anknüpfende Prozessschritte werden dem Unterpunkt Methode angefügt. Für die Produktion von CFK-Bauteilen mit einem hohen Qualitätsstandard ist die Qualität der Ausgangsstoffe, die im Bereich Material eingeschlossen sind, besonders wichtig. Da beim Nasspressverfahren besonders in frühen Prozessphasen Eingriffe durch Mitarbeiter z. B. bei der Anlagensteuerung oder der Materialzufuhr erfolgen, müssen diese manuellen

Prozesse unter dem Punkt Mensch berücksichtigt werden. Um die Qualität der Bauteile abzusichern werden Messsysteme in die Fertigungsanlage integriert, deren Ausführung unter Messungen aufgeführt wird. Den letzten Schwerpunkt stellen Umwelteinflüsse dar, welche auf den Prozess und die Materialien im Fertigungsbereich einwirken und im Bereich Milieu zusammengefasst sind. Den zugeordneten Einflussgrößen lassen sich wiederum spezifische Parameter zuordnen, welche z. B. die Ausgangsmaterialien charakterisieren oder an der Anlage als Input-Größen voreingestellt werden (Abbildung 19).

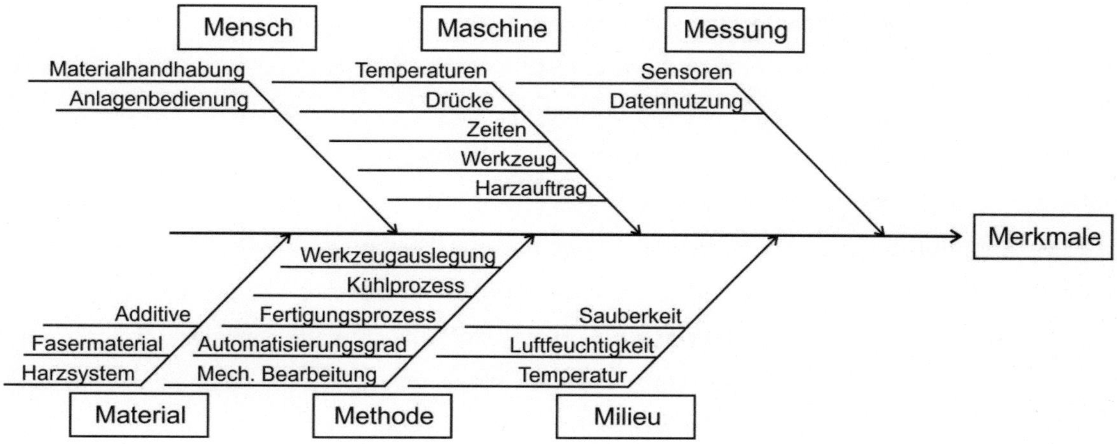

Abbildung 19: Grundgerüst 6M-Methode Nasspressverfahren

Bei der Sammlung der detaillierten Einflussgrößen ist es wichtig zu berücksichtigen, ob es verschiedene Fertigungsabläufe gibt. So kann es Unterschiede in Abhängigkeit der verwendeten Materialien bzw. des Fertigungsstandortes geben. Nur auf diese Weise lässt sich eine umfassende Analyse des Gesamtprozesses umsetzen, welche auf verschiedene Fertigungsstandards angewendet werden kann. [23]

4.1.3 Analysemethode

Zur Analyse der gesammelten Parameter und Einflussgrößen muss eine geeignete Methode gefunden werden, welche in einer systematischen und übersichtlichen Art und Weise die Auswertung die einzelnen Teilschritte und zugehörenden Technologien ermöglicht. Eine zweckmäßige Variante stellt das „House of Quality" (HoQ) bzw. das daraus abgeleitete Quality Function Deployment (QFD) dar, welches die Betrachtung der einzelnen Prozessschritte ermöglicht, die anschließend zusammengefasst und über mehrere Stufen im Detail analysiert werden können. Die ursprüngliche Version nach Akao muss für die Anwendung auf das Nasspressverfahren entsprechend modifiziert werden. [116]

House of Quality

Das „House of Quality" wird zur Bewertung der Gesamtqualität angewendet. Dabei werden Anforderungen an das Produkt bzw. Bauteil, wie im vorangegangenen Abschnitt definiert, als Basis benötigt. Im ursprünglichen Sinne bezeichnet man diese als Kundenstimmen (Voice of Customer), welche in Bezug auf das Nasspressverfahren vielmehr die notwendigen Anforderungen zum Umsetzen späterer Prozessschritte und Absicherung der Langzeitqualität darstellen. Dem gegenüber werden Maßnahmen oder Einflussfaktoren gestellt, welche die Erfüllung der Anforderung beeinflussen können. Im Rahmen eines Teams aus Experten erfolgt zunächst die Gewichtung der Anforderungen in Bezug auf ihre Relevanz zur Erfüllung der Kundenanforderungen. Hierfür ist eine Auswahl aus vier Stufen üblich, welche mit steigendem Wert keinen, einen niedrigen, mittleren bzw. großen Einfluss aufzeigen. Den nächsten Schritt stellt dann die Bewertung des Einflusses einzelner Faktoren auf die Anforderungen dar. Es werden logarithmische Bewertungsmaßstäbe angewendet, welche die Ermittlung eindeutiger Ergebnisse ermöglichen. Besteht das zusammengestellte Expertenteam aus sehr vielen Teilnehmern, bietet sich eine lineare Skala an, welche eine feinere Differenzierung ermöglicht und ggf. zu einer schnelleren Entscheidungsfindung beiträgt. Die vollständig ausgefüllte Matrix bildet den Körper des „House of Quality". Das Dach des Hauses setzt sich aus den Wechselwirkungen zwischen den Einflussfaktoren zusammen, welche eine weitere Bewertungsmöglichkeit bieten. Weiterführend ist es möglich die hauseigene Qualität mit der von Konkurrenzunternehmen zu vergleichen (Abbildung 20).

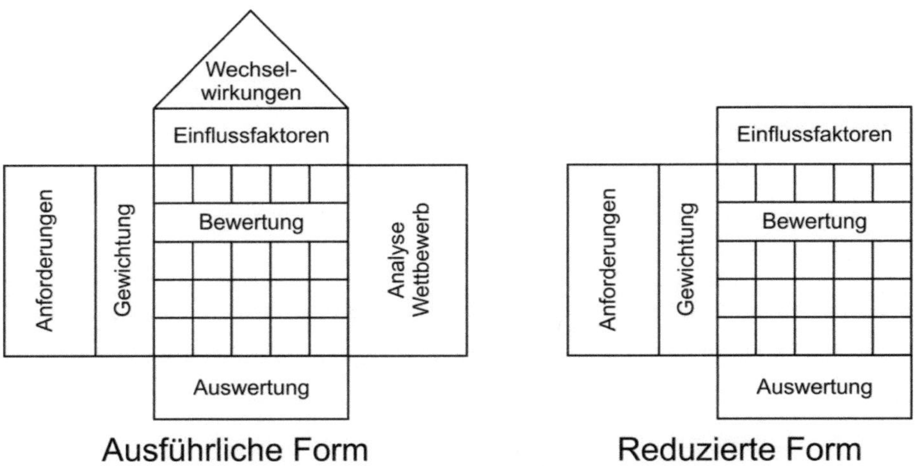

Abbildung 20: „House of Quality" ausführliche und reduzierte Form

Im Rahmen dieser Arbeit wird das „House of Quality" auf ein Fertigungsverfahren angewendet, welches bei keinem anderen OEM im Rahmen einer Serienfertigung für die Herstellung von CFK-Karosseriebauteilen eingesetzt wird. Dementsprechend ist ein Vergleich zu anderen Produkten nicht möglich. Abschließend erfolgt die Auswertung des

Hauses. Hierfür wird das Produkt aus Gewichtung G_i der jeweiligen Anforderung und der zugehörigen Bewertung des Einflusses eines Kriteriums E_i gebildet und entlang der gesamten Spalte mit n Einträgen aufsummiert. Man erhält die absolute Wichtigkeit W_{abs} (Formel 3).

$$W_{abs} = \sum_{i=1}^{n} G_i * E_i \tag{3}$$

Weiterhin lässt sich durch Aufsummieren der einzelnen Summenprodukte auch die relative Wichtigkeit W_{rel} eines Einflussfaktors ermitteln (Formel 4):

$$W_{rel} = \frac{W_{abs,i}}{\sum_{i=1}^{m} W_{abs,i}} \tag{4}$$

Anhand der absoluten bzw. relativen Wichtigkeit lässt sich eine Rangfolge ermitteln, welche das Fundament des „House of Quality“ bildet und auch als Basis für weitere Untersuchungen dient. Weiterführend ist es sinnvoll eine Aussage darüber zu treffen wie einfach oder kompliziert es ist eine der Einflussfaktoren zu verändern. So lassen sich z. B. Werkzeugtemperaturen durch Anpassung der Presseneinstellungen leicht verändern. Hingegen ist es deutlich komplizierter die Umgebungsbedingungen wie Temperatur oder Luftfeuchtigkeit in der Fertigungshalle anzupassen, da diese im schlimmsten Fall umfangreiche Umbaumaßnahmen zur Klimatisierung der gesamten Halle erforderlich machen. Hierfür bietet sich eine lineare Skala an, welche mehrere Stufen zwischen leicht veränderbar und nicht umsetzbar abdeckt.

Das HoQ wird angewendet, um die Prozessschritte des Nasspressverfahrens auszuwerten. Da der Gesamtprozess nicht in einem einzigen HoQ abgebildet werden kann, ist es sinnvoll mehrere HoQ der Teilschritte zu kombinieren.

Quality Function Deployment

Da es für das Nasspressen eine enorme Anzahl von Faktoren gibt, welche sich aus den Eigenschaften des Fasermaterials, den Umwelteinflüssen und den Prozessgrößen zusammensetzen, ist es notwendig, diese über eine Zwischengröße auf ein überschaubares Maß zu reduzieren. Da die Bauteilqualität mit der Art, Anzahl, Ausprägung und Position der Merkmale steigt und fällt, werden diese als Bezugsgröße für die Bewertung verwendet. In der Analyse des Nasspressverfahrens werden also die Anforderungen an die Bauteile nicht direkt den Prozessparametern gegenübergestellt, wie es beim HoQ üblich wäre, sondern möglichen Bauteilmerkmalen. Auf diese Weise wird zunächst beurteilt wie stark auftretende Merkmale die Bauteilanforderungen beeinträchtigen können. Im weiteren Verlauf der Untersuchungen werden die Merkmale, welche im ersten HoQ als Einflussfaktoren dienen zu den Anforderungen des zweiten Hauses transformiert. Es ist zu beachten, dass in dieser Konstellation das Vermeiden der Merkmale als jeweilige Anforderung gilt. Die Gewichtung wird in diesem Fall nicht durch das Expertenteam definiert sondern anhand des Ranges der Merkmale bzgl. der relativen Wichtigkeit von Stufe 1. Die oberen 20% der Bewertungen erhalten die höchste Gewichtung. Für die darauffolgenden 40% wird eine mittlere Gewichtung gesetzt. Die verbleibenden 40% werden mit der niedrigsten Gewichtung bewertet. Merkmale, bei denen keine Beeinträchtigung der Kundenanforderungen nachgewiesen werden kann, entfallen. Die Aufgabe des Expertenteams besteht darin, besonders in den Grenzbereichen über eine sinnvolle Zuordnung des Merkmals zu entscheiden. Durch diese Einteilung wird die Verknüpfung zwischen Bauteilanforderungen und Prozessparametern hergestellt. Für die Einflussfaktoren in Stufe 2 können zudem mehrere HoQs der einzelnen Teilschritte wie z. B. des Harzauftrags erstellt und in reduzierter Form kombiniert werden, um die daraus resultierenden Teilmatrizes im Detail zu bewerten (Abbildung 21).

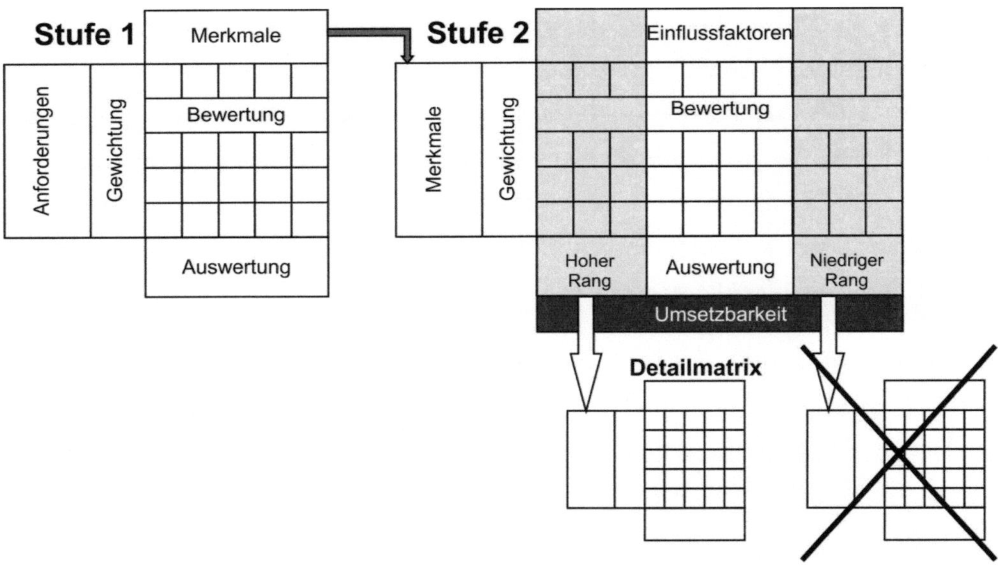

Abbildung 21: QFD-Stufen und Ableitung Detailmatrizes aus Gesamtauswertung

Wie in Stufe 1 werden die Matrizes nun durch das Expertenteam bewertet und so die Einflüsse zwischen Prozessparametern und Merkmalen definiert. Als letzten Schritt gilt es den Aufwand zu bewerten, der nötig ist, um einen Einflussfaktor anzupassen. Auf diese Weise kann im Zusammenhang mit der Rangfolge abgeschätzt werden, bei welchen Parametern es sinnvoll ist, in den Prozess einzugreifen. Einen sehr guten Ansatz stellen somit Einflussgrößen dar, welche einen sehr hohen Rang besitzen und gleichzeitig leicht anpassbar sind. Kann eine Prozessgröße nur durch komplexe Maßnahmen verändert werden, muss im Einzelfall abgeschätzt werden, ob der Aufwand durch eine gravierende Prozessverbesserung ausgeglichen wird. [23]

Werden Teilprozesse zu Schwerpunkten zusammengefasst, erfolgt eine Bewertung der Teilmatrix separat in Abhängigkeit des erzielten Ranges. Ist der Rang aller Einflussgrößen im Vergleich zum Rest der Matrix sehr gering, kann der Aufwand für eine tiefergehende Bewertung eingespart bzw. diese in der Arbeitsfolge hinten angestellt werden, sodass darauf zurück gegriffen werden kann, wenn andere Maßnahmen erfolglos bleiben.

4.1.4 Ableitung von Handlungsbedarfen

Durch die Bewertung über mehrere Teilmatrizes und Stufen lassen sich eine Reihe von Parametern und Prozessgrößen ermitteln, welche sich auf die Bauteilqualität auswirken. Da für die theoretische Analyse keine Versuchsmaterialien bzw. Prozessdaten benötigt werden, eignet sich diese Anwendung insbesondere für die frühe Phase eines Fertigungsprozesses, in der Änderungen am Fertigungskonzept noch möglich sind. Anhand der Auswertung der Gesamtmatrix und der ermittelten Ränge der Prozessparameter lassen sich Schwerpunkte definieren, welche tiefgreifend analysiert werden müssen. [23]

Zur Verifizierung des theoretischen Ansatzes ist es sinnvoll, die identifizierten Prozessgrößen anhand von realen Daten abzugleichen und Schlussfolgerungen bzgl. der Bauteilqualität abzuleiten. Sind Prozessdaten verfügbar, eignen sich statistische Methoden, um diese auszuwerten.

4.2 Statistischer Ansatz

Stehen für die Analyse eines Fertigungsprozesses Datensätze zur Verfügung, so ist es sinnvoll neben einem theoretischen Ansatz auch einen statistischen zu verfolgen. Man unterscheidet zwischen deskriptiver, explorativer und induktiver Statistik. Die deskriptive Statistik ermöglicht das Beschreiben der erhobenen Daten mittels Kennzahlen oder grafischer Darstellung. Ziel der explorativen Statistik ist es, Strukturen innerhalb des Datensatzes zu erkennen. Die induktive Statistik dient dem Zweck, gewonnene theoretische Zusammenhänge auf die Grundgesamtheit zu übertragen, wird im Rahmen der Arbeit jedoch nicht betrachtet. Ausgangspunkt der Analyse sind die aufgezeichneten Rohdatensätze (Abbildung 22).

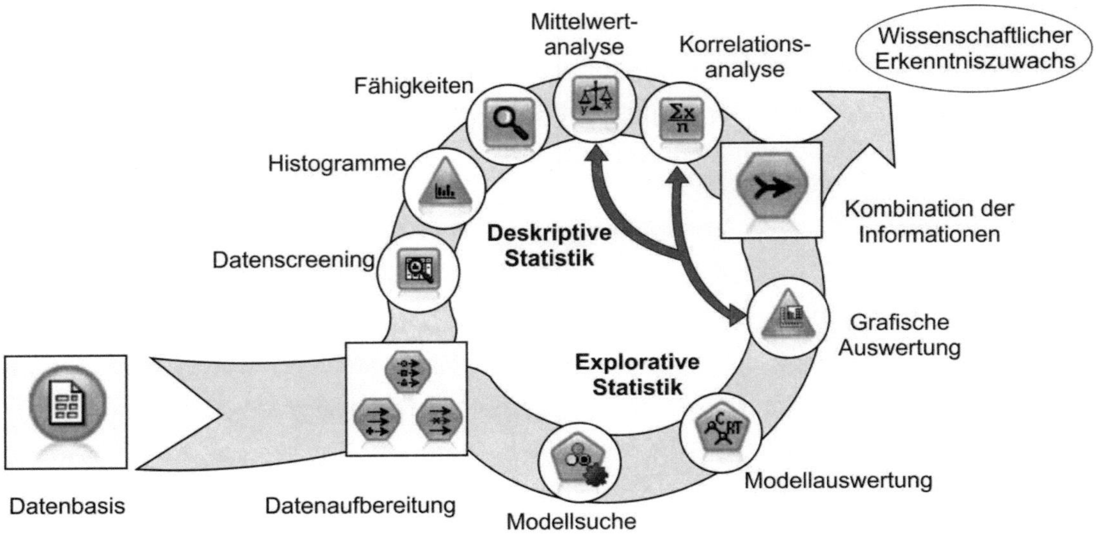

Abbildung 22: Vorgehensweise statistischer Ansatz

Im Rahmen der Arbeit wird der IBM® SPSS® Modeler zur Umsetzung deskriptiver und explorativer Auswertungen herangezogen. Eine derartige Data Mining Software kann die Analyse deutlich vereinfachen, setzt jedoch eine hohe Qualität der Quelldatensätze voraus, sodass diese vor der Datenanalyse aufbereitet werden müssen. Durch Zusammenführen und Abgleich der Informationen aus deskriptiver und explorativer Statistik können wichtige Erkenntnisse für ein besseres Prozessverständnis abgleitet werden. [71; 115]

4.2.1 Datenaufbereitung

Ziel der Datenaufbereitung ist es, die spätere Auswertung zu ermöglichen und Fehler, welche aus der Zusammenstellung der Daten stammen zu vermindern. Dies beinhaltet z. B. das Verbinden und Abgleichen von Prozessdaten, welche aufgezeichnet und gesammelt werden. Im Falle des Nasspressverfahrens zählen hierzu Informationen zum Ausgangsmaterial, wie Fertigungsdatum des Faserhalbzeugs oder Charge des Harzsystems und Daten, welche an den einzelnen Stationen des Fertigungsprozesses aufgezeichnet werden. Eine sehr gute Ergänzung stellen Informationen zu den Umgebungsbedingungen und zusätzlich gemessene Werte bzw. die Qualitätsdaten des fertigen Bauteils dar, welche Rückschlüsse bzgl. des Zusammenhangs von Material- und Prozessdate sowie der Entstehung von Merkmalen zulassen (Abbildung 23).

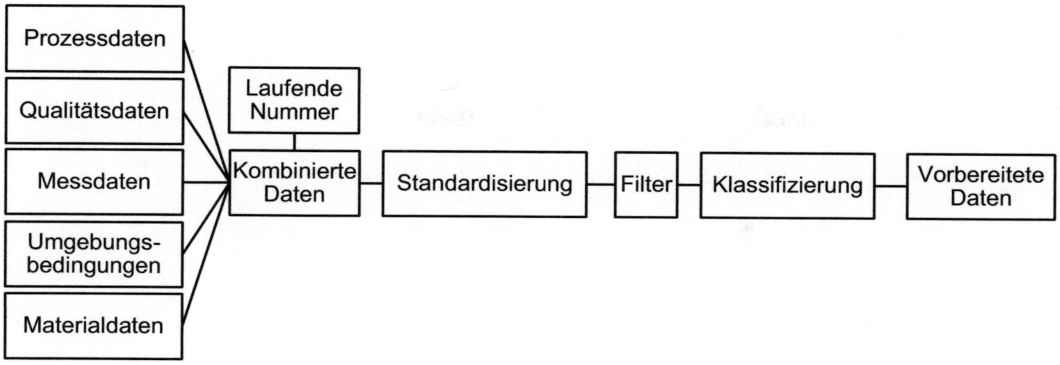

Abbildung 23: Übersicht Datenaufbereitung

Um eine einfache Zuordnung der Daten zu ermöglichen, müssen die Faserhalbzeuge bzw. fertigen Bauteile mit einem Label versehen werden. Alternativ kann zusätzlich eine laufende Nummer vergeben werden, welche eine Zuordnung über die Prozesszeiten zulässt. Sind die Datensätze vollständig kombiniert, gilt es diese zu standardisieren, um z. B. im Falle nominalskalierter Statistikmerkmale zusätzliche Varianten zu vermeiden. Ein Beispiel hierfür ist die Schreibweise der Kurzform „i.O.", welche ausdrückt, dass ein Bauteil „in Ordnung" also aus Qualitätssicht ein Gutteil ist.

Einen weiteren kritischen Punkt stellen unvollständige Datensätze dar, da diese zu Fehlern und Abweichung im Auswerteprozess führen können. Sind ausreichend vollständige Datensätze verfügbar, so ist es sinnvoll diese herauszufiltern und lediglich mit kompletten Datensets zu arbeiten. Gibt es nur wenige Daten, so stellt das partielle Filtern der Daten entsprechend des auszuwertenden Parameters eine bessere Option dar, da die Anzahl der repräsentativen Datensätze sonst schnell unterschritten wird. In Abhängigkeit des Umfangs der Datenerhebung bietet es sich an, die Daten zu klassifizieren. Dies kann einerseits im Vergleich zur Urliste zu einer Verringerung der Genauigkeit führen, wenn z. B. Temperaturen zu Temperaturbereichen zusammengefasst werden, andererseits kann dieses Vorgehen auch für eine bessere Übersichtlichkeit sorgen sofern die Spannweite der Daten sehr groß ist.

Für die Analyse des Nasspressverfahrens werden die Ausgangsdaten kombiniert. Die Zuordnung erfolgt über das ID-Label, welches bereits bei der Herstellung des Faserhalbzeugs angebracht wird und derart positioniert ist, dass es auch am fertigen Bauteil abgelesen werden kann. Zusätzlich wird beim Zusammenführen der Daten eine laufende Nummer verteilt, welche entsprechend der Produktionsreihenfolge vergeben wird. Die Daten werden im csv-Format als Quelldatei im SPSS® Modeler aufgerufen (Abbildung 24).

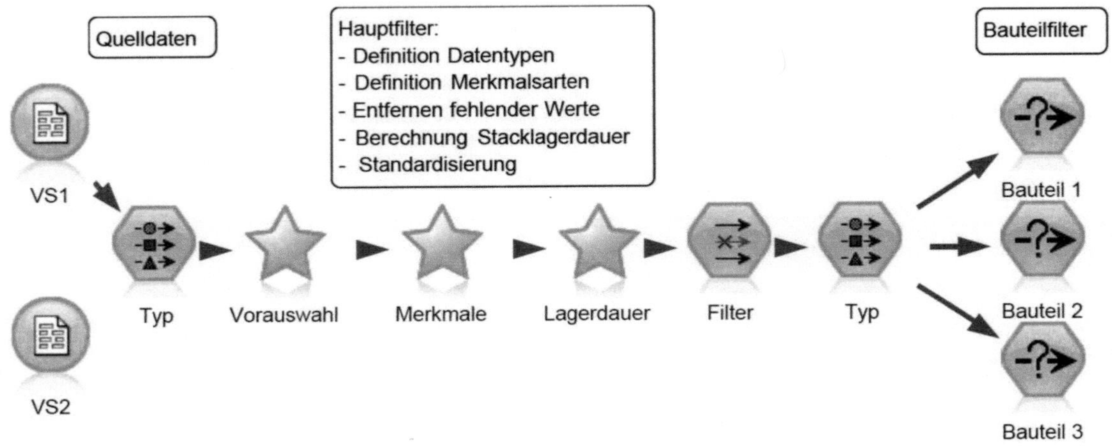

Abbildung 24: Datenaufbereitung im SPSS® Modeler

Im SPSS® Modeler gibt es verschiedene Funktionen zur Umsetzung der o. g. Maßnahmen, welche in Form von Datensatz- und Feldoperationsknoten angewendet werden können (Tabelle 4).

Tabelle 4: Funktionen der Datensatz- und Feldoperationsknoten nach [69]

Knotentyp	Funktion
„Typ"	Informationen zu Datentyp, Definition der Feldfunktion z. B. Zielgröße
„Füller"	Anpassung der Datenformate und Datensätze, Ergänzung von Fehlwerten
„Ableitung"	Hinzufügen von Feldern durch Kombination vorhandener oder Berechnung
„Filter"	Entfernen nicht benötigter Felder
„Auswahl"	Separierung der Daten anhand eines Merkmals

Neben den manuell hinzugefügten Qualitätsinformationen wird der „Füller"-Knoten auch für die Position der Merkmale auf der Bauteiloberfläche angewendet. Da die Position durch eine Kombination einer Zahl und eines Buchstabens im virtuellen Raster zusammengesetzt wird, lässt sich dieses Format nur schwer verarbeiten. Eine Aufteilung in eine X- und eine Y-Koordinate sowie das Ersetzen des Buchstabens mit dem Buchstabenwert ist daher zweckmäßig. Der Knoten für „Ableitung" wird eingesetzt, um Daten, welche alleinstehend nicht auswertbar sind zu nutzen. Aus dem Anlieferungsdatum der Faserhalbzeuge lässt sich kein Mehrwert erzielen, da dieses für alle Stacks eines Stapels identisch ist. In Kombination mit dem Verarbeitungsdatum lässt sich jedoch die Lagerdauer des Halbzeugs als neues Feld ermitteln. Ist ein solches Feld erzeugt, kann z. B. das Anlieferungsdatum der Stacks zu Gunsten der Übersichtlichkeit mittels eines „Filter"-Knotens entfernt werden. Der „Auswahl"-Knoten wird eingesetzt wenn die Daten innerhalb eines „Diagramm"- oder „Modell"-Knotens nicht separiert werden können.

Die so aufbereiteten Daten dienen als Grundlage für die folgenden Analysen. Dabei muss stets die bestmögliche Datenqualität angestrebt werden, welche unter der Voraussetzung einer repräsentativen Datenmenge erreicht werden kann.

4.2.2 Deskriptive Statistik

Bei der Auswertung von qualitativen und quantitativen Daten, welche aus der Industrialisierungsphase eines Fertigungsprozesses stammen, stellt insbesondere die Verfügbarkeit der Daten eine große Herausforderung dar. Zu den qualitativen Daten gehören z. B. Informationen wie die Gesamtbauteilqualität oder auch die Merkmalsarten, welche am Bauteil auftreten und am Ende des Prozesses bewertet werden. Zu den quantitativen Daten zählen beispielweise die Temperaturen des Harzsystems oder Werkzeugs. Da es sich bei der Auswertung der Prozessdaten um eine multivariate Datenanalyse handelt, ist es günstig vor der Betrachtung ein Datenscreening durchzuführen, um einen Überblick der vorhandenen Daten zu erhalten.

Datenscreening

Durch das Datenscreening ist es möglich, eine Reihe von statistischen Kennzahlen zur Charakterisierung der Datensätze zu ermitteln, welche die Grundlage für weiterführende Analysen bildet. Neben dem Minimum und Maximum der Daten, die direkt durch Sortieren oder anhand einer grafischen Darstellung ablesbar sind, können weitere Kennwerte rechnerisch bestimmt werden. Auf Basis der n einzelnen Werte x_i lassen sich der Mittelwert $\bar{x}$ und die Standardabweichung s anhand der Varianz s^2 ermitteln (Anhang 3).

Neben diesen Basiskennzahlen kann weiterführend überprüft werden, ob die vorliegenden Daten normalverteilt sind. Liegt eine Normalverteilung vor, weist dies darauf hin, dass die Daten zufällig schwanken und nicht durch äußere Einflüsse bzw. Wechselwirkungen beeinflusst werden. Weiterhin wird für verschiedene Analysemodelle der explorativen Statistik eine Normalverteilung der Daten vorausgesetzt. Zur Beschreibung der Verteilung wird die Schiefe bzw. der Exzess bestimmt, welche die Abweichung von einer Normalverteilung beschreiben. Mittels der Schiefe kann die Neigung der Verteilungskurve beschrieben werden, mit der sie von einer Normalverteilung abweicht. Der Exzess der Kurve definiert hingegen den Kurvenverlauf im Bereich des Maximums (Abbildung 25).

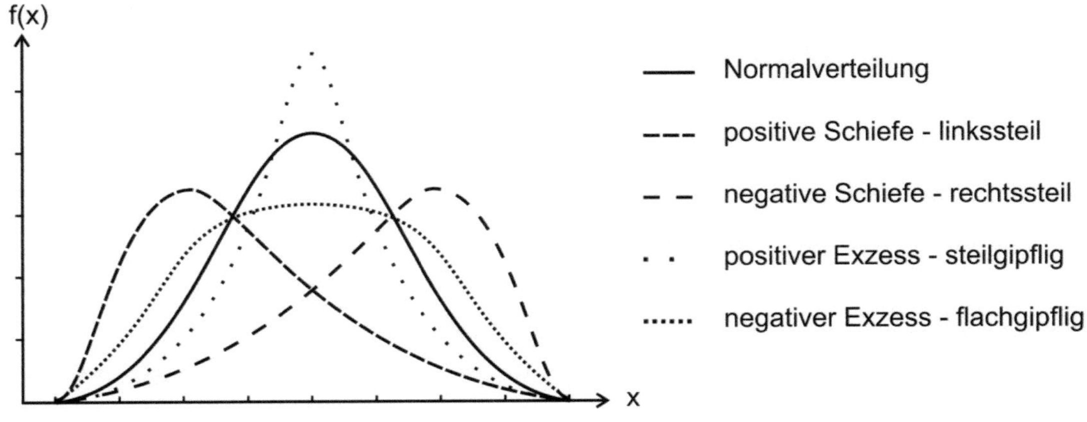

Abbildung 25: Abweichungsmöglichkeiten von einer Normalverteilung nach [101]

Die Berechnung der Schiefe g_S anhand von Einzelwerten erfolgt mithilfe des Mittelwertes (Anhang 3). Im Falle eines positiven Wertes für die Schiefe ist die Verteilung nach links in Richtung niedrigerer Werte und für negative Werte nach rechts in Richtung höherer Werte geneigt. Eine derartige Verschiebung zeigt, dass die Abweichung vermehrt in eine Richtung auftritt und die Prozessgröße z. B. gegen eine natürliche Grenze läuft. Der Exzess g_E ist die Differenz aus der Kurtosis und dem Wert 3, welcher dem einer Normalverteilung entspricht (Anhang 3). Ein Exzess von 0 ist also einer Normalverteilung gleichzusetzen. Ist das Ergebnis größer als 0, so weist die Kurve einen steilen Gipfel auf. In diesem Fall liegen zwar die meisten Werte in einem engen Prozessfenster, es treten jedoch auch starke Abweichungen von diesem auf. Unterhalb von 0 ist die Verteilungskurve eher abgeflacht. Dies bedeutet, dass der Prozess um den Mittelwert schwankt und weist auf eine beidseitige Begrenzung des Kennwertes hin. [87; 101]

Im SPSS® Modeler lassen sich diese Kennzahlen gesammelt über den „Data Audit"-Knoten ermitteln (Abbildung 26).

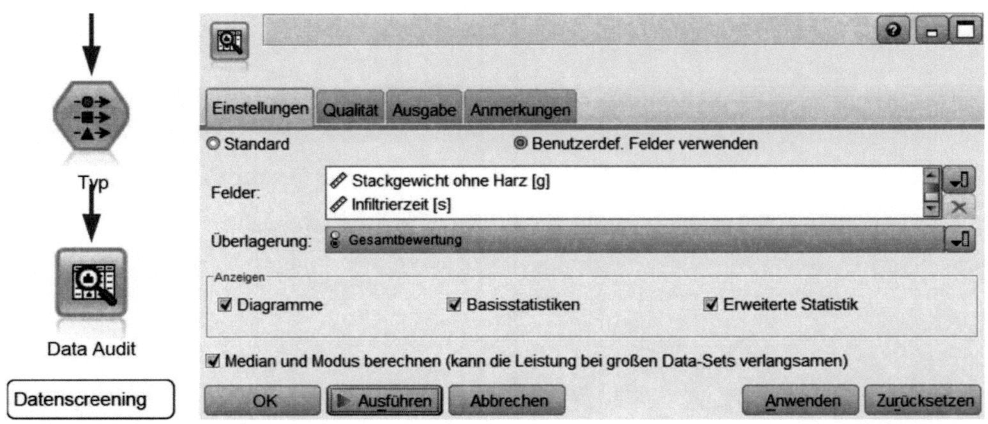

Abbildung 26: Vorgehensweise Datenscreening SPSS® Modeler

Für das Datascreening werden alle Parameter mit stetigen Eigenschaften herangezogen. Weiterhin werden alle möglichen Anzeigeoptionen angewählt, um eine umfangreiche Datenübersicht zu erhalten. Im Feld Überlagerung wird die Gesamtbewertung als Differenzierungsmerkmal für die grafische Darstellung ausgewählt (Anhang 8). Das Ergebnis der Auswertung ist eine Übersicht mit den Kennwerten aller gewählten Parameter sowie das zugehörige Histogramm, die Informationen zu der Verteilung der einzelnen Prozessgrößen enthalten und als Grundlage für die weitere Analyse dienen.

Histogramm

Über ein Histogramm bzw. Minima und Maxima lässt sich beurteilen, wie die Parameter verteilt sind und ob Ausreißer oder Extrema existieren, welche ggf. vor der Betrachtung entfernt werden müssen. Entsprechend jedes Prozessparameters muss weiterhin der Umfang der auszuwertenden Daten gewählt werden. So sind Parameter wie z. B. Werkzeugtemperaturen für alle Bauteile gleich, da diese aufgrund der trägen Temperaturanpassung nur langsam variiert werden können. Im Gegensatz hierzu unterscheiden sich Kenngrößen wie das Harz- oder Stackgewicht in Abhängigkeit des zu fertigenden Bauteils. Sind die auszuwertenden Datenumfänge klar, stellt die Unterteilung der Messwerte in Klassen den nächsten Schritt dar. Die Anzahl der Klassen, in welche die Datenumfänge aufgeteilt werden ergibt sich aus der Gesamtanzahl der Datensätze (Anhang 5).

Der nächste Schritt besteht in der Ermittlung der relativen Häufigkeit innerhalb der einzelnen Klassen. Hierfür wird der Quotient aus der absoluten Häufigkeit n_i der Werte in einer Klasse und der Gesamtanzahl n_{gesamt} der auszuwertenden Daten gebildet (Anhang 5). Zur Auswertung werden die relativen Häufigkeiten als Balkendiagramm gegen die Klassenmittelwerte aufgetragen. Auf diese Weise kann auf visuellem Weg bewertet werden, in welchem Prozessfenster sich die Kennzahlen bewegen und in wie weit sie von Toleranzen bzw. Sollwerten abweichen. [21; 115]

In der Industrialisierungsphase gilt es den Fertigungsprozess derart zu gestalten, dass eine möglichst hohe Bauteilqualität erreicht wird. Somit gibt es eine Reihe von Prozessanpassungen, welche sich auch in den Histogrammen wiederspiegeln. Es ist daher zu erwarten, dass die Histogramme innerhalb einer Prozessphase keine Normalverteilung zeigen, sondern Abweichungen z. B. in Form von Sprüngen oder Bereichen in denen keine Kennwerte erfasst werden zu sehen sind. Sinnvoll ist daher die Betrachtung von einzelnen Fertigungslosen, welche ohne Unterbrechung und Veränderungen umgesetzt werden und für die somit eine Normalverteilung zu erwarten ist (Abbildung 27).

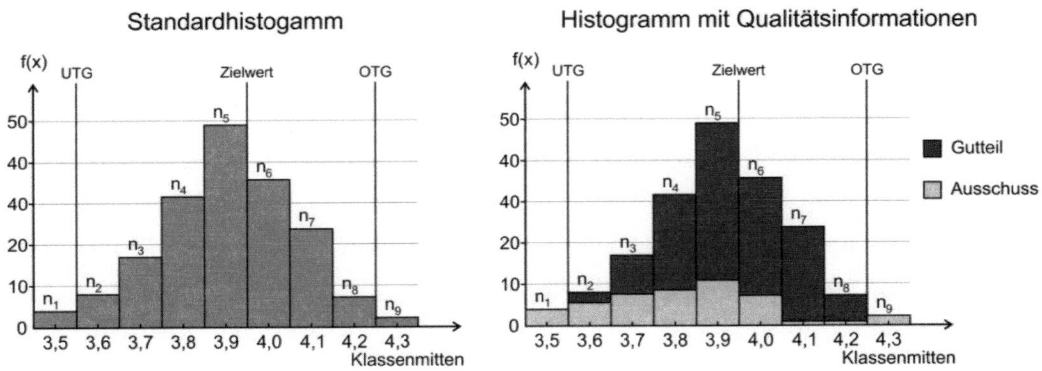

Abbildung 27: Vergleich Standardhistogramm und Variante mit Qualitätsinformationen

So lassen sich ggf. Bereiche definieren, in denen trotz starker Abweichung vom Zielwert Gutteile gefertigt werden. Durch einen Abgleich mit anderen Parametern und Analysen, welche Parameterwechselwirkungen betreffen, lassen sich Rückschlüsse bzgl. geeigneter Prozessfenster ziehen.

Hierfür können die im Rahmen des Datenscreenings erstellten Histogramme einzeln aufgerufen werden. Eine weitere Option stellt der „Histogramm"-Knoten dar, da der Informationsgehalt durch weitere Darstellungsoptionen wie z. B. eine definierbare Klassenbreite höher ist (Abbildung 28).

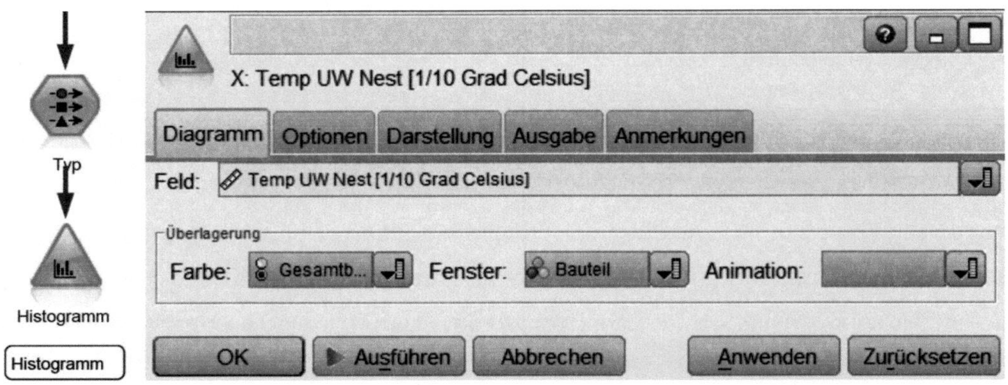

Abbildung 28: Vorgehensweise Erstellung Histogramm SPSS® Modeler

Auf diese Weise sind nicht nur farbliche Überlagerungen darstellbar, sondern auch die Nebeneinanderstellung mehrerer Histogramme, welche einen besseren Vergleich der Daten ermöglicht (Anhang 8).

Auch wenn sich aufgrund der Klasseneinteilung anhand von Histogrammen lediglich Tendenzen bzgl. der Bauteilqualität oder des Prozessverlaufes erkennen lassen, geben sie zumindest einen groben Einblick in die Stabilität des Prozesses, der in einer Fähigkeitsbewertung analysiert wird.

Fähigkeitsbewertung

Zur Bewertung der Fähigkeit werden Kennwerte wie die Prozessfähigkeit und der Prozessfähigkeitsindex herangezogen. Die Prozessfähigkeit beschreibt die Streuung der Messwerte im Vergleich zur Breite des Toleranzbereiches. Anhand des zugehörenden Prozessfähigkeitsindex lässt sich weiterführend die Lage in diesem beschreiben (Anhang 4). Unterschieden wird in die Kurz- und Langzeitfähigkeit des Prozesses. Bei der Kurzzeitfähigkeit liegen Daten vor, welche innerhalb von Tagen bzw. Wochen aufgezeichnet werden, wie sie in frühen Prozessphasen vorliegen. Es können primär Aussagen bzgl. der Maschinenfähigkeit getroffen werden. Für die Langzeitfähigkeit sind Daten erforderlich, welche über mehrere Wochen oder Monate aufgezeichnet werden, wie es in einer laufenden Serienqualität der Fall ist. So können auch äußere Einflüsse, die auf den Fertigungsprozess einwirken, beurteilt werden. Für die Berechnung werden neben der oberen (OTG) und unteren (UTG) Toleranzgrenzen der Mittelwert $\bar{x}$ und die Standardabweichung s des Probenumfangs benötigt (Anhang 4). [20; 74]

Liegt das Ergebnis der Berechnung der Prozessfähigkeit oberhalb von 1,33 (4σ) spricht man von einem stabilen bzw. beherrschten Prozess. Der gleiche Grenzwert gilt auch für den Prozessfähigkeitsindex, welcher bei einem Wert über 1,33 einen fähigen Prozess kennzeichnet. Bei Werten unter dieser Grenze ist der Prozess als unbeherrscht (c_p) oder unfähig (c_{pk}) anzusehen. In Abhängigkeit der Anforderungen, die an den Prozess gestellt werden, können die Grenzwerte auch höher z. B. bei 1,67 (5σ) - 2,00 (6σ) liegen. Nehmen die Prozessfähigkeit und der der zugehörige Index denselben Wert an, bewegt sich der Prozess in der Mitte der Toleranzgrenzen (Abbildung 29).

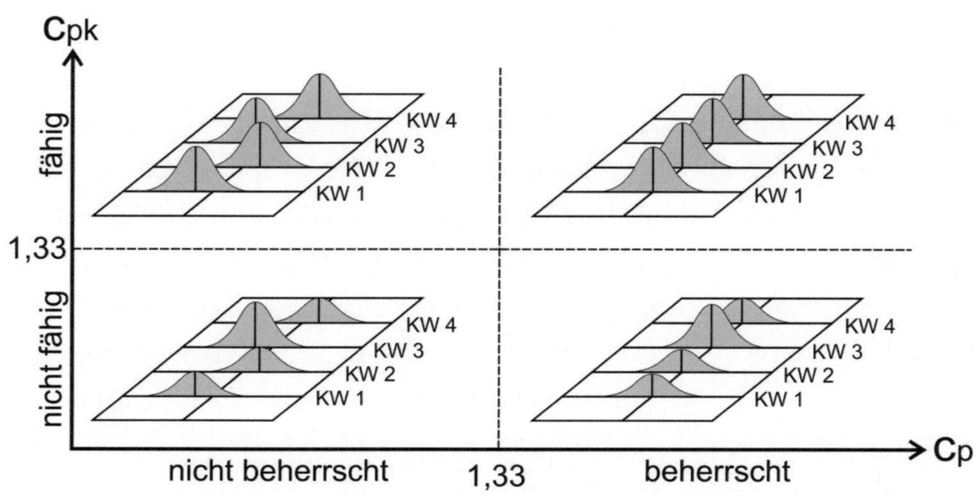

Abbildung 29: Übersicht Prozessfähigkeit und Prozessfähigkeitsindex

Durch Anwendung eines prozessintegrierten Qualitätsregelungssystem können festgestellte Prozessabweichungen über Regelkreise zur Steuerung der Anlage genutzt werden und durch gezielte Veränderung einzelner Parameter zur Stabilisierung des Prozesses eingesetzt werden. [20; 44; 97]

Für die Analyse werden die Prozessfähigkeit und der Prozessfähigkeitsindex der einzelnen Parameter aus den verschiedenen Prozessphasen gegenüber gestellt. Für bauteilübergreifende Kennwerte erfolgt eine gesamthafte Auswertung. Bauteilspezifische Parameter werden einzeln analysiert (Anhang 8).

Um eine gute Übersicht zu erhalten, werden in der Datenauswertung Werte unterhalb des Grenzwertes von 1,33 hellgrau und Werte, welche niedriger als 1,00 sind in dunkelgrau gekennzeichnet. Auf diese Weise kann bestimmt werden, ob es bezüglich der Prozessstabilität einen Fortschritt zwischen den Prozessabschnitten gab.

Neben der Bewertung der Prozessfähigkeit gibt es eine Reihe weiterer Kennwerte, welche auf Grundlage der statistischen Kennwerte ermittelt werden können.

Mittelwertanalyse

Die Grundlage der Mittelwertanalyse bildet die Überlegung, welche Daten miteinander verglichen werden sollen. So besteht die Möglichkeit die Mittelwerte innerhalb einer Datenreihe, welche sich anhand einer Eigenschaft unterscheiden bzw. die Mittelwerte mehrerer Datenreihen, welche einen Bezug zueinander haben zu vergleichen. Für die Auswertung der Prozessparameter wird im Rahmen der Arbeit die erste Variante gewählt. Neben der Ermittlung der Mittelwerte wird weiterführend geprüft, ob zwischen den bestimmten Mittelwerten ein signifikanter Unterschied vorhanden ist oder ob das Ergebnis auf Zufall basiert. [69]

Die Bewertung basiert auf einer einfachen Varianzanalyse (ANOVA) mit der Annahme, dass die zu analysierenden Daten normalverteilt sind und die Werte innerhalb der einzelnen Klassen die gleiche Standardabweichung bzw. Varianz aufweisen. Die Hypothese, welche überprüft werden soll, beinhaltet die Tatsache, dass alle Gruppen denselben Mittelwert besitzen. Um die Hypothese überprüfen zu können muss ein Signifikanzniveau α festgelegt werden, das den Grenzwert für die maximal zulässige Irrtumswahrscheinlichkeit festlegt. Neben dem Mittelwert der gesamten Datenmenge $\bar{x}$ werden weiterführend die Mittelwerte der r Gruppen $\bar{x}_i$ benötigt, welche zur Berechnung der Quadratsummen q_1 und q_2 dienen. Diese werden zur Bestimmung der Prüfgröße v_0 benötigt. Mithilfe einer Tabelle der F-Verteilung für das gewählte Signifikanzniveau kann nun mittels der Freiheitsgrade $r-1$ und $n-r$ der Vergleichswert c bestimmt werden. Ist die Prüfgröße kleiner bzw. gleich dem

Tabellenwert, kann die Hypothese angenommen und die Mittelwerte als gleich angesehen werden (Anhang 6). [72]

Für die Analyse des Nasspressverfahrens mittels SPSS® Modeler, in Bezug auf den Einflusses einzelner Parameter auf die Bauteilqualität, stellt eine Aufteilung nach Gutteilen und Ausschuss die erste Variante dar, wobei jeder aufgezeichnete Prozessparameter separat analysiert wird (Abbildung 30).

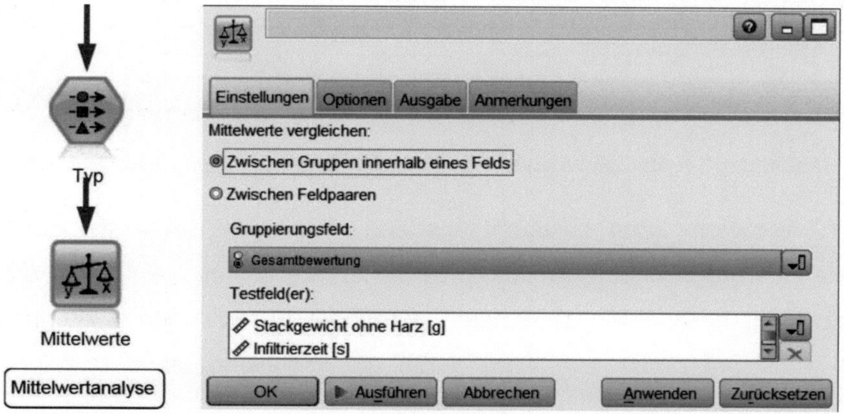

Abbildung 30: Vorgehensweise Mittelwertanalyse im SPSS® Modeler

Eine weitere Option besteht in der Betrachtung der Mittelwerte, welche mit dem Auftreten verschiedener Merkmale im Zusammenhang stehen. Im Unterschied zur klassischen ANOVA wird bei der Auswertung nicht bestätigt, dass für die Analyse ein definiertes Signifikanzniveau gilt, sondern vielmehr die Wahrscheinlichkeit dafür, dass die Unterschiede zwischen den gegebenen Mittelwerten nicht auf Zufall basieren. In der Softwareoberfläche wird diese als Wichtigkeit angegeben (Anhang 8).

Es können vor der Auswertung Grenzwerte definiert werden, welche eine automatische Bewertung der Wichtigkeit in den drei Stufen „Bedeutsam“, „Marginal“ und „Unbedeutend“ ermöglicht. Im Rahmen der Arbeit gelten Parameter mit Werten bis 0,95 als „Bedeutsam“ und bis 0,90 als „Marginal“. Prozessdaten mit Werten darunter werden nicht näher betrachtet. Um die Vielzahl an Informationen übersichtlich darzustellen, werden diese aufgeteilt nach Bauteil und separiert in die beiden Prozessphasen der Vorserie 1 (VS1) und Vorserie 2 (VS2) gegenübergestellt (Abbildung 31).

		VS1			VS2		
		i.O.	n.i.O.	Wichtigkeit	i.O.	n.i.O.	Wichtigkeit
Bauteil	Parameter 1						
	Parameter 2						
	Parameter 3						
	Parameter 4						
	Parameter 5						
	Parameter 6						
	Parameter 7						
	Parameter 8						
	Parameter 9						
	Parameter 10						

Abbildung 31: Beispiel Auswerteübersicht Mittelwertanalyse Gesamtqualität

Anhand der Mittelwerte kann bestimmt werden, in welchen Prozessfenstern tendenziell Gutteile gefertigt werden oder in welchen Bereichen die Wahrscheinlichkeit für Ausschuss höher ist bzw. mit bestimmten Merkmalen gerechnet werden muss. Alternativ kann die Auswertung auch auf grafischem Weg durch die Erstellung eines Boxplots umgesetzt werden.

Neben der Auswertung der einzelnen Prozessgrößen gilt es weiterführend, Wechselwirkungen zwischen diesen zu erkennen um herauszufinden, in welcher Form sich die Änderung eines Parameters auf den Gesamtprozess auswirkt.

Korrelationsanalyse

Die Bestimmung des Korrelationskoeffizienten b nach Bravais-Pearson ermöglicht die Identifizierung linearer Zusammenhängen zwischen zwei Parametern. Er kann Werte zwischen +1 für einen positiven bis -1 für einen negativen Zusammenhang annehmen. Ein Korrelationskoeffizient mit dem Wert 0 weist auf fehlende lineare Wechselwirkungen zwischen den Prozessgrößen hin. Für die Berechnung wird die jeweilige empirische Standardabweichung (Anhang 3) s_x und s_y der gegenüberzustellenden Parameter sowie die empirisch Kovarianz $s_{x,y}$ (Anhang 7) benötigt, welche die Abweichung eines Wertepaares vom Schwerpunkt definiert. Dieser kennzeichnet den Punkt, der sich aus den beiden Mittelwerten der Parameter zusammensetzt. Mit diesen Kennwerten lässt sich anschließend der empirische Korrelationskoeffizient berechnen (Anhang 7). Neben der Berechnung des Korrelationsverhaltens gilt es fest zu setzen, in welchen Bereichen das Korrelationsverhalten als stark oder schwach anzusehen ist. Im Rahmen der Arbeit werden Korrelationskoeffizienten, deren Betrag unterhalb von 0,9 liegt als schwache Wechselwirkungen eingeordnet und bei der Auswertung nicht berücksichtigt. Oberhalb eines Betrags von 0,9 wird die Korrelation als mittelmäßig eingestuft und Werte über 0,95 als stark, sodass eine genauere Analyse sinnvoll ist. [21; 34; 64]

Die Bestimmung der linearen Korrelation zwischen zwei statistischen Merkmalen erfolgt im SPSS® Modeler über den „Statistik"-Knoten. In diesem wird ausgewählt, welche Parameter miteinander abgeglichen werden sollen. Zudem ist es möglich, zusätzliche Kenngrößen wie Mittelwert oder Varianz zu berechnen (Abbildung 32).

Abbildung 32: Vorgehensweise Korrelationsanalyse SPSS® Modeler

Als Ergebnis erhält man neben den gewählten Statistikkenngrößen die jeweiligen Korrelationskoeffizienten der Parameterpaare (Anhang 8).

Um die Kennwerte in einer übersichtlichen Form mit beiden Prozessphasen darzustellen, werden die Merkmale in einer spiegelsymmetrischen Matrix gegenübergestellt (Abbildung 33).

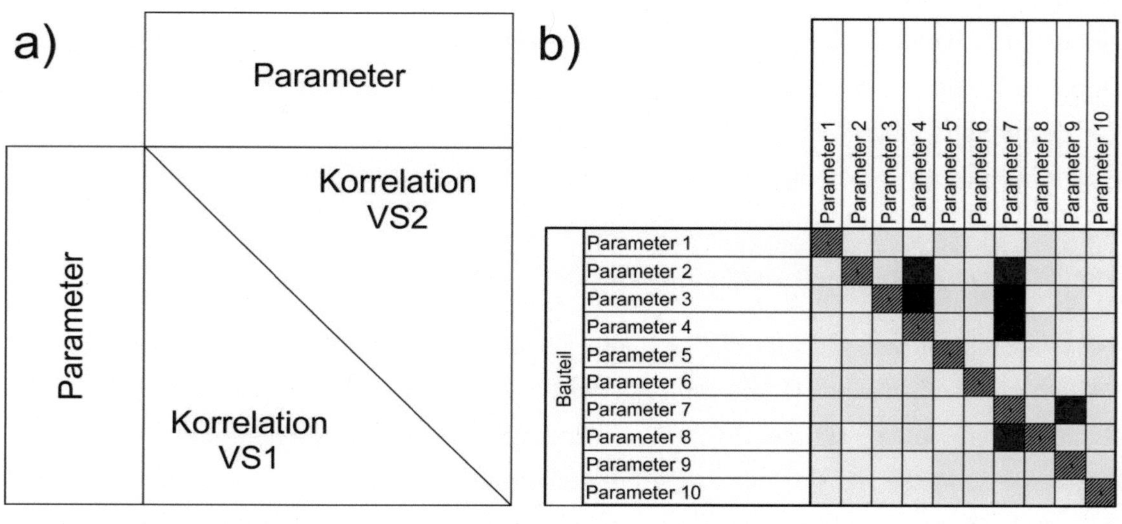

Abbildung 33: Korrelationsanalyse Schema a) Umsetzungsbeispiel b)

Auf diese Weise können die beiden Prozessphasen leicht miteinander verglichen werden. Durch unterschiedliche Formatierung der Korrelationswerte entsprechend ihrer Stärke, ist schnell zu erkennen, zwischen welchen Parametern lineare Zusammenhänge existieren. Für die Analyse werden die Messwerte nach Art des Bauteils klassiert. Für Kennwerte, welche bauteilunabhängig sind, ist weiterhin eine Gesamtauswertung vorgesehen, die eine bauteilübergreifende Betrachtung ermöglicht. Ergänzend zur Kennwertanalyse bieten Korrelationsdiagramme die Möglichkeit einer grafischen Auswertung. Auf diese Weise können auch nichtlineare Zusammenhänge, alternativ zu rechnerischen Methoden, identifiziert werden. Da eine Bestimmung der Zusammenhänge im SPSS® Modeler lediglich für stetige Kennwerte möglich ist, wird die grafische Analyse herangezogen, um die Zusammenhänge zwischen Parametern und den nominalen Merkmalen darzustellen. Zudem stellen sie eine Option dar, die Erkenntnisse aus der Korrelationsübersicht zu überprüfen und zu konkretisieren.

Die Methoden der deskriptiven Statistik ermöglichen die Einordnung und Bewertung der Daten anhand von Kennwerten. Es lassen sich weiterhin Aussagen bzgl. der Verteilung und Wechselwirkungen treffen. Insbesondere für letzteres ist es sinnvoll, die Methoden der explorativen Statistik hinzu zu ziehen, um einen tieferen Einblick in die Zusammenhänge zwischen den Parametern und der Bauteilqualität zu erlangen.

4.2.3 Explorative Statistik – Datamining

Die explorative Statistik ermöglicht das Erkennen von Strukturen innerhalb der Daten, welche über die stochastischen Methoden hinausgehen. Da diese meist mit einem extrem hohen Aufwand verbunden sind, ist der Einsatz einer entsprechenden Data Mining Software sinnvoll. Auf diese Weise sind die Auswertungen zwar immer noch rechenintensiv, können jedoch in einer vergleichsweise kurzen Zeit umgesetzt werden. Da es eine Vielzahl verschiedener Analysemethoden gibt, müssen die verfügbaren Daten zunächst hinsichtlich geeigneter Auswerteverfahren bewertet werden.

Identifizierung geeigneter Analysemethoden

Für das Erstellen von Modellen gibt es verschiedene Ziele, welche verfolgt werden können. Es wird unterschieden in Modelle zum Klassieren, Assoziieren und Segmentieren der Daten. Weiterhin ist relevant, welche Zielgrößen betrachtet werden. Im Rahmen der Arbeit stehen die Gesamtqualität des Bauteils sowie die auftretenden Merkmalsarten im Fokus. Der IBM SPSS® Modeler verfügt über die Möglichkeit einer automatisierten Bewertung der einzelnen Methoden. Im Rahmen der Arbeit wird zunächst geprüft, welche der verfügbaren

Modellierungsknoten für beide Betrachtungsschwerpunkte in Frage kommen. Anschließend wird ein Überblick der möglichen Methoden, deren Einsatzmöglichkeiten sowie ihrer Vor- und Nachteile zusammengestellt. Über die Knoten „Autom. Klassifizierer“ und „Autonumerisch“ lassen sich Knoten zur Bewertung binärer bzw. stetiger numerischer Zielgrößen bewerten. Der Knoten „Autom. Cluster“ erfüllt dieselbe Funktion für die verfügbaren Segmentierungsknoten. Da es für die verfügbaren Assoziationsknoten keinen kombinierten Analyseknoten gibt, können diese lediglich einzeln abgeprüft werden (Abbildung 34). [70]

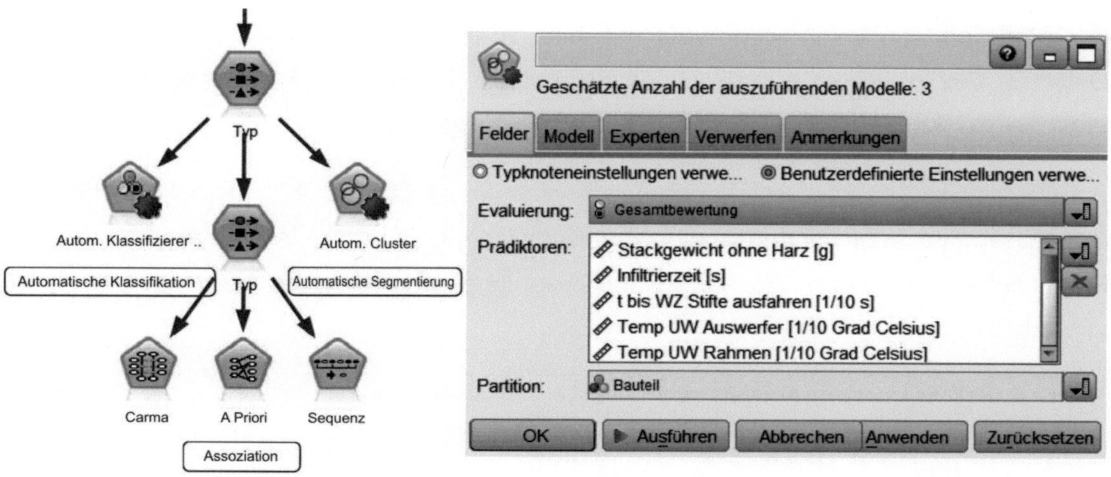

Abbildung 34: Vorgehensweise Modellauwahl SPSS® Modeler

Im Falle der Beurteilung der Bauteilqualität stellt die Gesamtqualität eine binäre Größe dar, welche in Gutteile und Ausschuss aufgeschlüsselt ist, sodass der „Autom. Klassifizierer“-Knoten für die Auswahl der Klassierungsmodelle angewendet wird. Für jedes Modell wird automatisch ein Wert für die Genauigkeit berechnet. So kann direkt abgelesen werden, ob das Modell für den gegebenen Datensatz geeignet ist oder nicht. Derselbe Modell-Knoten wird auch für die Auswertung der Bauteilmerkmale verwendet, welche zunächst derart gefiltert werden, dass lediglich Merkmale integriert sind, die aus dem Fertigungsprozess resultieren. Bauteilverschmutzungen oder Ausschuss durch den Bauteilbeschnitt werden nicht betrachtet. Weiterhin werden die Segmentierungsknoten angewandt, welche jedoch nicht anhand der Genauigkeit sondern Wichtigkeit bewertet werden. Da die verfügbaren Daten nicht für eine Auswertung mittels Assoziationsknoten geeignet sind, werden diese im Folgenden nicht betrachtet. Zur Auswahl der anzuwendenden Modelle werden die Bewertungen für die Gesamtdatenmenge, welche nach Bauteilart partitioniert ist und weiterhin für die im Vorhinein nach Art des Bauteils aufgeteilten Daten gegenübergestellt. Da für alle betrachteten Datensätze und beide Analyseziele lediglich eine äußerst geringe Wichtigkeit der Segmentierungsmodelle erreicht wird, ist eine Weiterverfolgung dieser Ansätze nicht zielführend.

Daher wird sich lediglich auf die ermittelten Klassifizierungsmodelle konzentriert, welche eine Genauigkeit über 85 % aufweisen (Anhang 18/Anhang 19). Ansätze mit zu wenigen verfügbaren Datensätzen werden nicht berücksichtigt.

Modelle zum Klassieren

Eine im SPSS® Modeler ermöglichte Variante zum Klassieren der Daten stellen Entscheidungsbäume dar. Die Modelle unterscheiden sich anhand der Daten, welche mit den Modellen verarbeitet werden können, hinsichtlich der Charakteristik zum Aufteilen der Daten, in Bezug auf die Anzahl der Abzweigungen, welche bei der Klassierung entstehen und bzgl. der Kriterien, die eine weitere Aufteilung stoppen. [70]

Für die Analyse des Nasspressverfahrens werden der „C 5.0“-, „C-RT“-, „QUEST“- und „CHAID“-Knoten angewendet, da diese für verschiedenen Bauteile, in beiden Prozessphasen eine hohe Genauigkeit aufweisen und sich wie folgt unterscheiden (Tabelle 5):

Tabelle 5: Relevante Unterschiede Entscheidungsbaum-Modelle nach [70]

	C 5.0	C-RT	QUEST	CHAID
Knoten	C5.0	C&R-Baum	Quest	CHAID
Aufteilung	Multipel	Binär	Binär	Multipel
Kriterium Aufteilung	Informationsgehalt	Gini-Koeffizient	Varianzanalyse	Chi-Quadrat-Test
Stopp-Kriterium	Minium Datensätze	Minimum Datensatz Anzahl /Anteil	Minimum Datensatz Anzahl /Anteil	Minimum Datensatz Anzahl /Anteil
Fehlende Werte	Fraktionierung	Ersetzen	Ersetzen	Separate Kategorie
Besonderheit	Darstellung Ergebnis als Regelmenge	Bearbeitung der einzelnen Stufen möglich	Bearbeitung der einzelnen Stufen möglich	Bearbeitung der einzelnen Stufen möglich

In Abhängigkeit des gewählten Modells erhält man einen entsprechenden Fehlerbaum bzw. eine Regelmenge, welche den Datensatz beschreibt. Weiterführend lassen sich die Bedeutsamkeiten der zur Analyse gewählten Merkmale darstellen (Anhang 9).

Neben den Entscheidungsbäumen, welche den Einfluss zwischen der Zielgröße Bauteilqualität und den Prozessparametern wiedergeben, bietet das Bayes-Netz die Möglichkeit, Zusammenhänge zwischen den Parametern zu erkennen. Dazu sind keine direkten Zusammenhänge zwischen den korrespondierenden Parametern nötig.

Treten zwei oder mehrere Parameter in gleicher Ausprägung auf und resultiert aus diesen beispielsweise ein Ausschussteil, so kann daraus bereits ein Zusammenhang abgeleitet werden (Anhang 9). [70]

Für jeden Knoten wird weiterführend eine bedingte Wahrscheinlichkeit ausgewiesen, welche die Wahrscheinlichkeit für das Auftreten des zweiten Parameters in einer bestimmten Ausprägung angibt. Für die Auswertung der Modelle werden die jeweils fünf einflussreichsten Merkmale bzw. die, welche den größten Informationsgehalt in sich bergen aufgeführt und für alle Prozessphasen und Bauteile abgeglichen. Da die Auswahl an effektiven Modellen in frühen Prozessphasen begrenzt ist, wird zusätzlich eine grafische Auswertung der Prozessdaten herangezogen, um den Einfluss einzelner Prozessgrößen auf die Bauteilqualität bewerten zu können.

Grafische Auswertung

Die einfachste Variante der grafischen Auswertung stellt das Auftragen der Prozessdaten gegen die zugehörige laufende Nummer dar, welche während der Datenaufbereitung vergeben wird. Die Darstellung erfolgt in einem Streudiagramm bei dem sowohl X- als auch Y-Werte separat definiert werden können und welches eine Reihe von Optionen zur Markierung einzelner Merkmale entsprechend eines Kriteriums ermöglicht. Für die erste Variante wird die Bewertung der Gesamtqualität als Kriterium für die Farbgebung des Messpunktes, wie bei der Erstellung der Histogramme (vgl. 4.2.2), ergänzt (Abbildung 35).

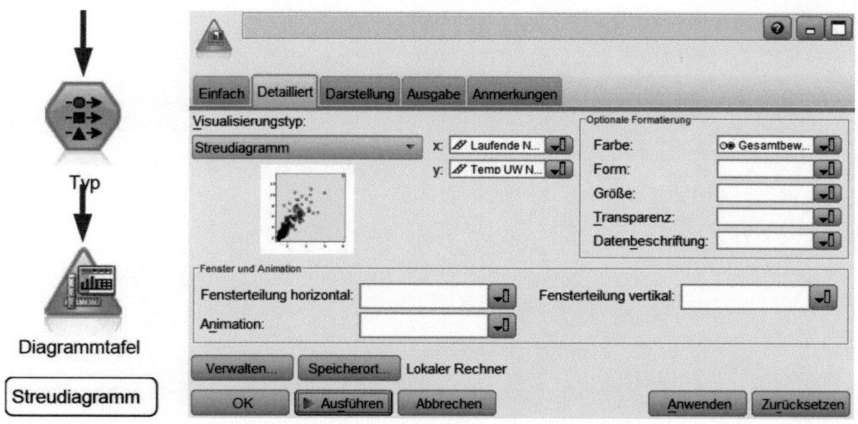

Abbildung 35: Vorgehensweise Parameteranalyse SPSS® Modeler

Der Unterschied zum Histogramm besteht darin, dass der Messwertverlauf sichtbar und somit auch der Einfluss von Prozessveränderungen oder Fertigungsunterbrechungen erkennbar ist (Abbildung 36).

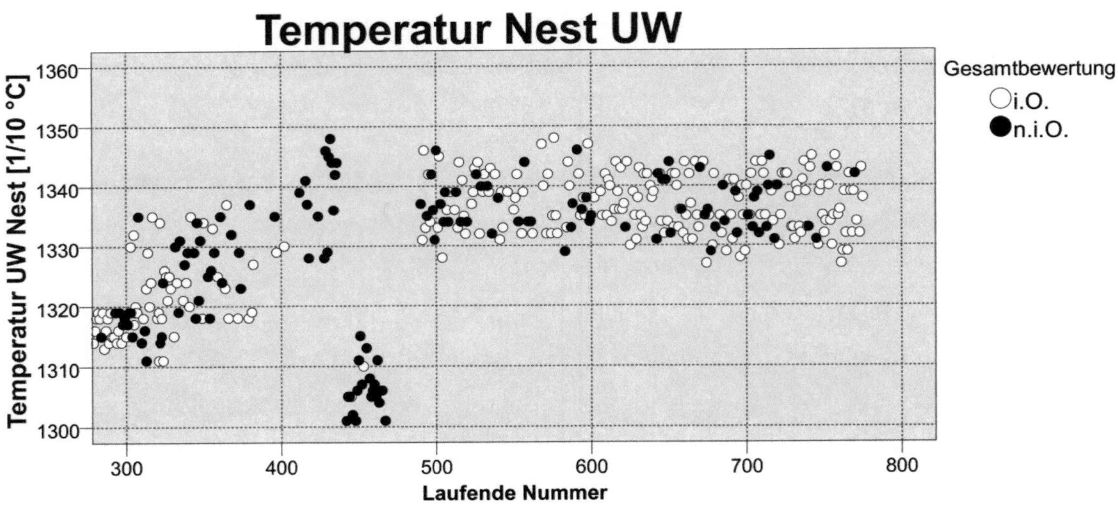

Abbildung 36: Beispiel Korrelation Prozessparameter - Gesamtqualität

Die Darstellung von Korrelationen zwischen einzelnen Parametern lässt sich auf ähnliche Weise umsetzen. Dabei wird die laufende Nummer auf der X-Achse lediglich durch den Parameter ausgetauscht, der als Vergleichsgröße dienen soll. Sollen mehr als zwei Prozessgrößen miteinander verglichen werden, eignen sich weiterführend auch dreidimensionale Punktdiagramme (Abbildung 37).

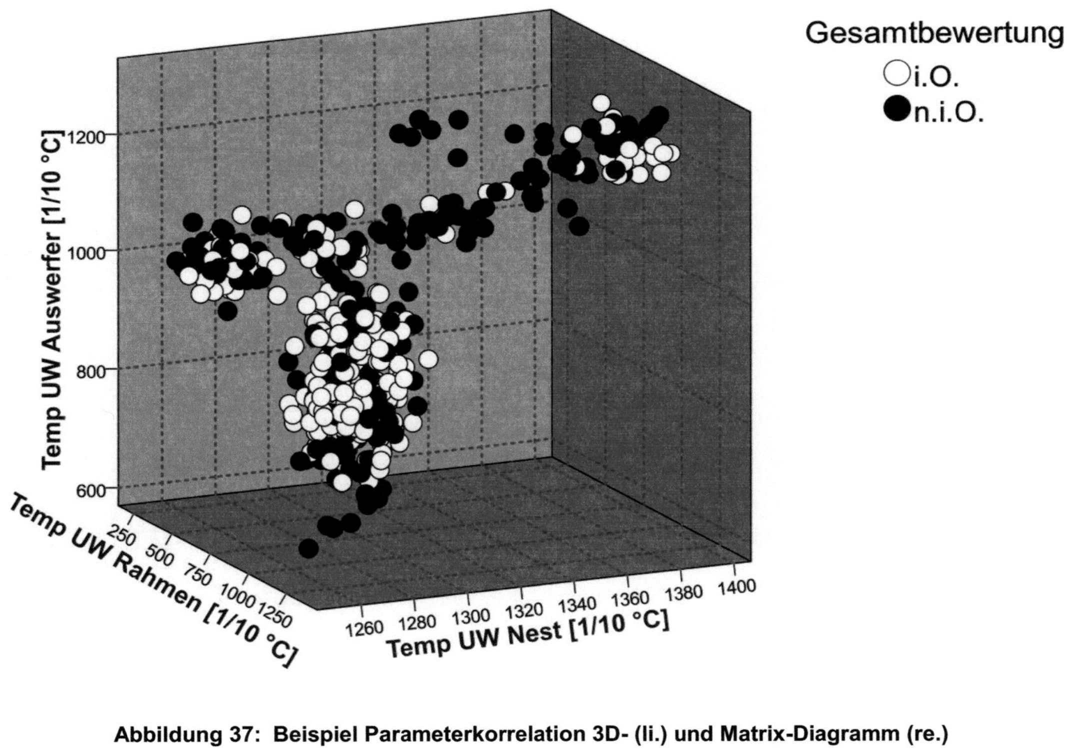

Abbildung 37: Beispiel Parameterkorrelation 3D- (li.) und Matrix-Diagramm (re.)

Für eine zweidimensionale Darstellung mehrerer Größen können Matrixdiagramme herangezogen werden, welche eine zweidimensionale Gegenüberstellung aller gewählten Prozessgrößen ermöglichen (Anhang 9). Sowohl Punkt- als auch Matrixdiagramme werden im „Diagrammtafel"-Knoten ausgewählt.

Zur Korrelationsanalyse der Prozessparameter bzgl. der Merkmalsentstehung werden Messpunkte nicht nach Bauteilqualität eingefärbt bzw. segmentiert, sondern erhalten, entsprechend der im Rahmen von Qualitätsuntersuchungen festgestellten Merkmale wie Falten oder Welligkeiten, unterschiedliche Formen. Ergänzend wird die Größe der Messpunkte an die Ausprägung der Merkmale angepasst, um eine detailliertere Analyse zu ermöglichen (Abbildung 38).

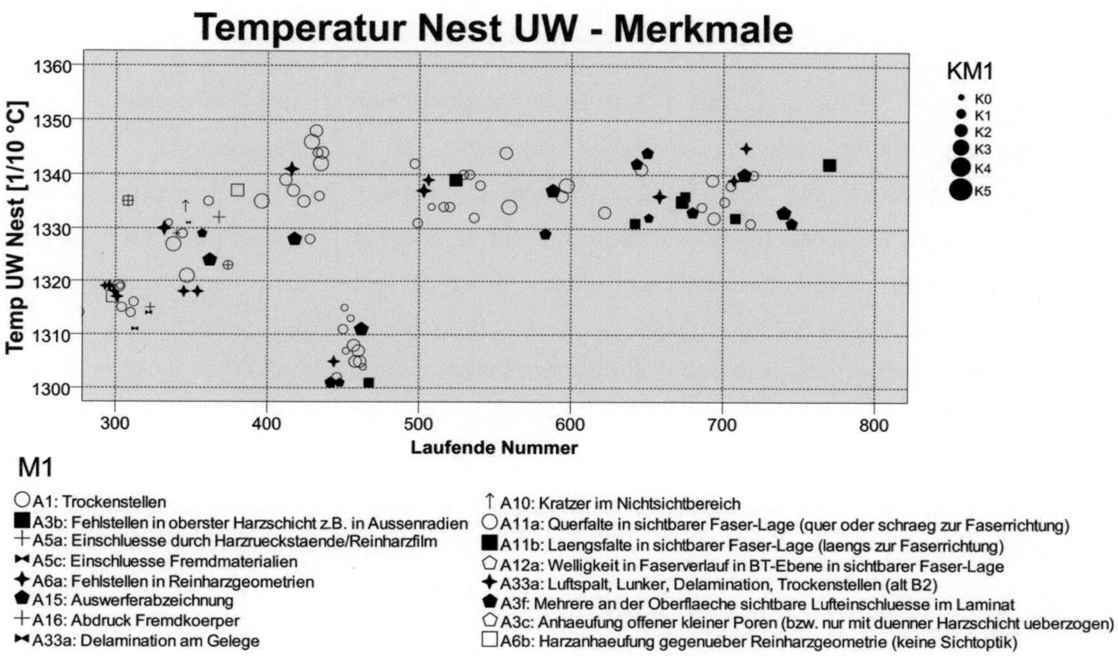

Abbildung 38: Beispiel Korrelation Prozessparameter - Merkmale

Weitere Details lassen sich über entsprechende Boxplot-Diagramme (vgl. 4.2.2) ableiten, welche Tendenzen zu den Prozessbereichen aufzeigen in denen spezifische Merkmale entstehen (Abbildung 39).

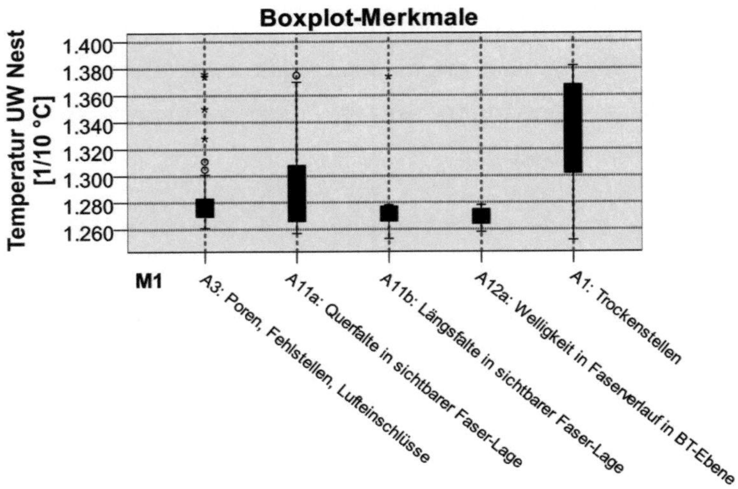

Abbildung 39: Beispiel Mittelwertanalyse über Boxplot-Diagramm

In einer letzten Ausführung sollen die Merkmalspositionen näher betrachtet werden. Voraussetzung hierfür ist, dass diese während der Qualitätskontrolle nach der Bauteilfertigung vollständig dokumentiert werden. So fließen Art des Merkmals, dessen Ausprägung und Position in die Auswertung ein. Daher ist es besonders wichtig die verfügbaren Daten derart zu bereinigen, dass lediglich Datensätze verwendet werden, welche diese Eigenschaften besitzen. Die Merkmale werden entsprechend der dokumentierten Merkmalspositionen aufgetragen. Dabei richten sich die Formen der Punkte der Parameterauswertung nach der Art und die Größe nach der Ausprägung des Merkmals. Da Merkmale auf der Vorder- und Rückseite des Bauteils liegen, wird eine zusätzliche Unterteilung in die Z-Koordinate vorgenommen, welche der Bauteilseite entspricht (Abbildung 40).

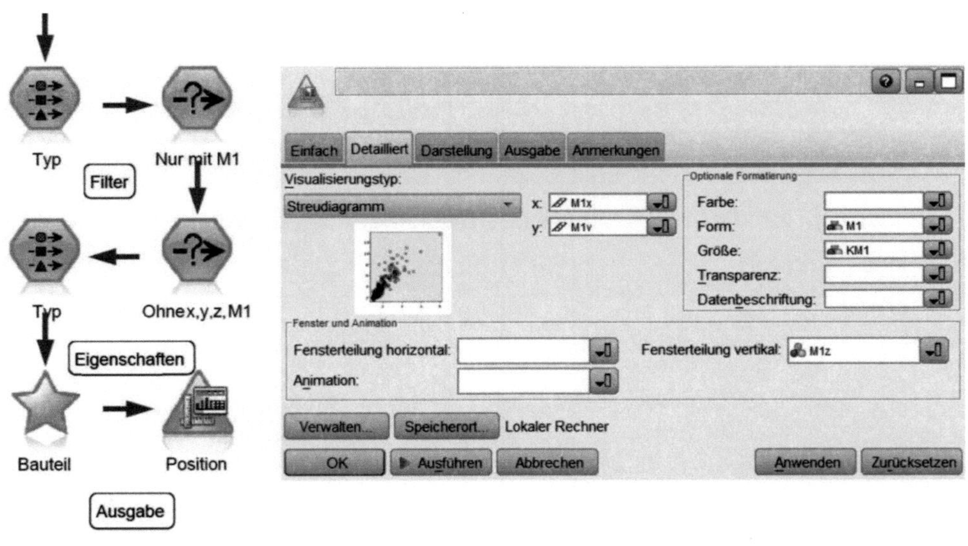

Abbildung 40: Vorgehensweise Auswertung Merkmalsposition SPSS® Modeler

Bei der Erstellung des Diagramms gilt weiterhin zu beachten, dass die Merkmalspositionen festen Rasterpunkten entsprechen und im finalen Diagramm aus diesem Grund mehrere Messpunkte übereinander liegen. Um eine bessere Sichtbarkeit der Einzelpunkte zu ermöglichen wird daher ein Fluktuations-Modifikator angewendet, welcher die Messpunkte in einer entzerrten Form darstellt (Abbildung 41).

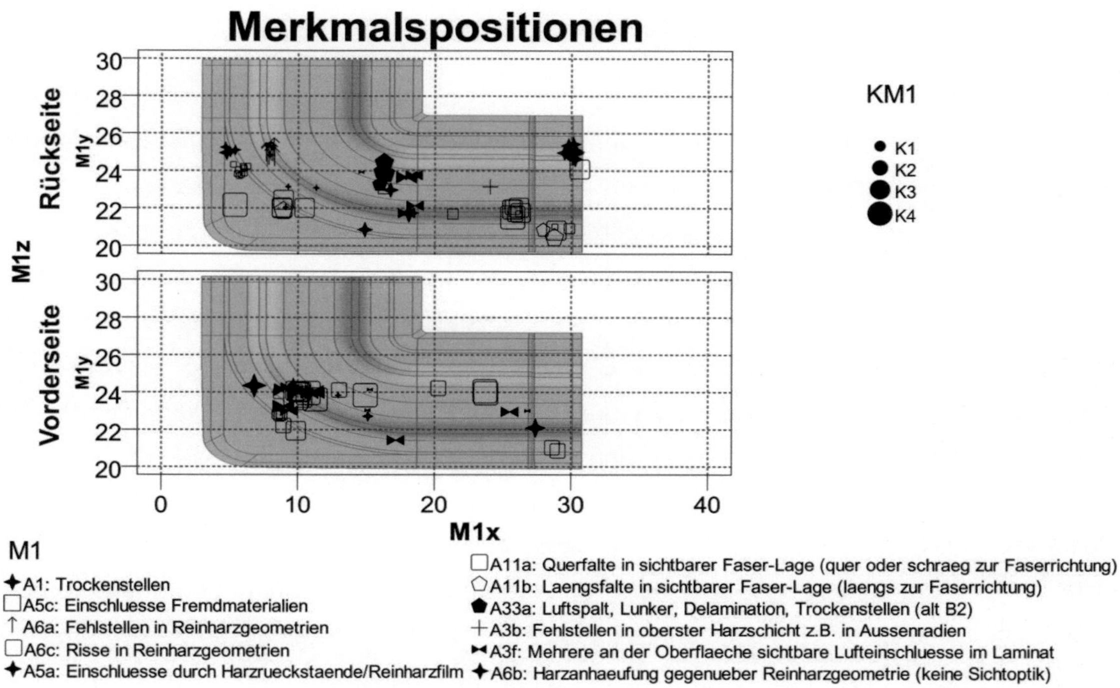

Abbildung 41: Beispiel Kombination Streudiagramm und Bauteilgeometrie

Legt man hinter das Diagramm eine Darstellung oder ein Profilschema der Vorder- und Rückseite des Bauteils, so lassen sich die Merkmalspositionen der Bauteilgeometrie zuordnen. Für die Grafik gilt zu beachten, dass die Feinheit des Rasters, welches zur Bewertung der Merkmalsposition herangezogen wird, über die Genauigkeit dieser Darstellungsweise bestimmt. Ein feines Netz ermöglicht eine detailliertere Darstellung, bringt jedoch auch einen enormen Zeitaufwand für die Dokumentation mit sich. Gleichermaßen macht ein zu grobes Raster die Dokumentation wertlos, da auf diese Weise die Position der Merkmale nicht genau identifiziert werden kann.

Die grafische Darstellung der Prozessdaten und die Informationen zu Qualitätsmerkmalen bietet ein breites Spektrum an Auswertemöglichkeiten. Neben zweidimensionalen Diagrammen kann der Informationsgehalt der Darstellung z. B. durch Hinzufügen einer weiteren Dimension erhöht werden oder durch Anpassung des Diagrammtyps eine Vielzahl von Sachverhalten wiedergegeben werden.

Die grafische Analyse und auch die Anwendung der Klassifizierungs-Knoten, als Werkzeuge der explorativen Statistik stellen daher eine sehr anschauliche Methode zur Auswertung der Prozessdaten dar. Ergänzt durch Techniken der deskriptiven Statistik kann so ein breites Spektrum an Informationen über den vorliegenden Datensatz gesammelt werden.

4.2.4 Vergleich der statistischen Methoden

Anhand deskriptiver und explorativer Statistik lassen sich Informationen unterschiedlicher Art aus den Prozessdaten gewinnen. Die Kennwerte, welche sich aus der deskriptiven Statistik ergeben liefern vorrangig Informationen über die Charakteristik der Daten und zur Prozessstabilität. Sie zeichnen sich dadurch aus, dass sie in einer überschaubaren Form z. B. tabellarisch zusammengefasst und ausgewertet werden können. Der Nachteil in der Analyse derartiger Kenngrößen liegt in deren abstrakter Form. Dementgegen sind die Resultate der explorativen Statistik z. B. aufgrund visueller Auswertung einfacher zu bewerten, bringen jedoch aufgrund der umfangreichen Darstellungsform in Diagrammen und Entscheidungsbäumen eine gewisse Unübersichtlichkeit mit sich, sodass ein Schema entwickelt werden muss, um die Daten besser gegenüber stellen zu können. Durch die vielfältigen Gestaltungsmöglichkeiten der explorativen Methoden ist es möglich, auch nichtlineare Zusammenhänge zwischen Prozessparametern zu identifizieren und durch Integration zusätzlicher Unterscheidungskriterien den Informationsgehalt der Auswertung zu steigern. Für eine Prozessanalyse stellt die Kombination beider Statistikvarianten eine gute Lösung dar, um die Datencharakteristik mit einem guten Prozessverständnis zu untermauern.

Da für beide statistische Auswertungsmethoden eine sehr hohe Qualität der Ausgangsdaten erforderlich ist, gilt es abzuschätzen, ob diese im Vergleich zur theoretischen Analyse für eine Anwendung in den frühen Prozessphasen eines Fertigungsverfahrens geeignet sind.

4.3 Bewertung des Anwendungspotenzials der Analysemethoden

Eine theoretische Analyse ist nahezu ohne jeglichen Versuche und Materialaufwand umsetzbar, weshalb sie besonders vor Beginn bzw. am Anfang der Industrialisierungsphase sinnvoll ist. Voraussetzung ist, dass entsprechende Experten verfügbar sind, die den Fertigungsprozess und angeschlossene Teilzweige bewerten können. In der Bewertung besteht neben der Zusammenstellung der zu bewertenden Anforderungen und Einflussfaktoren der größte Zeitaufwand, der mit der theoretischen Analyse verbunden ist. Insbesondere wenn eine komplette Prozesskette betrachtet werden soll, wird ein sehr großes Team benötigt, um alle Technologiezweige im Detail bewerten zu können. Aus den Ergebnissen der theoretischen Analyse erschließen sich Schwerpunkte, welche die Bauteilqualität beeinflussen und überwacht werden müssen. Somit sind sie richtungsweisend für tiefergreifende Analysen, die ein besseres Prozessverständnis ermöglichen. Hierzu gehört auch die Identifizierung relevanter Prozessgrößen, welche anschließend mittels statistischer Methoden analysiert werden können. Es erfordern jedoch bereits Abweichung in der Reihenfolge der Daten bzw. Titel der Spalten zusätzliche Maßnahmen und somit einen noch höheren Aufwand in der Datenvorbereitung. Sind die Daten fertig aufbereitet, bietet der SPSS® Modeler ein breites Spektrum an Analysewerkzeugen zur Umsetzung deskriptiver und explorativer Analysemethoden. Im Gegensatz zur theoretischen Analyse erfolgt die Auswertung bauteilspezifisch, sodass neben den Prozessparametern auch geometriebedingte Unterschiede berücksichtigt werden. Diese lassen sich besonders anhand der Merkmalspositionen am Bauteil bewerten. Weiterführend gilt dies jedoch auch für andere Prozessparameter wie z. B. die Temperaturen von Harz und Härter, welche ebenfalls im Zusammenhang mit den anderen Parametern abweichend vom Toleranzbereich eine sehr gute Bauteilqualität hervorbringen können. Da die Qualität und Vollständigkeit der Daten besonders für die explorative Statistik relevant ist, stellt die Umsetzung einer vergleichbaren Analyse zwischen den Bauteilen eine große Herausforderung dar. Es ist daher sinnvoll, mehrere Methoden anzuwenden und über deren Abgleich Zusammenhänge zu identifizieren.

Die theoretische Analyse stellt eine sehr gute Methode zur Vorbetrachtung neuer Fertigungsverfahren und Bestimmung grundsätzlicher Zusammenhänge dar. Um Wechselwirkungen und Zusammenhänge konkreter Prozessparameter und deren Einfluss auf die Bauteilqualität zu bewerten, bietet die statistische Analyse Möglichkeiten zur Ergänzung. Die Praxisrelevanz der betrachteten Methoden kann anhand der folgenden Anwendungsbeispiele bewertet werden.

5 Anwendungsbeispiele

Mittels der folgenden Beispiele sollen die zusammengestellten Untersuchungsverfahren auf das Nasspressverfahren angewendet werden. Auf diese Weise kann einerseits ein besseres Prozessverständnis aufgebaut und andererseits Handlungsbedarfe für tiefgreifende Untersuchungen abgeleitet werden, die einen Beitrag zur Prozessverbesserung bewirken können. Weiterhin lässt sich auf diese Weise die Effizienz und Qualität der eingesetzten Methoden quantifizieren. Zur Ermittlung von Handlungsbedarfen gilt es zunächst kritische Prozessparameter zu identifizieren, welche den größten Einfluss auf die Entstehung von Merkmalen und Qualität der Faserverbundbauteile haben. Hierfür werden die im vorherigen Kapitel beschriebenen theoretischen (vgl. 4.1) und statistischen (vgl. 4.2) Ansätze herangezogen und angepasst auf das Nasspressverfahren angewendet. Im Rahmen der Arbeit erfolgt eine Betrachtung aller Faktoren, welche die Ausgangsmaterialien und den Fertigungsprozess bis zum Pressen der Bauteile betreffen. Prozessstufen wie die mechanische Bearbeitung der Komponenten, welche im Anschluss folgen und die daraus resultierenden Merkmale wie z. B. Delamination im Schnittkantenbereich werden nicht analysiert. Anhand der Erkenntnisse aus theoretischer und statistischer Prozessbetrachtung werden zudem Schwerpunkte für Detailanalysen abgeleitet. Die Schwerpunkte sind bei der Reduzierung des Kosten- und Ressourceneinsatzes zu setzen, welche z. B. durch die Reduzierung von Taktzeiten oder des Zeitaufwandes für Versuche erreicht werden können.

5.1 Theoretische Prozessanalyse

Die Bewertung der theoretischen Prozessanalyse für das Nasspressverfahren erfolgt entsprechend einer modifizierten Variante des QFD, wie sie im Rahmen dieser Arbeit entwickelt wird (vgl. 4.1.3). Nach Festlegung der Bewertungsmaßstäbe werden die entstandenen Matrizes evaluiert und Schlussfolgerungen bzgl. der Prozesszusammenhänge aus den resultierenden Ergebnissen gezogen.

Die Bewertung erfolgt in acht Sitzungen mit einem zeitlichen Umfang von je zwei Stunden, welche im Rahmen der Arbeit vorbereitet und moderiert werden. Neben Prozessverantwortlichen der Fertigungsstandorte setzt sich das Expertenteam aus zwei bis drei weiteren Technologen der verschiedenen Teilgebiete zusammen, die entsprechend des Bewertungsfortschrittes hinzugezogen werden. Auf diese Weise ist es möglich zum einen den Zeitaufwand gering zu halten und zum anderen einen überschaubaren Rahmen zu bilden, welcher eine konstruktive Diskussion der Themen ermöglicht.

5.1.1 Bewertung des QFD

Die Bewertung beginnt in der ersten Stufe des QFD mit der Gewichtung der Anforderungen an die Bauteilqualität, welche für Karosseriebauteile gelten (vgl. 4.1.1). Im Rahmen der Arbeit werden vier Stufen als Auswahlmöglichkeit festgelegt. Für Anforderung, welche einen sehr großen Einfluss auf die Qualität und Funktionalität eines Bauteils haben, wird als Gewichtung der Wert 5 gewählt. Dementsprechend wird für Anforderungen, die einen mäßigen Einfluss haben der Wert 3 und bei einer geringen Beeinflussung der Wert 1 gewählt. Ist kein Zusammenhang erkennbar, so ist eine Berücksichtigung der Anforderung nicht notwendig und diese kann aus der Auswertung entfernt werden (Tabelle 6).

Tabelle 6: Gewichtung Anforderungen Stufe 1

Anforderung	Gewichtung
Festigkeitsanforderungen	5
Bauteilgeometrie	5
Position Fixierungspunkte	5
Fahrzeuganforderungen	3
Oberflächenqualität	1

Die Merkmale, welche den Bauteilanforderungen gegenübergestellt werden, setzen sich aus Varianten zusammen, die durch Abweichungen des Faserhabzeugs entstehen. Hierzu zählen Welligkeiten und Falten bzw. Irregularitäten der Faserposition wie zu große Rovingabstände (Gaps) oder abweichende Faserwinkel. Hinzu kommen Merkmale, die aus der Inhomogenität des Harzsystems resultieren. Die kritischste Variante stellen Trockenstellen dar. Weiterhin sind schaumige Bereiche und Poren typische Vertreter, welche an der Bauteiloberfläche sichtbar sind. Ergänzt werden diese Merkmalstypen durch solche, die anhand von Bauteilprüfungen festgestellt werden wie z. B. die Faser-Matrix-Anbindung oder die Geometrie des fertigen Bauteils sowie Abweichungen der Bauteilqualität, die durch Verunreinigungen bedingt werden.

Im Rahmen der Matrixbewertung für das Nasspressverfahren wird eine lineare Skala angewendet, welche in fünf Stufen unterteilt ist, um eine detaillierte Bewertung der Zusammenhänge zu ermöglichen. Der höchstmögliche Wert von 4 entspricht einem sehr starken Zusammenhang, der besteht, wenn z. B. ein Merkmal oder Prozessparameter verändert wird und dies direkt zu einer Beeinflussung der gesetzten Anforderung führt. Wird bei der Bewertung der Wert 0 gesetzt, so bestehen keinerlei Zusammenhänge. Nach der Berechnung der absoluten bzw. relativen Wichtigkeit und der Festlegung des Ranges (vgl. 4.1.3) erfolgt die Übertragung der Merkmale als Anforderungen in die zweite Analysestufe und die Festlegung deren Gewichtung (Abbildung 42).

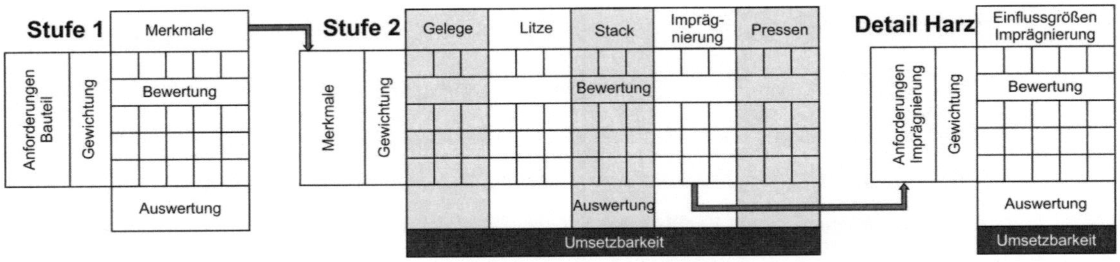

Abbildung 42: Übersicht Vorgehensweise QFD Nasspressen

In der zweiten Stufe erfolgt eine Gegenüberstellung der Merkmale und Prozessgrößen. Im Rahmen der Arbeit werden die Eigenschaften der beiden Materialarten Gelege und Litze betrachtet. Weiterführend stellt die Beschaffenheit der daraus gefertigten Stacks einen Schwerpunkt dar. Hinzu kommen Einflussfaktoren, welche die Imprägnierung des Faserhalbzeugs betreffen sowie den Nasspressprozess und angeschlossene Schritte wie das Abkühlen der Bauteile. Wie in Stufe 1 werden für alle Faktoren die absolute und relative Wichtigkeit berechnet, welche die Zuordnung eines Rangs zu den Faktoren ermöglicht. Während der Betrachtung wird anhand dieser festgelegt, dass eine grobe Bewertung des Imprägnierprozesses nicht ausreichend ist und die Matrix in diesem Bereich durch eine Detailmatrix ergänzt wird. Wie bei der Transformation der Merkmale von Einflussfaktoren zu Anforderungen zwischen Stufe 1 und 2 wird der Rang der Faktoren des Imprägnierabschnitts als Grundlage für die Gewichtung in der Detailmatrix verwendet.

Neben der Bewertung der Zusammenhänge von Merkmalen und Einflussfaktoren wird im Rahmen des Expertenteams auch die Umsetzbarkeit von Änderungsmaßnahmen der Einzelfaktoren bewertet. Hierfür wird wie für die Bewertung der Zusammenhänge eine lineare Skala angewendet, die Werte zwischen 1 und 5 annehmen kann. Der Wert 1 steht für Maßnahmen, welche durch wenige Handgriffe wie z. B. das Anpassen einer Temperatur an der Anlagensteuerung umgesetzt werden können. Die darüber liegenden Werte sind mit einer höheren Zeit- oder auch Kostenaufwendung verbunden, sodass eine Bewertung mit 5 für eine sehr schwere Umsetzbarkeit einer Maßnahme wie z. B. das Anpassen der Umgebungsbedingungen, durch Klimatisierung der Halle, steht. [23]

Die vollständig ausgefüllten Matrizes werden im letzten Schritt bewertet und daraus Maßnahmen für die weitere Prozessbetrachtung abgeleitet.

5.1.2 Auswertung der Matrix

Die Auswertung der Matrix beginnt bei der ersten Stufe (Anhang 10). Der Rang der Merkmale liefert Informationen darüber, welche Merkmale für die Qualität der Bauteile besonders relevant sind, sodass auch der Fertigungsprozess dahingehend ausgelegt wird, dass diese vermieden werden (Abbildung 43).

Bauteilanforderung	Gewichtung / Merkmale	Querfalte / Starke Wellung / Locken	Freigelegte Fasern / Trockenstellen	Lufteinschlüsse / Lunker	Inhomogene Materialbereiche (z. B. Reinharz)	Brüche / Risse	Faserorientierung / Faserwinkel	Ausreichende Aushärtung / Vernetzung	Geometrischer Verzug	Bauteildicke	Bauteilabmessungen	
Festigkeitsanforderungen	5	●	●	●	◕	●	●	●	◔	◕	◔	
Maßhaltigkeit	5	◑	◑	◑	●	●	●	◕	●	●	●	
Gleichmäßige Oberfläche	1	◕	●	●	●	●	○	◔	○	○	○	
Definierte Fixierungspunkte	5	○	◔	◔	○	●	○	◔	●	◑	●	
Funktionsanforderungen Gesamt Fzg.	3	○	●	○	○	◔	○	○	◑	◕	●	Summe
Absolute Wichtigkeit		33	51	39	39	67	40	41	51	54	57	709
Relative Wichtigkeit [%]		4,7	7,2	5,5	5,5	9,4	5,6	5,8	7,2	7,6	8,0	
Rang		10	4	8	8	1	7	6	4	3	2	
Gewichtung als Anforderung		3	5	3	3	5	5	5	5	5	5	

Abbildung 43: Ausschnitt QFD Stufe 1

Betrachtet man die Merkmale mit den zehn höchsten Rängen, so ist zu erkennen, dass Brüche und Risse im Bauteil den größten Einfluss auf die Verwendbarkeit der Bauteile haben. Diesen folgen Merkmale, welche die Geometrie und Form des Bauteils betreffen. Erst auf den darauffolgenden Rängen sind bauteilinterne Merkmale wie Trockenstellen, der Aushärtegrad oder Lufteinschlüsse gelistet. Die ersten sieben Merkmale der Rangfolge erhalten für die zweite Stufe der Bewertung die Gewichtung 5, darunter liegende eine Gewichtung von 3. Hierzu gehören neben inhomogenen Materialbereichen auch mikroskopische Merkmale wie die Vernetzung des Harzsystems und die Faser-Matrix-Anbindung. Weiterhin sind Querfalten aufzuführen, welche aufgrund der Unterbrechung des Kraftflusses innerhalb der Rovings einen großen Einfluss auf die Festigkeit des Bauteils haben. Längsfalten hingegen wird eine Gewichtung von 1 zugeordnet, da diese lediglich Nachteile aufgrund der Materialanhäufung mit sich bringen. Gleiches gilt auch für Merkmale welche die Ausbildung der Reinharzgeometrien betreffen und Merkmale, die aus Verschmutzungen resultieren.

Für die Analyse der zweiten Stufe ist es zunächst sinnvoll die Gesamtmatrix zu betrachten, um einen Überblick zu erhalten, welche Einflussfaktoren die Ausprägung bestimmter Merkmalstypen begünstigen (Anhang 11). So kann übergreifend gesagt werden, dass die Eigenschaften des Gelege- bzw. Litzematerials sich primär auf die Ausbildung von Falten und Merkmalen auswirken, die aus einer Veränderung der Faserorientierung resultieren. In diesem Zusammenhang steht auch ein möglicher geometrischer Verzug des Bauteils. Das Harzsystem wirkt sich auf eine Vielzahl von Merkmalen aus, welche durch eine ungenügende Imprägnierung des Faserhalbzeugs bedingt werden und sich in Form von Lufteinschlüssen bzw. zu geringem Harzeintrag in bestimmten Bereichen äußern. Die Faktoren des Pressverfahrens beeinflussen, abgesehen von den verschmutzungsbedingten Merkmalen, alle im Rahmen der Arbeit betrachteten Merkmale. Für eine weiterführende Betrachtung werden die 25 Einflussfaktoren mit dem höchsten Rang ausgewählt und im Detail analysiert (Abbildung 44).

		Gelege			Litze				Stack						Harz			Nasspressen									
Merkmale	Gewichtung / Prozessparameter	Faserausrichtung Einzelstack	Faserverzug Einzelstack	Gaps im Gelege	Flächengewicht Glasrand (Einfluss auf Prozess)	Maßtoleranz Gesamtlagen (mit Glasrand)	Maßtoleranz Bauteilbereich (ohne Glasrand)	Krümmungsradius	Orientierung Einzelstackkombination	Bindermenge / Binderverteilung	Gleitfähigkeit der Lagen	Wandstärkenverteilung Gesamtstack	Stackdicke	Verunreinigungen Faserhalbzeug	Gleichmäßige Durchtränkung Faserhalbzeug	Harzmenge	Mischungsqualität Harz	Verweilzeit im offenen Werkzeug	Spannrahmeneinstellung	Form / Radien des Werkzeugs	Pressprofil ab 5 mm über Bauteil	Haltezeit Presse	Ausfahrzeit Stifte	Temperatur Oberwerkzeug	Temperatur Unterwerkzeug	Bauteilentformung	
Querfalten / Locken	3	●	◑	◔	◑	◑	◑	◑	◕	◑	●	◑	◑	○	◔	◔	○	○	●	●	◔	○	○	◑	◑	○	
Längsfalten	1	●	◑	○	◑	◑	◑	◑	◕	◑	●	◑	◑	○	○	○	○	○	●	●	◔	○	○	◑	◑	○	
Freie Fasern / Trockenstellen	5	●	○	○	◑	◔	◔	◔	◑	◔	◑	◑	◑	◑	●	●	◔	◑	●	●	◑	○	●	○	○	◕	
Poren / Schaumigkeit	1	○	○	◔	◑	◕	◕	◕	◔	◔	◔	◑	◑	◕	●	●	◕	●	◔	◕	●	◑	◑	◑	◑	○	
Lufteinschlüsse / Lunker	3	○	○	◔	◕	◑	◑	◑	◔	○	◔	◔	◔	○	●	●	◕	●	◔	◑	●	○	○	◑	◑	○	
Rückstände bauteileigen	1	○	○	○	◑	○	○	○	○	◕	○	○	○	○	○	○	◑	●	○	○	○	○	○	○	○	○	
Rückstände bauteilfremd	1	○	○	○	○	◑	◑	◑	○	○	○	○	○	●	○	○	○	○	○	○	○	○	○	○	○	○	
Inhomogene Materialbereiche	3	○	◑	◔	◕	◑	◑	◑	◑	◕	●	○	○	●	◑	◑	●	◑	◑	●	◑	○	○	○	○	○	
Brüche / Risse	5	○	○	◔	○	○	○	○	○	○	◑	○	○	○	○	○	●	◑	◔	◔	○	◕	●	◑	◑	●	
Gaps	3	○	●	●	◕	◑	◑	◑	◔	◔	◕	◔	◔	◔	◔	◔	○	◑	◑	◕	◔	○	◔	◑	◑	○	
Eindruckstellen / Rauheiten	3	○	○	◑	○	○	○	○	○	◕	○	○	○	◑	◔	◔	◔	○	○	○	○	○	◑	○	○	◕	
Faserorientierung / Faserwinkel	5	●	●	◑	◑	◕	◕	◕	●	○	◑	◔	◔	◔	◔	◔	○	◑	◑	◑	◔	○	○	◑	◑	○	
Oberflächenverschmutzungen	1	○	○	○	○	○	○	○	○	○	○	○	○	◕	○	○	◕	○	○	○	○	○	○	○	○	○	
Aushärtung / Vernetzung	5	○	○	○	○	○	○	○	○	◔	○	○	○	◑	○	○	●	○	○	○	○	●	○	◕	◕	○	
Gleichmäßige Harzvernetzung	3	○	○	○	○	○	○	○	○	◕	○	○	○	◑	◑	○	●	◔	○	○	◑	●	○	◕	◕	○	
Gefüllte Harzdome	1	○	○	◔	◑	○	○	○	○	○	○	◔	◔	○	◑	●	◑	◕	○	○	◑	○	●	◑	◑	◑	
Dichte Harzdome	1	○	○	◔	◑	○	○	○	○	○	○	◔	◔	○	◑	●	◑	◕	○	○	◑	○	●	◑	◑	◑	
Geometrischer Verzug	5	◕	◕	◔	◑	◕	◕	◕	◕	○	○	◑	◑	○	○	◕	◕	◕	◑	◑	◔	●	◔	◔	◔	◕	
Ausprägung Reinharzgeometrien	1	○	○	○	◑	○	○	○	○	○	○	◔	◔	○	◑	●	◑	◕	◔	○	◑	○	○	◑	◑	◑	
Bauteildicke	5	○	○	◑	◕	○	○	○	○	○	◔	◕	◕	◔	◑	●	◔	●	○	○	◕	○	○	◑	◑	○	
Bauteilgewicht	1	○	○	○	◑	◑	◑	◑	○	○	○	◑	◑	◔	○	●	◔	●	◔	○	◕	○	○	◑	◑	○	
Bauteilabmessungen	5	○	○	○	○	○	○	○	○	○	○	○	○	○	○	○	○	○	○	○	○	○	○	○	○	○	
Faser-Matrix-Anbindung	3	○	○	○	○	○	○	○	◔	◕	○	○	○	◕	○	○	●	◑	○	○	○	○	○	○	○	○	
Absolute Wichtigkeit		71	61	60	92	68	68	68	73	61	76	61	61	77	78	107	128	119	79	91	79	69	64	89	89	65	3188
Relative Wichtigkeit [%]		2	2	2	3	2	2	2	2	2	2	2	2	2	2	3	4	4	2	3	2	2	2	3	3	2	
Rang		14	21	25	4	16	16	16	13	21	12	21	21	11	10	3	1	2	8	5	8	15	20	6	6	19	
Schwierigkeitsgrad		4	1	5	2	4	3	4	1	5	5	5	5	2	4	2	1	4	1	3	1	1	1	2	2	2	

Abbildung 44: Ausschnitt QFD Stufe 2

Es ist zunächst auffällig, dass die ersten drei Ränge in Verbindung mit dem Harzsystem stehen. Die Mischungsqualität des Harzsystems und die Harzmenge sind dem Imprägniervorgang zuzuordnen, weshalb dieser in einer Detailmatrix (Anhang 12) noch einmal zusätzlich aufgeschlüsselt wird (Abbildung 45).

Anforderung/ Prozessparameter	Gewichtung \ Parameter Detail	Stackqualität	Durchlässigkeit Stack (Makropermeabilität)	Harzaufnahmevermögen Roving (Mikropermeabilität)	Faltenfreiheit Stack (Hohlräume)	Harztemperatur	Füllstand Behälter, Drehzahl Rührwerk	Mischungsverhältnis	Viskosität	Dichteeinstellung an Anlage bei RT	Imprägnierzeit	Beaufschlagung (Druck / Vakuum)	Düsenart / Breite	Düsensauberkeit / Spaltreinigung	Auftragsmuster	Auftragsgeschwindigkeit (Roboter)	Auftragsleistung	Auftragslage	Umgebungsbedingungen	
Gleichmäßige Durchtränkung	3	●	●	●	●	●	○	◑	●	●	●	◕	◑	◑	●	◑	◑	●	◕	
Luftfreie Durchtränkung	1	●	●	●	◑	●	●	○	●	○	●	◕	◔	◔	●	◑	◑	●	◕	
Ausreichende Harzmenge	5	○	◑	◔	○	○	○	○	○	◑	○	◕	○	○	○	○	○	○	◑	
Mischungsqualität Harz	5	○	○	○	○	◕	◑	●	◕	●	○	◕	◑	○	○	○	◑	○	○	Summe
Absolute Wichtigkeit		16	26	21	14	16	4	6	16	22	16	27	7	7	16	8	8	16	22	252
Relative Wichtigkeit [%]		6,3	10,3	8,3	5,6	6,3	1,6	2,4	6,3	8,7	6,3	10,7	2,8	2,8	6,3	3,2	3,2	6,3	8,7	
Rang		6	2	5	12	6	18	17	6	3	6	1	15	15	6	13	13	6	3	

Abbildung 45: Ausschnitt QFD Detailmatrix Harzsystem

Anhand der Detailmatrix ist zu erkennen, dass auf Harzmenge und Mischungsqualität nur eine geringe Anzahl von Faktoren Einfluss nehmen. Der Schwerpunkt liegt in den Einstellungen der Dosiervorrichtung, welche für den Harzauftrag verwendet wird. Die wichtigsten Komponenten sind die Beaufschlagung des Harzes mit Druck und die Dichte des Harzsystems, welche an der Anlage voreingestellt wird, sowie dessen Temperatur und das Mischungsverhältnis. Auf dem dritten Rang der zweiten Stufe steht die Verweilzeit des imprägnierten Stacks im geöffneten Werkzeug. Durch den Wärmeeintrag der beheizten Kavität beginnt die Vernetzungsreaktion des Harzsystems, welche sich auf die Viskosität und somit die Verarbeitbarkeit des Harzes auswirkt. Die auf die Imprägnierung folgenden Positionen beziehen sich vorrangig auf die Randbedingungen des Pressverfahrens, welche einerseits bauteilabhängig sind wie die Werkzeuggeometrie und andererseits Parameter, welche die Pressentemperatur betreffen und unabhängig vom betrachteten Bauteil sind.

Betrachtet man die jeweiligen Einflussgrößen, welche für die anderen analysierten Themenschwerpunkte relevant sind, so zeichnen sich für das Gelege insbesondere Faktoren ab, welche die Faserorientierung und –ausrichtung betreffen. Für Litzematerial ist in diesem Bezug der Krümmungsradius eine entscheidende Größe, welcher für die spätere Festigkeit des Materials entscheidend ist. Hinzu kommen die Maßtoleranzen des geöffneten Geflechts, die sich aus Länge, Breite und Versatz der einzelnen Lagen zusammensetzt. Den wichtigsten Faktor für Litzematerial stellt jedoch das Flächengewicht des Faserhalbzeugs dar. Durch das Zuschneiden des Gelegematerials bei der Stackherstellung besteht die Möglichkeit, dass die Stacks z. B. durch herausgezogene Rovings oder Rovingabschnitte verunreinigt werden, wodurch das Imprägnierverhalten des Halbzeugs beeinflusst wird. Faktoren, welche sich eher auf das Drapierverhalten und die Entstehung von Falten und Welligkeiten auswirken sind die Faserorientierung der Gelege innerhalb eines Stacks, deren Gleitverhalten untereinander und zum Werkzeug sowie die Menge und Verteilung des aufgetragenen Bindermaterials. Ebenfalls relevant sind die Wandstärkenverteilung und die Gesamtdicke des Stacks, da sich diese auf das Drapier- und Imprägnierverhalten des Materials auswirken. Den letzten betrachteten Schwerpunkt stellt der Pressprozess dar. Neben der Werkzeuggeometrie und –temperatur wirkt sich die Einstellung des Spannrahmens zum Straffen des Faserhalbzeugs vor dem Verpressen stark auf das Umformverhalten des Faserhalbzeugs aus. Hinzu kommt das Pressenprofil, welches gefahren wird. Insbesondere die letzten 5 [mm] vor dem Schließen des Werkzeugs, die folgende Haltezeit und die Dauer bis zum Ausfahren der Ziehstifte, welche die Harzdome für Messaufnahmen formen, stellen relevante Prozessgrößen dar. Die Entformung des Bauteils ist ebenfalls ein wichtiges Kriterium, da durch Anwendung zu hoher Kräfte die Geometrie des unvollständig ausgehärteten Bauteils beeinflusst werden kann. [23]

Im Rahmen der Auswertung werden aus der Vielzahl von Einflussfaktoren eine begrenzte Anzahl relevanter Prozessgrößen identifiziert sowie deren Zusammenhang mit der Entstehung qualitätsrelevanter Merkmale festgestellt. Die zusammengestellten Matrizes fassen eine große Menge an Informationen in übersichtlicher Form zusammen, sodass diese als Hilfsmittel zur Prozessverbesserung eingesetzt werden können. Weiterführend werden auf dieser Grundlage Prozessparameter definiert, welche folgend als Basis für die statistische Auswertung des Fertigungsprozesses aufgezeichnet werden.

5.1.3 Erkenntnisse der theoretischen Prozessanalyse

Die theoretische Bewertung des Nasspressprozesses mittels „HoQ“ und QFD stellt eine gesamthafte Prozessbetrachtung dar, welche begonnen bei den Eigenschaften der Faserhalbzeuge bis hin zum Fertigungsprozess alle Teilstationen einbezieht. Der Wissenszuwachs besteht in den Kenntnissen über Zusammenhänge zwischen Bauteilanforderungen und Merkmalen sowie den zwischen Prozessparametern und der Merkmalsentstehung, welche in einer übersichtlichen Form zusammengefasst sind. Die so aufbereiteten Informationen stellen einerseits ein Nachschlagewerk für unvorhergesehene Merkmalsentstehung, aufgrund von ungewollten Prozessänderungen, dar und zeigen andererseits ein breites Spektrum an Forschungsbereichen auf, die es zur Minimierung der Wissensdefizite aufzugreifen gilt. Ein Schwerpunkt liegt bei der Qualität der Faserhalbzeuge, die als Prozesseingangsgröße einen großen Einfluss auf die Bauteilqualität bzw. im Falle abweichender Beschaffenheit auch auf die Prozessführung hat. Gleiches gilt für die Harzkomponente, welche als zweites Ausgangsmaterial in den Prozess eingesteuert wird. Den letzten relevanten Faktor, der einen hohen Bedeutungsgehalt für die Entstehung qualitativ guter Bauteile besitzt, stellt die Pressenführung dar. Die Analyse dieser drei Einflussschwerpunkte ist eine wesentliche Anforderung für das Erlangen einer umfangreichen Prozesskenntnis. [23]

Ein erster Schritt kann mit der statistischen Analyse dieser Faktoren in Form von Messdaten, welche aus einem realen Fertigungsprozess stammen, getan werden. Auf diese Weise können die in der theoretischen Analyse ermittelten Schwerpunkte konkretisiert werden.

5.2 Statistische Prozessbetrachtung

Für die Auswertung der Prozessdaten in der frühen Prozessphase werden alle möglichen Größen erfasst, deren Aufzeichnung mit der vorhandenen Messtechnik möglich ist. Hinzu kommen Kennwerte, die manuell erfasst werden können. Die Auswahl wird dazu bestmöglich den im Rahmen der theoretischen Prozessanalyse identifizierten Kenngrößen angepasst. Es muss berücksichtigt werden, dass an einer bestehenden Fertigungsanlage nicht sofort alle Werte aufgezeichnet werden können bzw. es für einige Faktoren keine zerstörungsfreie Methode zur Erfassung gibt. Hierzu gehört beispielsweise die Faserausrichtung der Gelegelagen bzw. deren Orientierung im Stack. Daher ist es notwendig die verfügbaren Werte bestmöglich zu nutzen (Tabelle 7):

Tabelle 7: Übersicht aufgezeichnete Kenngrößen Nasspressen

Stack	Harzsystem	Pressprozess	Merkmale	Sonstiges
Lieferdatum	Charge	Produktionslinie	Prüfzeit	Trennmittelauftrag
Stacknummer	Harzmenge	Werkzeug	Art	T Kühlschließe
Stackbehälter	Infiltrierzeit	Produktionszeit	Position	Kühldauer
Stackgewicht	T Komponenten	Pressablauf	Ausprägung	Störungen
Lagerdauer		T Werkzeug		Bauteilqualität
		Presskraft		Bauteildicke
		Verweilzeit		

Für die Auswertung der Prozessdaten ist neben der Erfassung der Daten auch die exakte Position der Sensoren für die Auswertung relevant bzw. im Falle manuell gesammelter Daten die Art und Weise der Aufzeichnung. So können die Ergebnisse positionsbedingt sehr stark variieren. Bei der Ermittlung der Werkzeugtemperatur kann die Messung z. B. über Messfühler an der Werkzeugoberfläche bzw. im Inneren des Werkzeugs in Kombination mit einem Korrekturfaktor erfolgen oder alternativ über ein Infrarot-Thermometer, welches die Temperatur kontaktlos erfasst (Abbildung 46).

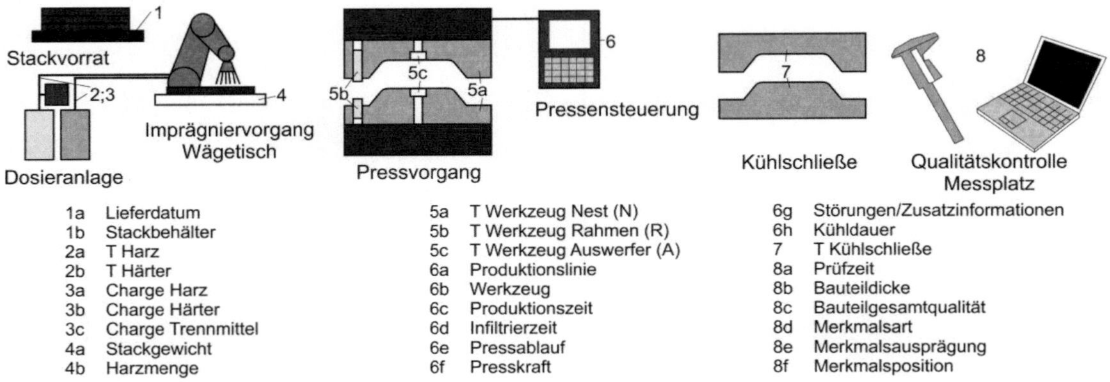

Abbildung 46: Messpositionen Nasspressverfahren Vorserie

Das Abrufen der erfolgt über die Anlagensteuerung und die Zusammenführer mit den Material- und Qualitätsdaten in einer Software für Tabellenkalkulation. Die Aufarbeitung und Auswertung der Daten wird anschließend im SPSS® Modeler (vgl. 4.2) umgesetzt. Betrachtet werden fünf verschiedene Bauteile (HR, QT, SS, WO, WU), welche sich hinsichtlich Größe, Geometrie, Lagenaufbau und Stackanzahl unterscheiden.

5.2.1 Deskriptive Statistik

Für die Vorbereitung der Daten wird das Datenscreening angewendet (vgl. 4.2.2), um Ausreißer zu identifizieren. Weichen die Minima und Maxima stark vom Großteil der erfassten Daten ab bzw. existieren Werte, welche aus Prozesssicht nicht sinnvoll sind, werden hierfür bauteilspezifische Filter erstellt. Zusätzlich werden Filter zusammengestellt, die bauteilübergreifend wirken. Es gilt zu beachten, dass diese nur für Kennwerte sinnvoll sind, welche nicht bauteilabhängig variieren (Abbildung 47).

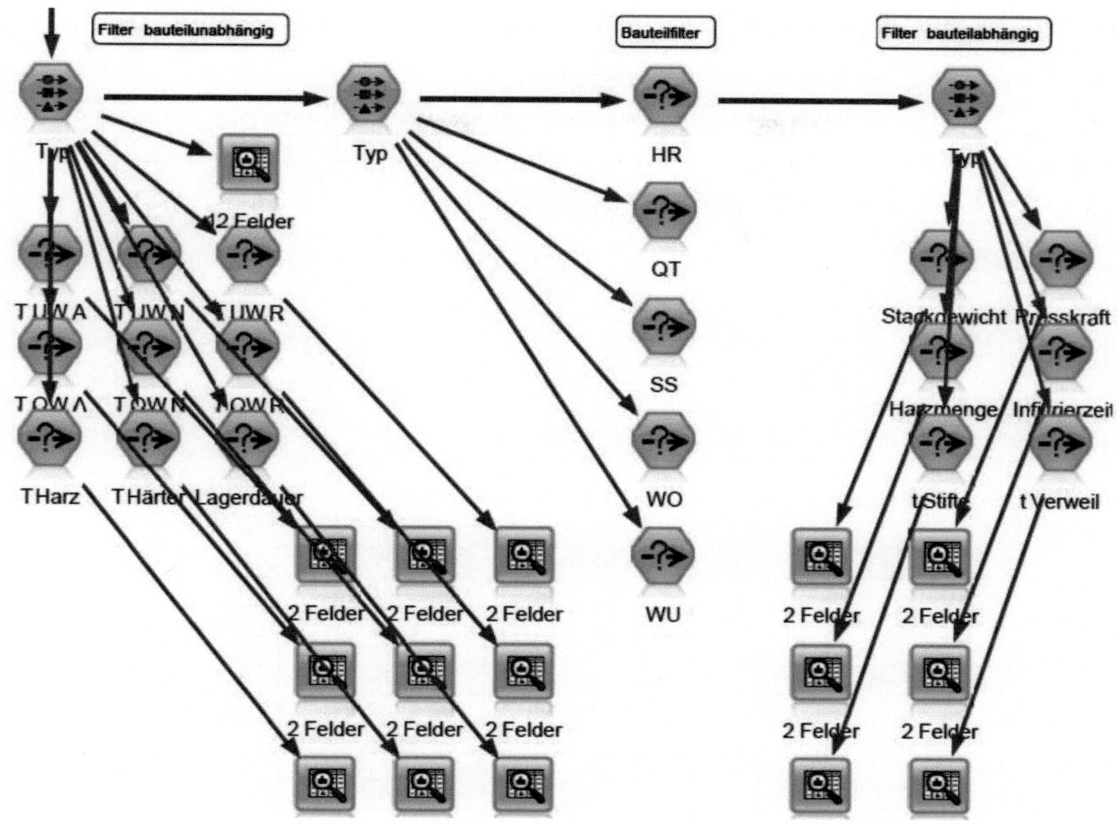

Abbildung 47: Bauteilspezifische Filter für Prozessparameter

Dazu zählen neben den Temperaturen des Pressenwerkzeugs auch die Temperatur von Harz und Härter sowie die Lagerdauer der Stacks, welche nicht bauteilspezifisch eingestellt werden und somit unabhängig vom Bauteil analysiert werden (Anhang 13).

Identifizierung Gutteilbereiche

Da die gesamten Prozessdaten alle Prozessanpassungsmaßnahmen beinhalten, werden beim Datenscreening der Gesamtdaten lediglich die im „Data Audit"-Knoten integrierten Histogramme eingesetzt (vgl. 4.2.2), um Bereiche aufzuzeigen, in denen vorrangig Gutteile produziert werden. Wechselwirkungen mit anderen Parametern werden an dieser Stelle zunächst vernachlässigt. Weiterhin werden Daten entfernt, welche z. B. aufgrund von Messfehlern nicht realistisch sind und das Ergebnis verfälschen. Die Analyse erfolgt für beide Prozessphasen sowohl für bauteilspezifische (Tabelle 8) als auch bauteilunabhängige (Tabelle 9) Größen.

Tabelle 8: Übersicht bauteilspezifische Parameter - Gutteilbereiche

Bauteil/Prozessphase		Bauteilspezifische Parameter									
		Stackgewicht [g]		*Infiltrierzeit [s]*		*t Stifte ausfahren [s]*		*Harzmenge [kg]*		*Presskraft [kN]*	
		UG	*OG*	*UG*	*OG*	*UG*	*OG*	*UG*	*OG*	*UG*	*OG*
SS	***VS1***	2.713	2.713	119	120	175	191	0,71	0,72	1.696	1.793
	VS2	/	/	/	/	/	/	/	/	/	/
WO	***VS1***	/	/	48	65	210	220	0,53	0,55	1.540	1.580
	VS2	1.060	1.070	78	81	289	292	0,52	0,52	1.406	1.407
WU	***VS1***	731	731	80	80	1.485	1.485	0,56	0,57	1.457	1.460
	VS2	790	791	68	69	278	296	0,55	0,56	1.398	1.403
QT	***VS1***	1.076	1.080	48	48	285	286	0,47	0,49	2.202	2.246
	VS2	1.068	1.069	69	70	205	206	0,58	0,59	1.596	1.619
HR	***VS1***	1.458	1.468	53	54	1.514	1.520	1,00	1,00	4.511	4.528
	VS2	1.481	1.495	65	68	250	258	1,10	1,11	3.675	3.760

Tabelle 9: Übersicht bauteilunabhängige Parameter - Gutteilbereiche

Bauteil/Prozessphase		Bauteilunabhängige Parameter											
		T Werkzeug [°C]											
		T UW A		*T UW R*		*T UW N*		*T OW A*		*T OW R*		*T OW N*	
		UG	*OG*	*UG*	*OG*	*UG*	*OG*	*UG*	*OG*	*UG*	*OG*	*UG*	*OG*
Alle	***VS1***	115	125	120	125	133	135	135	140	120	125	112	112
	VS2	116	120	121	123	130	132	132	133	114	116	129	130
Bauteil/Prozessphase		**T Material [°C]**				**Stacklagerdauer [d]**							
		T Harz		*T Härter*		*oS*		*mS*		*uS*			
		UG	*OG*	*UG*	*OG*	*UG*	*OG*	*UG*	*OG*	*UG*	*OG*		
Alle	***VS1***	39	46	32	33	1	10	1	5	1	10		
	VS2	47	50	32	33	1	10	/	/	1	12		

Im betrachteten Zeitfenster findet keine Anpassung der Stackgeometrie bzw. des daraus resultierenden Stackgewichts statt. Dennoch treten diesbezüglich starke Schwankungen auf, welche sich mit einem Range von bis zu 266 [g], bei einem Sollgewicht des zugehörigen Stacks von 1064 [g], also einer Abweichung um 25% bemerkbar macht. Die höchste Gutteilquote lässt sich in einem schmalen Bereich von ±10 [g] um den Mittelwert bzw. gleichzeitig um das Sollgewicht der Stacks finden. Da für die Infiltrierzeit und das Harzgewicht sowie die Zeit bis zum Ausfahren der Ziehstifte keine Sollwerte vorgegeben sind, ist ein Abgleich mit diesen nicht möglich. Die Gutteilbereiche können jedoch als Vergleichswerte für die Ergebnisse anderer Analysen herangezogen werden. Für die Presskraft ist ein Prozessfenster zwischen 2000 und 4000 [kN] gesetzt. Vergleicht man die Ergebnisse des Datascreenings, so ist auffällig, dass bei den meisten Bauteilen in VS1 und VS2 bei einer geringeren Kraft um 1500 [kN] die geringste Ausschussrate erzielt wird.

Für die bauteilunabhängigen Parameter existieren zu den Temperaturen des Werkzeugs und des Harzsystems definierte Prozessfenster. So soll die Werkzeugtemperatur zwischen 125 [°C] und 135 [°C] liegen. Dabei ist zu berücksichtigen, dass diese für die Temperatur innerhalb der Kavität gilt. Aufgrund der abweichenden Lage der Temperatursensoren für den

Spannrahmen unterscheiden sich die dort gemessenen Temperaturen von denen des Nests. Die meisten Gutteile werden bei einer Nesttemperatur im unteren Drittel des Temperatursollbereiches für das Oberwerkzeug und im mittleren Drittel für das Unterwerkzeug erzielt. Betrachtet man alle Messpositionen, so ist zu sehen, dass der Ausschussanteil unterhalb von 130 [°C] geringer ist. Für die Temperaturen des Harzsystems ist eine Vorgabe von 45 ± 3 [°C] für das Harz und 30 ± 3 [°C] für den Härter vorgegeben. Hier ist deutlich zu sehen, dass der Ausschuss bei Temperaturen, welche im oberen Bereich bzw. über dem Sollbereich liegen niedriger ist. Den letzten Punkt der Betrachtung stellt die Lagerdauer der Stacks dar. Eine Lagerdauer unterhalb von zwölf Tagen zeichnet sich als günstig ab.

Datenverteilung und Fähigkeitsanalyse

Für die Bewertung der Datenverteilung sowie der Fähigkeitsanalyse werden einzelne Fertigungslose betrachtet, welche über eine längere Prozessphase keine gravierenden Veränderungen aufweisen (Anhang 14). Begonnen bei den bauteilabhängigen Größen ist im Falle des Stackgewichts zusehen, dass die Verteilung bei allen Bauteilen eine geringe Schiefe von maximal -1,37 aufweist und die meisten Werte um 0 liegen. Somit kann gesagt werden, dass dieser Faktor nicht einseitig begrenzt wird. Der Exzess hingegen liegt mit Werten zwischen -3 und -4 deutlich im negativen Bereich, sodass der Kurvenverlauf flachgipflig ist bzw. ein Plateau ähnlich einer erweiterten Normalverteilung aufweist. Im Falle der Infiltrierzeit ist eine eindeutige Zuordnung der Verteilung nicht möglich, da einerseits die Schiefe zwischen 4,06 und -2,44 sowohl bauteil- als auch prozessphasenabhängig stark schwankt und andererseits auch der Exzess deutliche Unterschiede aufweist. Dies setzt sich in der Zeit bis zum Ausfahren der Ziehstifte fort, welche auf die Infiltrierzeit aufsummiert wird. Unter Berücksichtigung der aufgetragenen Harzmenge, welche aufgrund der Auftragsdauer die Infiltrierzeit beeinflusst, lässt sich ebenfalls kein Zusammenhang erkennen, da ein erhöhter Harzauftrag im selben Prozessabschnitt nicht durch eine höhere Infiltrierzeit gekennzeichnet ist. Der Harzauftrag selbst ist mit Ausnahme des WO in VS2 durch einen symmetrischen Kurvenverlauf, also eine geringe Schiefe gekennzeichnet. Gleichzeitig ist der Kurvenverlauf flachgipflig. Ein ähnliches Verhalten ist auch bei der Presskraft zu erkennen, deren Verteilung ebenfalls durch eine symmetrische Kurve mit flacher Wölbung charakterisiert werden kann. Bei den Werkzeugtemperaturen sind insbesondere in der VS1 betragsmäßig höhere Werte für die Schiefe der Verteilung zu beobachten, welche in der VS2 deutlich reduziert sind. Der Exzess nimmt sowohl in VS1 als auch VS2 sehr hohe Werte an, sodass auf einen beidseitig begrenzten Parameterverlauf z. B. aufgrund einer entsprechenden Temperaturregelung geschlossen werden kann.

Auch wenn die vorliegenden Messwerte nicht eindeutig normalverteilt sind (vgl. 4.2.2), lassen sie sich, aufgrund der meist symmetrischen Verteilungsform, mittels Fähigkeitsuntersuchungen bewerten. Lediglich im Falle der Infiltrierzeit und der Ausfahrzeit der Ziehstifte ist durch die großen prozessphasen- und bauteilabhängigen Unterschiede sowie der hohen Werte für die Schiefe der Verteilung, eine Auswertung nicht sinnvoll. Da die Kennzahlen aus einem begrenzten Zeitfenster von wenigen Wochen stammen, wird eine Bewertung der Maschinenfähigkeit c_m und des Maschinenfähigkeitsindex c_{mk} (Anhang 4) angestrebt. Für die Berechnung werden entsprechende Toleranzen benötigt, sodass sich die Auswertung auf die Temperaturen der Werkzeugkavität und des Harzsystems beschränkt (Tabelle 10).

Tabelle 10: Übersicht Maschinenfähigkeitskennwerte VS1 und VS2

Temperaturen [°C]		UTG	OTG	UTG-OTG	c_m	c_{mk}
T UW N	*VS1*	125,00	135,00	10,00	0,57	0,46
	VS2	125,00	135,00	10,00	0,44	0,42
T OW N	*VS1*	125,00	135,00	10,00	0,18	-0,05
	VS2	125,00	135,00	10,00	0,54	0,06
T Harz	*VS1*	42,00	48,00	6,00	0,29	-0,15
	VS2	42,00	48,00	6,00	0,22	0,10
T Härter	*VS1*	27,00	33,00	6,00	0,88	0,24
	VS2	27,00	33,00	6,00	0,61	-0,02

Die Temperaturen des Werkzeugs und des Harzsystems, welche aus fertigungstechnischer Sicht bauteilunabhängig sind, können anhand der Daten aus VS1 und VS2 nicht als beherrscht und nicht fähig angesehen werden. Dies ist darauf zurückzuführen, dass die Werkzeugtemperatur im Mittel deutlich unterhalb der UTG von 125 [°C] liegt. Gleiches gilt für die Temperatur der Harzkomponente. Im Falle der Härtertemperatur sind die geringen Maschinenfähigkeitswerte auf die starken Schwankungen der Temperatur zurückzuführen.

Mittelwertanalyse

Auch wenn derartige Abweichungen im Serienprozess nicht erwünscht sind, lassen sich anhand dieser ggf. Prozessbereiche aufzeigen, in denen trotz des Unterschiedes zum Sollwert Gutteile gefertigt werden können. Im Rahmen der Auswertung werden hierfür die Mittelwerte jedes Prozessparameters in Bezug auf die erreichte Bauteilqualität bauteilspezifisch gegenübergestellt (Anhang 15). Durch den Abgleich der Mittelwerte von Gut- und Ausschussteilen lässt sich für VS1 und VS2 bewerten, ob diese tendenziell eher durch Erhöhung oder Absenkung des Parameterwertes auftreten. Daraus kann abgeleitet werden, dass Gutteile durch niedrigere Werkzeugtemperaturen im unteren Bereich bzw. unterhalb der Solltemperatur oder bei erhöhten Harztemperaturen entstehen.

Weiterhin ist zu sehen, dass eine lange Infiltrierzeit oder eine geringere Presskraft weniger Ausschuss hervorrufen. Hinzu kommt die Lagerdauer der für die Fertigung eingesetzten Stacks. Es kann festgestellt werden, dass bei kürzerer Lagerdauer von unter zwölf Tagen Bauteile besserer Qualität gefertigt werden können.

Bei der Mittelwertanalyse in Bezug auf die Merkmalsentstehung (Anhang 16) kann festgestellt werden, dass sowohl Quer- als auch Längsfalten sowie Lufteinschlüsse und Poren vorrangig bei, im Vergleich zum Sollgewicht erhöhten Stackgewichten, auftreten. Gleiches ist bei höheren Infiltrierzeiten und Harzmengen zu beobachten. Im Falle niedrigerer Infiltrierzeiten bzw. Harzmengen werden häufiger Trockenstellen beobachtet. Die Bewertung der Werkzeugtemperaturen ist bezogen auf die verschiedenen Bauteile unterschiedlich. Bauteilübergreifend treten sämtliche Merkmale vermehrt bei niedrigeren Temperaturen auf. Diese Tatsache scheint im Widerspruch zu den vorher bei der Mittelwertanalyse in Bezug auf die Gesamtbauteilqualität gewonnenen Erkenntnissen zu stehen. Da im Rahmen dieser Betrachtung die Position und Ausprägung der Merkmale nicht berücksichtigt wird und nicht jedes Merkmal ein Ausschusskriterium ist, lassen sich beide Ergebnisse vereinen. Gleiches gilt für die Materialtemperaturen, welche abgesehen von der Entstehung von Trockenstellen, im erhöhten Temperaturbereich die Entstehung von Merkmalen begünstigen. Alle Bauteile betreffend kann gesagt werden, dass eine erhöhte Lagerdauer der Stacks Merkmale begünstigt, welche das Drapier- und Imprägnierverhalten des Materials betreffen.

Korrelationsanalyse

Ergänzend zu den Einflüssen einzelner Parameter lassen sich mittels Korrelationsanalyse Aussagen bzgl. der Wechselwirkungen der Faktoren untereinander treffen (Anhang 17). Stellt man die Parameter beider Prozessphasen gegenüber, so ist zunächst festzustellen, dass diese in Anhängigkeit des Bauteils und der Prozessphase stark variieren. Wiederkehrende Muster sind für die Werkzeugtemperaturen zu erkennen, welche auf die lokale Nähe der Sensoren und die gemeinsame Wärmequelle zurückzuführen sind. Weiterhin sind geringe Wechselwirkungen zwischen der Harzmenge und den Werkzeugtemperaturen zu sehen. So läuft die exotherme Aushärtereaktion des Harzes bei Temperaturen um 145 [°C] ab, welche oberhalb der des Werkzeuges liegt. Neben den Korrelationen der Werkzeugtemperaturen sind starke Wechselwirkungen der Härtertemperatur, der Presskraft und der Verweilzeit im Werkzeug zu erkennen. Da diese nur bei wenigen Bauteilen und jeweils in einer Prozessphase auftreten, kann davon ausgegangen werden, dass der Zusammenhang aus der geringen Anzahl von Datensätzen in Kombination mit wenigen Messergebnisvarianten resultiert.

Mittels der deskriptiven Analysemethoden kann während der laufenden Vorserienprozessphase der Verlauf der Parameter, ähnlich einer Regelkarte, überwacht und somit auf ungewollte Prozessabweichungen schnell reagiert werden. Weiterhin kann anhand von Histogrammen und der Mittelwertanalyse festgestellt werden, dass bei einer Kombination von Werkzeugtemperaturen im unteren Drittel des Toleranzbereiches und Harztemperaturen, welche sich an der Obergrenze der Harztemperaturtoleranz bewegen, die meisten Gutteile gefertigt werden. Gleichermaßen ist erkennbar, dass die Lagerdauer der Stacks zwischen Anlieferung und Produktionsprozess ebenfalls einen Einfluss auf die Bauteilqualität hat. Weiterhin kann ein Einfluss der Presskraft festgestellt werden, der in Abhängigkeit des betrachteten Bauteils variiert. Zudem wirkt sich eine Erhöhung der Infiltrierzeit und ggf. eine gleichzeitig Erhöhung der Harzmenge positiv auf das Prozessergebnis aus. Anhand der Korrelationsanalyse kann zudem festgestellt werden, dass Wechselwirkungen zwischen der Harzmenge und der Werkzeugtemperatur bestehen. Bei der Bewertung der Prozessfähigkeit ist zu erkennen, dass die Temperierung des Harzsystems nicht als fähiger und beherrschter Prozess abläuft. Gleichermaßen sind die Werkzeugtemperaturen und die Infiltrierzeit aufgrund großer Schwankungen und grober Abweichungen vom Toleranzbereich ebenfalls als nicht stabil und nicht fähig.

Die Ergebnisse der deskriptiven Analyse lassen sich durch die anschaulichen Methoden der explorativen Statistik überprüfen bzw. ergänzen.

5.2.2 Explorative Statistik

Die während der deskriptiven Statistik aufgearbeiteten Daten und zugehörigen Filter können auch für die explorative Betrachtung angewandt werden. Aufgrund von unvollständigen Datensätzen und der Tatsache, dass Prozessparameter häufig modifiziert werden, setzt die Auswertung eine sehr gute Kenntnis über vorgenommene Prozessveränderungen voraus. Aus diesem Grund werden lediglich grobe Ausreißer, welche auf eine fehlerhafte Datenerfassung zurückzuführen sind aus der Betrachtung ausgeschlossen.

Klassierungsmodelle

Für die verschiedenen Fehlerbaumanalysen werden die drei Einflussfaktoren mit der höchsten Bedeutsamkeit gegenübergestellt und weiterführend die Aufteilungsbedingungen im Fehlerbaum analysiert. Dazu werden die Prozessdaten zum einen für alle Bauteile aufgeteilt nach VS1 und VS2 bewertet und zum anderen für jedes Bauteil separat ein Fehlerbaum erstellt (Anhang 20). Im Rahmen der Arbeit wird zunächst die Bedeutung der Parameter mit dem Ziel der Gesamtbauteilqualität (Anhang 21) betrachtet. Die

Bedeutsamkeit aller Parameter beträgt in Summe 1,00. Analysiert werden lediglich die Einflussgrößen, deren Bedeutsamkeit mindestens 0,50 beträgt und somit bei der Gesamtbauteilqualitätsbewertung (Tabelle 11) jeweilig denen mit der höchsten Bedeutsamkeit entspricht.

Tabelle 11: Auszug relevante Parameter Gesamtbauteilqualität

Bauteil /Prädiktor	**Parameterbedeutung**							
VS1	**C 5.0**		**QUEST**		**C-RT**		**CHAID**	
SS	Lagerdauer mS	**0,74**	Lagerdauer mS	**0,78**	Lagerdauer mS	**0,63**	Lagerdauer mS	**0,65**
WO	Härtertemperatur	0,30	Lagerdauer uS	0,35	Härtertemperatur	0,37	Lagerdauer uS	**0,88**
WU	Lagerdauer uS	**0,89**	Lagerdauer uS	**0,82**	Lagerdauer uS	**0,92**	t Stifte	**0,59**
QT	Lagerdauer oS	**1,00**	Lagerdauer uS	**0,77**	/	/	Lagerdauer uS	**0,82**
HR	Lagerdauer oS	**0,60**	/	/	Temperatur UW	0,29	Infiltrierzeit	0,39
Alle	Lagerdauer uS	**0,69**	Lagerdauer uS	**0,60**	Lagerdauer uS	**0,69**	Lagerdauer uS	**0,56**
VS2	**C 5.0**		**QUEST**		**C-RT**		**CHAID**	
SS	Lagerdauer uS	**0,99**	/	/	Lagerdauer uS	**0,89**	Lagerdauer oS	**1,00**
WO	Lagerdauer uS	**0,68**	Harzmenge	0,27	Lagerdauer uS	0,17	Lagerdauer oS	**0,53**
WU	Temperatur UW	**0,62**	Temperatur UW	**0,70**	Harzmenge	**0,53**	Harzmenge	**0,66**
QT	Temperatur UW	**0,84**	Harzmenge	**0,56**	Harzmenge	**0,71**	Temperatur UW	**0,76**
HR	Lagerdauer oS	**1,00**	/	/	/	/	Lagerdauer oS	**1,00**
Alle	Temperatur UW	0,44	Temperatur UW	**0,52**	Temperatur UW	**0,50**	Temperatur UW	**0,67**

Es ist auffällig, dass insbesondere bei der Bewertung der Gesamtqualität die Auswahl auf wenige Prozessgrößen beschränkt ist. Die Lagerdauer der Stacks ist besonders häufig und zudem mit einer sehr hohen Bedeutsamkeit vertreten. In VS1 kommt die Ausfahrzeit der Ziehstifte als weiteres Kriterium hinzu. Betrachtet man VS2 so tritt gleich der Stacklagerdauer auch die Temperatur des Unterwerkzeuges sowie die aufgetragene Harzmenge als relevantes Kriterium in Erscheinung.

In einem zweiten Schritt erfolgt die gleiche Analyse mit dem Ziel einer detaillierten Merkmalsanalyse (Anhang 22). Der Unterschied liegt im Entfall des CHAID-Fehlerbaumens aufgrund des Fehlens von aussagekräftigen Resultaten (vgl. 4.2.3). Die Ergebnisse der verbleibenden Varianten werden gleichermaßen ab einer Bedeutungswertung von 0,5 als relevant eingestuft (Tabelle 12).

Tabelle 12: Auszug relevante Parameter Merkmale

Bauteil /Prediktor	**Parameterbedeutung**					
VS1	**C5.0**		**Quest**		**CRT**	
SS	Lagerdauer US	0,45	Lagerdauer US	**0,58**	Harzmenge	0,41
WO	t Stifte	**0,76**	t Stifte	0,40	t Stifte	**0,65**
WU	t Stifte	**0,82**	Lagerdauer US	0,40	/	/
QT	Lagerdauer OS	**0,59**	Lagerdauer OS	0,37	Lagerdauer OS	**0,66**
HR	Harzmenge	**1,00**	/	/	/	/
Alle	Harzmenge	0,22	Lagerdauer US	0,48	Presskraft	0,36
VS1	**C5.0**		**Quest**		**CRT**	
SS	Stackgewicht	0,31	/	/	/	/
WO	Lagerdauer OS	0,49	Lagerdauer US	0,35	Temperatur UW	0,33
WU	Temperatur OW	0,49	/	/	Presskraft	0,37
QT	Härtertemperatur	0,46	t Stifte	0,45	Infiltrierzeit	**0,50**
HR	Lagerdauer OS	**1,00**	/	/	Temperatur UW	**0,59**
Alle	Stackgewicht	0,31	Stackgewicht	**0,81**	Stackgewicht	**0,67**

Da die Bewertung der Gesamtqualität auf Basis der auftretenden Merkmalen erfolgt, stellen sich ähnlich der Analyse der Gesamtbauteilqualität die gleichen Parameter heraus. Insbesondere in VS1 ist die Ausfahrzeit der Ziehstifte häufig vertreten. In beiden Prozessphasen ist weiterhin ein Einfluss durch die Lagerdauer der Oberstacks sowie der Harzmenge und Infiltrierzeit zu beobachten. Im Vergleich zur Qualitätsbetrachtung lassen sich anhand dieser Auswertung zusätzlich Aussagen bzgl. der Entstehung spezifischer Merkmale treffen. Vergleicht man die Klassierungskriterien der einzelnen Fehlerbaumvarianten, so zeichnet sich in VS1 ein Grenzbereich für die Lagerdauer der Faserhalbzeuge ab. So werden unterhalb einer Lagerdauer von 10 [d] verstärkt Gutteile registriert. Der Übergangsbereich reicht bis zu einer Lagerzeit von 14 [d] und oberhalb von diesem ist ein deutlich höherer Ausschussanteil zu erwarten. Ursache hierfür ist, dass Welligkeiten, welche vermehrt bei einer Lagerdauer bis 10 [d] auftreten, sich zu Falten verstärken. Weiterhin sind bei einer langen Lagerdauer häufig Merkmale wie Poren und Lufteinschlüsse bzw. Trockenstellen vertreten, welche auf einen schlechten Imprägniervorgang zurückzuführen sind (Abbildung 48).

a)

b)

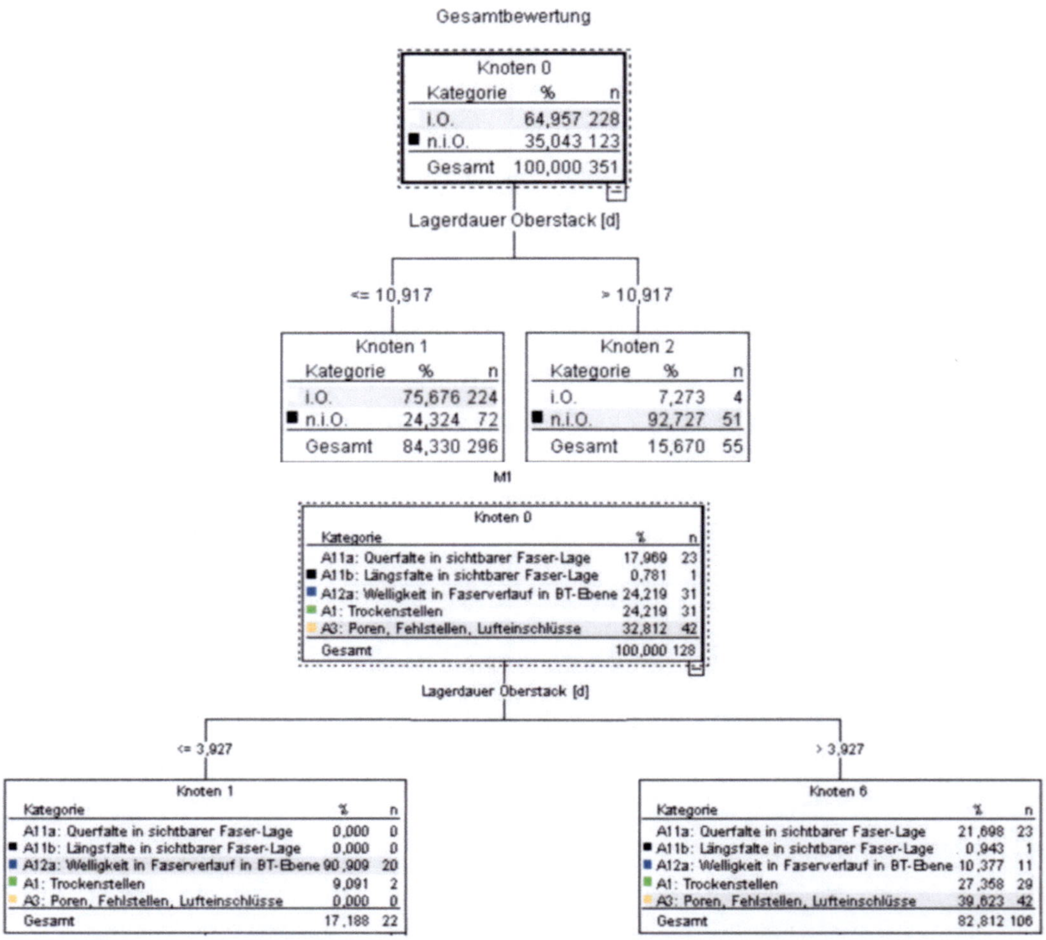

Abbildung 48: Beispiel C5.0-Fehlerbaum Qualität a) Merkmale b) Bauteil QT VS1

Diese Annahme kann aufgrund der teils extrem hohen Lagerzeiten von mehreren Monaten in VS2 nicht bestätigt werden. Unter Berücksichtigung des hohen Ausschussanteils im betrachteten Zeitrahmen wird hier die Bewertung des Zusammenhangs von Einflussgrößen und Bauteilqualität zusätzlich erschwert. Stellt man die Resultate für den zweithäufigsten Parameter – die Temperatur des Unterwerkzeugs – gegenüber, so zeichnet sich ab, dass betrachtet über alle Bauteile und beide Prozessphasen in einem Fenster von 129 [°C] bis 132 [°C] anteilig die meisten Gutteile produziert werden, da oberhalb dieses Temperaturfensters die Entstehung von Poren und Trockenstellen häufiger zu beobachten ist. Für die Ausfahrzeit der Ziehstifte zeichnet sich eine Zeitspanne unterhalb von 21,5 [s] beginnend mit Start des Pressvorgangs als günstig ab. Unterhalb dieser Zeit entstehen vorrangig Welligkeiten wohingegen bei einem späteren Ausfahren Poren, Lufteinschlüsse und Trockenstellen zu beobachten sind. Die bauteilspezifische Harzmenge ist nicht für alle Bauteile ein relevantes Klassierungsmerkmal. Ein Harzgewicht von unter 0,530 [kg] für WU sowie über 0,345 [kg] für WO und 0,565 [kg] für QT zeigen sich in der vorliegenden Parameterkombination als günstige Prozessfenster, da bei niedrigeren Harzmengen verstärkt Trockenstellen auftreten. Auch für Prozessgrößen, welche keine hohe Bedeutsamkeit aufweisen zeichnen sich Tendenzen ab. So stellen Infiltrierzeiten unter 65 [s] sowie eine Presskraft, die kleiner ist als 2000 [kN] Grenzwerte dar, welche eine Abgrenzung von Bereichen mit erhöhtem Ausschuss ermöglichen.

Für die Bewertung der Parameterwechselwirkungen werden die Bayes-Netze der einzelnen Bauteile je Prozessphase herangezogen (Anhang 23). Es ergeben sich unabhängig von Bauteil und Prozessphase wiederkehrende Wechselwirkungen. In der Gesamtübersicht stellt die Presskraft die Einflussgröße dar, welche mit allen anderen in Wechselwirkung steht. Auch die Werkzeugtemperatur weist eine Schnittstelle mit fast allen Faktoren auf. Die Harz- und Stackfaktoren stehen mit beiden Pressenfaktoren in Wechselwirkung, wobei sie untereinander, aufgrund des Faservolumengehalts, lediglich einen Bezug zwischen Harzmenge und Stackgewicht aufweisen (Abbildung 49).

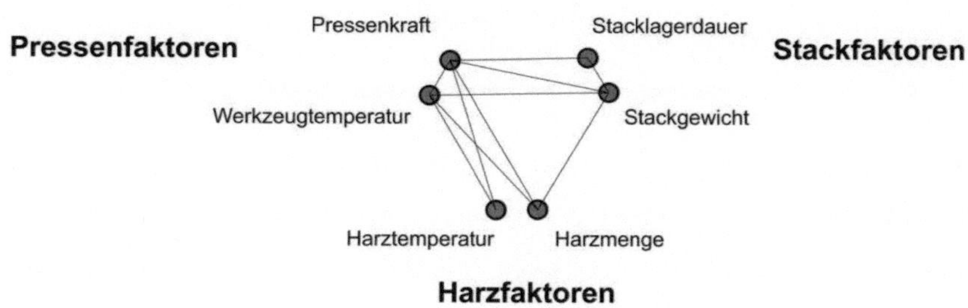

Abbildung 49: Wechselwirkungen Gesamtauswertung Bayes-Netze

Die anhand der Klassierungsmodelle identifizierten Zusammenhänge und Wechselwirkungen lassen sich auch auf grafischem Weg herausarbeiten.

Grafische Auswertung

Eine Ergänzung zur Bewertung mittels Modellen stellt in der explorativen Statistik die grafische Auswertung der Kenngrößen dar, die im Rahmen der Arbeit zur Verifizierung der Ergebnisse dient. Begonnen wird mit dem Auftragen der Parameter gegen die zuvor vergebene laufende Nummer und einer farblichen Differenzierung der erreichten Gesamtbauteilqualität (Anhang 24). Im Rahmen der Arbeit werden alle fünf Bauteilvarianten betrachtet - als Demonstrator wird das Bauteil SS herangezogen, welches die meisten der wiederkehrenden Zusammenhänge aufweist. Betrachtet man z. B. die aufgetragene Harzmenge und die zugehörige Infiltrierzeit des SS in VS1, so lassen sich deutliche Auswirkungen erkennen (Abbildung 50).

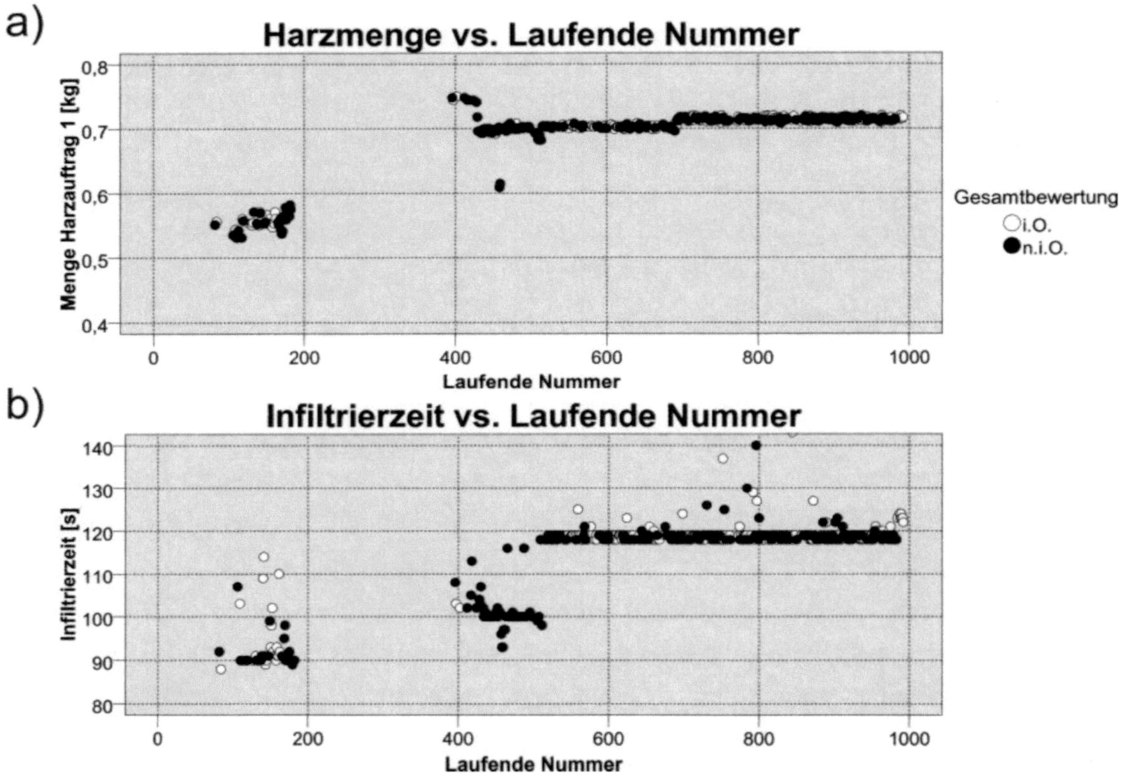

Abbildung 50: Gesamtqualität Harzmenge a) und Infiltrierzeit b) - SS VS1

Im Diagramm ist zu sehen, dass im ersten Prozessabschnitt ein geringes Harzgewicht mit einer niedrigen Infiltrierzeit kombiniert wird. Nach einer Prozessunterbrechung erfolgt eine deutliche Erhöhung der Harzmenge, obwohl die Infiltrierzeit im Vergleich nur geringfügig angehoben wird. In diesem Prozessabschnitt ist ein deutlich höherer Anteil von n.i.O.-Teilen erkennbar. Erst durch die deutliche Erhöhung der Infiltrierzeit im Fertigungsverlauf kann der Ausschussanteil reduziert werden.

Bei der Analyse der Temperaturen des Harzsystems kann z. B. für das QT Bauteil in VS2 festgestellt werden, dass bei Harz- und Härtertemperaturen im oberen Drittel des Sollbereiches anteilig die meisten i.O.-Teile gefertigt werden (Abbildung 51).

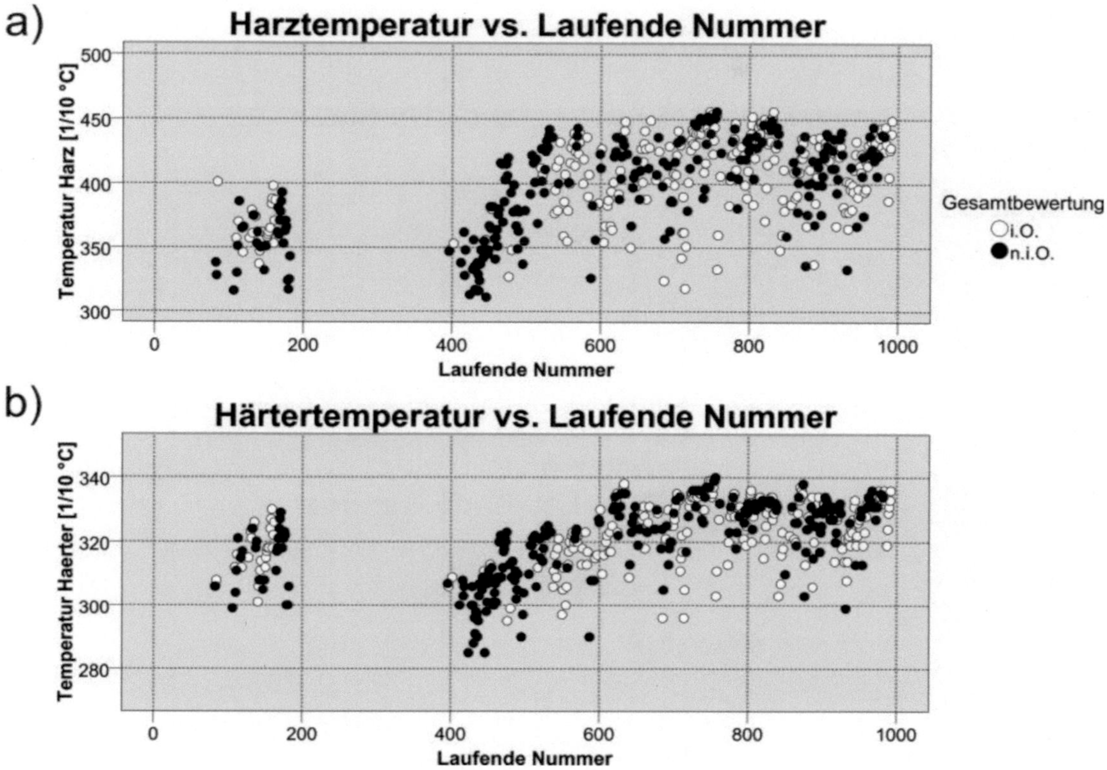

Abbildung 51: Gesamtqualität Harz- a) und Härtertemperatur b) - SS VS1

Neben den Komponententemperaturen ist auch die Betrachtung der Pressenparameter wie z. B. der Presskraft sinnvoll. So ist für das Bauteil SS aus VS1 erkennbar, dass parallel zur Erhöhung der Infiltrierzeit auch die maximale Presskraft herabgesetzt wird (Abbildung 52).

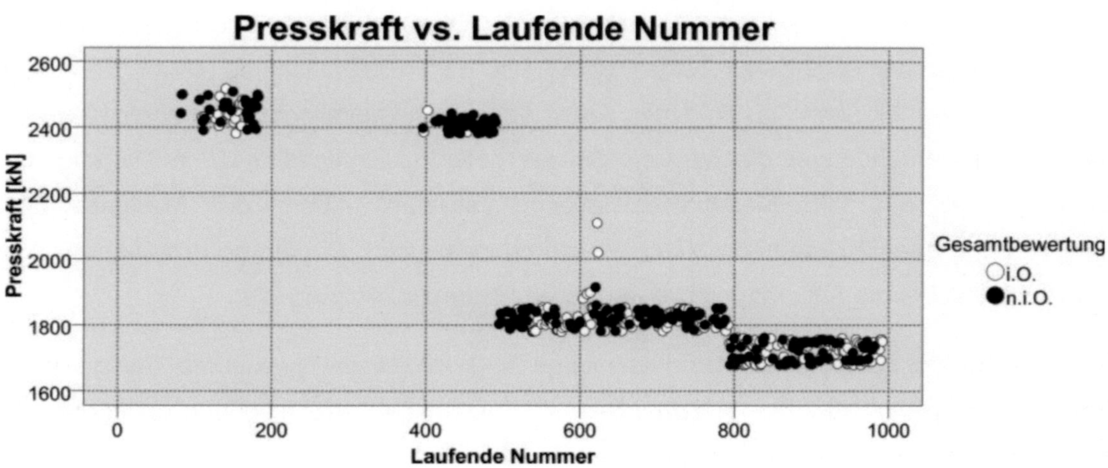

Abbildung 52: Gesamtqualität max. Presskraft - SS VS1

Lange Infiltrierzeiten in Kombination mit einer geringen Presskraft sowie erhöhter Harzmengen und hohen Temperaturen der Harzkomponenten ermöglichen entsprechend der Darstellung die Umsetzung geringer Ausschusszahlen. Neben der Presskraft wird auch die Stacklagerdauer als Parameter, der sich auf die Drapierbarkeit der Stacks auswirkt bewertet (Abbildung 53).

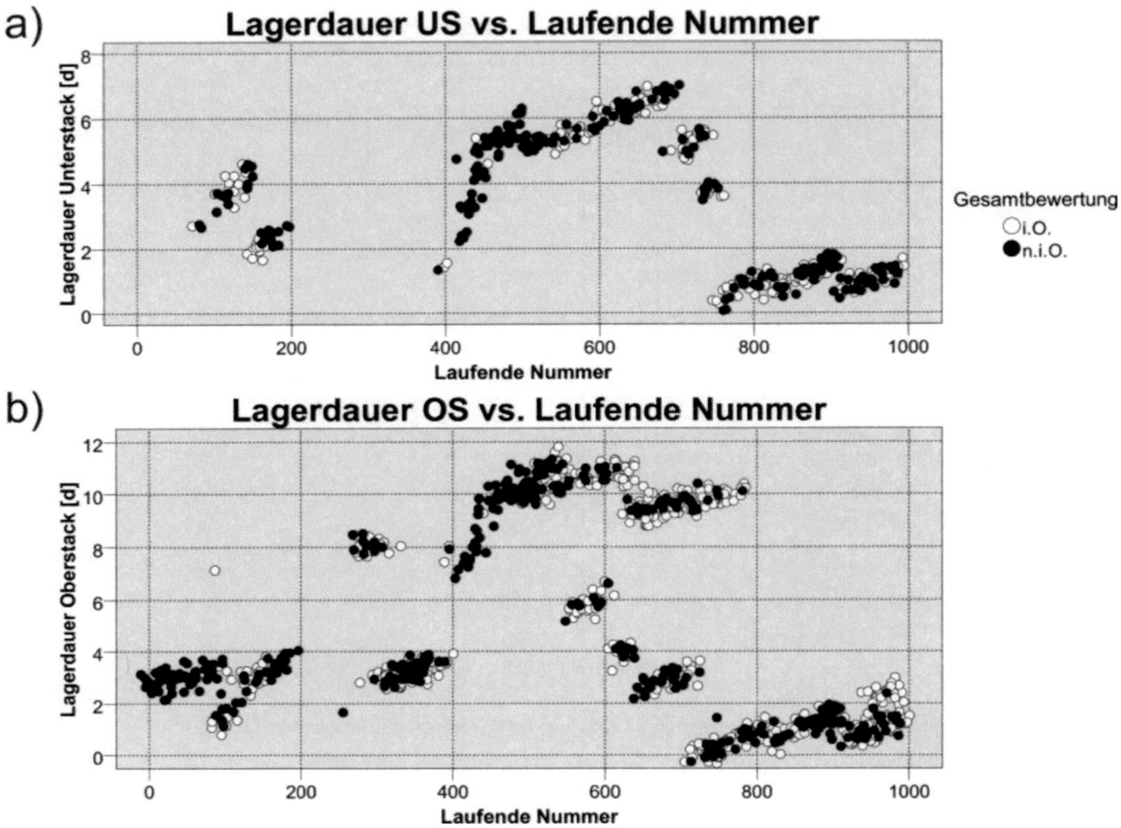

Abbildung 53: Gesamtqualität Lagerdauer uS- a) und oS b) - SS VS1

In der Fluktuationsdarstellung der Lagerzeiten des Ober- und Unterstacks ist erkennbar, dass mit steigender Lagerdauer beider Stacks sich der Ausschussanteil erhöht. Erst beim Einsatz neuerer Oberstacks, sinkt der Anteil von n.i.O.-Bauteilen. Im Bereich niedriger Lagerzeiten werden daher die meisten Gutteile gefertigt. Ergänzend zur Bewertung der Bauteilqualität wird die Merkmalsentstehung analysiert, indem die Messpunktform entsprechend der resultierenden Merkmalsart angepasst wird. Die Größe des Datenpunkts gibt Auskunft über die Ausprägung des jeweiligen Merkmals (Anhang 25).

So sind bei der Darstellung von Harzmenge und Infiltrierzeit besonders bei geringen Harzmengen bzw. größeren Harzmengen in Kombination mit niedrigen Infiltrierzeiten vermehrt Trockenstellen zu beobachten, welche den hohen Ausschuss in diesem Prozessabschnitt bedingen (Abbildung 54).

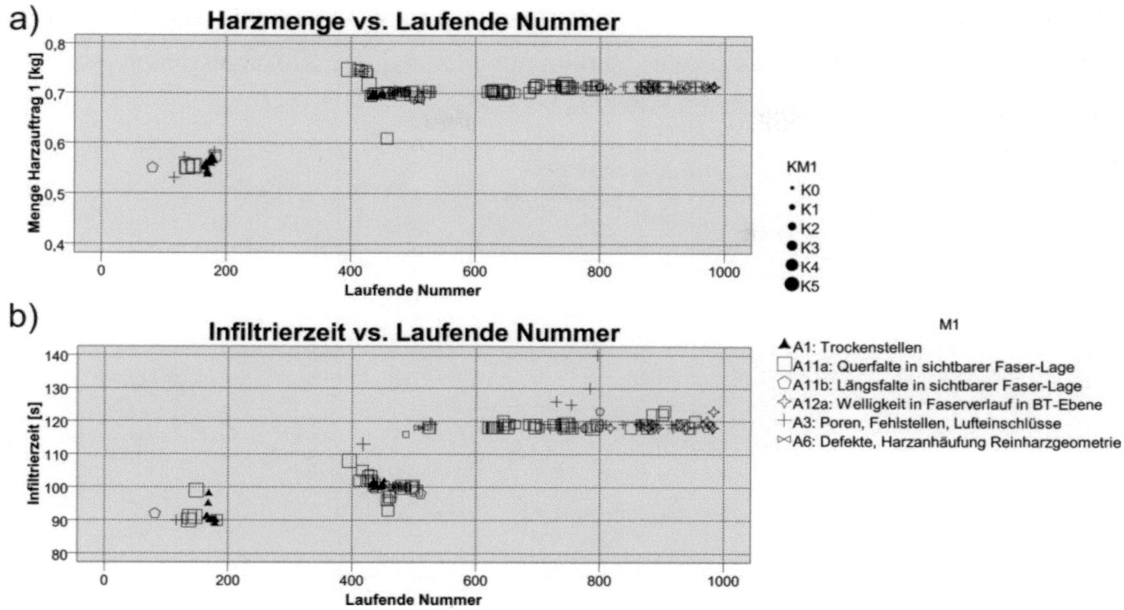

Abbildung 54: Merkmalsart Harzmenge a) und Infiltrierzeit b) - SS VS1

Nach Erhöhung der Infiltrierzeit können Querfalten und Welligkeiten beobachtet werden, welche im Vergleich zu Trockenstellen nur in kritischen Bereichen der Bauteilgeometrie als Ausschussgrund gelten. Auch bei den Temperaturen des Harzsystems kann ein Unterschied bzgl. der Merkmalsart und -ausprägung festgestellt werden (Abbildung 55).

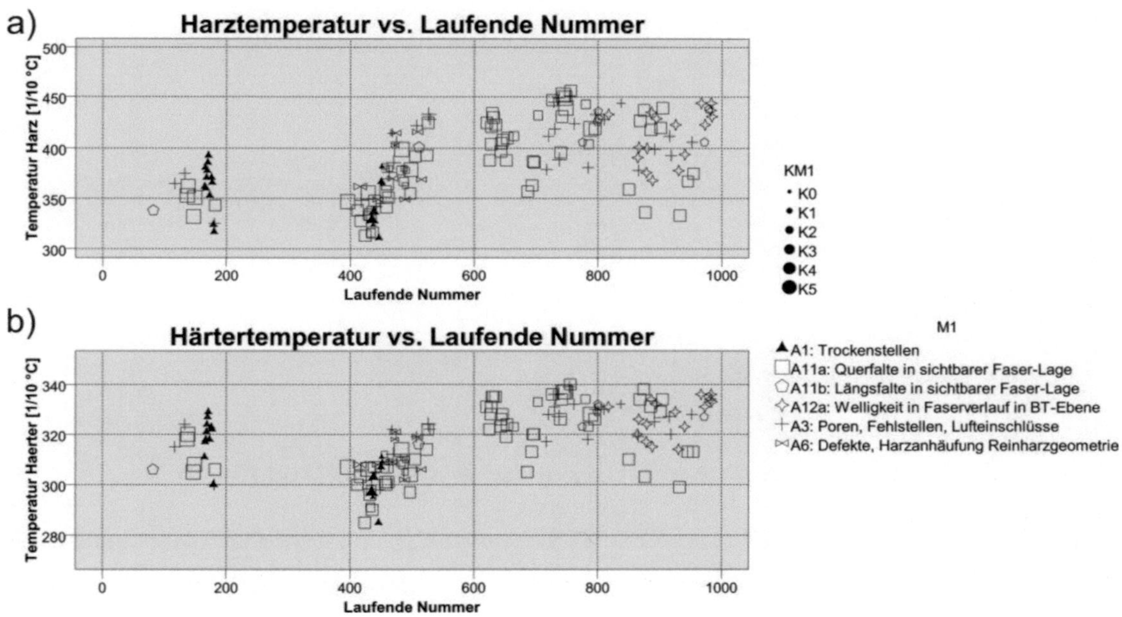

Abbildung 55: Merkmalsart Harz- a) und Härtertemperatur b) - SS VS1

So sind bei niedrigeren Temperaturen vorrangig Querfalten und Trockenstellen zu sehen, welche bei höheren Temperaturen in der abgeschwächten Form von Welligkeiten und Poren auftreten und in geringer Ausprägung die Gesamtbauteilqualität nicht beeinträchtigen. Gleiches ist bei der Bewertung der Merkmalsentstehung im Zusammenhang mit der Presskraft zu beobachten (Abbildung 56).

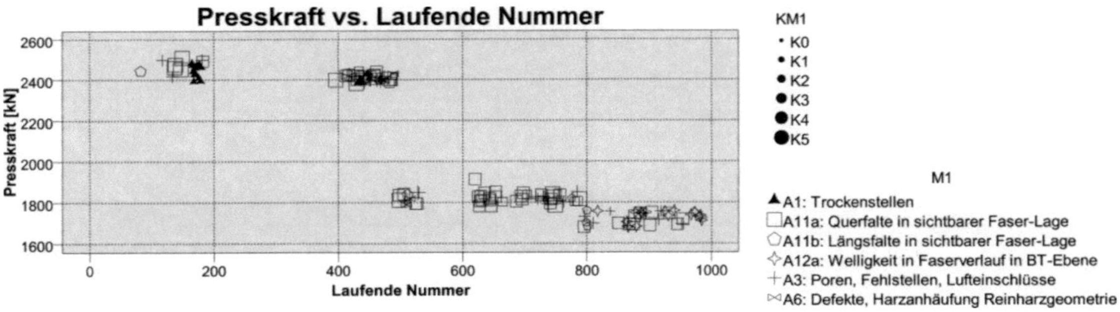

Abbildung 56: Merkmalsart max. Presskraft - SS VS1

Im Bereich hoher Presskräften sind vermehrt Trockenstellen und Querfalten zu beobachten, welche bei niedrigen Kräften als Poren oder in einer kleineren Ausprägung in Erscheinung treten (Abbildung 57).

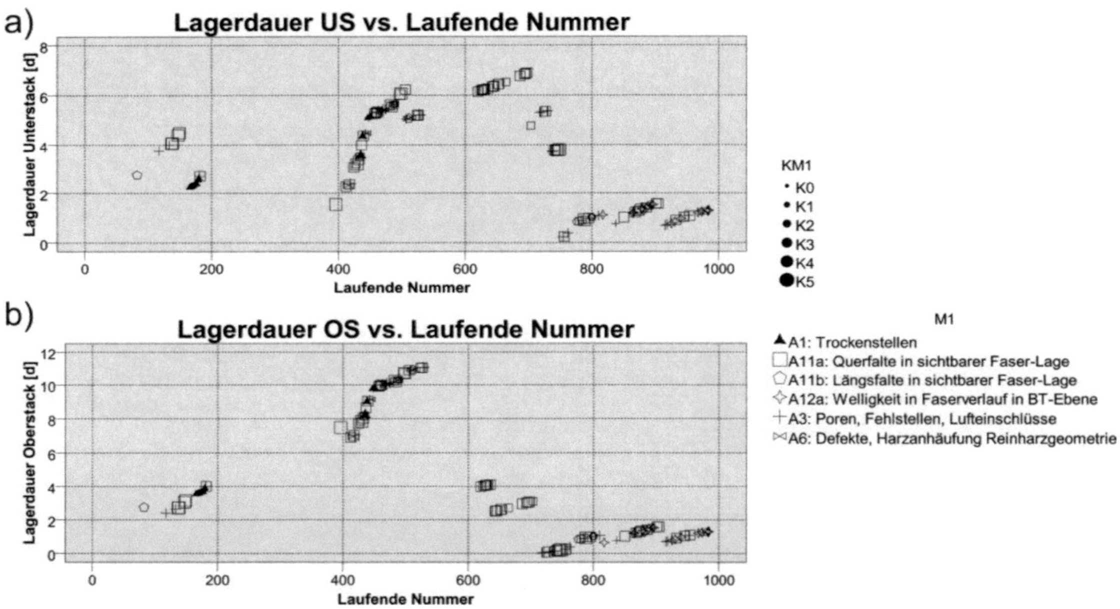

Abbildung 57: Merkmalsart Lagerdauer uS- a) und oS b) - SS VS1

Im Falle der Stacklagerdauer sind Trockenstellen vorrangig in den Prozessabschnitten zu finden, die durch eine lange Lagerdauer von Ober- und Unterstacks gekennzeichnet sind. Welligkeiten sind primär in Kombination mit kurzen Lagerzeiten zu finden. Als Ergänzung zur Analyse der einzelnen Parameter dienen Darstellungsformen, welche die Parameterkorrelation abbilden bzw. als Alternative zur Mittelwertanalyse herangezogen werden können.

Zur Bewertung der Korrelation zwischen Parametern werden diese in verschiedenen Diagrammvarianten miteinander in Verbindung gesetzt. Über die 2D-Scatterplots (Anhang 26) lässt sich ein deutlicher linearer Zusammenhang zwischen den Temperaturen des Harzsystems erkennen (Abbildung 58).

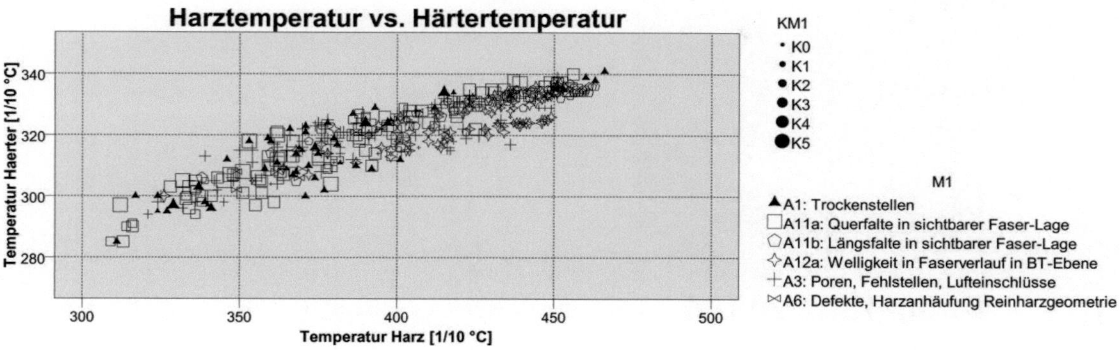

Abbildung 58: Temperaturen Harzsystem und Merkmalsart VS1

Bei der Betrachtung der Merkmalsart und -ausprägung ist auffällig, dass Welligkeiten und Längsfalten vorranging bei hohen Harz- und Härtertemperaturen auftreten und bei niedrigeren vermehrt Querfalten entstehen. Die gleiche Darstellungsweise für die Harzmenge und das Stackgewicht zeigt, dass die Kombination großer Harzmengen mit geringen Stackgewichten Welligkeiten als häufiges Merkmal hervorbringt. Ist die Harzmenge, welche auf einen schweren Stack aufgetragen wird gering, so ist mit Faltenbildung zu rechnen. Gleiches gilt für geringe Harzmengen, welche erst nach langer Imprägnierdauer in das Faserhalbzeug gepresst werden. Im Gegensatz dazu führen zu kurze Infiltrierzeiten auch bei größeren Harzmengen vermehrt zu Trockenstellen im Material. [24]

Bei der Auswertung der 3D-Scatterplots (Anhang 26) für die Werkzeugtemperaturen im Nest, am Rahmen und an den Auswerfern zeigt sich, dass bei einer Nesttemperatur zwischen 128 [°C] und 132 [°C] anteilig die meisten Gutteile gefertigt werden (Abbildung 59).

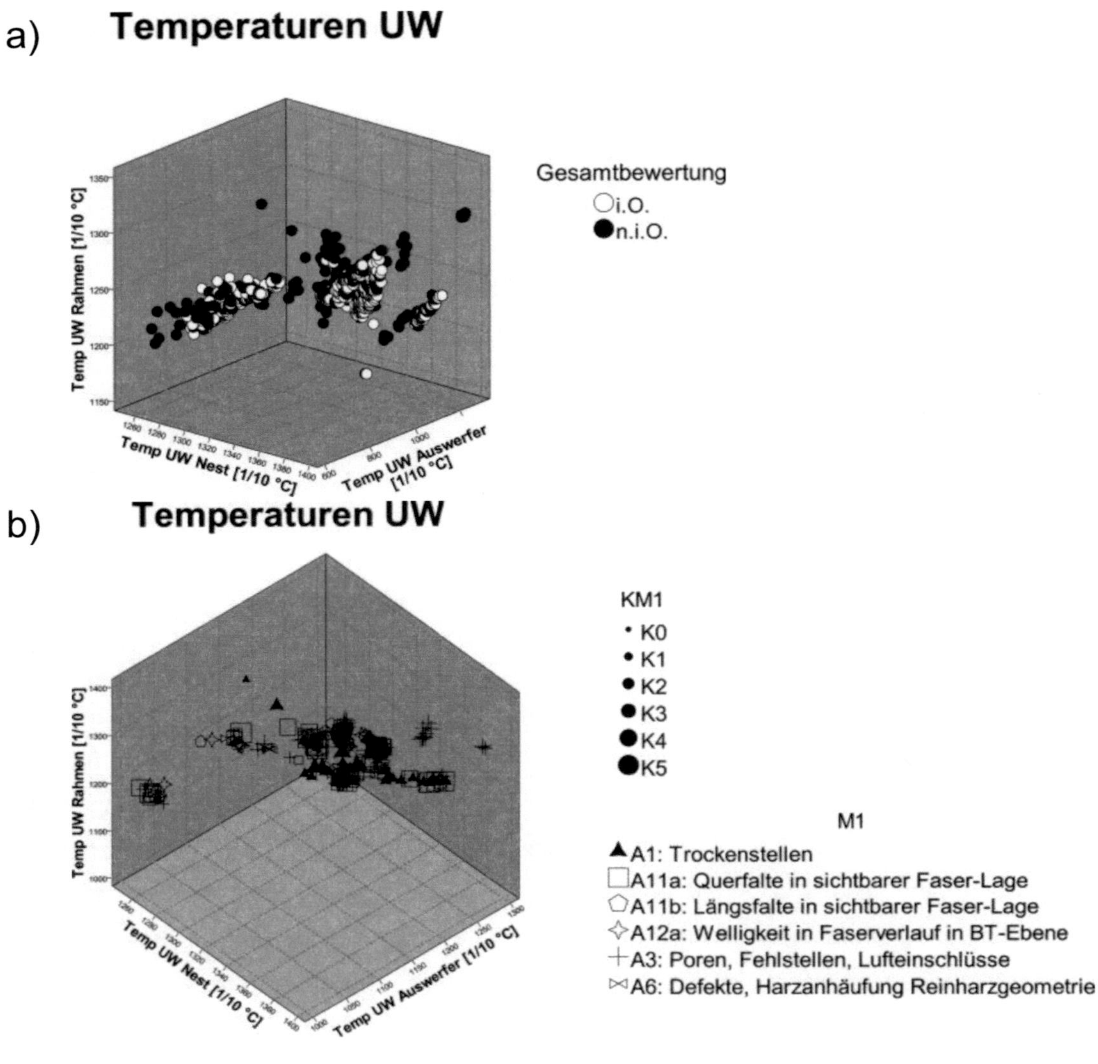

Abbildung 59: Temperaturen UW mit Qualität a) und Merkmalen b) VS1

In dieser Darstellungsform stellt die Bewertung der Merkmale aufgrund der Punktdichte eine größere Herausforderung dar, sodass lediglich ein vermehrtes Auftreten von Poren und Lufteinschlüssen bei hohen Werkzeugtemperaturen festgestellt werden kann.

Als Alternative zur Mittelwertanalyse in der deskriptiven Statistik werden in der explorativen Boxplots für die Qualitäts- und Merkmalsbewertung (Anhang 27) angewandt, welche die bereits gewonnenen Erkenntnisse bestätigen. So ist zu sehen, dass bei Temperaturen des Harzsystems an der Obergrenze des empfohlenen Sollbereiches, die meisten Gutteile gefertigt werden können (Abbildung 60).

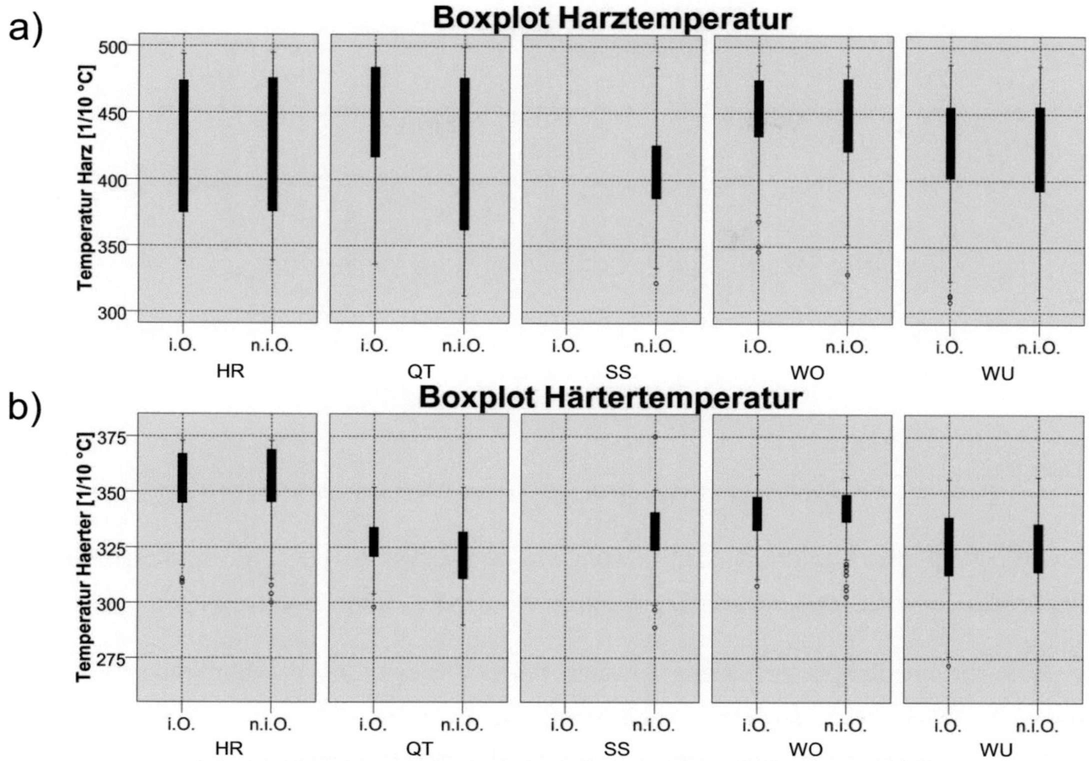

Abbildung 60: Boxplot Temperaturen Harz a) und Härter b) – Qualität VS2

In diesem Prozessfenster sind verstärkt Welligkeiten zu beobachten, wohingegen bei niedrigeren Temperaturen Falten und Trockenstellen auftreten, welche bereits bei einer geringen Ausprägung zu Ausschuss führen. Gleiches kann auf grafischem Weg für hohe Presskräfte oberhalb von 2000 [kN] bestätigt werden, sodass eine Presskraft zwischen 1500 und 2000 [kN] eine gute Bauteilqualität ermöglicht. Auch bei sehr niedrigen Infiltrierzeiten unterhalb von 50 [s] sind Trockenstellen zu beobachten. Welche auch in Kombination mit großen Harzmengen auftreten. Weiterhin sind Zusammenhänge zwischen der Stacklagerdauer und der Entstehung von Trockenstellen und Faltenbildung zu erkennen (Abbildung 61).

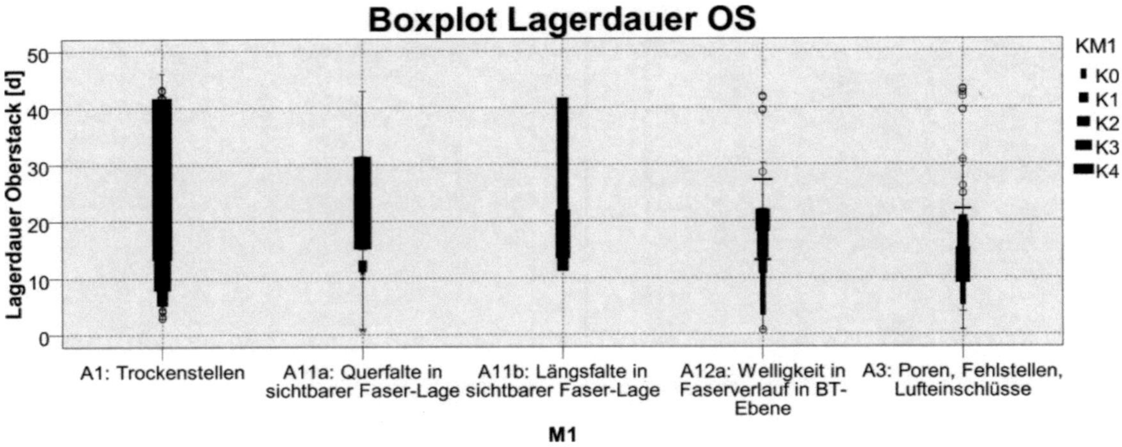

Abbildung 61: Boxplot Lagerdauer oS – Merkmale VS2

Bei einer längeren Lagerdauer sind sowohl Merkmale, welche aus der Imprägnierung und dem Drapierverhalten des Materials resultieren verstärkt zu beobachten.

Der Einfluss des Drapierverhaltens ist auch bei der Bewertung der Merkmalsposition als relevanter Faktor erkennbar. Die zu analysierenden Bauteile werden in VS1 mit einem sehr detaillierten Raster betrachtet, sodass die Position der Merkmale in der automatisierten Darstellung sehr realitätsnah ist. Nach der Identifizierung der kritischen Bereiche wird in VS2 ein gröberes Raster angewandt, welches eine genaue Positionszuordnung nur mit den Erfahrungswerten aus VS1 ermöglicht (Abbildung 62).

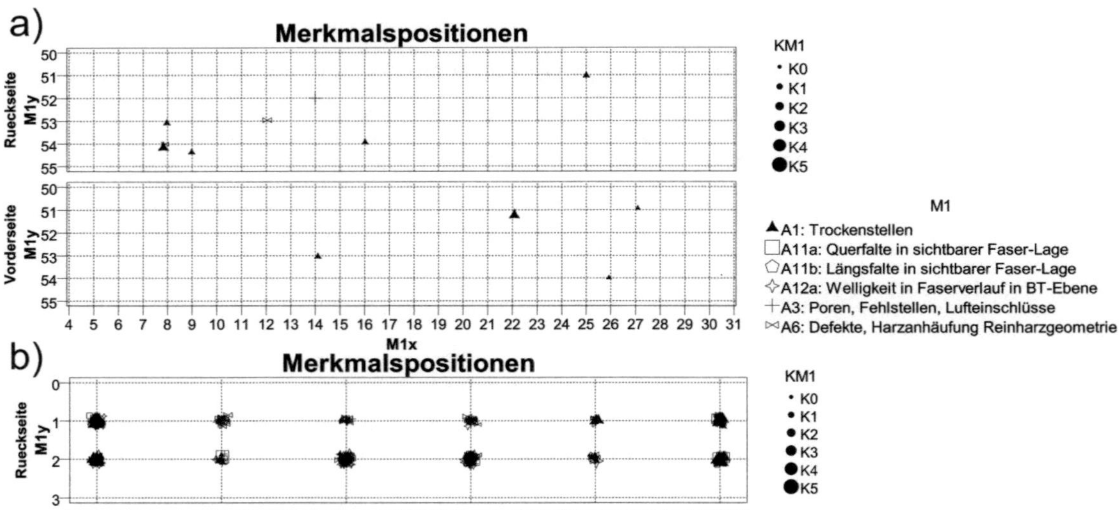

Abbildung 62: Vergleich Merkmalsraster HR in VS1 (li.) und VS2 (re.)

Im Rahmen der Arbeit werden alle der zuvor im statistischen Ansatz analysierten Bauteile bewertet. Die Merkmalspositionen lassen sich allgemein auf wenige Schwerpunkte zusammenfassen. So treten Trockenstelle und Falten vorrangig in engen Radien auf. Gleichermaßen sind Falten und Welligkeiten auch in den Bereichen um die Ziehstifte vorzufinden. Da die Merkmalsposition neben den Prozessparametern durch die Geometrie des Werkzeugs bzw. Bauteils bedingt wird, gilt zu berücksichtigen, dass allein durch die Anpassung von Prozessparametern die Entstehung von Merkmalen nicht vollständig vermieden werden kann. Durch die gewonnenen Prozesskenntnisse besteht jedoch die Möglichkeit dem Aufkommen von Merkmalen gezielt entgegen zu wirken bzw. das erlangte Wissen für die Bauteilauslegung späterer Fahrzeugmodelle heranzuziehen.

Die Kenntnisse über die Bauteilbereiche, welche eine Entstehung von Merkmalen begünstigen, stellen einen wichtigen Baustein in der gesamthaften Prozessanalyse dar. Sie ergänzen die im Rahmen der deskriptiven und explorativen Statistik erlangten Resultate, die im folgenden Abschnitt zusammengeführt werden.

5.2.3 Erkenntnisse der statistischen Prozessanalyse

Der Erkenntniszuwachs, welcher aus der statistischen Prozessanalyse resultiert ist sehr vielseitig. Zunächst lässt sich die Anwendbarkeit der deskriptiven und explorativen Statistik auf die gegebene Datenqualität in einer Vorserieproduktion bewerten. Es ist festzustellen, dass die deskriptive Statistik mit einem vergleichsweise geringen zeitlichen Aufwand umsetzbar ist, sofern die Prozessdaten bereits verfügbar sind und die Daten für die Auswertung aufbereitet vorliegen. Die Ergebnisse, welche aus dieser Analysemethode herausgezogen werden können sind sehr abstrakt, sodass eine gute Kenntnis über die geforderten Bedingungen und Abläufe des Prozesses notwendig ist. Als Ergebnis dieser Auswertung kann zunächst festgestellt werden, dass der in VS1 und VS2 gefahrene Prozess aufgrund von vielfältigen Prozessanpassungen nicht als fähig und nicht als stabil betrachtet werden kann. Dies ist einerseits damit zu begründen, dass im betrachteten Zeitraum die gewählten Prozessfenster außerhalb der laut Prozessvorschrift oder Materialdatenblatt geforderten Zielbereiche gefahren werden und anderseits an der Streuung der Parameter innerhalb eines Fertigungsloses. Bei der Betrachtung der Messwertverteilung ist insbesondere bei den Temperaturverläufen des Harzsystems auffällig, dass diese rechtsschief also in Richtung höherer Temperaturen geneigt verlaufen, sodass von einer einseitigen Beschränkung der Prozesssteuerung ausgegangen werden kann. Weiterhin können durch die Auswertung Prozessfenster für verschiedene Parameter wie Werkzeug- und Harzsystemtemperaturen, den Ausfahrzeitpunkt der Stifte und die verwendeten Ausgangsstoffe wie z. B. die Stacklagerdauer identifiziert werden, in denen die Fertigung von

Gutteilen begünstigt wird. Es wird zudem der Bezug zur Merkmalsentstehung in den verschiedenen Prozessfenster hergestellt.

Mit dem gleichen Ziel des Erkennens von Wechselwirkungen und Zusammenhängen zwischen Prozessparameter, Bauteilqualität und Merkmalsentstehung erfolgt anschließend auch die Umsetzung des explorativen Statistikansatzes. Die Zusammenstellung der Modelle ist nach deren Auswahl mit einem moderaten Aufwand verbunden und aufgrund der Parametergewichtung sind die wichtigsten Einflussgrößen der zu analysierenden Daten schnell erkannt. Dementgegen ist die Auswertung der zugehörigen Fehlerbäume und somit die Detailanalyse und Bestimmung relevanter Prozessfester mit einem sehr hohen Aufwand verbunden. Das im Rahmen der Arbeit als zuverlässigste Variante des Fehlerbaums identifizierte Modell ist der „C-RT“-Knoten, welcher trotz teilweise unvollständiger Datensätze eine Aufteilung der Daten ermöglicht. Bei den „QUEST“- und „CHAID“-Fehlerbäume wird die Aufteilung bei einer geringen Datensatzanzahl vorzeitig abgebrochen, sodass keine Ergebnisse abgeleitet werden können. Ein entsprechendes Gegenteil liegt beim „C5.0“-Fehlerbaum vor, welcher für alle Varianten eine sehr starke Verzweigung aufweist, die jedoch in einigen Fällen auch widersprüchliche Ergebnisse liefert. Für die betrachteten Werte stellt der „C-RT“-Knoten sowohl für die Bewertung der Bauteilqualität als auch Merkmale die beste Wahl dar. Ein Überblick der Parameterwechselwirkungen ist bei guter Prozesskenntnis aus dem Bayes-Netz ableitbar Aufgrund der vielseitigen Möglichkeiten der Wechselwirkungen, stellt die Deutung der Netze eine große Herausforderung dar. Die anschaulichste und zugleich aufwendigste Analysemethode ist die grafische Auswertung. Insbesondere die komplexen Darstellungsformen ermöglichen das Zusammenführen verschiedener Prozess- und Merkmalsinformationen, welche auf visuellem Weg leicht erfasst werden können und somit auch die Informationskombination erleichtern, die notwendig ist, um die ablaufenden Prozesse zu verstehen.

Begonnen bei der Stackqualität sind deutliche Zusammenhänge zwischen der Entstehung von Merkmalen erkennbar, welche aus der Drapierung oder mangelhaften Imprägnierung des Materials resultieren. Im Rahmen der Prozessanalyse kann festgestellt werden, dass eine längere Lagerdauer eine Verfestigung bis Versteifung des Fasermaterials bewirkt, welche entsprechend das Drapierverhalten und ggf. auch das Imprägnierverhalten beeinflusst. Betrachtet man den Fertigungsprozess so wird im ersten Schritt das Faserhalbzeug mit dem Harzsystem in Kontakt gebracht. Die als relevant eingestuften Kenngrößen sind die Harztemperatur und die Harzmenge, die mit der Imprägnierdauer gekoppelt ist. Letztere setzt sich einerseits aus der Zeitspanne zusammen, in der das Harzmaterial aufgetragen wird und andererseits aus der Dauer, welche zum Einsinken in das Faserhalbzeug zur Verfügung steht. Dabei spielt auch die Temperatur des Harzsystems eine übergeordnete Rolle, da diese einen Einfluss auf die Viskosität und somit auch auf das Imprägnierverhalten des Materials hat. Dadurch können beispielsweise Trockenstellen auf eine zu geringe Harzmenge zurückgeführt werden, welche nicht ausreichend ist, um das gesamte Faserhalbzeug zu imprägnieren. Gleichermaßen ist diese Form der fehlerhaften Imprägnierung auch für eine zu geringe Harztemperatur und somit zu hohe Viskosität des Harzsystems, welche eine vollständige Imprägnierung z. B. in engen Radien des Bauteiles nicht zulässt, denkbar. Im gleichen Zusammenhang kann eine zu geringe Einwirkzeit des Harzes auch dazu führen, dass dieses nicht weit genug ins Faserhalbzeug eindringen kann und während der Komprimierung auf der Halbzeugoberfläche aus dem Werkzeug gepresst wird anstatt im Inneren des Halbzeuges transportiert zu werden, sodass trotz einer hohen Harzmenge Trockenstellen entstehen können. Alternativ bewirken sehr hohe Harztemperaturen in Kombination mit hohen Werkzeugtemperaturen auch eine beschleunigte Aushärtereaktion, die einerseits bei einer langsamen Prozessführung ein Vordingen des Harzes in alle Bereiche der Kavität behindern kann und andererseits auch das Potenzial einer Taktzeitreduzierung mit sich bringt. Neben Trockenstellen sind im Zusammenhang mit der Harzmenge und Harztemperatur auch Merkmale wie Welligkeiten und Falten zu erkennen, welche auf dem Drapierverhalten des Materials beruhen. So begünstigt das Harzsystem im unausgehärteten Zustand auch das Gleitverhalten der Faserhalbzeuglagen eines Stacks. Erfolgt eine zu schnelle Aushärtung z. B. bedingt durch hohe Werkzeugtemperaturen ist daher vermehrt mit Falten anstatt Welligkeiten zu rechnen. Für Merkmale, die in Kombination mit verzögerten Ausfahrzeiten der Stifte in Verbindung stehen, ist ein ähnlicher Zusammenhang zu sehen. Das beginnende Gelieren des Harzsystems bewirkt eine Verschlechterung der Lagengleitfähigkeit und behindert gleichermaßen das vollständige Ausfüllen der entstehenden Harzdome. Für das Drapierverhalten gilt weiterhin zu beachten, dass lediglich die Bedingungen kurz vor dem Schließen der Presse einen großen Einfluss auf dieses haben. Im Rahmen der Betrachtung kann gezeigt werden, dass auch hohe Presskräfte keine besseren Resultate bzgl. der Vermeidung von Poren und Lufteinschlüsse mit sich bringen. Dies ist darauf zurückzuführen, dass die hohe Presskraft erst kontinuierlich aufgebaut werden kann und somit zum einen der Drapierprozess bei Erreichen der Maximalkraft bereits abgeschlossen und zum anderen die Aushärtung des Matrixmaterials vorangeschritten ist, sodass eine Reduzierung der Lufteinschlüsse nicht mehr möglich ist.

Anhand der dargestellten Zusammenhänge von Prozessparametern und Bauteilqualität lassen sich weiterhin die Wechselwirkungen zwischen den einzelnen Parametern erläutern. So beeinflusst die aufgetragene Harzmenge das Verdrängungsverhalten und somit die aufgewendete Presskraft während des Fertigungsprozesses. Dabei ist die Exothermie des Aushärteprozesses zu berücksichtigen, welcher insbesondere in einem kontinuierlichen

Prozess zu einer Erhöhung der Werkzeugtemperatur führen kann und durch einen höheren Harzauftrag auch die bei der Reaktion abgegebene Energie größer ist. Wechselwirkungen zwischen den Pressenparametern und Stackfaktoren sind über das Stackgewicht vorhanden, welches z. B auf einer höheren Lagenanzahl beruhen kann und somit größere Kräfte beim Pressen erfordert. Gleichermaßen bedeutet ein größerer Stack auch mehr Masse, welche in der Kavität erhitzt werden muss, sodass auch ein Abfall der Werkzeugtemperatur durch diesen denkbar ist. Die Wechselwirkung zwischen der Lagerdauer des Stacks und der Presskraft kann auf das veränderte Drapierverhalten des Materials zurückgeführt werden wohingegen das Stackgewicht mit der Lagerdauer durch verschiedene Fertigungschargen und die dabei gefertigten Stackarten in Verbindung steht. So beruhen auch die Wechselwirkungen aus Stackgewicht und der aufgetragenen Harzmenge auf der Art und Größe des Bauteils und dem geforderten Faservolumengehalt.

Die Auswertung der Ergebnisse aus den deskriptiven und explorativen Statistikansätzen zeigt, dass durch beide Varianten dieselben Prozessschwerpunkte identifiziert werden können. Unterschiede zeigen sich in der schnellen Auswertung der deskriptiven Ergebnisse und in der anschaulicheren Darstellung in Kombination mit einer aufwendigeren Analyse der explorativen Statistikresultate. Die ermittelten Zusammenhängen und Wechselwirkungen stellen die Wissensgrundlage für gezielte Prozessänderungsmaßnahmen dar. Durch Verknüpfung mit den im Rahmen der theoretischen Analyse gewonnenen Erkenntnissen bilden sie die Grundlage für die Detailanalysen, die im Rahmen dieser Arbeit umgesetzt werden. Der Schwerpunkt liegt in der Stackqualität, welche sowohl in der theoretischen Analyse als relevante Größe identifiziert als auch bei der statistischen Betrachtung in Form der Stacklagerdauer mehrfach als Ursache für die Entstehung von Merkmalen aufgezeigt wird.

5.3 Einflussbewertung Faserhalbzeugqualität

Die Qualität der Faserhalbzeuge, welche als Eingangsgröße für das Nasspressverfahren verwendeten werden, stellt ein wichtiges Kriterium für die Qualität des fertigen Bauteils dar. Voraussetzung für einen stabilen Fertigungsprozess ist daher eine konstante Qualität der Eingangsstoffe. Zeigen diese bereits ein unterschiedliches Materialverhalten auf, so ist auch bei konstanten Prozessbedingungen mit schwankenden Resultaten zu rechnen. Im Rahmen der Prozessanalyse wird insbesondere bei sehr lang gelagerten Faserhalbzeugen ein Anhaften der Einzellagen untereinander sowie eine Versteifung des gesamten Stacks beobachtet. Der Einfluss dieser Materialveränderung wird im Rahmen der Arbeit als Schwerpunkt betrachtet. Es werden zunächst Vorversuche geplant, um kritische

Materialveränderungen zu identifizieren, welche bei darauffolgenden Versuchen im Detail analysiert werden. Gleichzeitig können verschiedene Materialprüfverfahren getestet werden, um eine repräsentative Messtechnik auszuwählen.

5.3.1 Vorbetrachtung und Versuchsplanung

Als Grundüberlegung muss zunächst definiert werden, welche Einflussfaktoren auf die Stacks während der Lagerung und des Transports einwirken. Hierfür müssen sämtliche Randbedingungen bekannt sein, die mit den Stacks in Zusammenhang stehen. Diese beinhalten die logistischen Gegebenheiten, welche z. B. die Größe eines Verpackungsloses bzw. die Bereitstellungsmöglichkeit der Stacks in der Fertigungsanlage beinhalten. Weitere Einflussgrößen ergeben sich aus den Transportbedingungen. Hierzu gehören die Art der Verpackung, das verwendete Transportmittel, die Dauer des Transports sowie wetterbedingte Umwelteinflüsse. Gleichermaßen sind die Umgebungsbedingungen und Dauer der Lagerung entscheidende Kriterien, welche hinsichtlich ihres Einflusses auf die Stackqualität analysiert werden (Abbildung 63).

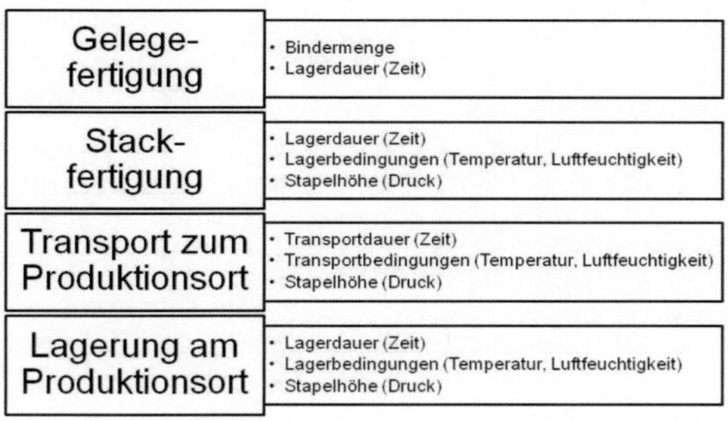

Abbildung 63: Einflussfaktoren während Stacklagerung und -transport

Ausgehend von dieser Übersicht lassen sich die folgenden Schwerpunkte ableiten, welche die Stacks während der Lagerung und des Transport beeinflussen:

- Zeit
- Druck
- Temperatur
- Luftfeuchtigkeit
- Faserhalbzeug

Um zu entscheiden, welche der Faktoren im realen Anwendungsfall auf die Stacks einwirken, wird ein Versuchsplan aufgestellt, der eine qualitative Bewertung der Einflussgrößen ermöglicht. Für diese Vorversuche wird das Fasermaterial einer Charge und einer Materialkombination verwendet, sodass Bindermenge und Faserhalbzeug die Konstanten des Versuches darstellen, der einen realen Lagerungs- und Transportprozess nachstellt. Um die Faktoren Zeit, Druck, Temperatur und Luftfeuchtigkeit während Lagerung und Transport bewerten zu können, muss ein Weg gefunden werden, vergleichbare Werte zu ermitteln bzw. deren Verlauf durch geeignete Messverfahren zu bestimmen. Zum Erfassen von Zeit, Temperatur und Luftfeuchte eignen sich Datenlogger, welche diese Kennwerte in vordefinierten Intervallen über lange Zeit und in ausreichender Genauigkeit erfassen können. Um den Einfluss von Zeit und Druck auf das sich ergebende Temperatur- und Luftfeuchtigkeitsprofil bewerten zu können, werden, aus der Summe des Versuchsmaterials, zu verschiedenen Zeitpunkten Proben entnommen (Abbildung 64).

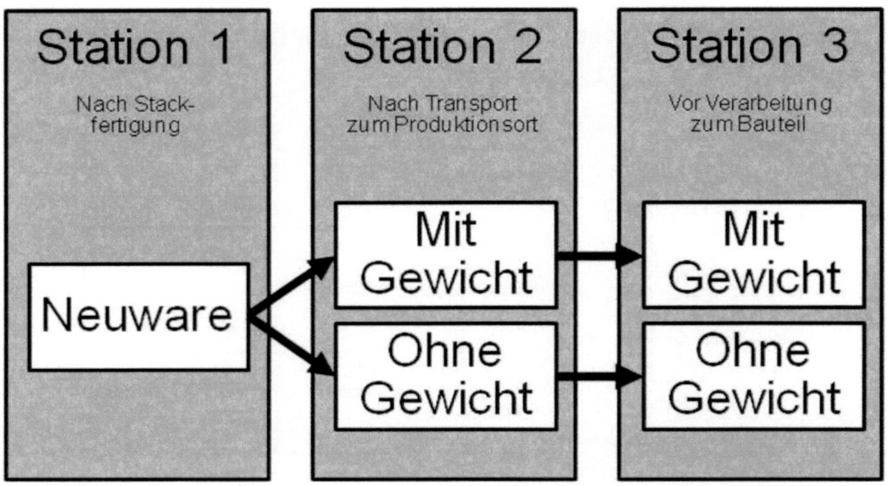

Abbildung 64: Stationen des Lagerungs- und Transportversuchs

Da die Variation des Druckes, dem das Faserhalbzeug ausgesetzt ist, auf die Stapelhöhe des Materials zurückgeführt werden kann, wird ein Teil des Materials mit Gewichten beschwert, um die maximale Stapelhöhe abzubilden. Obere Lagen sind einem äußerst geringen Druck ausgesetzt und die unteren einem Druck von >1800 [Pa]. Bei jeder Station werden verschiedene Prüfmethoden angewandt, die einen Einblick in die Materialzustände nach unterschiedlichen Lagerdauern und zwei Belastungsgraden liefern sollen.

5.3.2 *Durchführung*

Die Durchführung der Versuche lässt sich in zwei Teilschritte untergliedern. Im ersten Abschnitt erfolgt die Materialvorbereitung, welche die realen Lagerungs- und Transportprozesse abbildet. Die anschließende Analyse der Proben erfolgt in Form der Anwendung verschiedener Prüfmethoden, die Unterschiede im Materialverhalten der behandelten Faserhalbzeuge erkennbar machen sollen. Für die Versuche wird eine Materialkombination verwendet, welche eine Reihe von Gelegematerialien mit verschiedenen Faserausrichtungen und Flächengewichten beinhaltet (Abbildung 65).

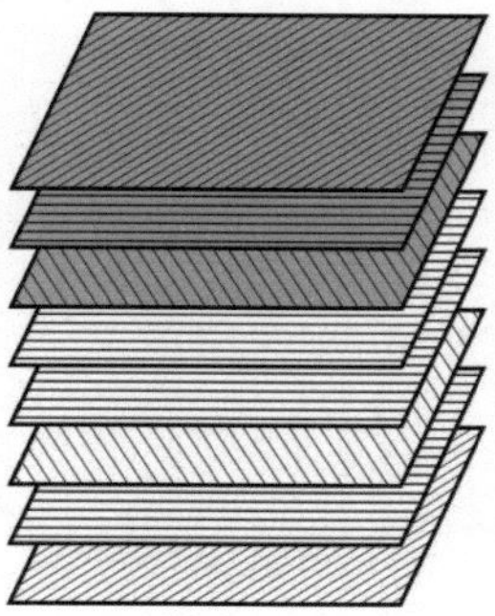

Winkel	Flächengewicht [g/m²]	Binder
+45°	150	unten
0°	300	unten
-45°	150	unten
0°	150	oben
0°	300	oben
-45°	150	oben
0°	300	oben
+45°	150	oben

Abbildung 65: Lagenaufbau Versuchsstacks

Es wird ein achtlagiges Multiaxial-Gelege mit ±45°- sowie 0°-Ausrichtung verwendet. Bei Gelegematerialien, welche einseitig mit Binder versehen werden, muss darauf geachtet werden, dass beidseitig eine unbebinderte Oberfläche in Richtung der Werkzeugoberfläche zeigt, da es hierdurch zur Verschmutzung der Werkzeugoberfläche kommen kann und damit zu einem erhöhten Aufwand durch Reinigungsmaßnahmen führt. Um dies zu erreichen, werden die ersten fünf Lagen mit nach oben gerichteter Binderseite abgelegt. Die darauffolgende Gelegelage wir so gedreht, dass die Binderlage nach unten zeigt, woraus eine doppelte Binderlage resultiert. Da bei den Laboruntersuchungen aufgrund des zeitlichen Aufwands der Einzelprüfverfahren nicht alle Materialien getestet werden können, werden repräsentative Materialkombinationen ausgewählt. Der Schwerpunkt liegt in der Analyse des Drapierverhaltens. Dazu werden die Hafteigenschaften und das Scherverhalten des Materials untersucht. Weiterführende Analysen werden zum Kompaktierungsverhalten und der Permeabilität des Materials umgesetzt.

Die Betrachtung des Materials beginnt bei der Stackherstellung. Dafür werden unterschiedliche Gelegelagen entsprechend des Anforderungsprofils des Bauteils kombiniert. Durch eine punktuelle Fixierung werden die Einzellagen gegen ein Verdrehen oder Verschieben während Transport und Handling geschützt. Da an dieser Station die Fasermaterialien in der Form vorliegen, wie sie später auch zu Nasspressbauteilen verarbeitet werden, wird dies als Ausgangspunkt gesetzt.

Für die Analyse kommen entsprechend dem Versuchsablaufplan (Abbildung 66) 45 Stacks zum Einsatz. Von diesen werden direkt nach der Herstellung zehn Stacks für die Analyse der Faser-Neuware abgezogen. Hiervon werden fünf für Laboruntersuchungen herangezogen und die verbleibenden fünf auf schnellstem Weg zum Produktionsstandort gebracht, um Referenzbauteile herzustellen (Station 1).

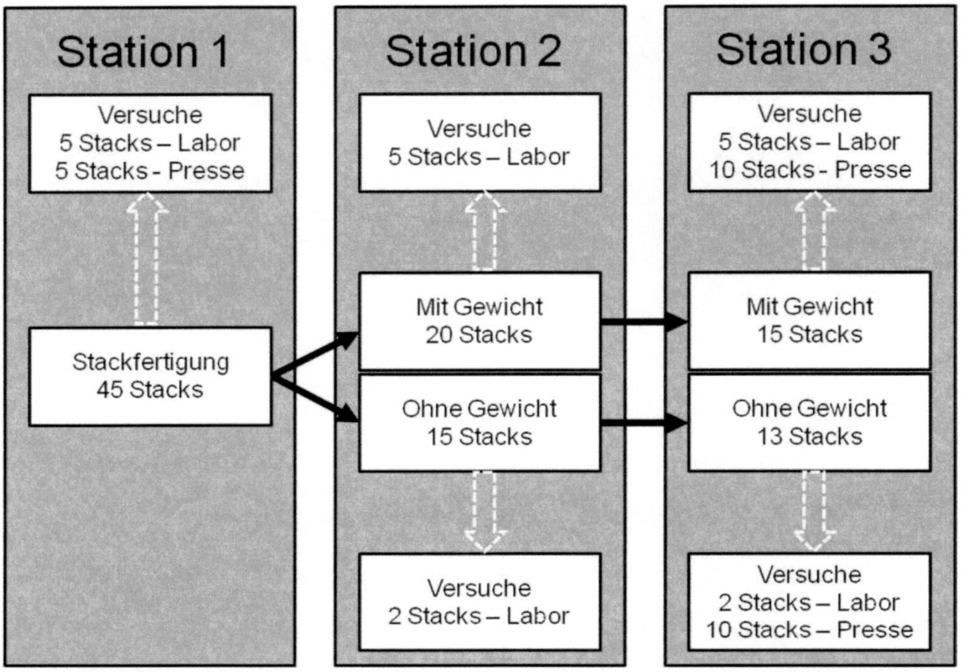

Abbildung 66: Materialverteilung und Probenentnahme

Die verbleibenden Stacks werden auf zwei Transportbehälter aufgeteilt. Die 20 Stacks im ersten Behälter werden mit einer Platte, welche genauso groß ist wie die Stacks, abgedeckt und mit Gewichten beschwert. Auf diese Weise kann der Druck simuliert werden, welcher auf den untersten Stack eines vollen Transportbehälters einwirkt. Nach Entnahme von Stacks des Stapels, der mit Gewichten beschwert ist, wird das aufgelegte Gewicht erhöht, um den Druck auf die untersten Stacks konstant zu halten. Zum Nachverfolgen der Temperatur und Luftfeuchtigkeit während des Transports werden drei Datenlogger eingesetzt. Es wird jeweils einer am Transportbehälter ohne Gewichten (OG) und mit Gewichten (MG) befestigt und ein weiterer individuell eingesetzt, um z. B. die Temperatur im Lagerraum oder unter der LKW-Plane zu erfassen Als Intervall für die Datenaufzeichnung werden 5 [min] gewählt (Abbildung 67).

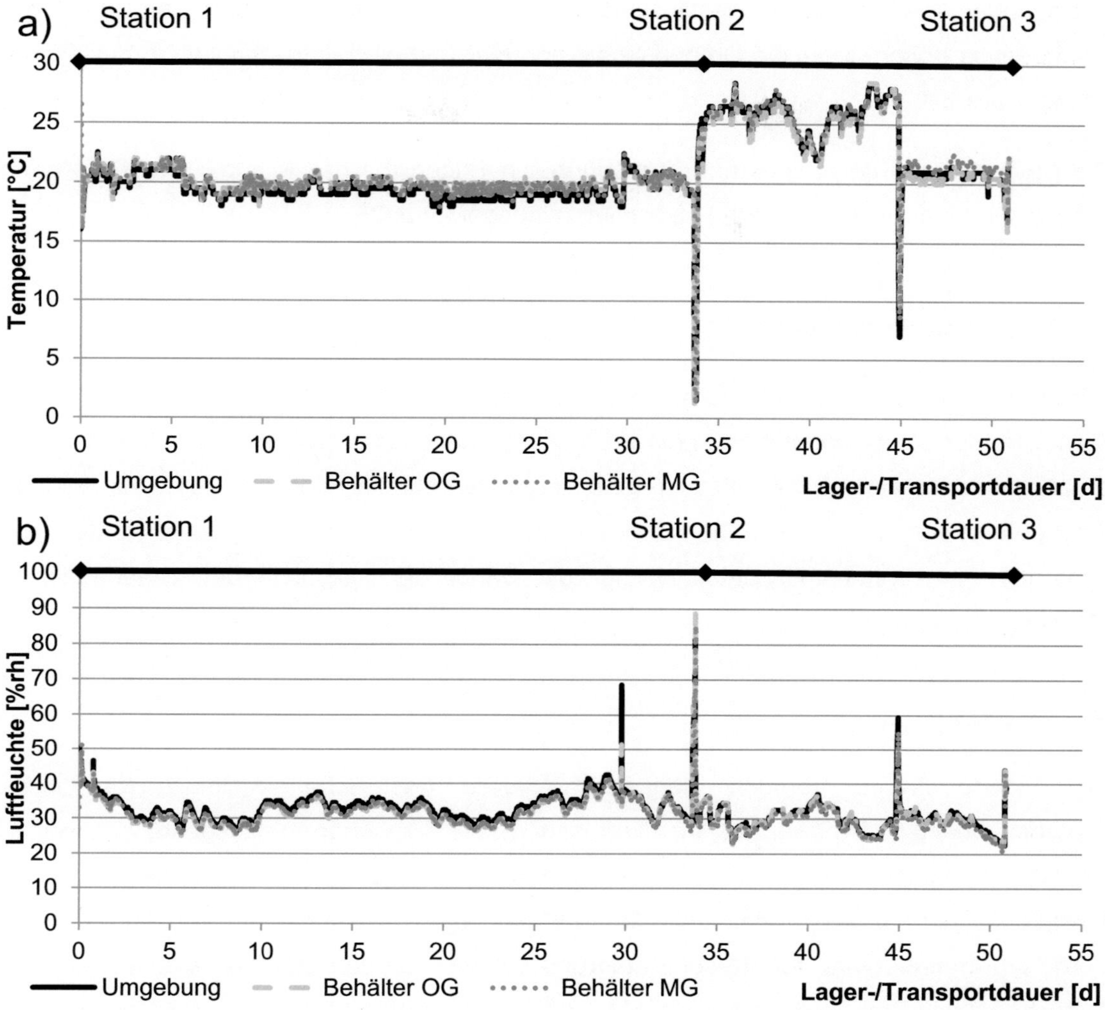

Abbildung 67: Lager- und Transportbedingungen Temperatur a) Luftfeuchtigkeit b)

Es folgt ein Lagerungs- und Transportprozess für den ungünstigsten Fall, welcher eine Lagerung der Stacks beim Stackhersteller beinhaltet, bis diese vom Bauteilfertigungsstandort abgerufen werden. Während dieser Lagerung bleiben Temperatur und Luftfeuchtigkeit relativ konstant, wohingegen die Temperatur beim folgenden Transport deutlich absinkt und die Luftfeuchtigkeit sich erhöht. Nach dem Transport zur Produktionsstätte der CFK-Bauteile erfolgt eine weitere Probenentnahme (Station 2). Die Stacks werden bis zur Bauteilfertigung gelagert bzw. nochmals transportiert, sodass weitere Temperatur- und Luftfeuchtigkeit-Peaks zu sehen sind. Vor der Verarbeitung erfolgt eine Konditionierung der Stacks am Fertigungsort. Anschließend wird die letzte Probenentnahme direkt vor der Verarbeitung der Stacks zu CFK-Bauteilen (Station 3) vorgenommen. Wie an Station 1 sind Stacks für die Laboruntersuchung und auch zum Pressen von Referenzbauteilen vorgesehen. Betrachtet man den Verlauf von Temperatur und Luftfeuchtigkeit, so gibt es nur geringfügige Unterschiede zwischen den Bedingungen in den Transportboxen und den Umgebungsbedingungen. Es ist lediglich festzustellen, dass die Temperatur in den Transportboxen häufig etwas höher ist als die Umgebungstemperatur und die Luftfeuchtigkeit in den Boxen geringer ausfällt.

Die Auswirkungen der Lager- und Transportbedingungen auf das Material werden an den entsprechenden Stationen durch Laboruntersuchungen geprüft.

5.3.3 Laboruntersuchungen

Für die Laboruntersuchungen werden zum einen bekannte Methoden, wie z. B. der Picture Frame Versuch angewandt bzw. neue Prüfverfahren entwickelt, um weitere Alternativen zu erhalten. Da insgesamt drei verschiedene, teilweise sehr zeitintensive Versuchsvarianten durchgeführt werden (Anhang 28), können nicht alle an einem Tag umgesetzt werden. Die Lagerung der Probekörper entspricht für die Dauer der Versuche den Standardlaborbedingungen. [35]

Picture Frame

Der Picture Frame Versuch dient zur Analyse des Scherverhaltens. Da dieses richtungsabhängig ist, werden im Normalfall zwei Probenarten ausgestanzt, welche zueinander um 45° versetzt sind. Da im Rahmen dieser Versuche keine detaillierte Materialanalyse, sondern vielmehr die Auswahl eines geeigneten Prüfverfahrens im Vordergrund steht, wird der Versuch aufgrund der Vielzahl von Materialvarianten auf eine Ausrichtung des Probekörpers beschränkt. Im Versuch wird das Textil an vier Seiten in einen beweglichen Rahmen eingespannt. Es ist darauf zu achten, dass der Faserverlauf senkrecht bzw. parallel zum Rahmen verläuft. Während des Einspannens des Faserhalbzeugs wird der Rahmen gegen ein Verschieben fixiert. Erst nachdem die Vorrichtung in der Zugmaschine an zwei gegenüberliegenden Ecken des Rahmens eingespannt sind, wird die Halterung entfernt, sodass der Rahmen beweglich wird. (Abbildung 68). [35]

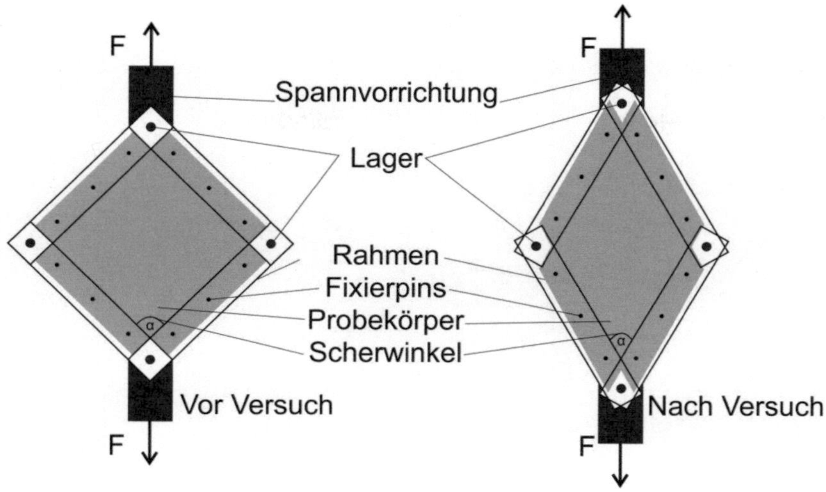

Abbildung 68: Versuchsaufbau Picture Frame Versuch

Der folgende Zugversuch wird mit einer 1 [kN] Kraftmessdose und ohne Vorkraft umgesetzt. Über einen Prüfweg von 75 [mm] werden jeweils drei Proben des +45°- und 0°-Gelegematerials mit einer Geschwindigkeit von 100 [mm/min] geprüft. Aus dem Versuch resultiert ein Kraft-Weg-Diagramm, welches eine Interpretation des Scherverhaltes ermöglicht und somit Rückschlüsse auf das Drapierverhalten zulässt.

Haftversuch

Der Haftversuch soll Informationen zum Ablöseverhalten der Lagen untereinander liefern, wenn diese senkrecht zum Lagenverlauf separiert werden. Nach dem Zuschneiden der Proben auf eine Größe von 500x120 [mm] werden zweimal zwei Lagen aus dem zugeschnittenen Stack entnommen. Es handelt es sich jeweils um eine ±45°- und eine 0°-Lage, welche mit einer einfachen Binderschicht in Kontakt stehen. Während des Handlings gilt zu beachten, dass beide Lagen in Kontakt bleiben und nicht gegeneinander verschoben werden, wodurch die Haftung minimiert werden kann.

Für den Versuch wird eine neue Vorrichtung entwickelt und gebaut. Das Unterteil dieser wird auf dem Tisch einer Zugmaschine eingespannt und auf die Oberseite ein stark haftendes Doppelseitiges Klebeband aufgetragen, das eine größere Haftkraft zwischen Versuchsvorrichtung und Textil besitzt als zwischen den beiden Textillagen auftritt. Anschließend werden die beiden zusammengehörigen Textilschichten faltenfrei auf die Oberfläche der unteren Halterung gegeben. Es erfolgt die Applikation weiterer Streifen von doppelseitigem Klebeband auf der oberen Textiloberfläche. Daraufhin wird der im Versuchstand eingespannte Oberteil der Versuchsvorrichtung so weit in Richtung des Textils abgesenkt, dass dieses das Faserhalbzeug berührt, aber nur eine minimale Anpresskraft erzeugt wird.

Es ist darauf zu achten, dass die beiden Teile langsam zusammen gefahren werden, um einen Crash der Anlage oder zu starkes Komprimieren des Textils zu vermeiden. Anschließend wird diese Position für 30 [s] gehalten (Abbildung 69).

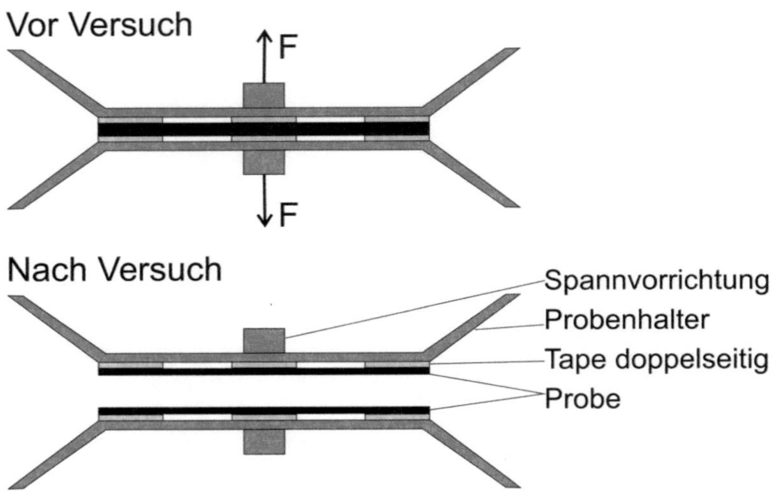

Abbildung 69: Versuchsaufbau Haftversuch

Es folgt ein Zugversuch, welcher mit einer 100 [N] Kraftmessdose umgesetzt wird. Aus dem Zugversuch, der mit einer Prüfgeschwindigkeit von 100 [mm/min] gefahren wird, resultiert ein Kraft-Weg-Diagramm. Obwohl das senkrechte Ablösen zweier Gelegelagen voneinander keinen Vorgang darstellt, welcher während des Nasspressens typischer Weise auftritt. Dient dieser Versuch als Vergleichswert, um eine Aussage über das Anhaften der Materialien treffen zu können.

Auszug mittlere Lage

Für den Versuch „Auszug mittlere Lage“ wird das Faserhalbzeug manuell mit einem Rollmesser zugeschnitten. Die Abmessungen von 500x120 [mm] sind bewusst sehr groß gewählt, da das Material im Anschluss noch weiter zugeschnitten werden muss, um in die Versuchsvorrichtung eingespannt werden zu können. Im Versuch sollen die beiden mittleren Lagen aus den äußeren herausgezogen werden. Die äußeren Lagen werden am Unterteil der Zugvorrichtung eingespannt und die mittleren an der Oberseite. Daher ist es notwendig die mittleren Lagen an einer Seite der Probe um 50 [mm] zu kürzen und die äußeren Lagen auf der anderen um 150 [mm]. Hierfür werden die Lagen in den Randbereichen separiert. Nach dem Abtrennen der Lagen verbleibt eine Kontaktfläche von 300x120 [mm]. Um ein „Abschälen“ der äußeren Lagen während des Zugversuchs zu verhindern, werden diese zwischen zwei Platten mit einem definierten Spalt von 2,5 [mm] fixiert, um eine Beweglichkeit der Lagen zu gewährleisten ohne dass diese gänzlich den Kontakt zueinander verlieren.

Zum Einspannen des Fasermaterials wird neben herkömmlichen Spannbacken zusätzlich doppelseitiges Klebeband verwendet, um eine bessere Fixierung zu ermöglichen und das Herausziehen einzelner Rovings aus dem Gelege zu vermeiden (Abbildung 70).

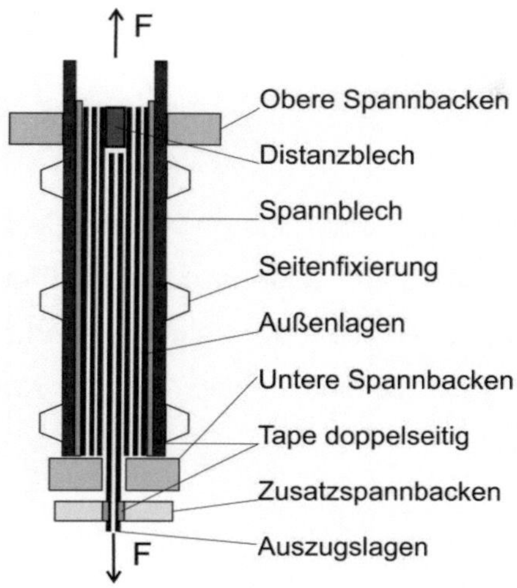

Abbildung 70: Versuchsaufbau Auszug mittlere Lage

Es wird eine Kraftmessdose mit 100 [N] verwendet und der Versuch mit einer Geschwindigkeit von 100 [mm/min] gefahren. Als Sicherheitsfaktor wird die Zugvorrichtung derart eingestellt, dass der Versuch bei einer Zugkraft von 10 [kN] automatisch stoppt, um im Falle sehr hoher Haftkräfte die Vorrichtung nicht zu beschädigen.

Der Versuch ist beendet, wenn sich für das Herausziehen des Fasermaterials eine gleichmäßige Kraft eingestellt hat. Aus dem Versuch resultiert ein Kraft-Weg-Diagramm, das zum einen den Wert für die maximal aufzubringende Zugkraft beim Lösen der Lagen wiedergibt und zum anderen eine Aussage über das Gleitverhalten des Materials zulässt.

Die ausgewählten Analysen liefern ein breites Spektrum an Messwerten, welche hinsichtlich ihrer Eignung zur Beschreibung der Materialveränderung durch Lagerung und Transport bewertet werden. Zum Vergleich werden direkt nach der Fertigung der Stacks sowie nach der gesamten Lagerdauer Bauteile gepresst, deren Qualitätsmerkmale mit den Messergebnissen verglichen werden können.

5.3.4 Auswertung Vorversuche

Im Anschluss an die Untersuchungen werden die Messergebnisse ausgewertet. Der Schwerpunkt liegt in der Identifizierung geeigneter Analyseverfahren für die Untersuchung von lagerungs- und transportbedingten Eigenschaftsveränderungen von Faserhalbzeugen.

Picture Frame

Beim Picture Frame Versuch wird zum einen ein 0°-Material (M2) mit einem Flächengewicht von 300 [g/m²] untersucht und zum anderen ein +45°-Material (M3) mit einem Flächengewicht von 150 [g/m²]. Stellt man die beiden Faserhalbzeuge gegenüber ist zu erkennen, dass zum Scheren des M2 eine deutlich höhere Krafteinwirkung notwendig ist (Abbildung 71).

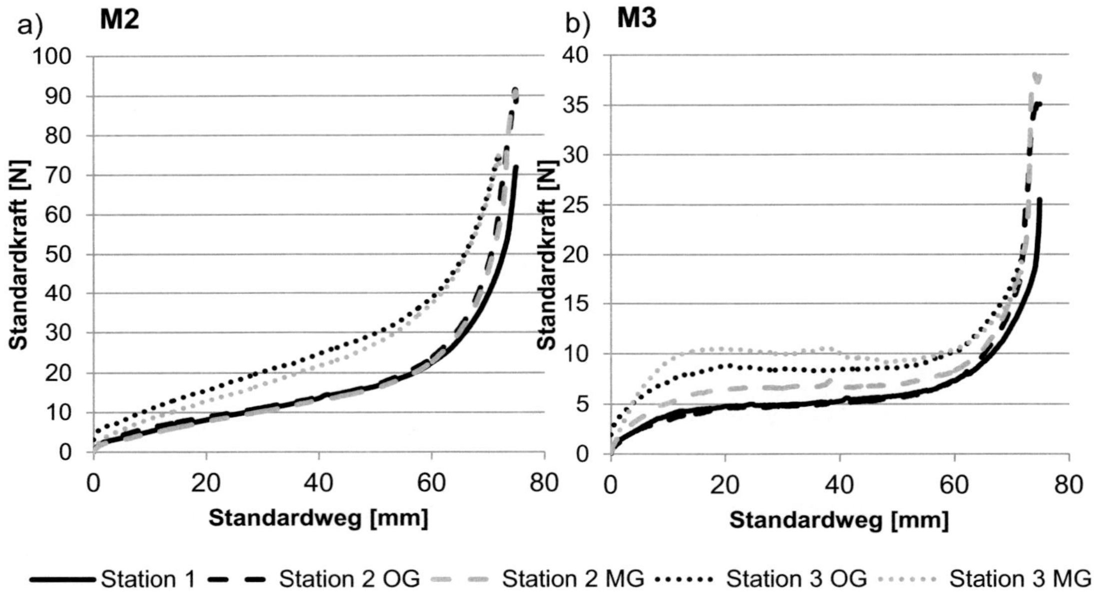

Abbildung 71: Auswertung Picture Frame Versuch M2 a) M3 b)

Für beide Materialien ist sichtbar, dass mit steigender Lager- bzw. Transportdauer die Kräfte zunehmen. Auch wenn die Veränderungen zwischen Station 1 und 2 nur gering sind, so kann insbesondere bei M2 ein deutlicher Anstieg zwischen Station 2 und 3 wahrgenommen werden. Vergleicht man schließlich die Stacks von M2, welche mit bzw. ohne Gewicht gelagert werden, so gibt es für beide Materialien an Station 2 und 3 lediglich geringe Unterschiede zwischen den bei hohem und niedrigem Druck gelagerten Stacks. Bei M3 ist jedoch deutlich zu erkennen, dass insbesondere bei geringer Scherung die Kräfte der unter höherem Druck gelagerten Stacks an Station 2 und 3 größer sind.

Haftversuch

Im Rahmen des Haftversuches werden zwei Materialkombinationen getestet, welche sich lediglich durch die Position des Binders unterscheiden. Dafür wird jeweils M2 mit einem Flächengewicht von 300 [g/cm²] mit einem ±45°-Material kombiniert. Bei der ersten Variante liegt die Binderseite von M2 auf der Nicht-Binderseite des M3 mit einem Flächengewicht von 150 [g/cm²]. Für den zweiten Versuch wird ein -45°-Material (M4) mit einem Flächengewicht von 150 [g/cm²] gedreht, sodass die Binderseite auf der Nicht-Binderseite des M2 liegt. Die Ausrichtung von M4 entspricht nach dem Wenden einer +45°-Ausrichtung. Aus dem Stack wird hierfür die zweite und dritte Lage für Variante 1 sowie die fünfte und sechse Lage für Variante 2 verwendet (Abbildung 72).

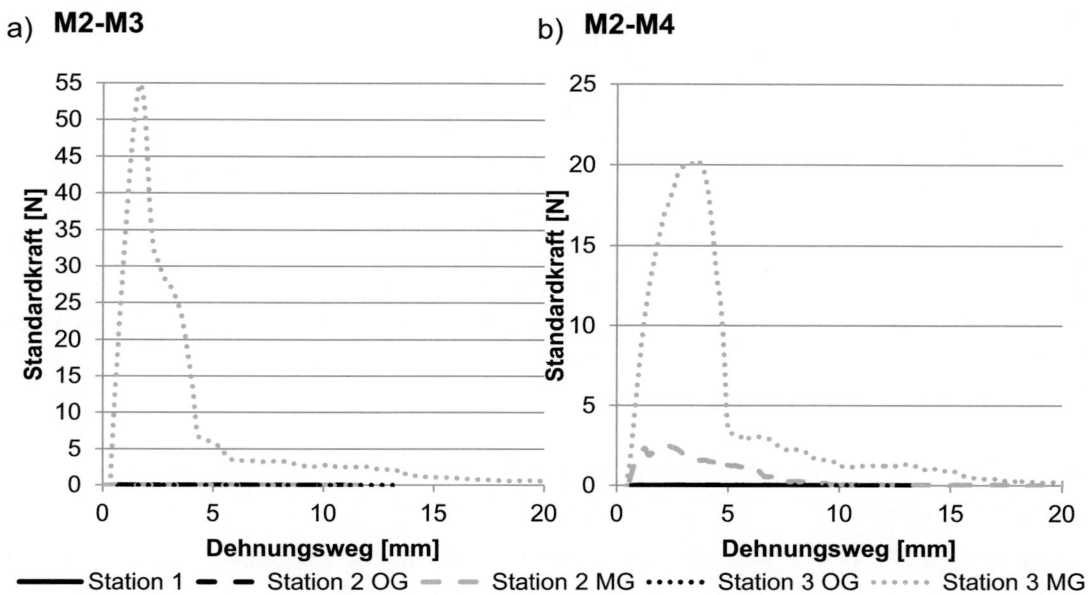

Abbildung 72: Auswertung Haftversuch M2-M3 a) M2-M4 b)

Die Diagramme zeigen, dass an Station 1 keine Haftkräfte zwischen den zwei Lagen auftreten. Auch an Station 2 ist lediglich bei der Materialkombination M2-M4 eine geringe Haftkraft zu erkennen, welche aus der Einwirkung des Gewichts resultiert. Bei den unbelasteten Stacks zeigt sich auch an Station 3 keine nennenswerte Haftkraft. Dementgegen weisen die Stacks, welche bei hoher Druckeinwirkung gelagert und transportiert werden an Station 3 starke im Bereich von 20 [N] bei M2-M4 bzw. sehr starke Haftkräfte um 55 [N] bei der Kombination M2-M3 auf. Somit ist ersichtlich, dass für das Haftverhalten senkrecht zum Lagenverlauf sowohl die Zeit- als auch Druckkomponente relevant ist.

Auszug mittlere Lage

Für den Versuch Auszug mittlere Lage wird der gesamte Stack in die Vorrichtung eingespannt und die beiden mittleren 0°-Lagen mit einem Flächengewicht von 300 [g/m²] und 150 [g/m²] aus den äußeren Lagen herausgezogen (Abbildung 73).

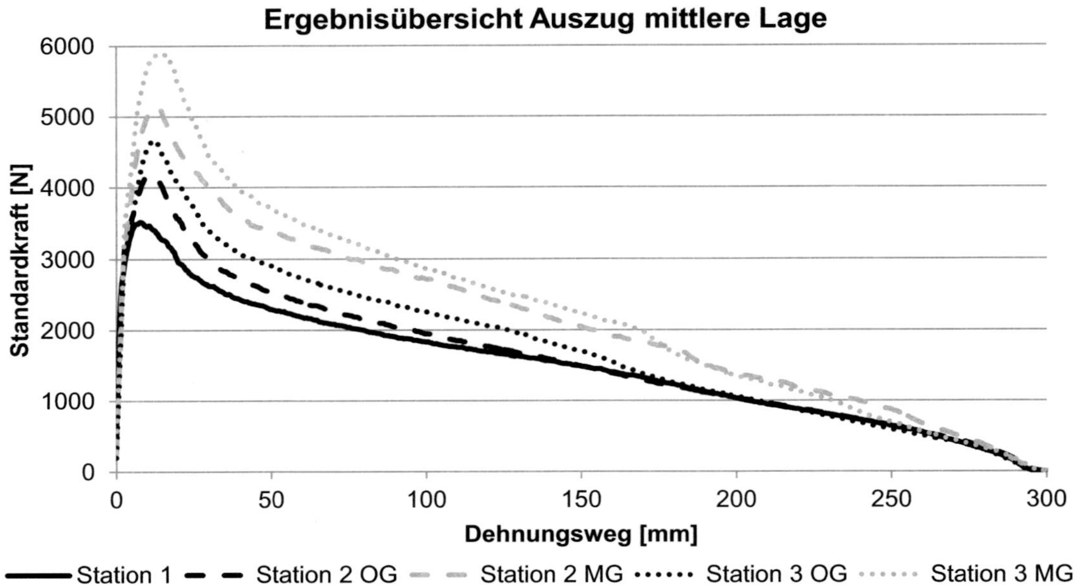

Abbildung 73: Versuch Auszug mittlere Lage

Anhand des Diagramms ist ersichtlich, dass die Haftkraft an Station 1 am geringsten ist. Im Gegensatz zur senkrechten Separierung der Lagen ist jedoch auffällig, dass diese bei den Stacks, welche keiner Druckbelastung ausgesetzt sind deutlich geringer ist, als im Falle der beschwerten Stacks. So sind die Auszugskräfte an Station 2 mit Belastung bereits höher als die der Stacks ohne Gewicht an Station 3. Dementsprechend hat die Druckeinwirkung einen größeren Einfluss auf die Haftkräfte, welche entlang der Lagen auftreten als die Zeitkomponente, die lediglich unterstützend wirkt.

Für die Bewertung werden die Laboruntersuchungen mit den Qualitätsdaten der Referenzbauteile von Station 1 und 3 abgeglichen.

Referenzbauteile

Für die Referenzbauteile werden direkt nach der Stackfertigung an Station 1 und weiterhin nach Abschluss der Untersuchungen an Station 3 Stacks entnommen, die zu Bauteilen gepresst werden, um den Einfluss der Lagerung und des Transports der Stacks zu bewerten. Für die Bewertung der Merkmale und deren Ausprägung muss berücksichtigt werden, dass diese neben den Stackeigenschaften auch von einer Vielzahl von Prozessgrößen abhängig ist, welche den Nasspressprozess betreffen. Im Rahmen der Auswertung werden daher nur die reproduzierbaren Merkmale wie Welligkeiten analysiert, welche an allen Bauteilen in einer für die Bauteilqualität relevanten Ausprägung zu sehen sind. Die Fläche in denen Merkmale auftreten wird durch ein Rechteck markiert und die Ausprägung anhand von Bewertungsklassen evaluiert, welche zwischen K0 – geringe Ausprägung und K5 – sehr starke Ausprägung liegen. Die Bauteile, welche an Station 1 gepresst werden, zeigen eine geringe bis mäßige Ausprägung (Abbildung 74).

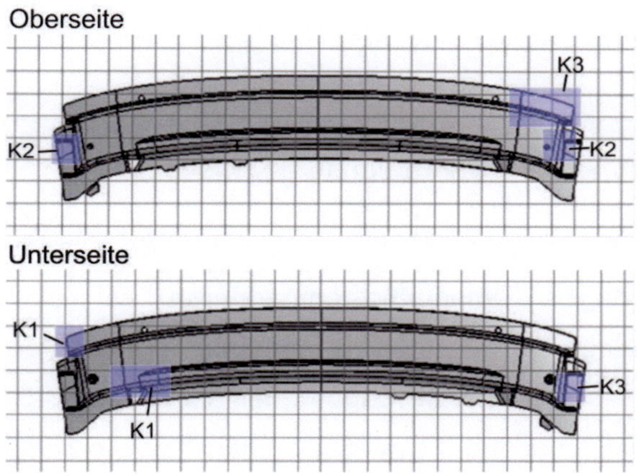

Abbildung 74: Merkmalsausprägung Referenzbauteil Station 1

Sowohl auf der Ober- als auch auf der Unterseite des Bauteils sind die Welligkeiten in der Nähe von Radien wiederzufinden. Betrachtet man dieselben Bereiche bei den Bauteilen, welche nach Station 3 gepresst werden, ist zu sehen, dass eine andere Ausprägung der Merkmale vorliegt (Abbildung 75).

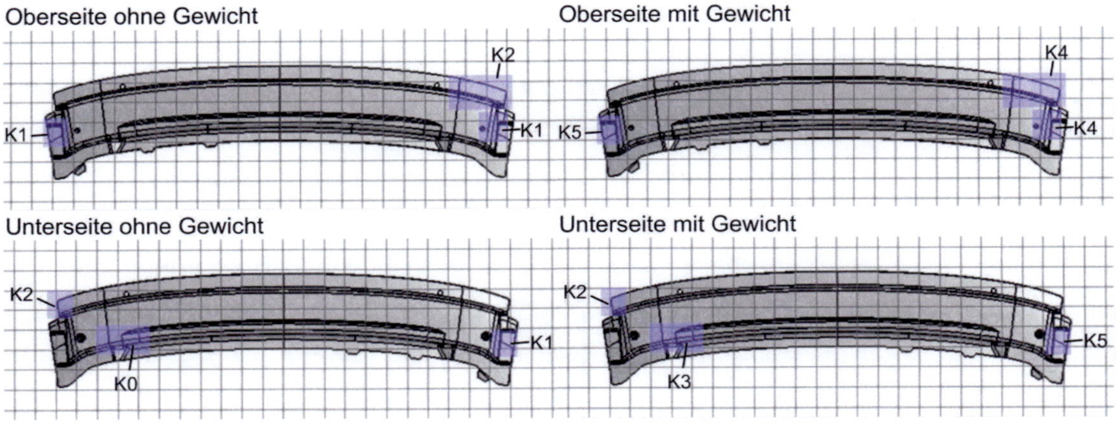

Abbildung 75: Merkmalsausprägung Referenzbauteil Station 3

Im Falle der Stacks, die ohne zusätzliche Gewichte gelagert werden, ist eine geringere Ausprägung der Merkmale zu sehen. Mit erhöhtem Druck bei Lagerung und Transport ist diese im Vergleich zu Station 1 extrem hoch, sodass die gefertigten Bauteile aus Qualitätssicht als Ausschuss gewertet werden müssen.

5.3.5 Zusammenfassung der Vorversuchsergebnisse

Im Rahmen der Untersuchungen wird der Einfluss der Lagerungs- und Transportbedingungen bei niedrigen Umgebungstemperaturen auf die Materialeigenschaften bebinderter Multiaxialgelege und die Qualität der daraus gefertigten Bauteile bewertet. Es kann gezeigt werden, dass sowohl die Lagerdauer als auch der Druck, welcher während dieser auf das Faserhalbzeug einwirkt, einen gravierenden Einfluss auf die Materialeigenschaften hat. Für das Haftverhalten der Lagen untereinander ist besonders die Druckbelastung der Stacks von Bedeutung. Weiterhin kann festgestellt werden, dass die Veränderung des Materials zwischen Station 1 und 2 geringer ist als die zwischen Station 2 und 3 obwohl erstere eine viel längere Zeitspanne umfasst. Berücksichtigt man die Temperatur- und Luftfeuchtigkeitsdaten, so ist ersichtlich, dass im zweiten Zeitabschnitt höhere Temperaturen vorherrschen. Weiterhin kann festgestellt werden, dass es deutliche Unterschiede zwischen den einzelnen Materialien gibt, welche innerhalb eines Stacks verarbeitet werden.

Die Vorversuche haben eine Tendenz aufgezeigt, welche Parameter die Materialeigenschaften der Faserhalbzeuge beeinträchtigen können. Weiterführend sollen diese in Form von detaillierteren Untersuchungen spezifiziert werden, um materialspezifische Kennwerte zu erhalten.

5.4 Ermittlung materialspezifischer Kennwerte

Der im Rahmen der Vorversuche nachgewiesene Einfluss der Lagerungs- und Transportbedingungen auf das Drapierverhalten der Faserhalbzeuge wird mittels einer weiteren Versuchsreihe vertieft. Ziel ist es, das Haftverhalten unter verschiedenen Bedingungen zu analysieren und zusätzlich relevante Materialkennwerte und die Auswirkungen auf das Drapierverhalten zu ermitteln.

5.4.1 Versuchsplanung

Für die Analyse wird ein Stackaufbau gewählt, der Gelegematerial mit 0°-, +45°- und -45°-Ausrichtung enthält sowie einseitig mit Binder (xB) versehen ist. Insgesamt werden sieben Lagen derart miteinander kombiniert, dass der Kontakt des Binders mit der Werkzeugoberfläche vermieden wird und somit eine doppelte Binderschicht vorliegt (Abbildung 76).

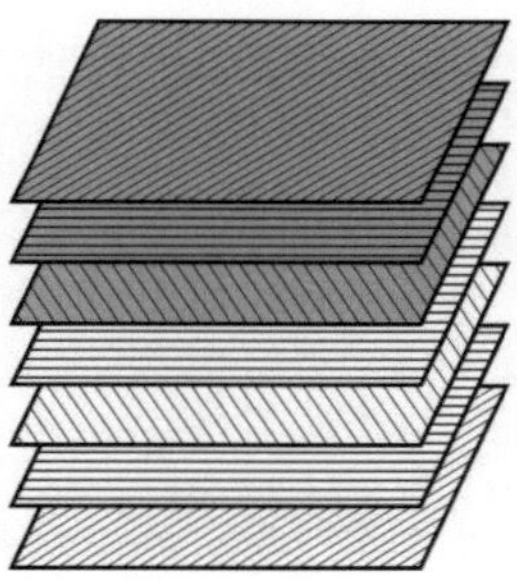

Winkel	Flächengewicht [g/m²]	Binder
+45°	150	unten
0°	300	unten
-45°	150	unten
0°	300	oben
-45°	150	oben
0°	300	oben
+45°	150	oben

Abbildung 76: Lagenaufbau Versuchsstacks Materialprüfung

Durch die Reduzierung des Prüfmethodenumfangs auf ein aussagekräftiges Verfahren soll im Gegenzug das Testen aller im Stackaufbau vertretenen Materialkombinationen ermöglicht werden. Es ergeben sich im vorliegend Stackaufbau fünf verschiedene Kombinationen, da zwischen der ersten und zweiten sowie dritten und vierten Lage identische Kontaktbedingungen vorliegen. Die Prüfung des Materials erfolgt zudem jeweils längs (-L) und quer (-B) zur Lagenebene, welche insbesondere beim 0°-Material deutliche Unterschiede erwarten lässt. Somit ergibt sich bei fünf Materialkombinationen, die in zwei Richtungen in dreifacher Wiederholung geprüft werden, eine Gesamtprobenanzahl von 30 je Station und Materialbehandlung.

Ein Unterschied zu den Vorversuchen, welche lediglich die Lagerungs- und Transportbedingungen bei kühlen Umgebungstemperaturen abbilden, besteht in den zwei Temperaturniveaus, welche gewählt werden, um auch die Materialveränderung in der warmen Jahreszeit zu betrachten. Zur Darstellung der beiden Temperaturen wird die

Lagerung der Stacks in zwei Holzkisten umgesetzt, die einerseits auf Raumtemperatur gehalten und andererseits mithilfe eines Heizstrahlers (HB) temperiert werden. In beiden Lagerungsbehältern wird die Temperatur und Luftfeuchtigkeit über die gesamte Versuchsdauer (Wx) mittels zweier Datenlogger im Abstand von 5 [min] aufgezeichnet (Abbildung 77).

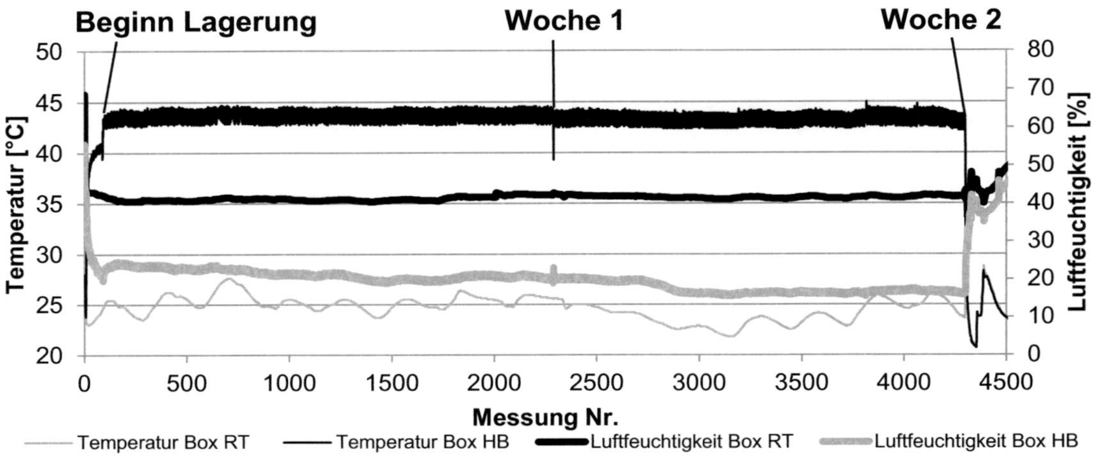

Abbildung 77: Verlauf Temperatur und Luftfeuchtigkeit während Lagerung

Die Stapelhöhe der Stacks und somit der Druck, welcher auf die Faserhalbzeuge wirkt, wird maximal gewählt. Hierfür wird das Versuchsmaterial mit einer Platte abgedeckt und mit Gewichten beschwert, welche eine maximale Stapelhöhe von 50 [cm] nachstellen, wie sie beim Einsatz in Serienfertigungsanlagen üblich ist (Abbildung 78).

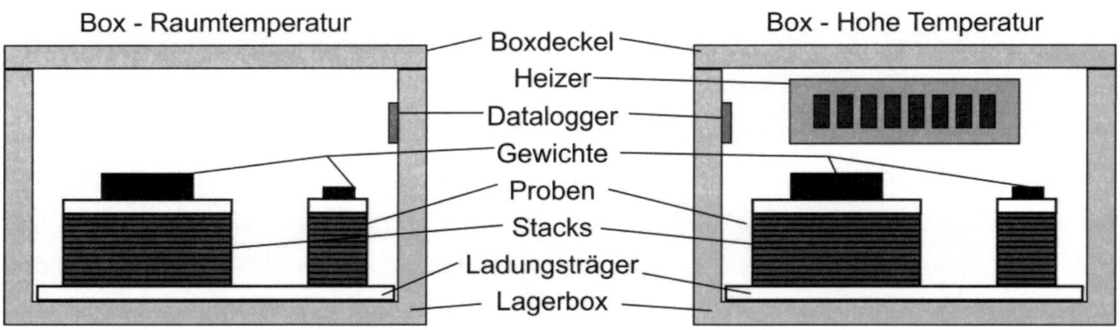

Abbildung 78: Versuchsaufbau Stacklagerung

Für die Analyse wird eine Referenzgeometrie in Form eines L-Profils betrachtet. Weiterhin erfolgt der Zuschnitt der Proben für die Ermittlung der Materialkennwerte vor der Stacklagerung, um eine Beeinflussung des Materials zu vermeiden. Damit ein Anhaften der Proben bzw. auch Stacks untereinander verhindert werden kann, erfolgt eine Separierung durch eine Papierlage.

Die Gesamtdauer der Versuche umfasst zwei Wochen. Die Bestimmung der Materialkennwerte sowie das Trockenpressen der Referenzgeometrie auf einer Versuchspresse werden vor dem Versuchsstart und anschließend nach jeweils einer Woche vorgenommen. (Abbildung 79).

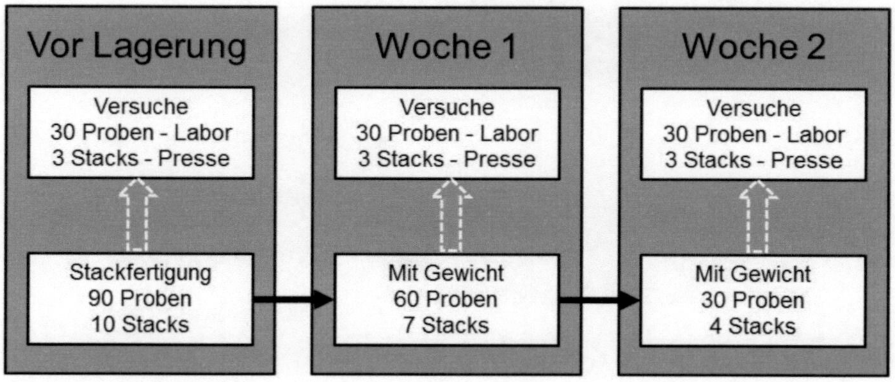

Abbildung 79: Materialverteilung und Probenentnahme Materialversuche

Um den Umfang der Versuche zu begrenzen werden bei den Versuchen zur Materialkennwertermittlung jeweils drei Prüfkörper je Station und Materialkombination getestet. Gleichermaßen sind drei Stacks für die Trockenpressungen des L-Profils an jeder Station vorgesehen. Trotz Reduktion der Prüfverfahren und der Probenanzahl resultiert hieraus ein umfangreiches Versuchsprogramm, dessen Umsetzung im Folgenden beschrieben wird.

5.4.2 Ermittlung relevanter Materialkennwerte

Für die Ermittlung der Materialkennwerte wird ein Haftversuch angewandt, der an die DIN EN ISO 8295 angelehnt ist. Es handelt es sich um einen horizontalen Zugversuch, welcher üblicherweise zur Bestimmung der Reibungskoeffizienten zwischen zwei Materialarten verwendet wird und aufgrund der Bewegung in der Lagenebene dem Materialverhalten beim Drapieren im Werkzeug sehr ähnlich ist. Die Vorrichtung besteht aus einer unbeweglichen Basis, in die das erste Material eingespannt wird (Anhang 28). Auf dieses wird ein rollbarer Wagen gestellt, in den das zweite Material derart eingespannt wird, dass es auf dem ersten aufliegt. Die letzte Komponente stellt ein Gewicht dar, das auf die Oberfläche des oberen Materials gesetzt wird und als Normalkraft fungiert. Im Versuch wird die Basis dann in das Unterteil einer vertikalen Zugprüfmaschine eingespannt. Der bewegliche Wagen wird mit einer unelastischen Schnur versehen, die über eine Umlenkrolle in die obere Einspannvorrichtung der Zugmaschine geklemmt wird (Abbildung 80). [16; 39; 66]

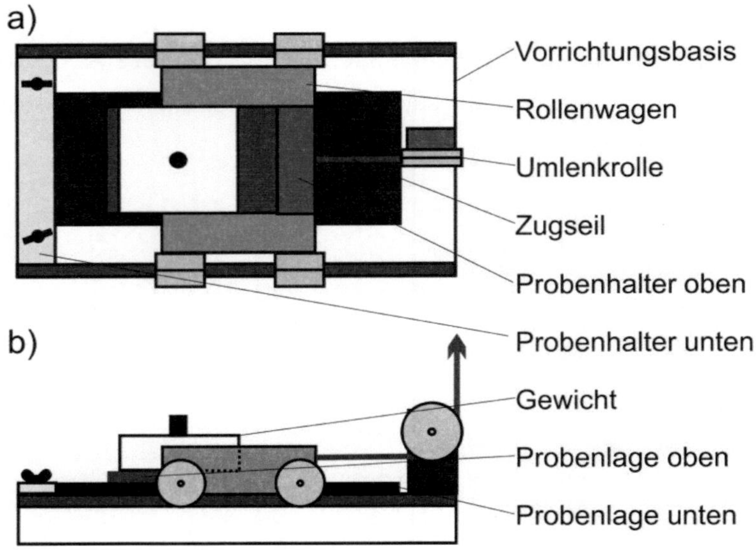

Abbildung 80: Versuchsaufbau Zugversuch Aufsicht a) Frontalansicht b)

Für die Anwendung des Prüfverfahrens auf die gelagerten Proben muss die Größe der Proben verringert werden, um ein Einspannen des Materials zu ermöglichen ohne die Probe stark zu biegen und auf diese Weise ein Enthaften der Lagen zu bewirken. Die obere und untere Lage der Probe wird daher auf eine Breite von 65 [mm] zugeschnitten und für die Lagerung derart positioniert, dass beide Teile passgenau übereinander liegen. Die untere Probe, welche als Gleitfläche dient, wird mit einer Länge von 160 [mm] so bemessen, dass sich ein möglichst langer Gleitweg ergibt. Der obere Probenteil ist mit einer Länge von 90 [mm] ausreichend lang, um in den Rollenwagen eingespannt zu werden und dennoch eine ganzflächige Ablage des Gewichtes zu ermöglichen. Da während der Lagerung ein komplettes Anhaften des Probenoberteils zu erwarten ist, wird das Oberteil an der einzuspannenden Seite mit einem Streifen Tape beklebt, welcher das Anhaften im Einspannbereich und gleichzeitig die Fransenbildung verhindert und somit das Einspannen der Probe erleichtert.

Der Versuch selbst wird unter Verwendung einer 1 [kN] Kraftmessdose, mit einer Vorschubgeschwindigkeit von 100 [mm/min] und einem Prüfweg von mindestens 50 [mm] umgesetzt. Als Resultat erhält man ein Kraft-Weg-Diagramm, welches die Gleitreibung zwischen den Materialien und die ggf. auftretenden Haftkräfte zwischen den Materialien als Peak zeigt. Für die Auswertung der Messungen werden die Maxima der auftretenden Haftkräfte der drei durchgeführten Prüfungen gemittelt. Da die einzelnen Messpunkte auch nach Erreichen der Gleitreibungsphase aufgrund der Probenbeschaffenheit schwanken, werden die Messwerte innerhalb eines Gleitreibungsbereiches gemittelt und im Anschluss der Mittelwert aus den drei Messungen gebildet. Zu den Materialprüfungen kommen drei Referenzmessungen ohne Probe hinzu, welche zur Ermittlung der durch die Reibung der

Räder des Probenwagens entstehenden Kräfte durchgeführt werden. Die dabei bestimmte Kraft von 0,23 [N] wird für die weitere Verwendung der Ergebnisse von den gemessenen Haft- und Gleitreibungskräften abgezogen. Aus den Kräften lässt sich über das aufgelegte Gewicht von 200,43 [g] und die im Versuch wirkende Normalkraft von 1,966 [N] (Anhang 29) der Reibungskoeffizient bestimmen (Formel 5).

$$\mu = \frac{F_R}{F_N} \tag{5}$$

Betrachtet man zunächst die ermittelten Werte für die Gleitreibungskraft (Anhang 30), so ist zu sehen, dass diese für alle Materialkombinationen und an allen betrachteten Stationen Werte im Bereich von 0,6 bis 0,8 [N] annimmt, welches einem Reibungskoeffizient zwischen 0,3 und 0,4 entspricht, wie er in der Literatur beschrieben wird (vgl. 3.2.2). Im Gegensatz dazu zeichnen sich die Haftkräfte durch große Unterschiede aus. So weichen die Haftkräfte des Neumaterials nur vernachlässigbar gering von den Kräften, welche während des Gleitvorgangs der Materialien wirken ab. Im Rahmen der Untersuchungen kann festgestellt werden, dass die Haftkräfte zeit- und materialabhängig bis auf einen Wert von 16 [N] und somit einem Gleitreibungskoeffizienten von über 8,0 ansteigen. Es sind auch Unterschiede bzgl. der Prüfrichtung zu erkennen. Die Kräfte, welche in Breitenrichtung gemessen werden, sind bei fast allen Proben geringer als die Kräfte in Längsrichtung. Dies kann auf das unterschiedliche Materialverhalten, insbesondere des 0°-Geleges, zurückgeführt werden. So können in Längsrichtung entlang der 0°-Lage sehr hohe Kräfte aufgebaut werden bis sich das Material löst. In Breitenrichtung werden die Einzelrovings auseinander gezogen, sodass die Nähfäden den limitierenden Faktor darstellen und ggf. vorzeitig reißen, bevor sich das Material von der darunterliegenden Lage lösen kann (Abbildung 81).

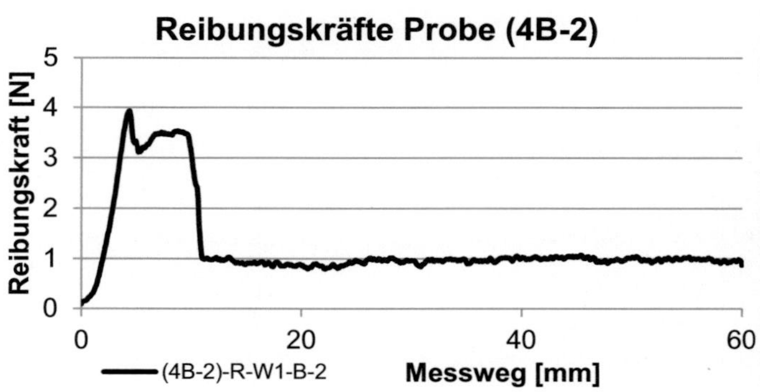

Abbildung 81: Beispiel reißende Nähfäden Kraft-Weg-Diagramm (li.) und Probe (re.)

Weiterhin kann gezeigt werden, dass die Haftkräfte im Vergleich zum ungelagerten Material (K-N) entsprechend der Lagerdauer ansteigen. Die Temperatur, welche dabei auf die Stacks einwirkt verstärkt diesen Effekt, sodass die Haftkräfte in der temperierten Lagerbox (HB) schneller ansteigen als in der, welche bei Raumtemperatur gehalten wird (Abbildung 82).

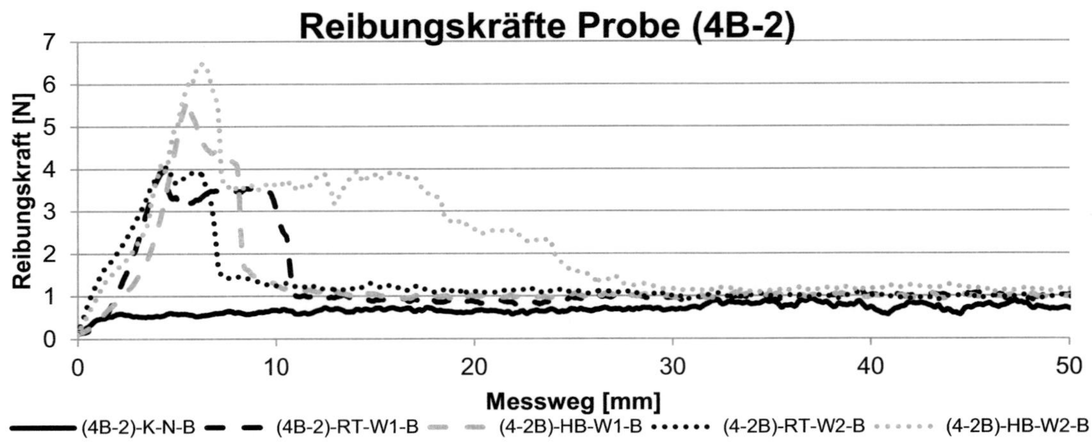

Abbildung 82: Beispiel Verlauf Reibungskräfte Materialkombination (4B-2)-B

Eine weitere Auffälligkeit ist die Tatsache, dass in der Materialkombination, welche durch einen doppelten Binderkontakt gekennzeichnet ist, deutlich geringere Haftkräfte in Längs- und Querrichtung auftreten, als beim Kontakt einer Binderseite mit einem unbebinderten Gelege. Diese Tatsache wird besonders nach einer Lagerdauer von zwei Wochen deutlich (Abbildung 83).

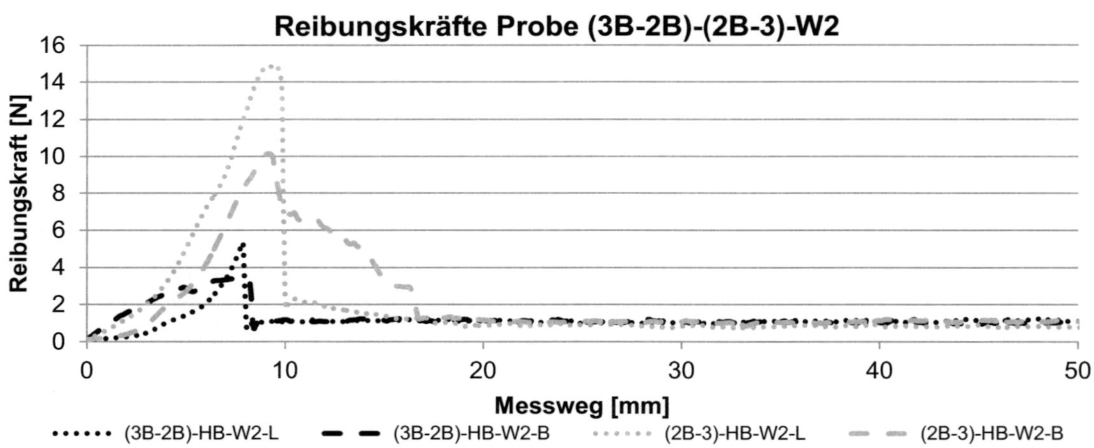

Abbildung 83: Vergleich Lagenhaftung einfache und doppelte Binderlage

Anhand der Materialuntersuchungen können die Unterschiede bzgl. der Haftreibung der Materialien in Abhängigkeit der Lagerdauer und der Temperatureinwirkung aufgezeigt werden. Die Drapierversuche, welche ergänzend hierzu durchgeführt werden, liefern zusätzlich Informationen darüber, wie sich diese Haftkräfte auf die Drapiereigenschaften des Materials auswirken.

5.4.3 Drapierversuche

Zur Umsetzung der Drapierversuche wird eine Versuchs-Presse bzw. Prüfschließe mit einer maximalen Presskraft von 50 [kN] verwendet, welche für die Herstellung von Preforms geeignet ist. Die Versuchspresse besteht aus einem Stacktisch, auf dem der Stack in einen Spannrahmen eingespannt wird. Dieser ist lediglich für das Transportieren des Stacks in der Anlage zuständig. Der Einfluss auf das Drapierverhalten des Materials ist zu vernachlässigen. Dem Aufgabetisch angeschlossen ist die Versuchspresse, welche mit einem Ober- und einem Unterwerkzeug bestückt werden kann. Für die Herstellung der Preforms ist zudem auf der gegenüberliegenden Seite ein Heizfeld angeschlossen (Abbildung 84).

Abbildung 84: Übersicht Versuchspresse [85]

Dazu werden die Stacks zunächst in ein Heizfeld gefahren, in dem der Binder erwärmt und geschmolzen wird, um den Stack anschließend in der kalten Kavität umzuformen. Diese Vorgehensweise ist für eine Umsetzung der Trockenpressungen im Rahmen der Drapierversuche nicht geeignet, da die Haftung der Lagen durch das Schmelzen des Binders aufgehoben werden würde. Aus diesem Grund werden Heizpatronen in das Werkzeug integriert, welche ein Temperieren der Kavität auf 130 [°C] ermöglichen. Da in der Pressensteuerung ein konkreter Ablauf definiert ist, welcher ein Umgehen des Heizfeldes nicht zulässt, wird die Temperatur des Heizfeldes auf Raumtemperatur gesetzt und die Verweilzeit in diesem minimiert, sodass ein schneller Transport in die Versuchspresse ermöglicht wird. Während des Pressvorgangs wird der Stack zunächst über dem Unterwerkzug durch den Spannrahmen gehalten, bis der erste Kontakt mit dem Oberwerkzeug erfolgt und der Stack aus dem Rahmen gelöst wird. Das Oberwerkzeug wird mit einer konstanten Geschwindigkeit von 300 [mm/s] abgesenkt bis die Kavität geschlossen ist. In diesem Zustand wird das Werkzeug 150 [s] gehalten und anschließend mit derselben Geschwindigkeit wieder geöffnet. Um ein Verformen des Stacks und Lösen der Lagen beim Entnehmen aus der Presse zu vermeiden, wird die Trockenpressung zunächst mit kalter Druckluft oberflächig gekühlt. Anschließend erfolgt die Entnahme der Trockenpressung. Um die Formstabilität zu gewährleisten, wird sie anschließend auf einer Negativform abgelegt. Die Bewertung der Trockenpressungen erfolgt für einen direkten Vergleich nach dem Durchlaufen aller Stationen.

Der Vorteil der Trockenpressung liegt darin, dass die Lagen separiert werden können und somit auch eine Bewertung der Merkmale im Inneren des Bauteils ermöglicht wird. Der Einfluss, den das Harzsystem auf das Drapierverhalten hat, kann auf diese Weise nicht bewertet werden. Um eine übersichtliche Analyse der Merkmale umzusetzen, wird die Art der Merkmale, deren Ausprägung und Position sowie Verlauf dokumentiert (Anhang 31). Es kann zunächst für alle Stationen und Lagerungsvarianten festgestellt werden, dass die Merkmale vorrangig im Krümmungsbereich des L-Profils auftreten. Zudem ist auffällig, dass die Stacks, welche direkt nach der Herstellung zu Trockenpressungen verarbeitet werden vergleichbare Merkmale aufweisen. Dementgegen sind bei den länger gelagerten Stacks deutliche Unregelmäßigkeiten zu sehen. So weisen die Trockenpressungen einer Station, bei gleichen Lagerbedingungen eine Vielzahl von verschiedenen Merkmalen auf und andere hingegen nur wenige Falten. Betrachtet man nun die einzelnen Stationen und die zugehörigen Lagerungsbedingungen so treten bei der Stackneuware vermehrt Locken der Ausprägung K2 bis K3 auf. Hinzu kommen beim 0°-Material K3 Längsfalten und in der +45°-Lage K3 Querfalten im Radienbereich. Nach einer Woche Lagerung bei Raumtemperatur weisen die Locken eine stärkere Ausprägung von K3 bis K4 auf. Es zeigen sich zudem Querfalten im +45°-Material mit der Ausprägung K3 und im -45°- und 0°-Material K3 Längsfalten. Bei den Stacks, welche bei erhöhter Temperatur gelagert werden, sind gleichermaßen Längs- und Querfalten zu beobachten, welche jedoch eine stärkere Ausprägung von K4 besitzen. Nach zweiwöchiger Lagerung ist ein weiterer Anstieg der Merkmalsausprägung zu erkennen. So zeigen die bei Raumtemperatur gelagerten Stacks K4 bis K5 Querfalten in den +45°-Lagen sowie K4 bis K5 Längsfalten in den 0°-Lagen.

Im Falle der bei höheren Temperaturen präparierten Materialien sind die gleichen Ausprägungen zu beobachten, es kommen jedoch zusätzliche Merkmale wie z. B. Faserabgleitungen hinzu (Abbildung 85).

0°-Lage nicht gelagert

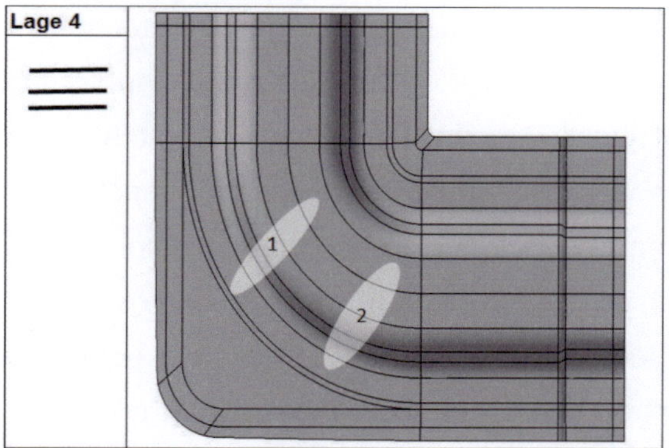

Position	Merkmal	Ausprägung
1	Längsfalte 10x50mm	K3
2	Längsfalte 10x50mm	K3

0°-Lage nach 2 Wochen bei RT

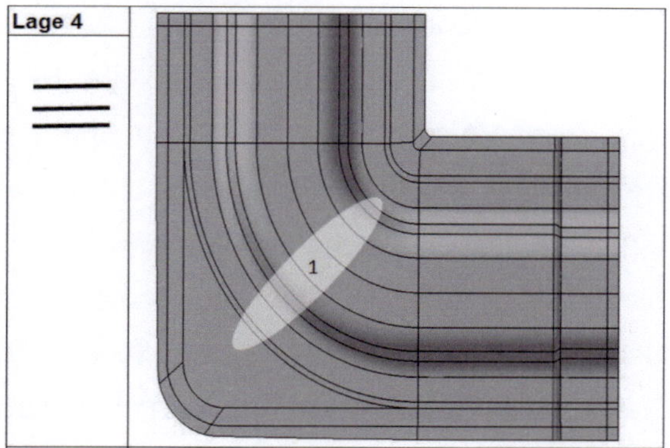

Position	Merkmal	Ausprägung
1	Querfalte 20x90mm	K4

-45°-Lage nicht gelagert

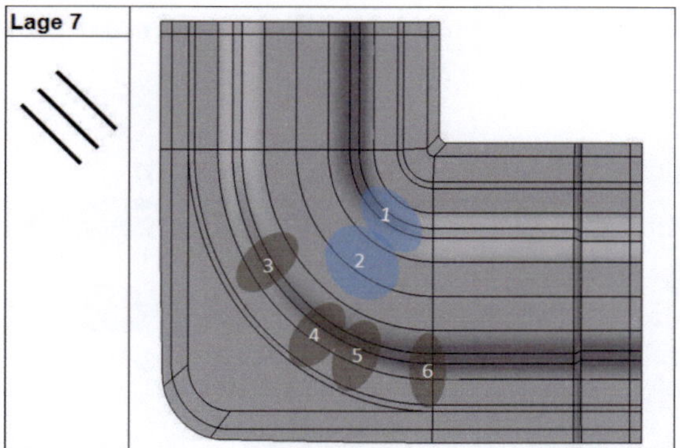

Position	Merkmal	Ausprägung
1	Welligkeit 20x30mm	K2
2	Welligkeit 20x40mm	K4
3	Locken 10x20mm	K2
4	Locken 10x20mm	K2
5	Locken 10x20mm	K2
6	Locken 10x20mm	K2

-45°-Lage nach 2 Wochen bei RT

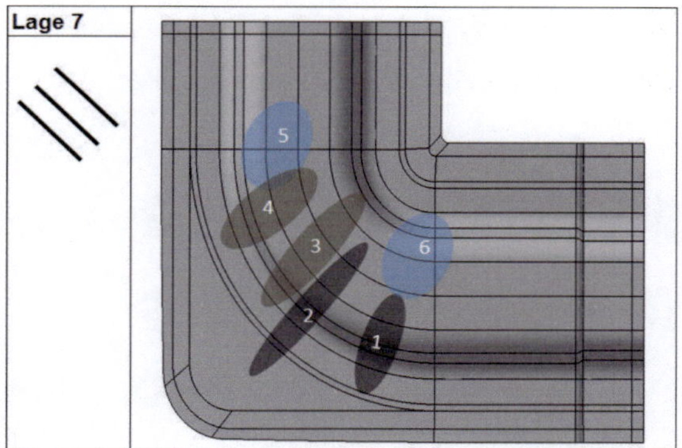

Position	Merkmal	Ausprägung
1	Querfalte 10x30mm	K3
2	Querfalte 20x100mm	K4
3	Locken 10x60mm	K4
4	Locken 10x50mm	K3
5	Welligkeit 30x50mm	K3
6	Welligkeit 30x50mm	K3

Abbildung 85: Materialvergleich 0°- und -45°-Gelege vor und nach Lagerung

Neben der Erhöhung der Merkmalsausprägung kann weiterhin beobachtet werden, dass die nach längerer Lagerung auftretenden Merkmale sich über eine kleinere Fläche erstrecken bzw. in einigen Fällen in geringerer Anzahl auftreten. Trotz der Reduzierung der Fläche auf denen Merkmale auftreten, reichen diese aufgrund der hohen Ausprägung als Ausschussgrund aus.

Im Rahmen der Drapierversuche kann wie auch bei den Materialuntersuchungen ein Zusammenhang zwischen Lagerung der Stacks und der Entstehung von Merkmalen festgestellt werden.

5.4.4 Zusammenfassung der Ergebnisse

Mit der zweiten Versuchsreihe zu den Lager- und Transportbedingungen der Stacks kann gezeigt werden, dass ein Zusammenhang zwischen der Lagerung der Stacks und dem Drapierverhalten des Faserhalbzeugs besteht. Diese zeigt sich in Form einer ansteigenden Haftkraft zwischen den Einzellagen. Werden stark aneinanderhaftende Lagen senkrecht zum Rovingverlauf auf Zug belastet, besteht die Möglichkeit, dass es zur Gassenbildung kommt bzw. zum Versagen der Nähfäden und somit einer Beschädigung des Faserhalbzeugs, welche sich auf die Orientierung der Rovings auswirkt. Zunächst liegt als Ursache der stärkeren Hafteigenschaften das Kriechverhalten des Binders bei niedrigen Temperaturen bis 80 [°C] nahe. Da die im Versuch erreichten Temperaturen deutlich unterhalb der Schmelztemperatur des Materials liegen und beim Kontakt zweier Binderseiten geringere Haftkräfte beobachtet werden, kommt als Ursache für das Anhaften auch ein Verhaken des Materials, ähnlich einem Klettverschluss, in Frage. So besteht die Möglichkeit, dass besonders durch hohen Druck, der auf das Material wirkt, die auf der Oberfläche liegenden Binderkörner in die Rovings der nächsten Lage gepresst werden und sich dort verhaken. Liegen zwei Binderschichten auf einander, treffen die Binderkörner partiell aufeinander und verhindern ein großflächiges Verhaken der Lagen (Abbildung 86).

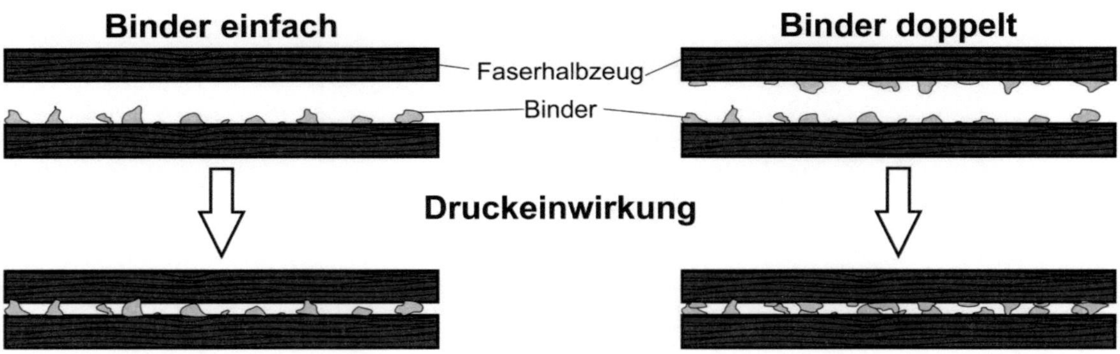

Abbildung 86: Haftverhalten in Abhängigkeit des Binderauftrags

Bei der Umsetzung des horizontalen Zugversuches zur Materialprüfung stellt die Handhabung der Proben die größte Herausforderung dar. Daher gilt es insbesondere die Einspannvorrichtung derart zu gestalten, dass ein leichtes Einspannen der beiden Probenteile ermöglicht wird, um die Wiederholgenauigkeit der Messung zu verbessern.

Die neben der Materialanalyse umgesetzten Drapierversuche ermöglichen eine Bewertung der Auswirkungen der Materialveränderungen bzgl. der Entstehung von Merkmalen und somit der Bauteilqualität. Es kann festgestellt werden, dass Stacks, welche direkt verarbeitet bzw. nur kurze Zeit gelagert werden, eine konstante Bauteilqualität bedingen. Durch längere Lagerzeiten können bzgl. der Merkmalsart und -ausprägungen vermehrt Unregelmäßigkeiten beobachtet werden. Grundsätzlich ist eine Verstärkung der Merkmalsausprägung mit steigender Lagerdauer zu beobachten. Die Einwirkung hoher Temperaturen ist, neben dem zeitlichen Faktor, als verstärkendes Kriterium anzusehen. Lange Lagerzeiten bedingen keine Erhöhung der Merkmalszahl bzw. der betroffenen Bauteilfläche, sondern vielmehr eine Verstärkung und Zusammenfassung zu wenigen Merkmalen.

Die Betrachtung der Lagerungs- und Transportbedingungen sowie die Materialanalyse stellen eine Detailbetrachtung auf der Basis der theoretischen und statistischen Prozessbetrachtung dar, welche ein tieferes Prozessverständnis ermöglicht.

5.5 Zusammenfassung der Prozessanalyse

Die im Rahmen der Arbeit angewandten Analysetechniken lassen sich unterschiedlich charakterisieren. So stellt die theoretische Analyse eine sehr gute Option dar, um einen neuen Fertigungsprozess bereits vor Produktionsbeginn ohne den Einsatz teurer Versuchsmaterialen, sondern lediglich durch einen moderaten Zeit- und Personalaufwand zu bewerten. Als Ergebnis erhält man eine Übersicht des Fertigungsprozesses dessen Informationsgehalt anhand der gewählten Stufenanzahl und Detailmatrizes gesteuert werden kann. Dementgegen zeichnet sich der statistische Ansatz durch seine Nähe zum realen Fertigungsprozess sowie den spezifischen Bezug zur jeweiligen Fertigungsanlage und den zu produzierenden Bauteilen aus. Es ist jedoch ein erhöhter Aufwand an Zeit, Materialien sowie der zugehörigen Mess- und Anlagentechnik erforderlich. Das Resultat der Auswertung stellt eine erweiterte Prozesskenntnis dar. Es kann zudem gezeigt werden, dass sowohl mit deskriptiven als auch explorativen, insbesondere grafischen, Analysemethoden identische Ergebnisse erzielt werden können. Die Effektivität der im Rahmen der Arbeit entwickelten Vorgehensweise zur Analyse und Bewertung eines Prozesses, kann anhand eines Abgleiches mit realen Prozessdaten bestätigt werden. Mit dem Ziel einer ressourceneffizienten und kosteneinsparende Prozessanalyse, wie sie z. B. zu Beginn der Industrialisierungsphase sinnvoll ist, lässt sich die dargestellte Methode auch auf andere Prozesse anwenden.

Die erarbeiteten Prozesszusammenhänge und Wechselwirkungen werden, begonnen am Anfang der Prozesskette, durch Betrachtung der Stackqualität als Eingangsgröße des Nasspressverfahrens weiter vertieft. Mit Prüfmethoden zur Bestimmung der Haftkräfte zwischen den Einzellagen eines Stacks, ist ein Verfahren identifiziert, welches den Einfluss der Lager- und Transportbedingungen auf die Drapierbarkeit des Faserhalbzeugs durch Kennzahlen zu quantifiziert. Das umfangreiche Versuchsprogramm ermöglicht zudem den Abgleich zwischen zeit- und temperaturabhängigen Materialkennwerten und den Bauteilinformationen der analysierten Referenzgeometrie.

Die erkannten Zusammenhänge und Wechselwirkungen werden im Rahmen anlagentechnischer Prozessverbesserungsmaßnahmen angewandt um einerseits den Ausschussanteil zu reduzieren bzw. zu minimieren. Weiterhin gilt es den Prozess zu stabilisieren und zu befähigen, um die Langzeitqualität der Bauteile sicher zu stellen. Die Resultate aus beiden Ansätzen werden während der Industrialisierungsphase genutzt, um eine schrittweise Prozessverbesserung zu bewirken und weiterführend den Ressourceneinsatz für die Befähigung zukünftiger Prozesse zu reduzieren.

6 Anlagentechnische Prozessverbesserung

Die im Rahmen der Arbeit identifizierten Einflüsse der Prozessparameter und Randbedingungen auf die Bauteilqualität und Merkmalsentstehung sowie die Wechselwirkungen der Parameter werden im Anschluss als Basis für Prozessverbesserungsmaßnahmen herangezogen. Hierzu sind zunächst alle Änderungen an der Pressensteuerung und den zugehörigen Prozessparametern zu zählen. Dazu gehört auch die Kenntnis der Abläufe im Inneren der Werkzeugkavität, wie sie mit innovativen Simulationsmodellen dargestellt werden kann. Aus diesem Grund wird neben ausgewählten Verbesserungsmaßnahmen an der Fertigungsanlage im folgenden Abschnitt auch die materialspezifische Verbesserung eines bestehenden Simulationsmodells dargestellt.

6.1 Verbesserungsmaßnahmen an der Fertigungsanlage

Die Verbesserung der Fertigungsanlage umfasst direkte Maßnahmen, welche als Reaktion auf Prozessabweichungen angewandt werden. Weiterführend können die gewonnenen Prozesskenntnisse auch für die Auslegung neuer Fertigungsanlagen verwendet werden, um präventiv Prozessschwankungen und die Entstehung von Merkmalen vorzubeugen. Voraussetzung hierfür ist einerseits die Integration entsprechender Messtechnik zum Ermöglichen einer Prozessüberwachung und andererseits die anlagenspezifische Detailanalyse des Gesamtprozesses.

6.1.1 Reaktive Maßnahmen

Im Rahmen der Arbeit wird das Nasspressverfahren mittels verschiedener Analyseansätze betrachtet. Neben den Wechselwirkungen und Zusammenhängen sind die festgestellte fehlende Fähigkeit und Stabilität des Prozesses wichtige Kriterien, die es durch anlagentechnische Verbesserungsmaßnahmen herzustellen gilt. Die Reproduzierbarkeit der Bauteilqualität ist eine essenzielle Voraussetzung, um die Wirksamkeit umgesetzter Prozessveränderungen beurteilen zu können. Mögliche Einflussgrößen sind dabei nicht ausschließlich an der Fertigungsanlage selbst zu finden, sondern auch bei den Eingangsmaterialien und den Umgebungsbedingungen zu sehen (Abbildung 87).

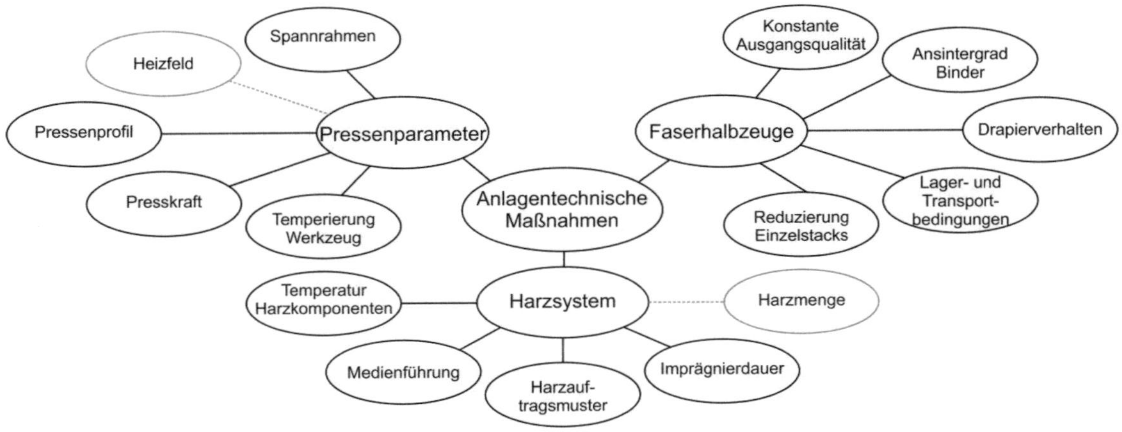

Abbildung 87: Gesamtübersicht Prozessverbesserungsmaßnahmen

So können in Zusammenarbeit mit Technologen, auf der Grundlage der Prozessanalyse und Materialuntersuchungen, Maßnahmen definiert werden, um Störgrößen, die auf den Fertigungsprozess einwirken zu vermindern.

Faserhalbzeuge

Beginnt man die Betrachtung bei den Ausgangsmaterialien, so ist die Konstanz der Faserhalbzeuge als erster Schwerpunkt anzusehen. Ein wichtiger Faktor ist die Beschnittgenauigkeit, welche z. B. durch abweichende Abmessungen oder ausgefranste Ränder des Stacks den Fertigungsablauf des Nasspressverfahrens beeinflussen können, da die Positionierung der Faserhalbzeuge nicht wiederholgenau umgesetzt werden kann. Hierzu gehört auch die Positioniergenauigkeit auf den Stackhaltern, welche für die automatisierte Stackentnahme an der Fertigungsanlage relevant ist. Ein weiterer Punkt ist ein gleichmäßiger Binderauftrag, der durch eine stabil arbeitende Dosiervorrichtung, mit dem Ziel Binderanhäufungen zu verringern, sichergestellt werden muss. Hinzu kommt das Ansintern des Binders auf der Oberfläche. Durch ein stärkeres Ansintern des Binders wird eine Verbesserung in Bezug auf das Anhaften der Stacklagen erzielt. Durch das Aufschmelzen des Binders bei höheren Temperaturen von 170 [°C] anstelle von 150 [°C] sinkt dieser tiefer ins Material, sodass die Kontaktfläche zu anliegenden Lagen verringert wird und bildet außerdem abgeflachte Tröpfchen, welche sich weniger in anliegenden Rovings verhaken können. Da das Anhaften insbesondere in Kombination mit der Lager- und Transportdauer der Stacks zu einem relevanten Faktor wird, gilt es ein bauteil- und jahreszeitenabhängiges Verarbeitungsdatum zu definieren. Dieses muss entsprechend den Ergebnissen der Prozessanalyse vor allem bei Bauteilen mit anspruchsvoller Geometrie und in der warmen Jahreszeit im Bereich von zwei Wochen nach der Stackherstellung liegen. Im Falle unkritischer, flächiger Bauteile bzw. in den Wintermonaten ist eine Ausdehnung des

Verarbeitungszeitraumes auf bis zu vier Wochen denkbar. Der Einfluss der Materialveränderung bei längerer Lagerung bzgl. der Entstehung von Trockenstellen kann im Rahmen der Betrachtung ebenfalls erkannt werden (Abbildung 88).

Abbildung 88: Vergleich Stackverhalten Neuware (li.) und gelagerter Stack (re.)

So passt sich ein zu lang gelagerter Stack aufgrund seiner Steifigkeit der Kavität in einem geringeren Maße an und liegt vielmehr auf ihr auf, was im Vergleich zu einem beweglichen Stack zu einer abweichenden Harzverteilung und somit zur Entstehung von Trockenstellen führt. [73]

Harzsystem

Gleichermaßen gilt es die Randbedingungen und Eigenschaften des Harzsystems konstant zu halten. Hierzu gehören z. B. die Temperaturen beider Komponenten des Harzsystems. Entsprechend der deskriptiven Statistikauswertung wird die Harz- und Härtertemperatur derart gesteuert, dass die Edukttemperatur in einem definierten Prozessfenster gehalten wird. Die Zu- und Abschaltung des Thermostats erfolgt beim Unter- bzw. Überschreiten des eingestellten Temperaturfensters. Im Rahmen der grafischen Auswertung kann daher abschnittsweise ein trendartiger Abfall der Temperatur mit einem folgenden aufwärtsgerichteten Temperatursprung beobachtet werden. Da sich die Temperatur des Harzsystems einerseits auf das Reaktionsverhalten und andererseits auf die Viskosität des Materials auswirkt, gilt es diesen Faktor konstant zu halten. Da Temperaturen im oberen Drittel der Solltemperaturbereiches als günstiger Prozessbereich auffallen, soll durch Verengung des Temperaturfensters und die Isolierung der Komponentenzuleitungen zum einen ein schnelleres Eingreifen der Anlagensteuerung beim unerwünschten Absinken der Temperatur bewirkt und zum anderen der Energieverlust über die Zuleitungen verringert werden. Im Rahmen von Maßnahmen zur Verbesserung des Imprägnierverhaltens, welche durch eine Temperatursteigerung der Harzkomponente auf 60 [°C] bis 65 [°C] erreicht wird, erweist sich die Isolierung als besonders effizient. Die höhere Harztemperatur bedingt ein schnelleres Reaktionsverhalten, das kürzere Zykluszeiten ermöglicht. Gleichermaßen gilt jedoch zu beachten, dass aufgrund der niedrigeren Viskosität ein schnelleres Durchtränken des Faserhalbzeugs gegeben ist. Diese Tatsache kann durch Reduzierung der Einzelstacks, aus denen das Bauteil kombiniert wird, genutzt werden. Somit ist es einerseits möglich, die

Taktzeit aufgrund einer schnelleren Harzreaktion zu verkürzen und andererseits einen bzw. mehrere Harzauftragsvorgänge einzusparen. Beim Wegfall eines Harzauftrags muss das Auftragsmuster und die lokale Auftragsmenge bzw. die Vorschubgeschwindigkeit entsprechend angepasst werden. So ist bei geteilten Stacks ein doppelter Harzauftrag in bzgl. Trockenstellen kritischen Bereichen sinnvoll. Entfällt dieser Schritt muss er z. B. durch die Möglichkeit einer längeren Infiltrierzeit bzw. eine Erhöhung der Harzmenge kompensiert werden. Daraus ergeben sich bauteilspezifische Auftragsmuster, in der auch die Art der Kavität berücksichtigt werden muss. Insbesondere bei Mehrfachkavitäten stellt die Steuerung des Harzauftrags eine Herausforderung dar, da im schlimmsten Fall das Harz auf dem ersten Stack bereits zu reagieren beginnt, während beim letzten Stack noch appliziert wird. Nicht zuletzt stellt die Geometrie des Werkzeugs einen weiteren Faktor für den Harzauftrag dar, da z. B. bei einer geneigten Kavität Harz, welches noch auf der Stackoberfläche liegt verläuft (Abbildung 89).

Abbildung 89: Verlauf der Fließfront (weiß) bei Neuware (li.) und gelagerten Stacks (re.)

Insbesondere bei zu lang gelagerten Stacks werden verstärkt Trockenstellen beobachtet. Da aufgrund der geringen Anpassung an die Kavität ein anderer Harzverlauf zu erkennen ist, als bei Neuwarematerial, besteht die Möglichkeit, dass nicht alle Bereiche im Werkzeug durchtränkt werden. Weitere Schritte zur Verbesserung des Infiltrierverhaltens werden z. B. durch Erhöhung der Harzmenge oder die Temperierung der Stacks in einem Heizfeld umgesetzt, sind jedoch nicht zielführend, da durch die Steigerung der Harzmenge ein Überschuss im Werkzeug vorliegt, welcher aus der Presse gedrückt wird und zu starken Verschmutzungen des Werkzeuges führt und ein Temperieren der Stacks ein zu schnelles Durchtränken dieser bewirkt.

Pressen- und Werkzeugparameter

Eine Kenngröße, welche mit dem Harzsystem in Wechselwirkung steht ist die Temperatur der Werkzeuge. Diese beeinflusst einerseits das Reaktionsverhalten des Harzsystems, wird gleichermaßen aber aufgrund der Exothermie der Reaktion verändert. Um im Serienprozess bei geringen Zykluszeiten eine kontinuierliche Erhöhung der Werkzeugtemperatur zu verhindern, wird die Temperatursteuerung der Werkzeuge derart angepasst, dass der

Rücklauf des Öl-Temperier-Kreislaufes mit dem Zulauf gemischt wird, um überschüssige Energie aus dem Werkzeug abzuführen und die Temperatur in diesem konstant zu halten. Neben einer Erhöhung der Temperatur aufgrund des Harzsystems ist auch ein Abkühlen der Werkzeugoberfläche z. B. aufgrund von Fertigungsunterbrechungen bei geöffnetem Werkzeug oder Zugluft durch eines geöffnetes Hallentor im Winter, kritisch für den Fertigungsprozess. Aus diesem Grund gilt es stets sicherzustellen, dass die notwendigen Werkzeugtemperaturen vor Wiederaufnahme der Fertigung erreicht sind und das Werkzeug während des Aufheizens und bei Fertigungsunterbrechung abgedeckt wird.

Neben den Werkzeugtemperaturen gibt es auch am Pressvorgang selbst ein Verbesserungspotenzial. So wird im Rahmen der anlagentechnischen Maßnahmen die Steuerung der Presse von einer Wegsteuerung auf eine Druck- bzw. Kraftsteuerung der Presse umgestellt. Dazu wird die Presskraft elektronisch durch Bestimmung der materialbedingten Gegenkraft geregelt. Es kann einerseits eine Maximalkraft eingestellt werden, welche nicht überschritten werden darf, um auf diese Weise die Pressenhardware vor Verschleiß zu schützen. Andererseits kann über ein elektronisches Proportionalventil eine progressive Druckkurve gefahren werden und so ein bauteilspezifisches Pressenprofil erstellt werden. Hierdurch kann die Entstehung von Merkmalen, welche auf der Drapierung des Faserhalbzeugs beruhen, vermindert werden.

Weitere Maßnahmen zur Verbesserung des Drapierverhaltens beruhten auf der Anpassung der eingesetzten Spannrahmen. So werden die in den Spannrahmen integrierten Pneumatikzylinder durch eine warmfeste Ausführung getauscht, welche auch bei höheren Werkzeugtemperaturen die Umsetzung konstanter Spannkräfte ermöglichen. Weiterhin folgt ein Ersetzen der zunächst verwendeten stumpfen Spannrahmenelemente durch Elemente mit einer S-Absperrung (Abbildung 90).

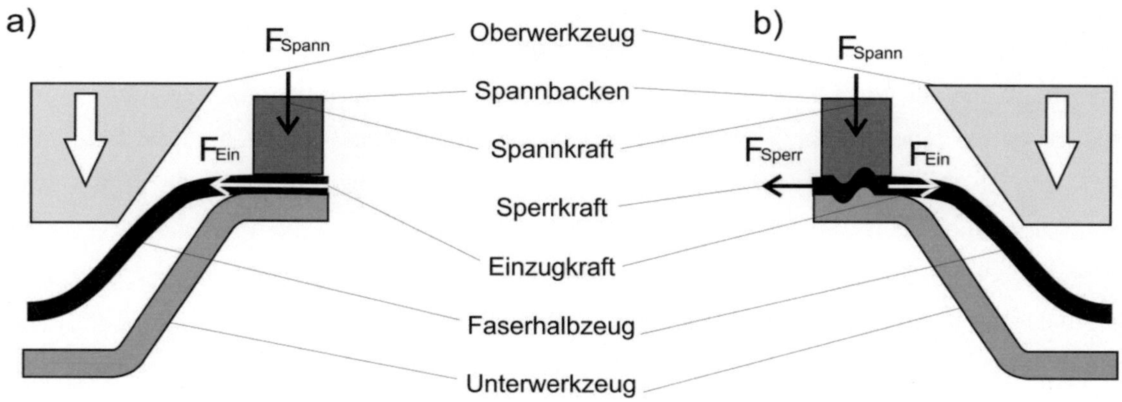

Abbildung 90: Spannrahmenausführung flach a) und mit S-Schlag b)

Durch die zusätzliche Fixierung der Lagen erfolgt ein gleichmäßigerer und reproduzierbarer Materialeinzug, welcher sich positiv auf das Drapierverhalten der Stacks auswirkt. [18; 102]

Die dargestellten Maßnahmen werden reaktiv aufgrund konkreter Prozessstörungen oder Qualitätsdefiziten umgesetzt. Für die Planung neuer Fertigungsanlagen gilt es neben den Erfahrungen, welche im Rahmen der Arbeit gesammelt werden, auch präventive Maßnahmen umzusetzen, welche eine schnellere Reaktion auf auftretende Prozessherausforderungen ermöglicht.

6.1.2 Präventive Maßnahmen

Bei der Planung neuer Fertigungsanlagen ist es zweckmäßig, Erfahrungen aus vorangegangenen Projekten in Form von Präventivmaßnahmen anzuwenden. In Bezug auf die Fertigungsanlage stehen besonders die verwendete Messtechnik, die Aufzeichnung und der Umgang mit Qualitätsdaten sowie die spezifischen Eigenheiten der Fertigungsanlage und der eingesetzten Ausgangsmaterialien im Vordergrund. Ziel der präventiven Maßnahmen ist es, einen gut überwachbaren Prozess fahren zu können und die gewonnenen Prozessdaten zur Analyse und Auswertung im Falle von Prozessveränderungen schnell verfügbar zu machen.

Datenerfassung

Die messtechnische Ausstattung einer Fertigungsanlage erfordert ein großes Maß an Planungsaufwand, da ein nachträgliches Aufrüsten sehr kostenintensiv bzw. in einigen Fällen unmöglich sein kann, wenn keine kompatiblen Messsysteme verfügbar sind. Der Vorteil einer vorangegangenen theoretischen Analyse besteht darin, dass die Messtechnik für qualitätsrelevante Kennwerte bereits bei der Planung der Fertigungsanlage bzw. auch der Werkzeuge vorgesehen werden kann. Hierzu gehört auch das Festsetzen eines Layouts, das bestimmt, in welcher Form die Daten aufgezeichnet und gesammelt werden. Grund hierfür ist die aufwendige Datenpräparation, welche für die statistische Analyse notwendig ist. So ist für die Auswertung der Daten die Zuordnung z. B ID-Label oder eine Bauteilnummer ein essenzielles Kriterium. Dies setzt voraus, dass die Messtechnik an jeder Station, an der Daten aufgezeichnet werden z. B. mit einem Barcodescanner gekoppelt werden kann, um die daraufhin ermittelten Daten direkt mit der Bauteil-ID zu koppeln. Eine Verknüpfung über das Datum und die Bearbeitungszeit ist deutlich aufwendiger, da insbesondere bei Störungen im Fertigungsablauf ein Datenabgleich erschwert wird. Anhand der theoretischen und statistischen Analyse wird ein Datenpaket zusammengestellt, welches alle Parameter, die als relevant bewerteten werden, enthält (Abbildung 91).

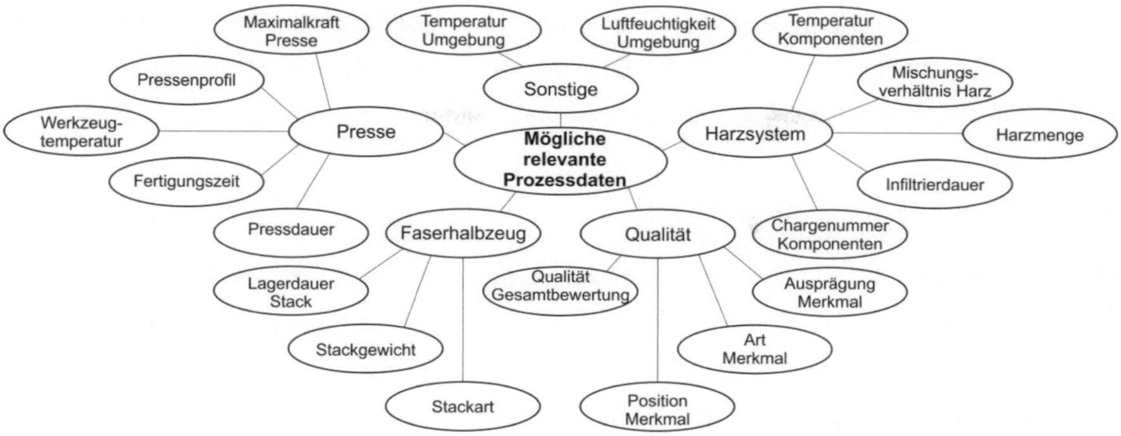

Abbildung 91: Übersicht Datenpaket relevante Prozessgrößen

Für eine automatisierte Auswertung und Analyse der Daten, ist es weiterführend wichtig, das Format bzw. auch die Genauigkeit der Messwerte zu bestimmen. Das Format richtet sich vorrangig nach der verwendeten Analysesoftware. Obwohl sich diese Informationen auch nach der Datenaufzeichnung noch anpassen lassen, stellt die direkte Aufzeichnung im geeigneten Format die bessere Option dar. Dies gilt z. B. für die Verwendung von „Timestamps", welche Datum und Uhrzeit kombinieren und nicht mit allen Auswertetools kompatibel sind. Neben dem Format ist auch die Genauigkeit der Daten ein wichtiges Kriterium. So ist es nicht sinnvoll z. B. die Presskraft mit fünf Dezimalstellen aufzuzeichnen, wenn sich diese in Größenordnungen oberhalb von 1000 [N] bewegt. Durch Verwendung ausreichend genauer, nicht überdimensionierter Messtechnik lassen sich bereits bei der Beschaffung der Sensoren Kosten sparen.

Die Aufzeichnung der Merkmalsarten und Positionen, welche dem Fertigungsprozess nachgestellt ist, stellt ebenfalls eine Herausforderung dar. Werden diese Daten durch einen Qualitätsbeauftragten manuell integriert, so gibt es aufgrund der verschiedener Schreibweisen, sehr viele Varianten, welche in einer automatisierten Auswertung zu falschen Ergebnissen führen. Diese Unterschiede wie Groß- und Kleinschreibung bzw. gesetzte oder fehlende Punkte und Leerzeichen müssen vor der Auswertung standardisiert werden. Eine bessere Option ist die Verwendung einer Eingabemaske an den einzelnen Fertigungsstationen, welche lediglich korrekte Einträge zulässt oder diese über eine Drop-Down-Liste zur Verfügung stellt. Kombiniert mit einer Grafik beider Bauteilseiten auf der durch Anklicken bzw. Anwählen die Position des Merkmales gesetzt werden kann, lässt diese Variante zudem ein feineres Positionsnetz für die Lokalisierung der Merkmale zu, welches eine genauere Zuordnung der Merkmale zu den geometrischen Bedingungen ermöglicht, ohne einen Mehraufwand bei der Auswertung zu erzeugen.

Neben der Auswahl der benötigten Parameter und Qualitätsdaten gilt es weiterhin zu definieren, in welcher Form die Daten für folgende Auswertung zur Verfügung stehen und welche Informationen aus diesen gezogen werden sollen.

Automatisierte Prozessüberwachung

Die automatisierte Prozessüberwachung soll durch integriertes Prozessdatenmanagement (IPM) umgesetzt werden. Diese Form des Datenmanagements bietet vielfältige Varianten der Datenerfassung z. B. die Aufzeichnung statischer Daten oder Verlaufskurven eines Parameters über den Fertigungszeitraum. Hinzu kommen verschiedene Möglichkeiten der Datennutzung wie beispielsweise das automatisierte Erstellen von Regelkarten oder das Erzeugen von Fehlermeldungen und Warnhinweisen beim Übertreten von Prozessgrenzen (Abbildung 92). [36]

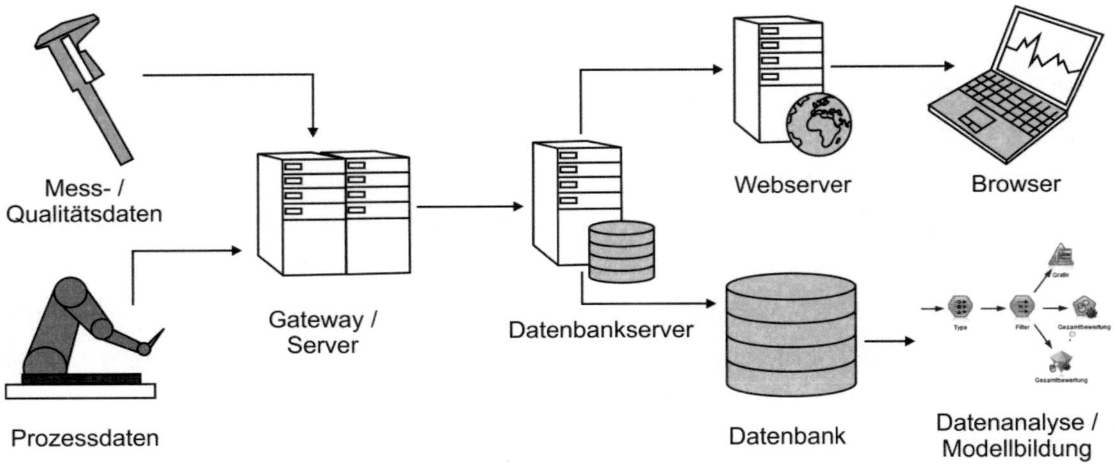

Abbildung 92: Umsetzung IPM für Nasspressverfahren

Für die Prozessüberwachung werden die, von der Anlage zur Verfügung gestellten, Daten über ein Gateway konvertiert, sodass diese in geeigneter Form in der Datenbank abgelegt werden können. Hinzu kommen die Qualitätsdaten, welche separat aufgezeichnet werden. Nach Kombination der Datensätze können diese z. B. für weiterführende Analysen oder Modellbildung mittels SPSS® Modeler verarbeitet werden. Eine Alternative stellt die Bereitstellung der Daten in einer Browseroberfläche dar, in der z. B. Qualitätsberichte oder grafische Analysen ausgegeben werden können.

Es muss berücksichtigt werden, dass sowohl die Aufzeichnung, Verarbeitung, Sicherung bzw. Archivierung sowie Analysewerkzeuge und alle damit verbundenen IT-Systeme Kosten verursachen. Es gilt daher die Anzahl der berücksichtigten Parameter und den Umfang der aufzuzeichnenden Datensätze gering zu halten, um die Kosten für die Implementierung des

Systems gering zu halten, ohne dessen Effizienz einzuschränken. Daher ist es wichtig nur relevante Kennwerte einzubeziehen bzw. vorab die Parameter und Kennzahlen zu priorisieren (Abbildung 93).

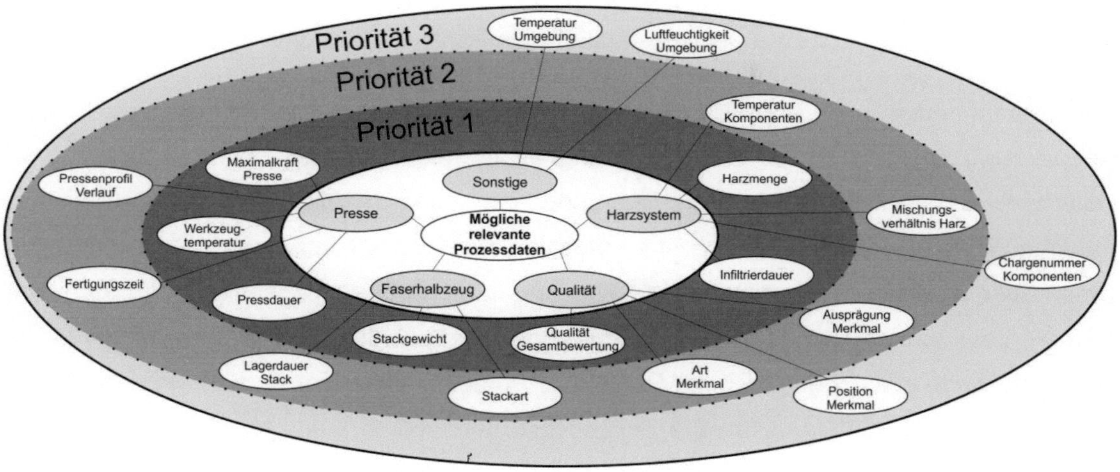

Abbildung 93: Gesamtübersicht relevanter Parameter inkl. Priorisierung

Die so in einer Datenbank zusammengestellten Daten können mittels der im Rahmen dieser Arbeit identifizierten Analysewerkzeuge im SPSS® Modeler wie z. B. dem C-RT-Fehlerbaum bewertet werden, um die spezifischen Eigenheiten der jeweiligen Fertigungsanlage und des zugehörenden Messsystems zu identifizieren. Zudem ermöglichen umfangreichere Datensätze eine detaillierte Auswertung von Versuchen während des Prozessanlaufes. Die Ausgabe von Berichten bedingt insbesondere im laufenden Serienprozess eine Reduktion des Zeitaufwandes für die Prozessüberwachung.

Im Rahmen der Arbeit kann mittels der reaktiven Prozessverbesserungsmaßnahmen der Nasspressprozess verbessert werden. Die präventiven Maßnahmen zeigen eine Möglichkeit zur Ausstattung neuer Fertigungsanlagen auf, um die Stabilität und Fähigkeit des Prozesses beginnend mit dem ersten Bauteil überwachen zu können und eine schnelle Reaktion auf Prozessveränderungen zu ermöglichen.

6.1.3 Effizienzbewertung der Maßnahmen

Durch die Anwendung von Prozessverbesserungsmaßnahmen kann im betrachteten Zeitraum von viereinhalb Monaten der Ausschuss bauteilabhängig um bis zu 30 [%] gesenkt und somit der Prozess in Richtung Serientauglichkeit bewegt werden. Die Reduzierung des Ausschusses bringt zudem eine Kostenreduzierung aufgrund der Materialeinsparung und der verringerten Pressenbelegung mit sich. Ein weiterer Beitragt zur Effizienz des Fertigungsverfahrens wird durch Erhöhung der Harztemperatur und der damit verbundenen, bauteilabhängigen Zykluszeitreduzierung von 20 bis 70 [s] geleistet, welche als essenziell für die Serienreife des Prozesses anzusehen ist. Hinzu kommt eine Verringerung des Energieaufwandes durch Isolierung der Medienleitungen und bei der Werkzeugtemperierung. Der Verschleiß der Presse wird durch Begrenzung des maximalen Presskraft und der damit geringeren Krafteinwirkung auf die Pressenhardware reduziert. [17; 98]

Die Zusammenstellung und Priorisierung relevanter Prozessgrößen ermöglicht eine Reduzierung der Kosten für die Umsetzung einer automatisierten Prozessanalyse bzw. Datenverwaltung und der damit verbundenen messtechnischen Umsetzung der Fertigungsanlage. Auf diese Weise ist es möglich, zur Kosteneinsparung die Ausleitung von Daten auf ein Minimum zu verringern. Gleichzeitig kann die Fertigungsanlage derart geplant werden, dass entsprechende Messtechnikpositionen vorgehalten und falls notwendig in die Datenerfassung einbezogen werden. Präventive Prozessverbesserungsmaßnahmen werden eingesetzt, um die Fertigungsanlage bestmöglich überwachen und gezielt und schnell auf unvorhergesehene Prozessabweichungen reagieren zu können.

Die Anwendung von Simulationsmodellen stellt eine sinnvolle Ergänzung dar, um neben den Fertigungsparametern die Vorgänge, welche innerhalb des Pressenwerkzeuges ablaufen zu betrachten.

6.2 Verbesserung des Simulationsmodells

Entsprechend des Standes der Technik gibt es derzeit keinen Simulationsansatz, welcher das Nasspressverfahren in seiner Gesamtheit abbildet. Neben dem Drapieren im Werkzeug und dem zugehörigen Materialverhalten gehört hierzu auch der Imprägniervorgang, der sich aufgrund des externen Harzauftrags völlig von existierenden Fließsimulationen z. B. für das RTM-Verfahren unterscheidet. Anhand der im Rahmen der Arbeit ermittelten Materialkennwerte von gelagerten Stacks soll der Einfluss der Dauer und Lagerbedingungen auf das Materialverhalten in ein bestehendes Simulationsmodell integriert und anhand von Referenzbauteilen verifiziert werden. Für den Einfluss der Lagerbedingungen wird vereinfachend der Umformvorgang beim Nasspressen mittels einer Finite Elemente (FE) Drapiersimulation nachgebildet. Der Imprägniervorgang kann vernachlässigt werden.

6.2.1 Integration der Materialkennwerte

Für das Simulationsmodell wird die Software PAM-Form 2G V2013.0 eingesetzt, welche die Umformvorgänge von Verbundmaterialien darstellen kann. Als Ausgangspunkt für die Verbesserung des Simulationsmodells wird eine Drapiersimulation verwendet, welche den Drapiervorgang beim Herstellen von Preforms abbildet.

Vorgehensweise bestehendes Modell

Für die Umsetzung der Drapiersimulation werden Geometriedaten des Ober- und Unterwerkzeuges zunächst separat in PAM Form geladen, um einen Import mit zusammenliegenden Flächen zu vermeiden. Die Erstellung des Modells mit den zugehörigen Material- und Randbedingungen sowie der Vernetzung des Modells geschieht in der Benutzeroberfläche von PAM Form. Es wird ein automatischer Vernetzungsalgorithmus für die Werkzeuggeometrie gewählt. Auf diese Weise kann in kritischen Bereichen mit starker Umformung eine gute Genauigkeit erzielt werden, ohne dass die Berechnungszeit zu stark erhöht wird. Im nächsten Schritt wird zum Werkzeug das Faserhalbzeug importiert. Dieses besteht entsprechend des zu testenden Lagenaufbaus (vgl. Abbildung 76) aus sieben Gelegelagen. Diese Lagen werden mit 5 [mm] Kantenlänge vernetzt, wobei die Faserorientierung entlang der Elementkanten liegt. Befinden sich die Einzellagen direkt übereinander, müssen diese vor dem nächsten Schritt separiert werden. Anschließend erfolgt die Zuordnung des Materialverhaltens bzw. der Eigenschaften. Im Modell wird das Verhalten des Werkzeugs als unendlich steif angesehen und als Starrkörper definiert. Für die Parameter des Faserhalbzeugs werden aus der Materialdatenbank Trockenmaterialdaten geladen. Das Materialmodell setzt sich aus den Elastizitätsmoduln wie der Steifigkeit, dem Biegemodul und dem Druck- bzw. Zugverhalten des Materials zusammen. Hinzu kommt das Scherverhalten, welches beispielsweise über den Picture Frame Versuch bestimmt werden kann oder ggf. die Viskosität sofern ein Thermoplastmaterial verwendet wird. Zusätzlich können Informationen wie z. B. ein Reibungskoeffizient von 0,2 beim Kontakt zwischen Werkzeug und Faserhalbzeug angegeben werden. Neben den Eigenschaften der Gelege wird auch die Dicke der einzelnen Lagen definiert. Lagen mit 300 [g/m²] wird eine Dicke von 0,3 [mm] zugeordnet und Lagen mit einem Flächengewicht von 150 [g/m²] eine Dicke von 0,2 [mm]. Neben den Materialeigenschaften sind zusätzlich Randbedingungen vorgegeben. So wird das Unterwerkzeug im Koordinatensystem fixiert, um eine Translation oder Rotation zu vermeiden. Dem Oberwerkzeug und zusätzlichen Werkzeugkomponenten wie z. B. Spannrahmen wird eine Bewegung in Z-Richtung ermöglicht.

Für das Faserhalbzeug wird zudem definiert, dass die einzelnen Lagen sich nicht durchdringen dürfen. Die Größe des Stacks wird zur Reduktion des Rechenaufwandes im Modell auf ein Mindestmaß reduziert (Abbildung 94).

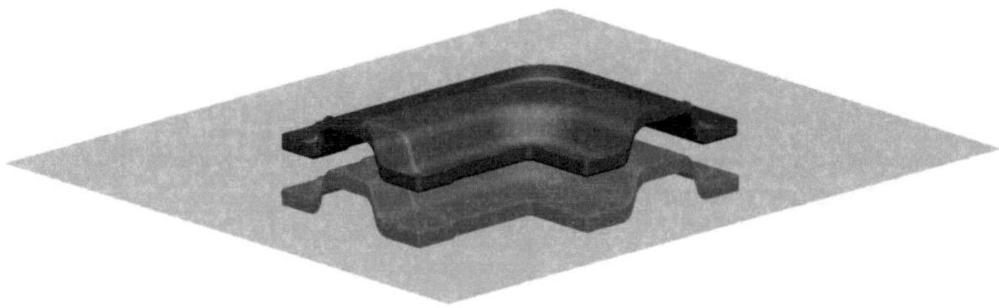

Abbildung 94: Darstellung Werk- und Halbzeugmodell vor Simulationsstart [41]

Im letzten Schritt gilt es die Beschleunigung und Geschwindigkeit der Werkzeugbewegung in Z-Richtung zu definieren sowie die Start- und Endbedingungen festzulegen. Die Geschwindigkeit des Werkzeuges wird im Vergleich zum realen Prozess um den Faktor 5000 höher gewählt, sodass die Berechnung auf eine endliche Zeit begrenzt wird, ohne die reale Dynamik zu verfälschen. Um den Simulationsablauf im Anschluss nachvollziehen zu können, wird zudem vorgegeben bei welchen Entfernungen zum Unterwerkzeug Zwischenschritte ausgegeben werden sollen. Es sind hierfür Abstände von 150, 120, 100, 80, 60, 40, 30, 21, 10, 5 und 0,5 [mm] vorgesehen (Abbildung 95).

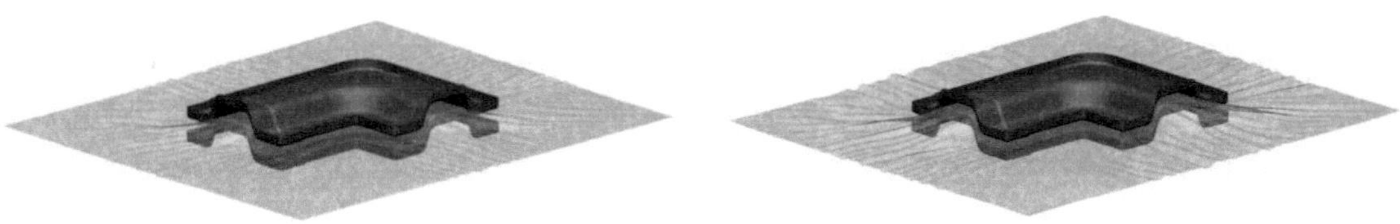

Abbildung 95: Zwischenschritt bei 20 [mm] (li.) und 10 [mm] (re.) [41]

Das so vorbereitete Basismodell dient als Referenz für das Pressen von Neuwarestacks. Für die Simulation des Pressverfahrens unter Verwendung von gelagerten Stacks werden zusätzliche Informationen in das Modell integriert. [14; 40]

Integration des Haftverhaltens

Da die gelagerten Stacks sich im Vergleich von Neuware durch ein starkes Haftverhalten zwischen den Lagen unterscheiden muss dieses in der Simulation berücksichtigt werden. Hierfür werden zwischen den Lagen in einem Netz von 2,5x2,5 [mm] Haftpunkte definiert, wie sie auch für die Abbildung von Schweißpunkten zum besseren Handling der Stacks verwendet werden. Diesen wird anschließend ein entsprechendes Scherverhalten zugeordnet, d bis zu einer definierten Losreißspannung keine Bewegung in horizontaler Richtung zulässt (Abbildung 96).

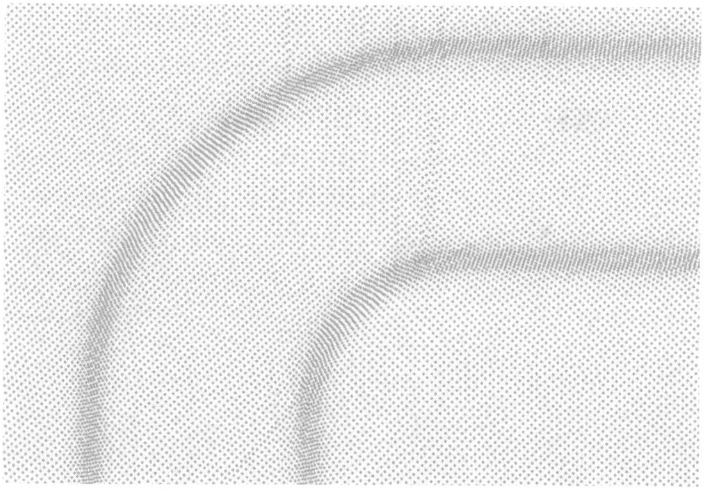

Abbildung 96: Ausschnitt Haftpunktnetz umgeformtes Faserhalbzeug [41]

Die zugeordneten Spannungskurven sind zur Vereinfachung in X- und Y-Richtung gleich und werden auch senkrecht zur den Lagen entsprechend eines Reibungskoeffizienten von 7,0 angepasst, da die Flexibilität der Lagen auch in Z-Richtung bzgl. der Lagenentfernung eingeschränkt ist. [14; 40]

Das Ausgangsmodell sowie das Modell, welches die Haftkräfte zwischen den Lagen berücksichtig, wird anschließend auf die Referenzgeometrie (L-Profil) angewendet, um das Modell zu verifizieren.

6.2.2 Verifizierung des Modells

Die Verifizierung des Modells erfolgt an einer L-Profil-Referenzgeometrie. Es werden jeweilig die einzelnen Materialausrichtungen aus der Simulation mit einer Trockenpressung verglichen. Im Vordergrund steht die Belastung des Materials in Bezug auf Stauchung und Dehnung sowie die Materialkompression. Zusätzlich kann der Scherwinkel bestimmt werden, welcher während der Simulation auftritt.

Für die Bewertung des L-Profils werden bewusst Haftkräfte dargestellt, welche nah an den Extrema der Materialkennwertermittlung liegen, also im Bereich von 7,0. Hierfür werden als Vergleichspressungen die Stacks nach zwei Wochen Lagerung herangezogen. Für die Darstellung der Neuware wird das bisher etablierte Simulationsmodell angewandt, welches die Haftkräfte zwischen den Materialien nicht einbezieht.

Betrachte man die Materialien (Anhang 32), so zeigt sich in der Simulation des Neuwarematerials in den +45°-Lagen eine deutliche Dehnung in Faserrichtung, welche insbesondere im Radienbereich wirkt. Weiterhin wird das Material quer zur Faser auseinandergestreckt. Der Scherwinkel, in dem das Faserhalbzeug nach der Drapierung vorliegt ist vergleichsweise gering. Am Referenzbauteil äußern sich diese als Welligkeiten und Locken sowie Querfalten mit einer Ausprägung bis zu K3. Die Erhöhung der Merkmalsausprägung nach zweiwöchiger Lagerung auf K4 ist im Simulationsmodell als betragsmäßige Erhöhung der Stauchung, Kompression und des Scherwinkels zu erkennen. Gleiches gilt für die Quer- bzw. Längsfalten im -45°-Gelege (Abbildung 97).

a) **Neuware** **Gelagertes Material**

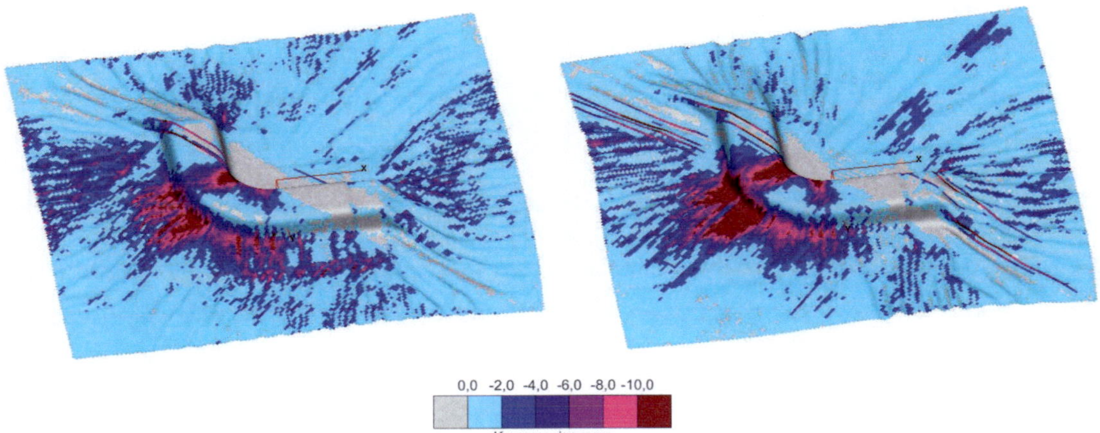

b)

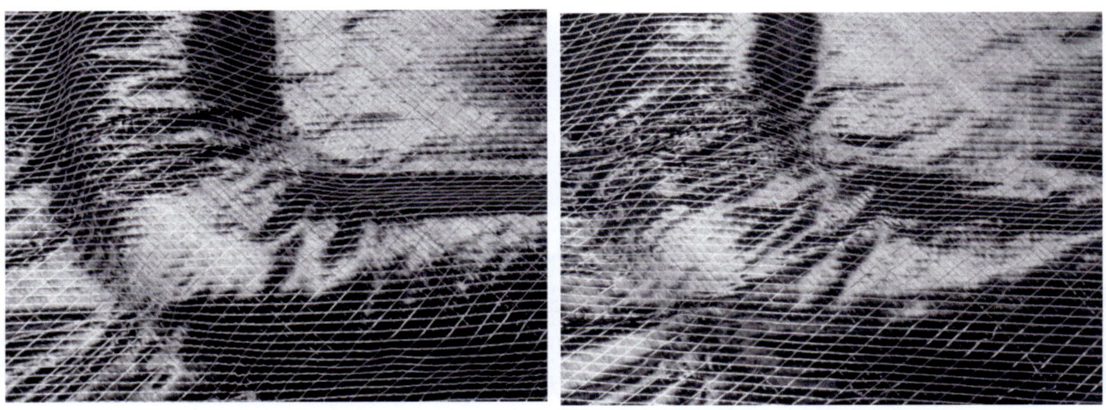

Abbildung 97: Vergleich -45°-Gelege Simulation Kompression a) [41] realer Stack b)

Es ist auffällig, dass die flächige Ausprägung der Merkmale sowohl in Simulation als auch bei den Referenzpressungen reduziert ist und diese in vereinzelter Form mit stärkerer Ausprägung auftreten. In gesteigerter Form ist dies noch bei der 0°-Lage erkennbar, welche in der Simulation mit erhöhten Haftwerten eine Verringerung der betroffenen Merkmalsfläche zeigt und bei der zudem größere Scherwinkel beobachtet werden können.

Nach dem Abgleich des Simulationsmodells mit dem Referenzbauteil, kann eine sehr gute Übereinstimmung der Pressungen aus gelagerten Faserhalbzeugen mit dem modifizierten Modell festgestellt werden.

6.2.3 Bewertung der Anwendbarkeit

Im Rahmen der Arbeit wird ein bestehendes Simulationsmodell für das Drapierverhalten von Faserhalbzeugen sowie eine Modifikation von diesem überprüft. Die Anwendbarkeit des Ausgangsmodells kann in Bezug auf das Verhalten von Neuwarestacks erneut bewiesen werden und dient als Vergleichsbasis für die Darstellung des Haftverhaltens, welches auf dem lagerungs- und transportbedingten Anhaften der Gelegelagen untereinander besteht. Sowohl die Verstärkung der Merkmalsausprägungen in den verschiedenen Gelegeausrichtungen als auch die Verringerung der Merkmalsflächen kann durch Einsetzen der Extrema der ermittelten Haftreibungskoeffizienten abgebildet werden. Eine ergänzende Berechnung von Zwischenstufen zu den ermittelten Materialkennwerten stellt eine weitere Möglichkeit dar den Zusammenhang zwischen Lagerdauer bzw. –bedingungen und dem Drapierverhalten abzubilden.

Sowohl mit der Modifizierung des Simulationsmodells als auch mit den Maßnahmen, welche an der Fertigungsanlage umgesetzt werden, kann eine Verbesserung des Prozesses erzielt werden. Dennoch besteht weiterhin ein breites Spektrum an Forschungs- und Entwicklungsschwerpunkten, welche das Potenzial zur weiteren Verbesserung des Nasspressverfahrens besitzen.

6.3 Zusammenfassung der Prozessverbesserung

Mithilfe der umgesetzten anlagentechnischen Maßnahmen kann eine deutliche Prozessverbesserung erzielt werden. Diese ist primär auf die Reduzierung der Zykluszeiten zurückzuführen, welche ein relevantes Kriterium für die Befähigung des Prozesses für eine Serienfertigung darstellt. Hinzu kommen Energieeinsparungen durch eine effizientere Medienführung und Werkzeugtemperierung sowie die Materialeinsparung, welche durch Verringerung der Ausschussquote bewirkt wird. Durch die Identifizierung eines geeigneten Prozessfensters für die Presskraft ist zudem eine hardwareschonende Pressenführung möglich, welche einen beschleunigten Verschleiß der Fertigungsanlage verhindert. Die im Rahmen der Arbeit zusammengeführten Erkenntnisse dienen zudem als Grundlage für die Umsetzung neuer Fertigungsanlagen, welche ohne die aufzeigten Defizite geplant werden können. Durch die Integration umfangreicher Messsysteme und die Verbesserung des Datenerhebungsprozesses z. B. für Merkmale, wird der Prozess nachvollziehbar gestaltet und eine schnelle Reaktion auf unvorhergesehene Prozessveränderungen ermöglicht. Auch die Erweiterung des bestehenden Simulationsmodells für das Drapierverhalten von Faserhalbzeugen bedingt einen Betrag zur Erzeugung eines transparenten Fertigungsprozesses.

Ein Verbesserungspotenzial in Bezug auf das Simulationsmodell ist in einer detaillierteren Darstellung möglicher Einzelmerkmale und somit in einer Abgrenzung der entsprechenden Bereiche zu sehen. Weiterhin ist in Bezug auf das Anhaften der Faserhalbzeuge zu überdenken, ob der zunächst als Nachteil wahrgenommene Effekt zur Verbesserung des Drapierverhaltens eingesetzt werden kann. Da im Rahmen der Arbeit z. B. eine Eingrenzung der Merkmale durch das Haftverhalten der Stacks beobachtet wird, ist denkbar, dass ein kontrolliertes, lokales Fixieren der Lagen, welches reproduzierbar dargestellt werden kann, zur Reduktion von Falten- und Wellenbildung beiträgt. Dieser Bereich bietet ein breites Spektrum an Forschungsthemen, welche z. B. auch in Kombination mit anlagentechnischen Verbesserungsmaßnahmen eine gezielte Pressensteuerung und Anpassung des Pressenprofils in Abhängigkeit der Eigenschaften des Faserhalbzeugs beinhalten. Voraussetzung hierfür ist zunächst die Darstellbarkeit des Verhaltens von imprägnierten Materialien, welche auch den Einfluss des Harzsystems berücksichtigt und somit realitätsnaher ist.

Auf Basis der umfangreichen Prozessanalyse werden verschiedene Maßnahmen zur anlagentechnischen Verbesserung und in Bezug auf die Simulation des Drapiervorgangs umgesetzt und somit auch ein Beitrag zur Prozessverbesserung geleistet.

7 Zusammenfassung und Ausblick

Im Rahmen der Arbeit kann anhand des Standes der Technik zunächst festgestellt werden, dass die Herstellung von Faserverbundstoffen mittels des Nasspressverfahrens durch eine Vielzahl von Randbedingungen und Prozessgrößen beeinflusst wird. Die Herausforderung bei der Analyse und anlagentechnischen Prozessverbesserung besteht aus diesem Grund darin, die Prozessinformationen in einer übersichtlichen Form darzustellen und auszuwerten.

Für die Betrachtung des Nasspressverfahrens in der frühen Prozessphase und zu Beginn der Industrialisierung, eignet sich für die Zusammenstellung eines Gesamtüberblicks der Zusammenhänge zwischen Bauteilmerkmalen und Prozessgrößen sowie deren Wechselwirkungen eine theoretische Prozessanalyse. Die hierfür angewandte Modifikation des Quality Function Deployments ermöglicht die Umsetzung einer ressourcen- und kostensparenden Analyse zur Bewertung des Gesamtprozesses, welche als Wissensgrundlage für weitere Betrachtungen wie die statistische Auswertung realer Prozessdaten dient. Im Rahmen der Analyse werden verschiedene Methoden der deskriptiven und explorativen Statistik hinsichtlich ihrer Eignung zur Auswertung inhomogener und unvollständiger Datensätze bewertet. Es wird festgestellt, dass nach umfangreicher Datenaufbereitung die Ergebnisse der übersichtlichen und schnell auszuwertenden deskriptiven Analyseansätze die gleichen Resultate wie die anschaulichen Vorgehensweisen der explorativen Statistik liefern. Die Auswertung kann zudem, unterstützt durch die Erkenntnisse aus der theoretischen Analyse, vereinfacht und präzisiert werden. Eine Kombination aus theoretischem und statistischem Analyseansatz bietet daher die Möglichkeit, einen Prozess in der frühen Phase zu analysieren und die bedeutendsten Einflussgrößen zu identifizieren.

Auf der Basis dieser Erkenntnisse werden anlagentechnische Prozessverbesserungsmaßnahmen abgeleitet, welche durch Definition geeigneter Prozessfenster und Randbedingungen sowie Veränderungen an der Fertigungsanlage und Prozessführung einen Beitrag zur Industrialisierung des Prozesses leisten. Hierzu gehören eine deutliche Reduzierung der Zykluszeit und des Ausschusses. Auf diese Weise wird einerseits der Materialaufwand und die damit verbundenen Kosten verringert und weiterführend der Prozess auf ein serientaugliches Niveau gehoben. Für die mess- und anlagentechnische Umsetzung neuer Fertigungsanlagen stellt die aus der Analyse und den Verbesserungsmaßnahmen gewonnene Prozesskenntnis eine sehr gute Grundlage dar. So können die Aufzeichnung und geeignete Anwendungen zur Auswertung der Daten bereits bei der Auslegung der Anlage berücksichtigt und von Beginn an die Fähigkeit und Stabilität des Prozesses überwacht werden.

Um neben der Verbesserung der externen Prozessbedingungen auch einen tieferen Einblick in die Vorgänge zu erhalten, welche innerhalb des Pressenwerkzeuges ablaufen, wird der während der Prozessanalyse identifizierte Schwerpunkt Stackqualität tiefgreifend untersucht. Die aufgrund von Lagerung- und Transport der Faserhalbzeuge auftretenden Materialveränderungen bewirken eine deutliche Veränderung des Drapierverhaltens beim Schließen der Kavität, sodass verstärkt Merkmale wie Welligkeiten und Falten auftreten. Es werden daher Prüfverfahren hinsichtlich ihrer Eignung zur Quantifizierung der Materialveränderungen analysiert bzw. neu entwickelt, um die Charakteristik des Materials zu erfassen. Insbesondere mit Prüfverfahren, welche eine Bewertung der Haftkräfte zwischen den Gelegelagen ermöglichen, können schlüssige Ergebnisse bzgl. der qualitativen Unterschiede der Faserhalbzeuge ermittelt werden.

Aus diesem Grund werden für die Haft- und Gleitreibung verschiedener Gelegekombinationen materialspezifische Reibungskennwerte bestimmt und in ein bestehendes Drapiersimulationsmodell integriert. Durch die Variation der Proben hinsichtlich ihrer Lagerdauer und –temperatur sowie des maximalen Druckes, der auf das Material einwirkt, ist eine Darstellung des Drapierverhaltens von unterschiedlich gelagertem Material auf Simulationsbasis möglich. Das erzeugte Simulationsmodell wird anhand von Trockenpressungen von Referenzbauteilen, welche ohne Harzsystem umgesetzt werden, sowie Nasspressung hinsichtlich der Merkmalsentstehung und insbesondere der Ausprägung von Welligkeiten und Falten verifiziert. Das Simulationsmodell bietet z. B. die Möglichkeit, vor Fertigungsbeginn abzuschätzen, ob eine Verarbeitung von Material, welches über einen längeren Zeitraum gelagert wird, effektiv ist.

Für weiterführende Analysen zum Nasspressverfahren sind insbesondere Betrachtungen zu den zwei ebenfalls im Rahmen der Prozessanalyse identifizierten Schwerpunkten der Verarbeitung des Harzsystems sowie des Pressvorgangs als sinnvoll zu erachten. So kann beispielsweise eine Analyse des Imprägniervorgangs unter Variation der Harzmenge, der Harztemperatur, des Auftragsmusters und der Imprägnierdauer einen Ansatz für einen bauteilspezifischen Harzauftrag mit dem Ziel, den Materialeinsatz zu reduzieren, Trocken- und Fehlstellen zu vermeiden und gleichzeitig einen energieeffizienten Prozess umzusetzen, sein. Gleichermaßen wirken die Pressenparameter auf diesen Vorgang ein, welche mit Fokus auf der Merkmalsreduzierung sowie Schonung der Pressenhardware, betrachtet werden.

Für die Verbesserung des Simulationsmodells besteht ein großes Potenzial in Bezug auf das materialspezifische Verhalten der Faserhalbzeuge. So bietet eine feinere Unterteilung der im Rahmen der Arbeit betrachteten Lagerdauern sowie eine Darstellung feinskalierter Temperaturbereiche das Potenzial der Identifizierung konkreter, jahreszeitenabhängiger

Verarbeitungsgrenzen in Bezug auf die Lagerungs- und Transportbedingungen. Zur Vereinfachung des Prüfablaufs ist die Entwicklung einer Prüfvorrichtung als sinnvoll zu erachten, welche ein leichtes Einspannen der Materialproben ermöglicht und somit das auf Handhabungsfehler zurückzuführende Enthaften der Gelegelagen vor Beginn des Prüfablaufes zu verhindern.

Durch weiterführende Betrachtung z. B. in Hinblick auf den zu beobachtenden Materialfluss des Harzes innerhalb des Faserhalbzeuges, ist gleichermaßen eine Erweiterung des Simulationsmodells, um den Einfluss des Harzsystems denkbar. Dabei wird die Darstellung von Merkmalen, welche auf einem fehlerhaften Imprägniervorgang beruhen, angestrebt. Auf diese Weise besteht die Möglichkeit, den gesamten Fertigungsablauf ohne den Einsatz von Materialien zu bewerten und ggf. durch Variation der Prozessparameter oder beispielsweise des Harzauftragsmusters auch eine Verarbeitung von Stacks nach längerer Lagerdauer zu ermöglichen und somit weitere Kosten- und Ressourceneinsparungen zu bewirken.

Im Rahmen der Arbeit kann gezeigt werden, dass eine theoretische sowie statistische Prozessanalyse bereits in der frühen Phase aussagekräftige Ergebnisse liefern, welche im Folgenden einen Beitrag zur anlagentechnischen Verbesserung der Fertigungsanlage beigesteuert haben. Die dargestellte Vorgehensweise eignet sich weiterführend für die Anwendung auf andere Prozesse, welche es zu Beginn der Industrialisierung zu analysieren gilt. Die Integration des lagerungs- und transportbedingten Materialverhaltens in ein bestehendes Simulationsmodell ermöglicht weiterführend eine ressourcensparende Bewertung des Drapiervorgangs innerhalb der Kavität beim Verpressen von gelagerten Materialien. Auf diese Weise wird ein großer Beitrag zur Serientauglichkeit des Nasspressverfahrens geleistet.

Literaturverzeichnis

[1] Ahmad, Jamal. "5 Conventional Machining of FRPs." In *Machining of Polymer Composites*: Springer, 2009.

[2] Amico, S. und Lekakou, Constantina. "Mathematical Modelling of Capillary Micro-Flow through Woven Fabrics." *Composites Part A: Applied Science and Manufacturing* 31, (12, 2000), S. 1331-1344.

[3] Arnold, Dieter. "4.1 Herausforderungen an die Intralogistik in modernen Distributionszentren." In *Intralogistik: Potentiale, Perspektiven, Prognosen*, S. 101-113: Springer, 2006.

[4] AVK - Industrievereinigung Verstärkte Kunststoffe. "4.1.1 Harze und 4.1.2 Thermoplaste - Polypropylen." In *Handbuch Faserverbundkunststoffe: Grundlagen Verarbeitung Anwendungen*, editiert von AVK - Industrievereinigung Verstärkte Kunststoffe. 3. Auflage, S. 22-102: Vieweg + Teubner, 2010.

[5] AVK - Industrievereinigung Verstärkte Kunststoffe. "4.1.10 Trennmittel." In *Handbuch Faserverbundkunststoffe/Composites: Grundlagen, Verarbeitung, Anwendungen*, editiert von AVK - Industrievereinigung Verstärkte Kunststoffe. 4. Auflage, S. 211-223: Springer Fachmedien Wiesbaden, 2014.

[6] AVK - Industrievereinigung Verstärkte Kunststoffe. "4.1.5.3 Kohlenstoff-Fasern." In *Handbuch Faserverbundkunststoffe: Grundlagen Verarbeitung Anwendungen*, editiert von AVK - Industrievereinigung Verstärkte Kunststoffe. 3. Auflage, S. 139-146: Vieweg + Teubner, 2010.

[7] AVK - Industrievereinigung Verstärkte Kunststoffe. "4.2 Halbzeuge." In *Handbuch Faserverbundkunststoffe: Grundlagen Verarbeitung Anwendungen*, editiert von AVK - Industrievereinigung Verstärkte Kunststoffe. 3. Auflage, S. 223-285: Vieweg + Teubner, 2010.

[8] AVK - Industrievereinigung Verstärkte Kunststoffe. "6 Herstellungsverfahren." In *Handbuch Faserverbundkunststoffe: Grundlagen Verarbeitung Anwendungen*, editiert von AVK - Industrievereinigung Verstärkte Kunststoffe. 3. Auflage, S. 311-542: Vieweg + Teubner, 2010.

[9] AVK - Industrievereinigung Verstärkte Kunststoffe. "6.11 Kontinuierliches Laminieren." In *Handbuch Faserverbundkunststoffe: Grundlagen Verarbeitung Anwendungen*, editiert von AVK - Industrievereinigung Verstärkte Kunststoffe. 3. Auflage, S. 451-470: Vieweg + Teubner, 2010.

[10] AVK - Industrievereinigung Verstärkte Kunststoffe. "6.2 Nasspressen." In *Handbuch Faserverbundkunststoffe: Grundlagen Verarbeitung Anwendungen*, editiert von AVK - Industrievereinigung Verstärkte Kunststoffe. 3. Auflage, S. 331-345: Vieweg + Teubner, 2010.

[11] Barandun, Gion. "Liquid Composite Moulding - (LCM-Verfahren) - Kapitel 8, 8.5 Prozessüberwachung.", ETH Zürich, Zugriff: 12.01.2015. , https://www1.ethz.ch/structures/education/master/intro/compulsory/composites/Skript/151-0307-V4.0-K08_LCM-Verfahren.pdf.

[12] Bargel, Hans-Jürgen und Schulze, Günther. "6.4 Kohlewerkstoffe." In *Werkstoffkunde [jetzt mit Aufgaben und Lösungen]*, editiert von Prof. Dr.-Ing. Hans-Jürgen Bargel. 11. Auflage, S. 373. Berlin: Springer Vieweg, 2012.

[13] Bauernhansl, Thomas; Hompel, Michael und Vogel-Heuser, Birgit. "3.4 Verteilte Anlagensteuerung in der SmartFactoryKL." In Teil 2 *Industrie 4.0 in Produktion, Automatisierung und Logistik: Anwendung, Technologien, Migration*, S. 72-75: Springer Fachmedien Wiesbaden, 2014.

[14] Beck, Steffen. *Austausch Umsetzung Haftverhalten Drapiersimulation*, editiert von Bergmann, Jana, 27.08.2014.

[15] Beck, Steffen. *Report: Simulation L-Profil*, editiert von Bergmann, Jana, 11.02.2015.

[16] Beck, Steffen und Hepp, Bernhard. *Konzept und Umsetzung Prüfvorrichtung horizontaler Zugversuch*, editiert von Bergmann, Jana, 2011.

[17] Behrens, Nicolas. *Austausch Nasspressen*, editiert von Jana Bergmann. Vol. E-Mail-Verkehr, 15.06.2015.

[18] Behrens, Nicolas. *Austausch Umsetzung Verbesserungsmaßnahmen*, editiert von Bergmann, Jana, 16.04.2015.

[19] Bel, Sylvain; Hamila, Nahiene; Boisse, Philippe, und Dumont, François. "Finite Element Model for NCF Composite Reinforcement Preforming: Importance of Inter-Ply Sliding." *Composites Part A: Applied Science and Manufacturing* 43, (12, 2012), S. 2269-2277.

[20] Benes,Georg,M.,E. und Groh, Peter,E. "4 Prozessmanagement." In *Grundlagen des Qualitätsmanagements*, S. 147-176: Carl Hanser Verlag GmbH & Company KG, 2014.

[21] Benes,Georg,M.,E. und Groh, Peter,E. "7 Qualitätswerkzeuge." In *Grundlagen des Qualitätsmanagements*, S. 237-280: Carl Hanser Verlag GmbH & Company KG, 2014.

[22] Berchtold, Gerd. "Innovatives CFK-Fertigungsverfahren unter wirtschaftlichen Gesichtspunkten.", EADS Defense & Security, Zugriff: 06.01.2015. , http://www.dlr.de/Portaldata/17/Resources/dokumente/institut/wissenschaftstag_2007/WiTa-2007-03-EADS-Berchthold.pdf.

[23] Bergmann, Jana; Dörmann, Hans, und Lange, Rüdiger. "Interpreting Process Data of Wet Pressing Process Part 1: Theoretical Approach." *Journal of Composite Materials (JCM)* (2015).

[24] Bergmann, Jana; Dörmann, Hans, und Lange, Rüdiger. "Interpreting Process Data of Wet Pressing Process Part 2: Verification with Real Values." *Journal of Composite Materials (JCM)* (2015).

[25] Bergmeister, Konrad. "2.5 Kohlenstofffasern." In *Kohlenstofffasern Im Konstruktiven Ingenieurbau.* 1. Auflage, S. 36-41: Wiley, 2003.

[26] Bickerton, Simon und Abdullah, Mohd Zulkfly. "Modeling and Evaluation of the Filling Stage of Injection/Compression Moulding." *Composites Science and Technology* 63, (8, 2003), S. 1359-1375.

[27] Biermann, Dirk; Hufenbach, Werner und Seliger, Günther. *Serientaugliche Bearbeitung und Handhabung moderner faserverstärkter Hochleistungswerkstoffe*. Untersuchungsbericht Zum Forschungs- Und Handlungsbedarf. Dresden: TU Dresden, 2008.

[28] Bonten, Christian. "4 Kunststoff-Verarbeitungstechnik." In *Kunststofftechnik: Einführung und Grundlagen*, S. 249-358: Carl Hanser Verlag GmbH & Company KG, 2014.

[29] Bonten, Christian. "4.4 Technologie der Faserkunststoffverbunde." In *Kunststofftechnik: Einführung und Grundlagen*, S. 311-321: Carl Hanser Verlag GmbH & Company KG, 2014.

[30] Braun, Dietrich; Gentzkow, Wolfgang von und Rudolf, Arnd-Peter. "Recycling von Duroplastwerkstoffen". DE1998139083. C08J 11/28, 2000.

[31] Bühler, Günter; Dorfler, Heinz; Hennrich, Lothar und Merkle, Eberhardt. "Verfahren und Vorrichtung zum Vereinzeln von textilen Flächengebilden". DE19893914194. B65H3/22, B65H3/22, 1990.

[32] Burr, August, Andreas Müller, und Michael Kübler. *Blitzheizungswerkstoff HDTM Revolutioniert Die Werkzeugtemperierung Und Beheizbare Werkzeugelemente - Forschungsbericht*: Hochschule Heilbronn, 2003.

[33] Cherif, Chokri. "2. Textile Prozesskette und Einordnung der textilen Halbzeuge." In *Textile Werkstoffe für den Leichtbau / Techniken, Verfahren, Materialien, Eigenschaften*, S. 9-38. Dresden: Springer, 2011.

[34] Cleff, Thomas. "4.3 Zusammenhang zweier metrischer Variablen." In *Deskriptive Statistik und moderne Datenanalyse: Eine computergestützte Einführung mit Excel, PASW (SPSS) und STATA*. 2. Auflage, S. 103-110: Gabler Verlag, 2011.

[35] Creech, G. "Mesoscopic Finite Element Modelling of Non-Crimp Fabrics for Drape and Failure Analyses." Doctor of Philosophy, Cranfield University, 2006.

[36] CSP GmbH und Co. KG. "Prozessdatenmanagement IPM.", Zugriff: 26.09.2014. , http://www.csp-sw.de.

[37] Czulak, Andrzej; Pilawka, Ryszard; Geller, Sirko und Renner, Ole. "RPM und TSF - Neue Verfahren zur Herstellung duroplastischer Faserverbundbauteile.", New Era Materials, Zugriff: 07.01.2015. , http://www.as-set.eu/wp-content/uploads/2014/05/RPM-TSF_DE.pdf.

[38] Di Fratta, Claudio; Klunker, Florian, und Ermanni, Paolo. "A Methodology for Flow-Front Estimation in LCM Processes Based on Pressure Sensors." *Composites Part A: Applied Science and Manufacturing* 47, (4, 2013), S. 1-11.

[39] DIN Deutsches Institut für Normung e. V. *DIN EN ISO 8295 - Kunststoffe - Folien und Bahnen - Bestimmung der Reibkoeffizienten*, 2004.

[40] Dix, Markus. *Austausch Simulationsansatz und Modellerstellung*, editiert von Bergmann, Jana, 11.07.2014.

[41] Dix, Markus. *Korrespondenz: Verbesserung eines bestehenden Simulationsmodells*, editiert von Bergmann, Jana, 17.06.2015.

[42] Domininghaus, Hans. "1.3 Eigenschaften von Kunststoffen in Bauteilen." In *Die Kunststoffe und ihre Eigenschaften*. 6. Auflage. Auflage, S. 51-221: Springer, 2005.

[43] Dong, Chensong. "Development of a Process Model for the Vacuum Assisted Resin Transfer Molding Simulation by the Response Surface Method." *Composites Part A: Applied Science and Manufacturing* 37, (9, 2006), S. 1316-1324.

[44] Dörmann Osuna, Hans W. "Ansatz Für Ein Prozessintegriertes Qualitätsregelungssystem Für Nicht Stabile Prozesse." Dr.-Ing., TU Ilmenau, 2009.

[45] Eckardt, Steffi. "CFK-Stackanlage geht in Betrieb.", WEKA FACHMEDIEN GmbH, Zugriff: 07.01.2015. , http://www.elektroniknet.de/automotive/wirtschaft/artikel/111622/.

[46] Emonts, Michael und Janssen, Henning. *Neue Technologien der Faserverbundtechnik.* Potenzielle Zukünftige Anwendungen Für Hochdynamische Vorschubsysteme. Aachen: WZL RWTH Aachen; Fraunhofer IPT, 2011.

[47] Endruweit, Andreas. "Liquid Composite Moulding - (LCM-Verfahren) - Kapitel 8, 8.2 Process modeling.", ETH Zürich, Zugriff: 12.01.2015. , https://www1.ethz.ch/structures/education/master/intro/compulsory/composites/Skript/151-0307-V4.0-K08_LCM-Verfahren.pdf.

[48] Ermanni, Paolo. "Textile Halbzeuge.", ETH Zürich, Zugriff: 14.12.2014. , https://www1.ethz.ch/structures/education/master/intro/compulsory/composites/Handouts/151-0307-HS2009-K7-Textile_Halbzeuge.pdf.

[49] Eyerer, Peter; Hirth, Thomas und Elsner, Peter. "3.5 Zusatzstoffe für Kunststoffe." In *Polymer Engineering*, S. 104-165: Springer, 2008.

[50] fibretech composites GmbH. "Verstärkungsfasern.", fibretech composites GmbH, Zugriff: 14.12.2014. , http://www.fibretech-composites.de/downloads/verstaerkungsfasernpdf.pdf.

[51] Flemming, Manfred; Ziegmann, Gerhard und Roth, Siegfried. "2.1 Kohlenstofffasern." In *Faserverbundbauweisen: Fasern und Matrices*, S. 6-31: Springer Berlin Heidelberg, 2012.

[52] Fraunhofer IFAM. "Reinigen und Aktvieren vor Lackieren und Kleben: Bei Faser-Verbund-Werkstoffen kommt es auf die richtige Oberfläche an.", Fraunhofer IFAM, Zugriff: 12.12.2014. , http://www.ifam.fraunhofer.de/content/dam/ifam/de/documents/Klebtechnik_Oberflaechen/PLATO/reinigung_und_aktivierung_fvk_fraunhofer_ifam.pdf.

[53] Friedrich, Andreas David. "2.1 Automatisierung." In *Anwendbarkeit von Methoden und Werkzeugen des konventionellen Softwareengineering zur Modellierung und Programmierung von Steuerungssystemen*, S. 7-14: Kassel University Press, 2009.

[54] Friedrich, Horst E. "7.4 Werkstofftechnologien mit Kunststoffen." In *Leichtbau in der Fahrzeugtechnik*, S. 538-621. Stuttgart: Springer Fachmedien Wiesbaden, 2013.

[55] Fries, Erich; Renkl, Sebastian und Betsche, Markus. "Resin Transfer Molding - Hochdruck-RTM-Technik gewinnt an Flexibilität.", MM COMPOSITESWORLD, Zugriff: 13.01.2015. , http://www.kraussmaffei.de/media/files/kmdownloadlocal/de/Hochdruck-RTM-Technik_092012.pdf.

[56] Fuhrmann, Ernst. "3 Zerstörungsfreie Werkstoffprüfung (NDT)." In *Einführung in die Werkstoffkunde und Werkstoffprüfung: Werkstück- und Werkstoffprüfung auf Qualität, Fehler, Dimension und Zuverlässigkeit*, S. 47-268: expert-Verlag, 2008.

[57] Gan, Khong Wui; Hallett, Stephen R., und Wisnom, Michael R. "Measurement and Modelling of Interlaminar Shear Strength Enhancement Under Moderate through-Thickness Compression." *Composites Part A: Applied Science and Manufacturing* 49, (6, 2013), S. 18-25.

[58] Gatouillat, S.; Bareggi, A.; Vidal-Sallé, E., und Boisse, P. "Meso Modelling for Composite Preform Shaping – Simulation of the Loss of Cohesion of the Woven Fibre Network." *Composites Part A: Applied Science and Manufacturing* 54, (11, 2013), S. 135-144.

[59] Gereke, Thomas; Döbrich, Oliver; Hübner, Matthias, und Cherif, Chokri. "Experimental and Computational Composite Textile Reinforcement Forming: A Review." *Composites Part A: Applied Science and Manufacturing* 46, (3, 2013), S. 1-10.

[60] Gevatter, Hans-Jürgen und Grünhaupt, Ulrich. "2 Methoden der Zerstörungsfreien Prüfung." In *Handbuch der Mess- und Automatisierungstechnik in der Produktion*: Springer, 2006.

[61] Grote, Karl-Heinrich und Antonsson, Erik K. "7.3 Machining Processes." In *Springer Handbook of Mechanical Engineering*, S. 606-655: Springer, 2009.

[62] Habenicht, Gerd. "7.2.3 Auftragen der Klebstoffe." In *Kleben - Erfolgreich und Fehlerfrei: Handwerk, Praktiker, Ausbildung, Industrie*. 6. Auflage, S. 88-90: Vieweg+Teubner Verlag, 2012.

[63] Haßler, Ulf; Müller, Anja; Khabta, Mustapha und Hanke, Randolf. "Erkennung von Mikrorissen in CFK-Proben mittels CT.", Fraunhofer Entwicklungszentrum Röntgentechnik, Zugriff: 31.03.2015. , http://www.ndt.net/article/ctc2010/papers/35.pdf.

[64] Hellbrück, Reiner. "8.2 Korrelation." In *Angewandte Statistik mit R: Eine Einführung fü Ökonomen und Sozialwissenschaftler*, S. 143-146: Gabler Verlag, 2011.

[65] Hellerich, Walter; Harsch, Günther und Haenle, Siegfried. "6 Verhalten von Kunststoffen." In *Werkstoff-Führer Kunststoffe / Eigenschaften, Prüfungen, Kennwerte ; 56 Tabellen*. 9. Auflage, S. 27-34: Hanser, 2004.

[66] Hepp, Bernhard. *Informationsaustausch - Horizontaler Zugversuch*, editiert von Bergmann, Jana, 16.02.2015.

[67] HUG-Industrietechnik Ergolding. "Industrietechnik-Katalog (Auszug).", HUG-Industrietechnik Ergolding, Zugriff: 14.12.2014. , http://www.hug-technik.com/inhalt/fb/polyamid.htm.

[68] IBG Automation GmbH. "Nadelgreifer für Textil- und Schaumstoffplatten". DE201220104275. A41H43/02, B65G47/90, B65H3/22, B65H5/08, B65H5/16, 2012.

[69] IBM Corporation. "IBM SPSS Modeler 14.2- Quellen-, Prozess- und Ausgabeknoten.", IBM Corporation, ftp://public.dhe.ibm.com/software/analytics/spss/documentation/modeler/14.2/de/SourceProcessOutputNodes.pdf.

[70] IBM Corporation. "IBM SPSS Modeler 14.2-Modellierungsknoten.", IBM Corporation, ftp://public.dhe.ibm.com/software/analytics/spss/documentation/modeler/14.2/de/ModelingNodes.pdf.

[71] IBM®. *SPSS® Modeler - Lizenz BMW Pool Lizenz*. Vol. 14.2, 2011.

[72] Institut für Angewandte Materialtechnik (IAM). "Statistik für Ingenieure (IAM) - 10. Varianzanalyse.", Universität Duisburg Essen, https://www.uni-due.de/imperia/md/content/materialtechnik/vstat04.pdf.

[73] Koch, Christian. *Ansintertemperaturen*, editiert von Jana Bergmann. Vol. E-Mail-Verkehr, 15.06.2015.

[74] Krallmann, Hermann und Tavasli, Serkan. "D 3.4.1 Six Sigma Metriken." In *Six Sigma Performance Measurement System: Prozesscontrolling als Instrumentarium der modernen Unternehmensführung*, editiert von Gabler Edition Wissenschaft, S. 258-265. Berlin: Deutscher Universitätsverlag, 2008.

[75] KraussMaffei Technologies GmbH. "Faserverbundlösungen für anspruchsvolle Leichtbauteile.", KraussMaffei Technologies GmbH, Zugriff: 12.12.2014. , http://www.kraussmaffei.de/media/files/kmdownloadlocal/de/KM_BR_Faserverbund_de.pdf.

[76] Krening, Wjatscheslaw. "Analyse Der Lager- Und Transportbedingten Einflussfaktoren Von Kohlenstofffaser Halbzeugen Hinsichtlich Materialeigenschaften Und Bauteilqualität." Bachelor of Engineering (FH), Hochschule Ulm, 2014.

[77] Kuster, Jürg. "3.4.3 Ursachen-Wirkungsanalyse (Fischgräten-Methode)." In *Handbuch Projektmanagement*. 3. Auflage. Vol. Part IV, S. 401-402: Springer, 2011.

[78] Lange+Ritter GmbH. "Faserverstärkungen aus Kohlefaser - Allgemeines.", Lange+Ritter GmbH, Zugriff: 12.12.2014. , http://www.lange-ritter.de/fileadmin/user_upload/Downloads/Produkte/Kohlefaser/L_R_Katalog_2013_Kohlefaser_Allgemeines.pdf.

[79] Leclerc, Jean Sébastien und Ruiz, Edu. "Porosity Reduction using Optimized Flow Velocity in Resin Transfer Molding." *Composites Part A: Applied Science and Manufacturing* 39, (12, 2008), S. 1859-1868.

[80] Lee, Stuart M. "Manufacturing Automation, Polymer Composites." In *Handbook of Composite Reinforcements*, S. 337-338. Palo Alto: Wiley, 1992.

[81] Liu, Xiao-Lin. "Isothermal Flow Simulation of Liquid Composite Molding." *Composites Part A: Applied Science and Manufacturing* 31, (12, 2000), S. 1295-1302.

[82] Lugin, Sergey and Udo Netzelmann. "Automatisierte Klassifizierung Von Oberflächenfehlern Und Verdeckten Fehlern Bei Der Impulsthermographie." Münster, Deutsche Gesellschaft für Zerstörungsfreie Prüfung (Jahrestagung), 18.-20.05.2009, 2009.

[83] Lundström, T. Staffan; Stenberg, Rolf; Bergström, Robert W.; Partanen, H., und Birkeland, P. A. "In-Plane Permeability Measurements: A Nordic Round-Robin Study." *Composites Part A: Applied Science and Manufacturing* 31, (1, 2000), S. 29-43.

[84] Luo, Yiwen; Verpoest, Ignaas; Hoes, Kris; Vanheule, Marleen; Sol, Hugo, und Cardon, Albert. "Permeability Measurement of Textile Reinforcements with several Test Fluids." *Composites Part A: Applied Science and Manufacturing* 32, (10, 2001), S. 1497-1504.

[85] Lupp, C. *Abstimmung - BMW23-Prüfschließe*. Geisenhausen: Ingenieurbüro für Automation Dr.-Ing. Uwe Lupp, 2014.

[86] Mai, Horst. "Verfahren und Formwerkzeug zur Herstellung eines faserverstärkten Kunststoffbauteils". DE200710046734. B29C70/541, B29C70/543, B29C70/48, B29C70/48, 2009.

[87] Martens, Jul. "3 Häufigkeitsverteilungen und deskriptive Statistiken." In *Statistische Datenanalyse mit SPSS für Windows*, S. 47-86: Oldenbourg, 2003.

[88] Michaeli, Walter. "3 Physikalische Eigenschaften der Kunststoffe." In *Einführung in die Kunststoffverarbeitung*, S. 21-42: Hanser, 2006.

[89] Michaeli, Walter. "4 Werkstoffkunde der Kunststoffe." In *Einführung in die Kunststoffverarbeitung*, S. 45-69: Hanser, 2006.

[90] Mohammed, U.; Lekakou, Constantina, und Bader, M. G. "Experimental Studies and Analysis of the Draping of Woven Fabrics." *Composites Part A: Applied Science and Manufacturing* 31, (12, 2000), S. 1409-1420.

[91] Moser, Kurt. "2.4 Faserwerkstoffe." In *Faser-Kunststoff-Verbund: Entwurfs- und Berechnungsgrundlagen*, S. 29-31. Düsseldorf: Springer Berlin Heidelberg, 1992.

[92] Nakai, A.; Osada, T.; Hamada, H., und Takeda, N. "Role of Surface Treatment in Textile Composites." *Composites Part A: Applied Science and Manufacturing* 32, (0, 2001), S. 487-498.

[93] Neitzel, Manfred; Mitschang, Peter und Breuer, Ulf. "12 Pressverfahren." In *Handbuch Verbundwerkstoffe: Werkstoffe, Verarbeitung, Anwendung*. 2. Auflage, S. 383-432: Carl Hanser Verlag GmbH & Company KG, 2014.

[94] Neitzel, Manfred; Mitschang, Peter und Breuer, Ulf. "17 Werkzeugbau." In *Handbuch Verbundwerkstoffe: Werkstoffe, Verarbeitung, Anwendung*. 2. Auflage, S. 521-538: Carl Hanser Verlag GmbH & Company KG, 2014.

[95] Neitzel, Manfred; Mitschang, Peter und Breuer, Ulf. "6.3 Grundlagen der Imprägnierung." In *Handbuch Verbundwerkstoffe: Werkstoffe, Verarbeitung, Anwendung*. 2. Auflage, S. 209-212: Carl Hanser Verlag GmbH & Company KG, 2014.

[96] Nöll, Sebastian. "Carbon-Composites - Kohlefaserverbundwerkstoffe.", BISTECH, Zugriff: 12.12.2014. , http://fachinfo.bistech.de/artikel/790/Carbon+Composite+(CFK)+-+Kohlefaserverbundwerkstoffe.

[97] Precht, Manfred; Kraft, Roland und Bachmaier, Martin. "1.2 Statistische Maßzahlen eindimensionaler Stichproben." In *Angewandte Statistik. 1. Beschreibende und explorative Statistik - Wahrscheinlichkeitsrechnung - Zufallsvariablen und statistische Maßzahlen - wichtige Verteilungen - beurteilende Statistik - Vertrauensintervalle - Hypothesentests - Programmbeispiele in MINITAB*, S. 21-40: Oldenbourg Verlag, 2005.

[98] Reuther, Maximilian. *Interner Report: Steuerkreis Qualität Stack Und Material - Ausschussmonitoring*: BMW Group, 25.11.2014.

[99] Rinberg, Roman. "Technologieentwicklung Zur Herstellung Von Naturfaserverstärkten Bauteilen in Leichtbauweise Unter Einsatz Von Ganzpflanzenrohstoffen." Dr.-Ing., Technische Universität Chemnitz, 2012.

[100] Roos, Eberhard und Maile, Karl. "10.1.1 Verstärkungsstoffe und Füllstoffe." In *Werkstoffkunde für Ingenieure: Grundlagen, Anwendung, Prüfung*. 5. Auflage, S. 304-304. Stuttgart: Springer Berlin Heidelberg, 2014.

[101] Sachs, Lothar. "13 Der Weg zur Normalverteilung." In *Statistische Auswertungsmethoden*, S. 41-89: Springer Berlin Heidelberg, 2013.

[102] Schindlbeck, Martin. *Austausch Umsetzung Verbesserungsmaßnahmen und Parameterwechselwirkungen*, editiert von Bergmann, Jana, 16.04.2015.

[103] Schmiedel, Isabella; Barfuss, Georg Stephan; Nickel, Tobias, und Pfeufer, Lion. "Use of Visible Natural Fibres in Vehicle Interiors." *ATZ Worldwide* 116, (06/01, 2014), S. 20-23.

[104] Schürmann, Helmut. "16.7 Schichtentrennung oder Delamination." In *Konstruieren mit Faser- Kunststoff- Verbunden*. 2. Auflage. Auflage, S. 373-378. Darmstadt: Springer, 2007.

[105] Schürmann, Helmut. "3.10 Faser-Halbzeuge." In *Konstruieren mit Faser- Kunststoff- Verbunden*. 2. Auflage. Auflage, S. 57-69. Darmstadt: Springer, 2007.

[106] Schürmann, Helmut. "3.4 Kohlenstofffasern." In *Konstruieren mit Faser- Kunststoff- Verbunden*. 2. Auflage. Auflage, S. 35-42. Darmstadt: Springer, 2007.

[107] Schürmann, Helmut. "3.9 Zur Faser-Matrix-Grenzfläche." In *Konstruieren mit Faser- Kunststoff- Verbunden*. 2. Auflage. Auflage, S. 56-57. Darmstadt: Springer, 2007.

[108] Schürmann, Helmut. "4.1 Aufgaben und Einteilung der Matrixsysteme." In *Konstruieren mit Faser- Kunststoff- Verbunden*. 2. Auflage. Auflage, S. 83-90. Darmstadt: Springer, 2007.

[109] Schürmann, Helmut. "4.3 Werkstoffeigenschaften von polymeren Matrixsystemen und 4.4 Chemische Beständigkeiten der Matrixpolymere." In *Konstruieren mit Faser- Kunststoff- Verbunden*. 2. Auflage. Auflage, S. 92-110. Darmstadt: Springer, 2007.

[110] Schürmann, Helmut. "4.5 Fertigungsanforderungen an ein Matrixsystem." In *Konstruieren mit Faser- Kunststoff- Verbunden*. 2. Auflage. Auflage, S. 110-118. Darmstadt: Springer, 2007.

[111] Siebenpfeiffer, Wolfgang. "Teil 1: Werkstoffe - Anforderungen an die Pressentechnik bei der Produktion von CFK-Karosserieteilen." In *Leichtbau-Technologien im Automobilbau: Werkstoffe - Fertigung - Konzepte*, S. 11-16: Springer Fachmedien Wiesbaden, 2013.

[112] Sozer, Ercument Murat; Bickerton, Simon, und Advani, Suresh G. "On-Line Strategic Control of Liquid Composite Mould Filling Process." *Composites Part A: Applied Science and Manufacturing* 31, (12, 2000), S. 1383-1394.

[113] Spur, Günter; Neugebauer, Reimund und Hoffmann, Hartmut. "4.2.9 Werkzeugmaschinen zum Tiefziehen." In *Handbuch Umformen*. Vol. Band 2 von Edition Handbuch der Fertigungstechnik, S. 518-527: Carl Hanser Verlag GmbH & Company KG, 2012.

[114] Toho Tenax Europe GmbH. "Tenax® Filamentgarn.", Toho Tenax Europe GmbH, Zugriff: 12.12.2014. , http://www.tohotenax-eu.com/produkte/tenax-kohlenstofffasern/filamentgarn.html.

[115] Ulbricht, Jan. "1.1 Grundlagen der Datenerhebung.", Ludwig-Maximilians-Universität München - Institut für Statistik, Zugriff: 25.02.2015. , http://www.statistik.lmu.de/~ulbricht/Lehre/BKSS08/DeskriptiveStatistik.pdf

[116] Verband der Automobilindustrie e. V. (VDA). "Teil 3: QFD." In *Qualitätsmanagement in der Automobilindustrie - Sicherung der Qualität in der Prozesslandschaft*. 1. Auflage. Vol. 4. Berlin: Heinrich Druck + Medien, 2008.

[117] Wiedemann, Johannes. "Verbundbauweisen." In *Leichtbau / Elemente und Konstruktion*. 3. Auflage. Auflage, S. 488-570: Springer, 2007.

[118] Zahlen, Pierre. "4 Liquid Composite Molding." In *Beitrag Zur Kostengünstigen Industriellen Fertigung Von Haupttragenden CFK-Großkomponenten der Kommerziellen Luftfahrt Mittels Kernverbundbauweise in Harzinfusionstechnologie*, S. 21-42. Berlin: Logos Verlag Berlin GmbH, 2013.

[119] Zepf, Hans-Peter. "2.2 Matrixsysteme: Duroplaste - Thermoplaste." In *Faserverbundwerkstoffe mit thermoplastischer Matrix: Hochleistungswerkstoffe für rationelle Verarbeitung ; mit 27 Tabellen*. Vol. 529, S. 28-29. Renningen-Malmsheim: Expert-Verlag, 1997.

Abbildungsverzeichnis

Tabellenverzeichnis

Formelverzeichnis

Anhang

Anhang 1 Materialvergleich Kohlenstofffasern

Bezeichnung	Kurz	Merkmal	R_Z [GPa]	E_f [GPa]	A_B [%]
High Tenacity	HT	Hohe Festigkeit	3,5 – 4,5	230 - 240	1,8 – 2,0
Ultra High Tenacity	UHT/ UT /ST	Höhere Festigkeit	>4,5	230 - 280	1,6 – 1,7
Intermediate Modulus	IM	Mittlere Steifigkeit	4,0 – 5,5	280 - 300	1,8 – 2,0
High Modulus	HM	Hohe Steifigkeit	4,0 – 4,5	370 - 430	1,1 – 1,3
Ultra High Modulus	UHM/ UM	Sehr hohe Steifigkeit	2,6 – 3,8	>600	0,3 – 0,6
Intermediate Modulus & Strength	IMS	Mittlere Festigkeit & Steifigkeit	3,6 – 6,5	270 - 320	2,0
High Modulus & Strength	HMS	Hohe Festigkeit & Steifigkeit	3,0 – 4,5	360 - 450	0,6
Ultra High Modulus & Strength	UMS	Sehr hohe Festigkeit & Steifigkeit	2,5 – 5,5	380 - 670	1,1 – 1,2
High Strain	HS	Hohe Bruchdehnungsrate	4,9 – 6,4	230 - 290	≥2,0

Anhang 2 Materialvergleich Duroplaste-Thermoplaste

Eigenschaft	Duroplast	Thermoplast	
Molekülanordnung	amorph	amorph	teilkristallin
Vernetzung	engmaschig	linear oder verzweigt	
Lösemittellöslichkeit	nicht löslich	löslich	
Chemische Beständigkeit	sehr gut	mäßig	
Thermische Beständigkeit	sehr gut	mäßig-schlecht	
Kriechneigung	gering	hoch	
Schwindung	hoch	gering	mäßig
Schlagzähigkeit	schlecht	sehr gut	gut
Schmelzbarkeit	nicht schmelzbar	homogen	inhomogen
Schweißbarkeit	nicht schweißbar	schweißbar	
Wasseraufnahme	nicht quellbar	quellbar	
Formänderungsverhalten (RT)	spröde	spröde	zähelastisch
Formgebung	irreversibel	reversibel	
Bruchdehnung	gering	hoch	
Elastizitätsmodul	hoch	niedrig	mäßig
Zugfestigkeit	hoch	niedrig	mäßig
Härte	hoch	gering	mäßig
Dichte	mäßig	gering	
Anwendungstemperatur	gering	mäßig	
Handhabung bei Fertigung	einfach	schwierig	
Recycling	schwierig	einfach	

Anhang 3 Berechnungen zu Schiefe und Exzess

Berechnung des Mittelwertes $\bar{x}$ und der Standardabweichung s bzw. Varianz s^2:

$$\bar{x} = \frac{1}{n}\sum_{i=1}^{n} x_i$$

$$\sqrt{s^2} = \sqrt{\frac{1}{n-1}\sum_{i=1}^{n}(x_i - \bar{x})^2}$$

Berechnung der Schiefe g_S:

$$g_S = \frac{\frac{1}{n}\sum_{i=1}^{n}(x_i - \bar{x})^3}{\sqrt{(\frac{1}{n}\sum_{i=1}^{n}(x_i - \bar{x})^2)^3}}$$

Berechnung des Exzess g_E:

$$g_E = \frac{\frac{1}{n}\sum_{i=1}^{n}(x_i - \bar{x})^4}{\sqrt{(\frac{1}{n}\sum_{i=1}^{n}(x_i - \bar{x})^2)^2}} - 3$$

Anhang 4 Fähigkeitsberechnungen

Berechnung der Prozess-/Maschinenfähigkeit $c_{p/m}$ und des Prozess-/Maschinenfähigkeitsindex $c_{p/mk}$:

$$c_{p/m} = \frac{OTG - UTG}{6s}$$

$$c_{p/mk} = min\begin{cases} \dfrac{\bar{x} - UTG}{3s} \\ \dfrac{OTG - \bar{x}}{3s} \end{cases}$$

Anhang 5 Berechnungen zu Histogrammen

Berechnung der Klassenanzahl $n_{Klassen}$:

$$n_{Klassen} \approx \sqrt{n}$$

Berechnung der relativen Häufigkeit h_i:

$$h_i = \frac{n_i}{n_{gesamt}}$$

Anhang 6 Berechnungen zur Mittelwertanalyse

Für die Mittelwertanalyse werden zunächst die Gruppenmittelwerte $\bar{x}_i$ berechnet

$$\bar{x}_i = \frac{1}{n_i} \sum_{j=1}^{n_i} x_{i,j}$$

Im nächsten Schritt werden die Quadratsummen zwischen den Gruppen q_1 und innerhalb der Gruppen q_2 gebildet:

$$q_1 = \sum_{i=1}^{r} (\bar{x}_i - \bar{x})^2$$

$$q_2 = \sum_{i=1}^{r} \sum_{j=1}^{n_i} (x_{i,j} - \bar{x}_i)^2$$

Aus beiden Quadratsummen lässt sich nun die Prüfgröße v_0 bestimmen.

$$v_0 = \frac{q_1 * (n - r)}{q_2 * (r - 1)}$$

Anhang 7 Berechnungen zur Korrelationsanalyse

Berechnung der Kovarianz $s_{x,y}$:

$$s_{x,y} = \frac{1}{n-1}\sum_{i=1}^{n}(x_i - \bar{x})\,(y_i - \bar{y})$$

Berechnung des Korrelationskoeffizienten b:

$$b = \frac{s_{x,y}}{s_x * s_y}$$

Anhang 8 Beispiele deskriptive Statistik

Feld	Diagramm	Messung	Min	Max	Summe	Bereich	Mittelwert	Std.Abw.	Varianz	Schiefe	Kurtosis	Median	Modus	Fälle gültig
Stackgewicht ohn...		Stetig	430.000	974.000	66902.000	544.000	704.232	96.200	9254.435	-1.453	4.632	722.000	728.000	95
t bis WZ Stifte au...		Stetig	214.000	1528.000	117688.000	1314.000	1238.821	504.539	254559.680	-1.526	0.340	1488.0...	1490.000	95
Temperatur Harz ...		Stetig	309.000	514.000	36747.000	205.000	386.811	44.491	1979.432	1.314	1.950	377.000	376.000	95
Temp UW Rahm...		Stetig	1096.000	1271.000	114870.000	175.000	1209.158	31.380	984.709	-1.839	4.333	1212.0...	1210.000	95
Pressendruck [kN]		Stetig	1440.000	2200.000	196786.000	760.000	2071.432	218.240	47628.737	-2.255	3.326	2146.0...	2191.000	95
Temperatur Haert...		Stetig	257.000	336.000	29681.000	79.000	312.432	19.090	364.418	-1.896	3.212	318.000	305.000¹	95
Temp UW Nest [...		Stetig	1291.000	1349.000	124326.000	58.000	1308.695	15.536	241.363	1.356	0.851	1302.0...	1302.000	95
Temp OW Rahm...		Stetig	1141.000	1221.000	112765.000	80.000	1187.000	15.440	238.383	-0.209	-0.006	1187.0...	1193.000	95

Beispiel Histogramme:

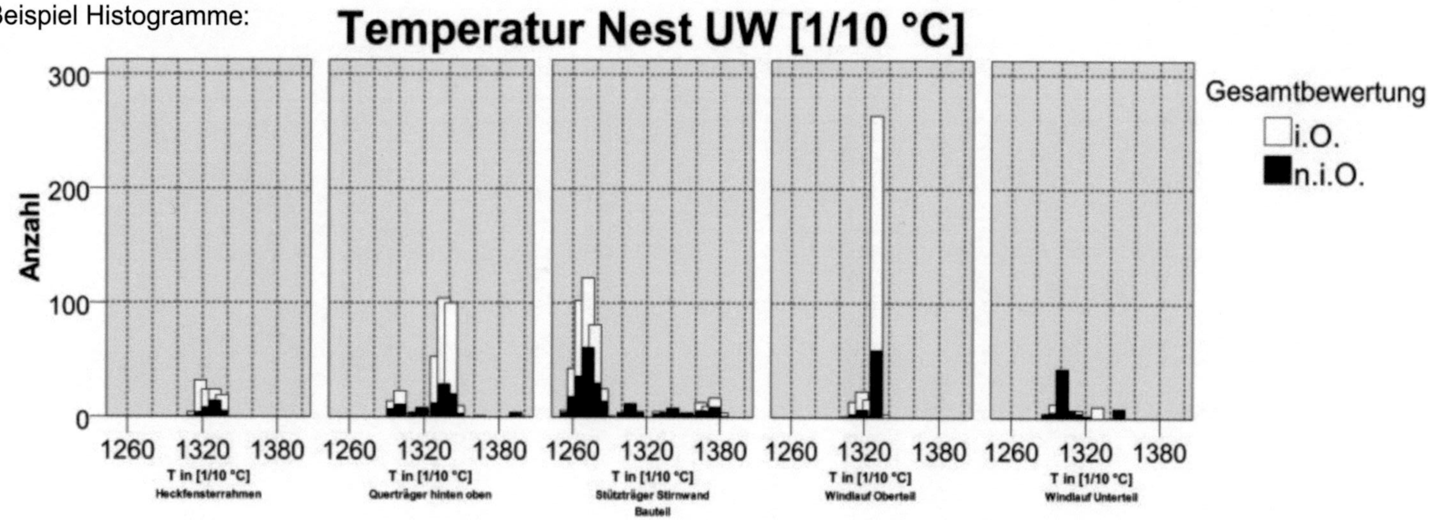

Beispiel Auswertung Fähigkeitsuntersuchung:

Parameter		UTG	OTG	UTG-OTG	cp	cpk
Parameter 1	***VS1***	100,00	110,00	10,00	1,10	1,12
	VS2	130,00	140,00	10,00	1,30	1,12
Parameter 2	***VS1***	70,00	80,00	10,00	0,98	1,20
	VS2	80,00	90,00	10,00	1,12	1,66
Parameter 3	***VS1***	100,00	110,00	10,00	1,23	1,02
	VS2	80,00	90,00	10,00	1,33	1,38
Parameter 4	***VS1***	70,00	80,00	10,00	1,23	0,65
	VS2	100,00	110,00	10,00	1,16	1,56

Beispiel Ausgabe Mittelwertanalyse:

Feld	i.O.*	n.i.O.*	Wichtigkeit
Infiltrierzeit [s]	2084.925	1509.710	0.997 ★ Bedeutsam
Menge Harzauftrag 1 [kg]	62.972	58.473	0.315 • Unbedeutend
Temp UW Auswerfer [1/10 Grad Celsius]	901.469	942.367	0.927 + Marginal

Beispiel Ausgabe Korrelationsanalyse:

Stackgewicht ohne Harz [g]

Statistiken

Anzahl	1670
Mittelwert	1196.797
Min	26.000
Max	3721.000
Bereich	3695.000
Varianz	1142224.622
Standardabweichung	1068.749
Standardfehler des Mittelwerts	26.153

Pearson-Korrelationen

Infiltrierzeit [s]	-0.464
Menge Harzauftrag 2 [kg]	-0.677
Temp UW Auswerfer [1/10 Grad Celsius]	0.252
Temp UW Rahmen [1/10 Grad Celsius]	-0.182
Temp UW Nest [1/10 Grad Celsius]	0.369
Temp OW Auswerfer [1/10 Grad Celsius]	0.332
Temp OW Rahmen [1/10 Grad Celsius]	0.255
Temp OW Nest [1/10 Grad Celsius]	-0.056
Pressendruck [kN]	0.384
Temperatur Harz [1/10 Grad Celsius]	0.027
Temperatur Haerter [1/10 Grad Celsius]	0.452
Lagerdauer Oberstack [d]	-0.406
Lagerdauer Mittelstack [d]	-0.135
Lagerdauer Unterstack [d]	-0.215
Verweilzeit Werkzeug [s]	0.471
t bis WZ Stifte ausfahren [1/10 s]	-0.056
Menge Harzauftrag 1 [kg]	-0.323

Anhang 9 Beispiele explorative Statistik

Beispiel Ausgabe Fehlerbäume:

a) Bedeutsamkeit

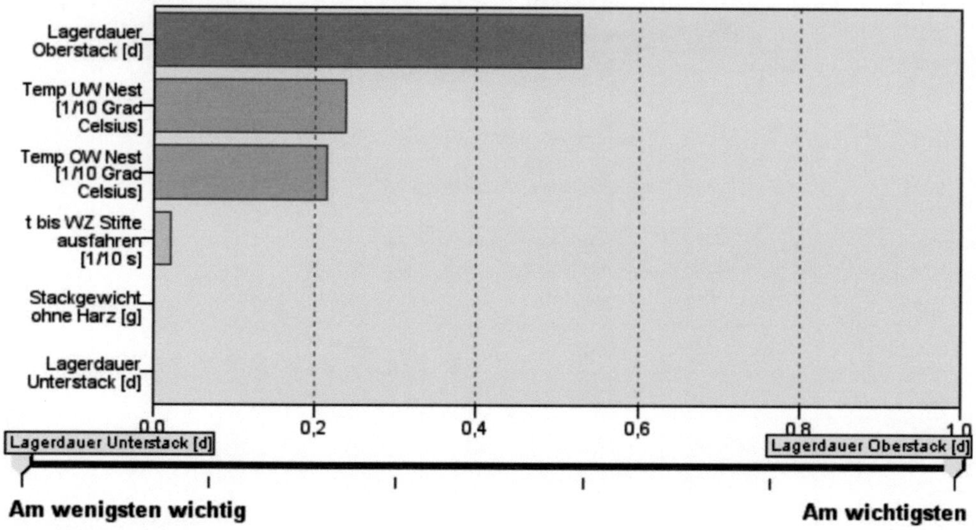

b) Regelmenge

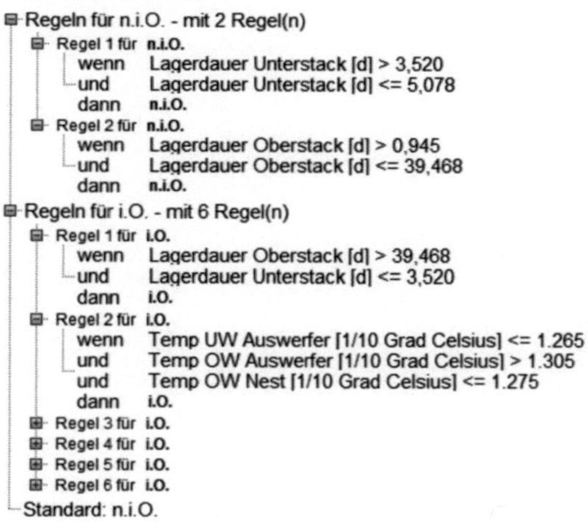

c) Entscheidungsbaum

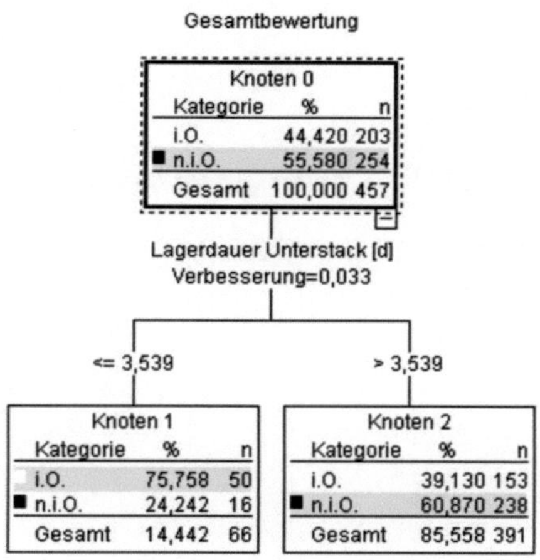

a) Bedeutsamkeit b) Regelmenge c) Fehlerbaum

Beispiel Ausgabe Bayes-Netz:

Bayes-Netz

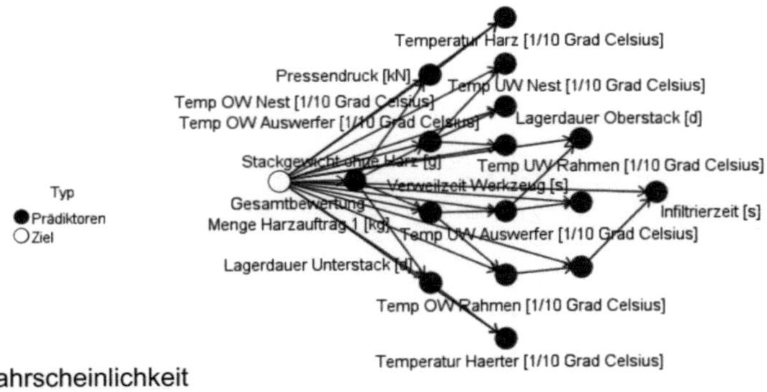

Bedingte Wahrscheinlichkeit

Übergeordnete Elemente		Wahrscheinlichkeit				
Gesamtbewertung	**Menge Harzauftrag 1 [kg]**	**< 775,8**	**775,8 ~ 902,6**	**902,6 ~ 1.029,4**	**1.029,4 ~ 1.156,2**	**> 1.156,2**
n.i.O.	< 0,458	0,00	0,00	0,00	0,00	1,00
n.i.O.	0,458 ~ 0,63	0,00	0,00	0,00	0,00	1,00
n.i.O.	> 0,63	0,05	0,36	0,30	0,10	0,19
i.O.	< 0,458	0,00	0,00	0,00	0,00	1,00
i.O.	0,458 ~ 0,63	0,00	0,00	0,00	0,00	1,00
i.O.	> 0,63	0,00	0,50	0,40	0,08	0,02

Beispiel Matrix-Diagramm:

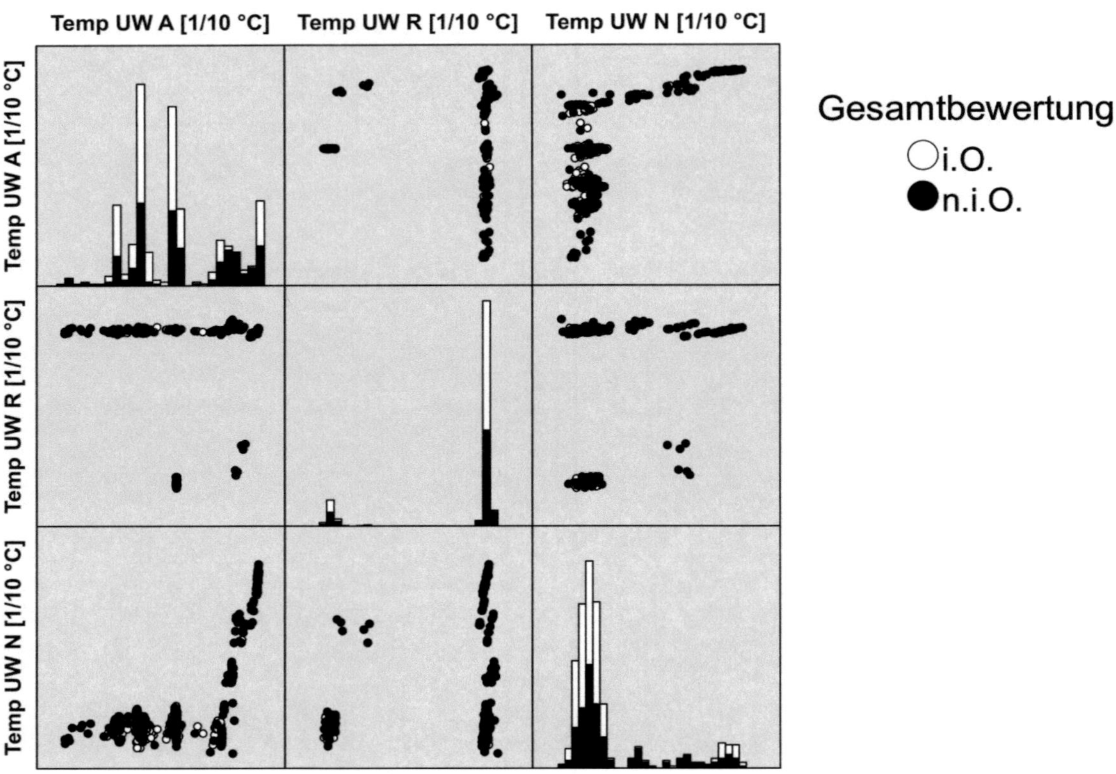

Anhang 10 QFT Stufe 1

Bauteilanforderung	Gewichtung	Querfalte / Starke Wellung / Locken	Längsfalte	Freigelegte Fasern / Trockenstellen	Poren / Schaumigkeit / Fehlstellen	Lufteinschlüsse / Lunker	Rückstände / Einschlüsse bauteileigen	Rückstände / Einschlüsse bauteilfremd	Inhomogene Materialbereiche	Brüche / Risse	Gaps	Eindruckstellen Oberfläche / Rauheiten	Faserorientierung / Faserwinkel	Oberflächenverschmutzungen	Ausreichende Aushärtung / Vernetzung	Gleichmäßige Harzvernetzung	Gefüllte Harzdome	Dichte Harzdome	Geometrischer Verzug	Ausprägung Reinharzgeometrien	Bauteildicke	Bauteilgewicht	Bauteilabmessungen	Faser-Matrix-Anbindung	
Festigkeitsanforderungen	5	●	◑	●	◕	●	◑	◕	◕	●	◕	◑	●	○	●	◑	○	○	◔	○	◕	○	◔	●	
Maßhaltigkeit	5	◑	◔	◑	◔	◑	○	○	●	●	◑	◔	●	◔	◕	◑	○	○	●	○	●	○	●	○	
Gleichmäßige Oberfläche	1	◕	◑	●	◕	●	◕	◑	●	●	◔	●	○	◕	◔	◔	○	○	○	○	○	○	○	○	
Definierte Fixierungspunkte	5	○	○	◔	◔	◔	○	○	○	●	○	○	○	◔	◔	◔	◑	○	●	○	◑	○	●	○	
Funktionsanforderungen Gesamt Fzg.	3	○	○	●	◔	○	◔	◔	○	◔	○	◔	○	◕	○	○	○	◑	◑	◑	◕	◕	●	◑	Summe
Absolute Wichtigkeit		33	17	51	31	39	16	20	39	67	26	22	40	22	41	26	10	6	51	6	54	9	57	26	709
Relative Wichtigkeit [%]		4,7	2,4	7,2	4,4	5,5	2,3	2,8	5,5	9,4	3,7	3,1	5,6	3,1	5,8	3,7	1,4	0,8	7,2	0,8	7,6	1,3	8,0	3,7	
Rang		10	18	4	11	8	19	17	8	1	12	15	7	15	6	12	20	22	4	22	3	21	2	12	
Gewichtung als Anforderung		3	1	5	1	3	1	1	3	5	3	3	5	1	5	3	1	1	5	1	5	5	5	3	

Anhang 11 QFD Stufe 2

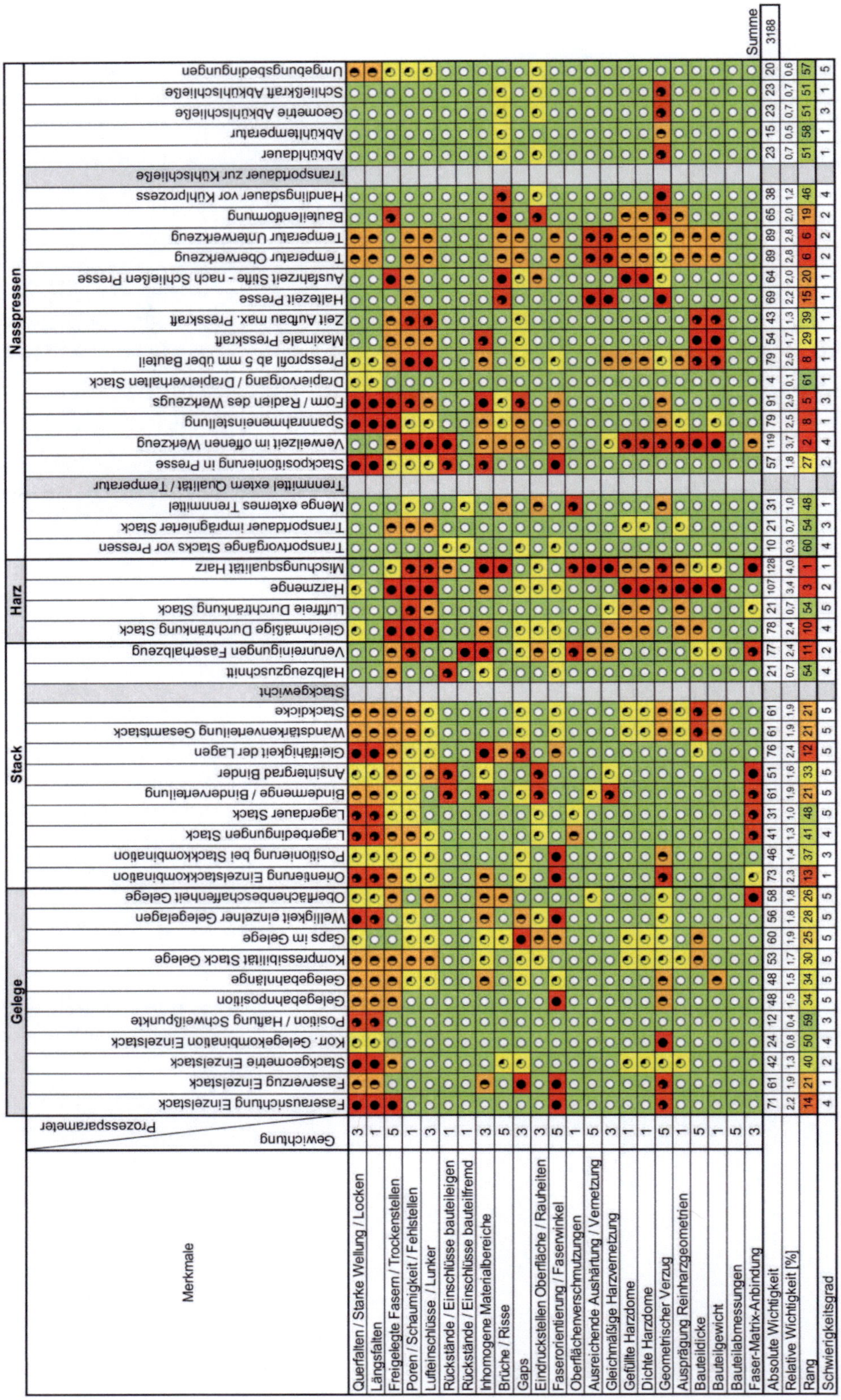

Anhang 12 QFD Stufe 2 Detail

Anforderung/ Prozessparameter	Gewichtung	Stackqualität	Durchlässigkeit Stack (Makropermeabilität)	Harzaufnahmevermögen Roving (Mikropermeabilität)	Faltenfreiheit Stack (Hohlräume)	Harzsystem (chemische Zusammensetzung)	Lagerzeit/-bedingungen Harz	Lagerzeit/-bedingungen Härter	Lagerzeit/-bedingungen int. Trennmittel	Harztemperatur	Härtertemperatur	Trennmitteltemperatur	Homogenität Trennmittel (Drehzahl Rührwerk)	Füllstand Behälter, Drehzahl Rührwerk	Mischungsverhältnis	Viskosität	Dichteeinstellung an Anlage bei RT	Imprägnierzeit	Beaufschlagung (Druck / Vakuum)	Düsenart / Breite	Düsensauberkeit / Spaltreinigung	Auftragsmuster	Auftragsgeschwindigkeit (Roboter)	Auftragsleistung	Auftragslage	Umgebungsbedigungen	
Gleichmäßige Durchtränkung	3	●	●	●	●				○	●	○	○	○	○	◑	●	●	●	◕	◑	◑	●	◑	◑	●	◕	
Luftfreie Durchtränkung	1	●	●	●	◑				○	●	○	○	○	●	○	●	○	●	◕	◔	◔	●	◑	◑	●	◕	
Ausreichende Harzmenge	5	○	◑	◔	○				○	○	○	○	○	○	○	○	◑	○	◕	○	○	○	○	○	○	◑	
Mischungsqualität Harz	5	○	○	○	○				◑	◕	◔	◔	◑	◑	●	◕	●	○	◕	◑	○	○	○	◑	○	○	Summe
Absolute Wichtigkeit		16	26	21	14	0	0	0	0	16	0	0	0	4	6	16	22	16	27	7	7	16	8	8	16	22	252
Relative Wichtigkeit [%]		6,3	10,3	8,3	5,6	0,0	0,0	0,0	0,0	6,3	0,0	0,0	0,0	1,6	2,4	6,3	8,7	6,3	10,7	2,8	2,8	6,3	3,2	3,2	6,3	8,7	
Rang		6	2	5	12	19	19	19	19	6	19	19	19	18	17	6	3	6	1	15	15	6	13	13	6	3	

Anhang 13 Übersicht Statistische Kennzahlen gesamt

Stackgewicht [g]		Min	Max	Summe	Range	Mittelwert	Standardabw.	Varianz	Schiefe	Kurtosis	Bester Bereich	
SS	*VS1*	2.670,00	2.743,00	1.266.930,00	73,00	2.712,91	14,08	198,23	-0,12	-0,43	2.713,00	2.713,00
	VS2	2.559,00	2.800,00	233.751,00	241,00	2.718,04	35,31	1.246,88	-1,78	7,18	/	/
WO	*VS1*	/	/	/	/	/	/	/	/	/	/	/
	VS2	1.010,00	1.276,00	364.761,00	266,00	1.072,83	18,40	338,68	4,94	4,52	1.060,00	1.070,00
WU	*VS1*	707,00	739,00	60.085,00	32,00	723,92	7,38	54,52	0,13	-0,78	731,00	731,00
	VS2	780,00	800,00	189.909,00	20,00	794,60	3,78	14,30	-0,61	0,31	790,00	791,00
QT	*VS1*	1.030,00	1.102,00	239.959,00	72,00	1.061,77	13,68	18,71	0,52	0,44	1.076,00	1.080,00
	VS2	1.012,00	1.134,00	539.038,00	122,00	1.065,29	11,01	12,13	-0,27	5,21	1.068,00	1.069,00
HR	*VS1*	1.415,00	1.496,00	148.401,00	81,00	1.454,91	20,55	422,10	0,05	-0,61	1.458,00	1.468,00
	VS2	1.421,00	1.511,00	277.785,00	90,00	1.469,76	20,12	404,90	-0,05	-0,63	1.481,00	1.495,00

Infiltrierzeit [s]		Min	Max	Summe	Range	Mittelwert	Standardabw	Varianz	Schiefe	Kurtosis	Bester Bereich	
SS	*VS1*	88,00	140,00	52.656,00	52,00	113,73	10,06	101,21	-1,30	0,48	119,00	120,00
	VS2	56,00	139,00	12.654,00	83,00	124,06	17,01	289,46	-2,97	9,17	/	/
WO	*VS1*	48,00	92,00	19.716,00	44,00	61,81	13,62	185,37	0,82	-0,58	48,00	65,00
	VS2	56,00	113,00	23.545,00	57,00	68,85	10,75	115,57	1,12	1,18	78,00	81,00
WU	*VS1*	54,00	113,00	6.941,00	59,00	73,84	8,54	72,89	2,84	10,86	80,00	80,00
	VS2	59,00	99,00	24.698,00	40,00	67,67	5,11	26,12	1,33	4,41	68,00	69,00
QT	*VS1*	29,00	96,00	16.526,00	67,00	51,48	7,28	52,99	1,11	8,59	48,00	48,00
	VS2	29,00	116,00	32.980,00	87,00	64,67	10,30	106,00	-1,38	8,19	69,00	70,00
HR	*VS1*	53,00	57,00	5.144,00	4,00	55,31	1,48	2,20	0,02	-1,68	53,00	54,00
	VS2	54,00	71,00	10.717,00	17,00	59,87	5,40	29,10	0,44	-1,59	65,00	68,00

t Stifte ausfahren [s]		Min	Max	Summe	Range	Mittelwert	Standardabw	Varianz	Schiefe	Kurtosis	Bester Bereich	
SS	*VS1*	170,00	266,00	80.764,00	96,00	193,22	19,35	374,23	1,29	0,62	175,00	191,00
	VS2	174,00	285,00	25.076,00	111,00	214,33	18,85	355,22	1,14	2,88		
WO	*VS1*	212,00	237,00	63.664,00	25,00	220,29	6,51	42,33	0,57	-1,14	210,00	220,00
	VS2	258,00	318,00	97.811,00	60,00	283,51	13,79	190,16	-0,11	-1,01	289,00	292,00
WU	*VS1*	/	/	/	/	/	/	/	/	/	/	/
	VS2	259,00	370,00	115.475,00	111,00	285,12	12,36	152,72	1,14	6,29	278,00	296,00
QT	*VS1*	186,00	428,00	90.166,00	242,00	279,15	38,01	1.444,78	-0,10	2,06	285,00	286,00
	VS2	151,00	305,00	115.842,00	154,00	213,34	25,94	672,65	0,87	1,81	205,00	206,00
HR	*VS1*	/	/	/	/	/	/	/	/	/	/	/
	VS2	210,00	365,00	64.872,00	155,00	274,88	35,60	1.267,34	0,92	0,14	250,00	258,00

Harzmenge [kg]		Min	Max	Summe	Range	Mittelwert	Standardabw	Varianz	Schiefe	Kurtosis	Bester Bereich	
SS	VS1	0,68	0,75	295,36	0,07	0,71	0,01	0,00	0,75	3,76	0,71	0,72
	VS2	0,70	1,11	64,38	0,41	0,75	0,05	0,00	4,99	35,78	/	/
WO	VS1	0,43	0,56	162,87	0,14	0,51	0,04	0,00	-0,60	-0,92	0,53	0,55
	VS2	0,41	0,58	64,48	0,17	0,55	0,03	0,00	-0,89	1,56	0,52	0,52
WU	VS1	0,55	0,60	47,66	0,05	0,56	0,01	0,00	1,34	1,52	0,56	0,57
	VS2	0,52	0,59	167,94	0,07	0,56	0,01	0,00	-1,85	2,53	0,55	0,56
QT	VS1	0,46	0,53	145,97	0,07	0,49	0,01	0,00	0,64	-0,20	0,47	0,49
	VS2	0,50	0,60	195,77	0,10	0,57	0,03	0,00	-1,64	0,85	0,58	0,59
HR	VS1	1,00	1,15	109,58	0,15	1,07	0,07	0,00	-0,02	-1,98	1,00	1,00
	VS2	1,10	1,23	173,28	0,13	1,13	0,03	0,00	0,81	-0,88	1,10	1,11

Presskraft [kN]		Min	Max	Summe	Range	Mittelwert	Standardabw	Varianz	Schiefe	Kurtosis	Bester Bereich	
SS	VS1	1.680,00	2.518,00	908.625,00	838,00	1.929,14	282,80	79.975,12	1,15	-0,50	1.696,00	1.793,00
	VS2	1.580,00	3.801,00	146.028,00	2.221,00	2.281,69	759,51	576.857,17	0,39	-1,70	/	/
WO	VS1	1.331,00	2.205,00	493.513,00	874,00	1.537,42	215,97	46.643,62	2,38	4,34	1.540,00	1.580,00
	VS2	1.376,00	1.431,00	483.446,00	55,00	1.405,37	11,70	136,82	-0,10	-0,87	1.406,00	1.407,00
WU	VS1	1.440,00	2.200,00	196.786,00	760,00	2.071,43	218,24	47.628,74	-2,26	3,33	1.457,00	1.460,00
	VS2	1.376,00	1.428,00	515.413,00	52,00	1.404,40	10,98	120,54	-0,04	-0,99	1.398,00	1.403,00
QT	VS1	1.994,00	2.520,00	706.156,00	526,00	2.179,49	83,07	6.901,12	-0,65	2,04	2.202,00	2.246,00
	VS2	1.587,00	2.121,00	926.874,00	534,00	1.775,62	198,61	39.446,64	0,42	-1,75	1.596,00	1.619,00
HR	VS1	4.482,00	4.616,00	466.791,00	134,00	4.531,95	49,81	2.481,40	0,46	-1,58	4.511,00	4.528,00
	VS2	2.432,00	3.803,00	361.741,00	1.371,00	3.318,73	488,05	238.190,87	-0,66	-1,02	3.675,00	3.760,00

T UW A [°C]		Min	Max	Summe	Range	Mittelwert	Standardabw	Varianz	Schiefe	Kurtosis	Bester Bereich	
Alle	VS1	100,00	128,30	124.886,40	28,30	119,39	5,93	35,13	-1,48	2,54	115,00	125,00
	VS2	103,20	134,00	193.218,40	30,80	121,44	5,49	30,11	0,37	0,35	116,00	120,00

T UW R [°C]		Min	Max	Summe	Range	Mittelwert	Standardabw	Varianz	Schiefe	Kurtosis	Bester Bereich	
Alle	VS1	109,60	139,90	179.270,10	30,30	122,29	3,32	11,04	1,95	10,34	120,00	125,00
	VS2	103,10	139,90	197.658,50	36,80	116,89	5,97	35,64	0,13	0,94	121,00	123,00

T UW N [°C]		Min	Max	Summe	Range	Mittelwert	Standardabw	Varianz	Schiefe	Kurtosis	Bester Bereich	
Alle	VS1	125,20	141,10	175.536,30	15,90	131,29	3,03	9,20	-0,22	-0,78	133,00	135,00
	VS2	120,30	141,10	215.826,10	20,80	129,86	3,97	15,79	-0,27	-0,19	130,00	132,00

T OW A [°C]		Min	Max	Summe	Range	Mittelwert	Standardabw	Varianz	Schiefe	Kurtosis	Bester Bereich	
Alle	VS1	100,80	140,00	167.473,20	39,20	124,42	9,95	99,00	0,23	-1,37	135,00	140,00
	VS2	101,10	138,80	195.516,30	37,70	122,89	8,68	75,34	-0,28	-1,40	132,00	133,00

T OW R [°C]		Min	Max	Summe	Range	Mittelwert	Standardabw	Varianz	Schiefe	Kurtosis	Bester Bereich	
Alle	VS1	100,20	150,40	201.669,40	50,20	122,30	7,71	59,43	-0,49	0,78	120,00	125,00
	VS2	100,00	150,20	196.529,80	50,20	116,29	7,73	59,75	0,49	0,81	114,00	116,00

T OW N [°C]		Min	Max	Summe	Range	Mittelwert	Standardabw	Varianz	Schiefe	Kurtosis	Bester Bereich	
Alle	VS1	108,10	141,60	170.421,60	33,50	124,58	9,57	91,51	0,28	-1,73	112,00	112,00
	VS2	108,10	158,90	209.144,50	50,80	125,76	4,46	19,91	0,36	5,01	129,00	130,00

T Harz [°C]		Min	Max	Summe	Range	Mittelwert	Standardabw	Varianz	Schiefe	Kurtosis	Bester Bereich	
Alle	VS1	30,20	51,40	65.193,60	21,20	39,39	3,72	13,83	0,05	-0,64	39,00	46,00
	VS2	30,80	50,60	73.322,50	19,80	42,60	4,72	22,32	-0,42	-0,95	47,00	50,00

T Härter [°C]		Min	Max	Summe	Range	Mittelwert	Standardabw	Varianz	Schiefe	Kurtosis	Bester Bereich	
Alle	VS1	25,70	34,40	43.360,60	8,70	32,05	1,23	1,51	-1,20	3,05	32,00	33,00
	VS2	27,20	37,50	53.516,80	10,30	33,01	1,67	2,78	-0,12	-0,28	32,00	33,00

Lagerdauer OS [d]		Min	Max	Summe	Range	Mittelwert	Standardabw	Varianz	Schiefe	Kurtosis	Bester Bereich	
Alle	VS1	0,01	40,88	16.077,94	40,87	8,29	6,60	43,61	1,36	3,95	1,00	10,00
	VS2	0,76	92,73	71.234,00	91,97	21,55	14,87	221,12	1,82	5,10	1,00	10,00

Lagerdauer MS [d]		Min	Max	Summe	Range	Mittelwert	Standardabw	Varianz	Schiefe	Kurtosis	Bester Bereich	
Alle	VS1	0,01	13,55	1.879,90	13,54	3,93	3,81	14,55	1,07	0,20	1,00	5,00
	VS2	23,29	43,27	10.066,35	19,97	29,78	5,69	32,39	1,51	0,95	/	/

Lagerdauer US [d]		Min	Max	Summe	Range	Mittelwert	Standardabw	Varianz	Schiefe	Kurtosis	Bester Bereich	
Alle	VS1	0,11	40,88	13.379,82	40,77	7,28	6,68	44,61	1,76	4,93	1,00	10,00
	VS2	0,76	92,73	42.305,32	91,97	16,53	9,35	87,44	1,01	3,69	1,00	12,00

Anhang 14 Übersicht Verteilungsbewertung

Stackgewicht [g]		Min	Max	Summe	Range	Mittelwert	Standardabw.	Varianz	Schiefe	Exzess
SS	*VS1*	2.678,00	2.743,00	1.125.590,00	65,00	2.712,27	14,15	200,35	-0,02	-3,55
	VS2	2.644,00	2.774,00	133.368,00	130,00	2.721,80	18,01	324,33	-1,17	4,54
WO	*VS1*	1.090,00	1990,00	37.136,00	90,00	174,35	17,01	289,43	-1,37	-1,32
	VS2	1.060,00	1.086,00	161.589,00	26,00	1.070,13	5,29	27,99	0,05	-3,43
WU	*VS1*	707,00	739,00	50.648,00	32,00	723,54	7,62	58,08	0,22	-3,77
	VS2	786,00	825,00	241.751,00	39,00	797,86	5,84	34,10	0,74	-1,39
QT	*VS1*	1.030,00	1.091,00	160.845,00	61,00	1.058,19	11,76	138,31	0,17	-3,01
	VS2	1.050,00	1.089,00	259.225,00	39,00	1.066,77	8,15	66,34	0,05	-3,52
HR	*VS1*	1.415,00	1.496,00	145.549,00	81,00	1.455,49	20,33	413,40	0,03	-3,55
	VS2	1.435,00	1.511,00	186.585,00	76,00	1.469,17	19,89	395,68	0,09	-3,89

Infiltrierzeit [s]		Min	Max	Summe	Range	Mittelwert	Standardabw.	Varianz	Schiefe	Exzess
SS	*VS1*	118,00	120,00	37.585,00	2,00	118,57	0,55	0,30	0,21	-4,03
	VS2	128,00	139,00	3.507,00	11,00	129,89	3,50	12,26	1,97	-0,35
WO	*VS1*	52,00	127,00	7.805,00	75,00	72,27	12,16	147,86	1,48	-0,18
	VS2	61,00	65,00	3.786,00	4,00	62,07	0,81	0,66	1,03	-0,84
WU	*VS1*	69,00	113,00	3.033,00	44,00	72,21	9,18	84,32	4,06	12,94
	VS2	62,00	72,00	15.482,00	10,00	67,61	1,71	2,92	-2,44	2,77
QT	*VS1*	48,00	70,00	11.797,00	22,00	50,85	3,91	15,26	3,12	7,55
	VS2	67,00	70,00	13.807,00	3,00	68,02	0,62	0,38	0,12	-2,93
HR	*VS1*	53,00	71,00	5.519,00	18,00	56,32	4,05	16,38	2,72	4,07
	VS2	54,00	71,00	7.553,00	17,00	61,41	5,84	34,06	-0,18	-4,85

t Stifte ausfahren [s]		Min	Max	Summe	Range	Mittelwert	Standardabw.	Varianz	Schiefe	Exzess
SS	*VS1*	170,00	224,00	42.278,00	54,00	181,45	5,65	31,96	3,50	20,49
	VS2	207,00	222,00	6.756,00	15,00	211,13	3,78	14,31	1,91	0,18
WO	*VS1*	212,00	218,00	30.524,00	6,00	214,96	1,35	1,81	0,24	-3,12
	VS2	258,00	309,00	59.180,00	51,00	276,54	11,67	136,25	0,37	-3,91
WU	*VS1*	214,00	217,00	2.580,00	3,00	215,00	0,85	0,73	1,06	-1,08
	VS2	276,00	316,00	86.710,00	40,00	286,17	5,96	35,56	0,98	-0,94
QT	*VS1*	222,00	428,00	69.204,00	206,00	292,00	29,02	842,13	1,56	0,31
	VS2	204,00	226,00	50.646,00	22,00	210,15	3,71	13,77	0,69	-2,13
HR	*VS1*	268,00	292,00	11.417,00	24,00	285,43	6,08	36,97	-2,17	1,14
	VS2	248,00	255,00	21.674,00	7,00	252,02	1,70	2,89	-0,10	-3,35

Harzmenge [kg]		Min	Max	Summe	Range	Mittelwert	Standardabw.	Varianz	Schiefe	Exzess
SS	VS1	0,71	0,72	175,07	0,01	0,72	0,00	0,00	0,06	-3,37
	VS2	0,73	0,74	19,73	0,01	0,73	0,00	0,00	0,05	-4,05
WO	VS1	0,48	0,49	46,77	0,01	0,48	0,00	0,00	-0,17	-3,76
	VS2	0,58	0,60	48,84	0,02	0,59	0,00	0,00	1,29	0,25
WU	VS1	0,55	0,56	27,12	0,01	0,55	0,00	0,00	-0,03	-3,68
	VS2	0,56	0,57	139,41	0,01	0,56	0,00	0,00	0,13	-3,13
QT	VS1	0,46	0,51	97,63	0,05	0,48	0,01	0,00	-0,02	-1,58
	VS2	0,58	0,60	130,70	0,01	0,59	0,00	0,00	-0,04	-2,77
HR	VS1	1,14	1,15	54,79	0,01	1,14	0,00	0,00	0,07	-3,81
	VS2	1,10	1,11	110,74	0,01	1,11	0,00	0,00	-0,17	-2,89

Presskraft [kN]		Min	Max	Summe	Range	Mittelwert	Standardabw.	Varianz	Schiefe	Exzess
SS	VS1	1.780,00	1.898,00	336.713,00	118,00	1.820,07	22,94	526,42	0,32	-2,98
	VS2	1.580,00	1.599,00	36.546,00	190,00	1.588,96	4,35	18,95	-0,04	-2,04
WO	VS1	1.410,00	1.587,00	278.495,00	177,00	1.481,36	43,84	1.922,22	0,49	-3,36
	VS2	1.385,00	1.428,00	88.699,00	43,00	1.407,92	11,63	135,14	-0,24	-4,03
WU	VS1	2.107,00	2.198,00	155.108,00	91,00	2.154,28	25,68	659,53	-0,03	-4,12
	VS2	1.376,00	1.426,00	328.426,00	50,00	1.403,53	10,60	112,35	-0,10	-3,91
QT	VS1	2.171,00	2.239,00	478.703,00	68,00	2.216,22	13,67	186,86	-0,40	-3,33
	VS2	1.989,00	2.016,00	232.257,00	27,00	2.002,22	6,62	43,81	0,05	-3,88
HR	VS1	4.482,00	4.527,00	269.728,00	45,00	4.495,47	14,20	201,71	0,80	-3,49
	VS2	3.703,00	3.803,00	201.974,00	100,00	3.740,26	25,40	645,10	0,74	-2,94

T UW A [°C]		Min	Max	Summe	Range	Mittelwert	Standardabw.	Varianz	Schiefe	Exzess
Alle	VS1	100,00	127,30	93.409,60	27,30	118,84	5,76	33,15	-1,45	0,06
	VS2	110,50	134,00	190.015,20	23,50	121,73	5,12	26,21	0,81	-3,30

T UW R [°C]		Min	Max	Summe	Range	Mittelwert	Standardabw.	Varianz	Schiefe	Exzess
Alle	VS1	111,00	127,90	124.602,20	16,90	122,04	2,13	45,18	-2,57	6,98
	VS2	103,10	130,80	181.310,70	27,70	116,15	5,34	28,49	-0,43	-3,32

T UW N [°C]		Min	Max	Summe	Range	Mittelwert	Standardabw.	Varianz	Schiefe	Exzess
Alle	VS1	125,20	134,80	142.348,80	9,60	130,96	2,92	8,55	-0,54	-4,46
	VS2	120,30	139,60	198.879,50	19,30	129,82	3,80	14,42	-0,34	-3,14

T OW A [°C]		Min	Max	Summe	Range	Mittelwert	Standardabw.	Varianz	Schiefe	Exzess
Alle	VS1	112,40	138,50	135.066,30	26,10	124,26	9,15	83,70	0,50	-4,55
	VS2	111,30	138,80	192.380,70	27,50	123,24	8,37	70,04	-0,22	-4,58

T OW R [°C]		Min	Max	Summe	Range	Mittelwert	Standardabw.	Varianz	Schiefe	Exzess
Alle	VS1	111,20	133,80	135.381,00	22,60	124,55	5,14	26,45	-0,36	-3,83
	VS2	100,00	127,90	179.498,70	27,90	115,06	6,43	41,40	-0,14	-3,66

T OW N [°C]		Min	Max	Summe	Range	Mittelwert	Standardabw.	Varianz	Schiefe	Exzess
Alle	*VS1*	111,50	137,20	134.438,20	25,70	123,68	9,48	89,78	0,52	-4,70
	VS2	120,10	133,40	195.951,70	13,30	125,53	3,06	93,83	0,41	-4,00

T Harz [°C]		Min	Max	Summe	Range	Mittelwert	Standardabw.	Varianz	Schiefe	Exzess
Alle	*VS1*	30,60	46,60	43.991,20	16,00	40,47	3,40	11,54	-0,39	-3,43
	VS2	31,20	50,60	66.074,10	19,40	43,30	4,46	19,89	-0,63	-3,60

T Härter [°C]		Min	Max	Summe	Range	Mittelwert	Standardabw.	Varianz	Schiefe	Exzess
Alle	*VS1*	28,50	34,40	34.991,60	5,90	32,19	1,14	1,30	-0,71	-3,08
	VS2	27,20	37,50	50.532,70	10,30	33,11	1,65	2,72	-0,18	-3,20

Anhang 15 Übersicht Mittelwertanalyse Gesamtqualität

		VS1			VS2		
		i.O.	n.i.O.	Wichtigkeit	i.O.	n.i.O.	Wichtigkeit
QT	Menge Harzauftrag 1 [kg]	0,484	0,491	0,999	0,579	0,556	1,000
	Stackgewicht ohne Harz [g]	915,782	970,747	0,980	1066,236	1038,322	1,000
	Infiltrierzeit [s]	52,201	49,825	0,993	68,189	61,439	1,000
	Temp UW Auswerfer [1/10°C]	1177,627	1189,667	1,000	1195,700	1206,547	1,000
	Temp UW Rahmen [1/10°C]	1223,618	1228,182	0,980	1214,266	1218,726	0,999
	Temp UW Nest [1/10°C]	1333,524	1329,848	0,956	1303,759	1303,506	0,105
	Temp OW Auswerfer [1/10°C]	1190,587	1173,869	1,000	1124,939	1132,185	1,000
	Temp OW Rahmen [1/10°C]	1211,844	1156,727	1,000	1105,695	1090,681	0,997
	Temp OW Nest [1/10°C]	1171,862	1187,586	1,000	1229,238	1234,451	0,916
	t bis WZ Stifte ausfahren [s]	279,259	278,909	0,061	207,327	219,782	1,000
	Presskraft [kN]	2192,018	2151,030	1,000	1727,825	1829,095	1,000
	Temp Harz [1/10°C]	385,938	376,279	0,993	453,085	425,773	1,000
	Temp Härter [1/10°C]	312,625	310,058	0,980	327,221	302,700	1,000
	Lagerdauer Oberstack [d]	8,837	11,180	1,000	13,104	13,748	0,806
	Lagerdauer Unterstack [d]	8,166	10,876	1,000	13,104	13,780	0,828
HR	Menge Harzauftrag 1 [kg]	1,064	1,097	0,982	1,095	1,134	0,996
	Stackgewicht ohne Harz [g]	1474,592	1453,094	0,548	1504,253	1518,658	0,312
	Infiltrierzeit [s]	56,479	56,906	0,357	65,081	60,315	0,977
	Temp UW Auswerfer [1/10°C]	1154,662	1155,062	0,432	1180,709	1183,167	0,617
	Temp UW Rahmen [1/10°C]	1232,183	1237,938	0,990	1164,371	1144,774	1,000
	Temp UW Nest [1/10°C]	1324,507	1327,438	0,970	1248,648	1267,083	0,991
	Temp OW Auswerfer [1/10°C]	1318,056	1322,188	0,999	1277,203	1271,850	0,954
	Temp OW Rahmen [1/10°C]	1147,676	1148,281	0,151	1246,733	1227,759	1,000
	Temp OW Nest [1/10°C]	1358,169	1360,469	0,896	1326,716	1257,182	1,000
	t bis WZ Stifte ausfahren [s]	287,125	282,875	0,972	257,771	288,595	1,000
	Presskraft [kN]	4529,507	4537,375	0,539	2459,000	2552,360	0,444
	Temp Harz [1/10°C]	391,143	390,188	0,178	428,257	400,226	1,000
	Temp Härter [1/10°C]	325,686	323,906	0,855	269,867	296,662	0,926
	Lagerdauer Oberstack [d]	3,231	3,273	0,356	28,179	19,316	1,000

		VS1			VS2		
		i.O.	n.i.O.	Wichtigkeit	i.O.	n.i.O.	Wichtigkeit
WU	Menge Harzauftrag 1 [kg]	0,570	0,566	0,531	0,558	0,558	0,317
	Stackgewicht ohne Harz [g]	724,789	734,164	0,584	802,781	812,927	0,951
	Infiltrierzeit [s]	75,957	74,722	0,279	68,578	67,243	0,911
	Temp UW Auswerfer [1/10°C]	1237,174	1239,458	0,463	1195,906	1225,295	1,000
	Temp UW Rahmen [1/10°C]	1203,870	1210,847	0,644	1134,548	1162,599	1,000
	Temp UW Nest [1/10°C]	1313,826	1307,056	0,931	1265,665	1289,977	1,000
	Temp OW Auswerfer [1/10°C]	1380,609	1382,250	0,505	1320,656	1315,161	0,980
	Temp OW Rahmen [1/10°C]	1190,087	1186,014	0,727	1200,603	1199,703	0,137
	Temp OW Nest [1/10°C]	1362,435	1361,806	0,410	1292,183	1297,842	0,628
	t bis WZ Stifte ausfahren [s]	222,357	272,000	1,000	284,335	284,012	0,176
	Presskraft [kN]	1816,522	2152,861	1,000	1403,509	1413,886	1,000
	Temp Harz [1/10°C]	375,739	390,347	0,828	426,121	414,442	0,991
	Temp Härter [1/10°C]	312,783	312,319	0,080	306,247	288,012	0,964
	Lagerdauer Oberstack [d]	2,727	2,974	0,405	18,440	15,822	1,000
	Lagerdauer Unterstack [d]	1,468	11,656	1,000	17,700	14,553	1,000
WO	Menge Harzauftrag 1 [kg]	0,513	0,498	0,992	0,562	0,567	0,760
	Stackgewicht ohne Harz [g]	162,068	158,486	0,382	1065,471	1066,624	0,185
	Infiltrierzeit [s]	61,000	66,167	0,993	70,440	68,383	0,864
	Temp UW Auswerfer [1/10°C]	1241,305	1244,583	0,997	1247,147	1262,272	0,984
	Temp UW Rahmen [1/10°C]	1214,787	1209,486	0,854	1113,515	1131,963	0,999
	Temp UW Nest [1/10°C]	1327,807	1327,514	0,368	1284,522	1301,818	0,997
	Temp OW Auswerfer [1/10°C]	1370,871	1372,278	0,958	1287,375	1288,343	0,186
	Temp OW Rahmen [1/10°C]	1221,542	1217,264	0,893	1164,184	1165,841	0,256
	Temp OW Nest [1/10°C]	1359,932	1360,375	0,741	1259,294	1266,216	0,939
	t bis WZ Stifte ausfahren [s]	224,149	231,667	0,998	283,816	281,336	0,816
	Presskraft [kN]	1532,120	1555,764	0,586	1405,809	1417,122	0,889
	Temp Harz [1/10°C]	430,578	430,194	0,087	443,132	439,336	0,608
	Temp Härter [1/10°C]	328,783	331292,000	0,993	337,787	337,593	0,067
	Lagerdauer Oberstack [d]	10,290	11,822	1,000	14,433	13,081	0,934
	Lagerdauer Unterstack [d]	6,027	9,704	1,000	11,251	12,534	0,977

		VS1			VS2		
		i.O.	n.i.O.	Wichtigkeit	i.O.	n.i.O.	Wichtigkeit
SS	Menge Harzauftrag 1 [kg]	0,696	0,687	0,944	/	0,743	/
	Stackgewicht ohne Harz [g]	2713,102	2701,018	0,897	/	2486,009	/
	Infiltrierzeit [s]	116,504	112,308	1,000	/	127,425	/
	Temp UW Auswerfer [1/10°C]	970,389	1015,846	0,999	/	1264,795	/
	Temp UW Rahmen [1/10°C]	1125,148	1083,604	0,883	/	1345,812	/
	Temp UW Nest [1/10°C]	1281,602	1290,634	0,997	/	1345,812	/
	Temp OW Auswerfer [1/10°C]	1164,537	1170,736	0,993	/	1187,145	/
	Temp OW Rahmen [1/10°C]	1294,500	1293,414	0,438	/	1120,718	/
	Temp OW Nest [1/10°C]	1170,980	1172,458	0,436	/	1243,598	/
	t bis WZ Stifte ausfahren [s]	186,800	200,343	1,000	/	214,325	/
	Presskraft [kN]	1854,971	2008,863	1,000	/	1724,900	/
	Temp Harz [1/10°C]	406,406	393,392	1,000	/	402,195	/
	Temp Härter [1/10°C]	323,885	319,101	1,000	/	330,664	/
	Lagerdauer Oberstack [d]	2,586	4,465	1,000	/	30,270	/
	Lagerdauer Mittelstack [d]	1,069	5,602	0,998	/	30,044	/
	Lagerdauer Unterstack [d]	3,030	3,542	0,991	/	27,480	/

Anhang 16 Übersicht Mittelwertanalyse Merkmalsentstehung

		VS1						VS2					
		Querfalten	Längsfalten	Welligkeiten	Trockenstelle	Poren, Fehlstellen, Lufteinschlüsse	Wichtigkeit	Querfalten	Längsfalten	Welligkeiten	Trockenstelle	Poren, Fehlstellen, Lufteinschlüsse	Wichtigkeit
QT	Stackgewicht ohne Harz [g]	1.007	1.080	937	955	1.008	0,59	1.066	1.066	1.052	1.063	1.066	0,27
	Infiltrierzeit [s]	63	50	69	50	66	0,09	74	68	150	58	81	0,29
	Menge Harzauftrag 1 [kg]	0,485	0,510	0,485	0,489	0,497	0,93	0,445	0,292	0,506	0,483	0,383	1,00
	t bis WZ Stifte ausfahren [s]	271	307	562	283	252	0,43	229	206	275	235	211	0,12
	Temp UW Auswerfer [1/10°C]	1.189	1.177	1.184	1.181	1.197	0,98	1.200	1.199	1.178	1.199	1.199	0,48
	Temp UW Rahmen [1/10°C]	1.221	1.242	1.217	1.227	1.222	0,72	1.214	1.210	1.215	1.212	1.214	0,19
	Temp UW Nest [1/10°C]	1.321	1.339	1.327	1.331	1.323	0,60	1.303	1.302	1.303	1.306	1.306	0,49
	Temp OW Auswerfer [1/10°C]	1.164	1.191	1.175	1.184	1.155	0,99	1.125	1.128	1.108	1.128	1.126	0,39
	Temp OW Rahmen [1/10°C]	1.133	1.219	1.165	1.187	1.117	0,98	1.053	1.086	1.106	1.055	1.091	1,00
	Temp OW Nest [1/10°C]	1.190	1.167	1.188	1.176	1.202	1,00	1.220	1.228	1.222	1.224	1.226	0,01
	Presskraft [kN]	2.118	2.200	2.163	2.176	2.112	0,93	1.925	1.610	1.719	1.899	1.791	1,00
	Temp Harz [1/10°C]	322	368	321	361	359	0,41	328	444	434	371	433	1,00
	Temp Härter [1/10°C]	272	305	260	298	289	0,42	263	329	312	290	319	0,96
	Lagerdauer Oberstack [d]	12,22	10,33	5,39	10,70	10,11	1,00	12,81	15,72	13,88	13,84	11,77	0,95
	Lagerdauer Unterstack [d]	12,12	10,33	7,54	10,50	9,71	1,00	12,81	15,72	13,88	13,84	11,77	0,95
HR	Stackgewicht ohne Harz [g]	/	/	/	1.452	1.451	0,06	/	/	/	730	1.605	1,00
	Infiltrierzeit [s]	/	/	/	57	55	0,52	/	/	/	58	68	1,00
	Menge Harzauftrag 1 [kg]	/	/	/	1,080	1,051	0,44	/	/	/	0,531	1,083	1,00
	t bis WZ Stifte ausfahren [s]	/	/	/	1.246	1.105	0,28	/	/	/	263	255	0,63
	Temp UW Auswerfer [1/10°C]	/	/	/	1.155	1.153	0,63	/	/	/	554	1.187	1,00
	Temp UW Rahmen [1/10°C]	/	/	/	1.238	1.229	0,72	/	/	/	1.182	1.151	1,00
	Temp UW Nest [1/10°C]	/	/	/	1.327	1.322	0,74	/	/	/	1.215	1.292	1,00
	Temp OW Auswerfer [1/10°C]	/	/	/	1.322	1.318	0,52	/	/	/	601	1.272	1,00
	Temp OW Rahmen [1/10°C]	/	/	/	1.149	1.156	0,43	/	/	/	1.259	1.240	0,89
	Temp OW Nest [1/10°C]	/	/	/	1.361	1.356	0,83	/	/	/	590	1.261	1,00
	Presskraft [kN]	/	/	/	4.515	4.523	0,18	/	/	/	979	1.620	0,77
	Temp Harz [1/10°C]	/	/	/	389	405	0,63	/	/	/	395	457	1,00
	Temp Härter [1/10°C]	/	/	/	325	330	0,67	/	/	/	176	357	1,00
	Lagerdauer Oberstack [d]	/	/	/	3,23	3,20	0,18	/	/	/	24,49	24,41	0,03

		VS1						VS2					
		Querfalten	Längsfalten	Welligkeiten	Trockenstelle	Poren, Fehlstellen, Lufteinschlüsse	Wichtigkeit	Querfalten	Längsfalten	Welligkeiten	Trockenstelle	Poren, Fehlstellen, Lufteinschlüsse	Wichtigkeit
WU	Stackgewicht ohne Harz [g]	755	729	665	/	707	0,94	807	792	731	738	797	0,66
	Infiltrierzeit [s]	76	71	79	/	74	0,19	61	68	50	61	81	0,77
	Menge Harzauftrag 1 [kg]	0,569	0,572	0,566	/	0,565	0,05	/	0,561	0,462	0,457	0,506	0,88
	t bis WZ Stifte ausfahren [s]	1.317	1.489	215	/	1.490	1,00	261	283	285	286	285	0,87
	Temp UW Auswerfer [1/10°C]	1.237	1.230	1.241	/	1.238	0,25	1.284	1.139	1.076	1.055	1.215	0,91
	Temp UW Rahmen [1/10°C]	1.199	1.206	1.218	/	1.219	0,97	1.128	1.053	1.142	1.151	1.123	0,96
	Temp UW Nest [1/10°C]	1.302	1.292	1.328	/	1.308	1,00	1.309	1.197	1.263	1.269	1.276	0,94
	Temp OW Auswerfer [1/10°C]	1.384	1.383	1.379	/	1.383	0,32	1.311	1.387	1.192	1.164	1.322	0,83
	Temp OW Rahmen [1/10°C]	1.188	1.183	1.197	/	1.186	0,72	1.150	1.269	1.200	1.203	1.192	0,73
	Temp OW Nest [1/10°C]	1.362	1.361	1.362	/	1.362	0,07	1.271	1.328	1.207	1.155	1.290	0,77
	Presskraft [kN]	2.156	2.150	1.514	/	2.153	1,00	1.426	1.408	1.310	1.292	1.407	0,80
	Temp Harz [1/10°C]	373	366	399	/	396	0,76	409	449	422	424	424	0,04
	Temp Härter [1/10°C]	311	316	316	/	314	0,09	331	328	297	293	321	0,60
	Lagerdauer Oberstack [d]	3,12	2,56	1,87	/	3,04	0,99	17,39	31,82	18,10	16,69	18,21	0,94
	Lagerdauer Unterstack [d]	10,24	1,85	1,57	/	12,87	1,00	17,39	13,82	17,08	15,27	18,21	0,94
WO	Stackgewicht ohne Harz [g]	187	180	128	148	128	1,00	/	/	/	/	/	/
	Infiltrierzeit [s]	61	60	62	69	79	1,00	190	/	63	69	73	0,99
	Menge Harzauftrag 1 [kg]	0,522	0,523	0,517	0,481	0,474	1,00	0,412	/	0,193	0,140	0,358	1,00
	t bis WZ Stifte ausfahren [s]	224	216	216	231	227	1,00	279	/	276	272	284	1,00
	Temp UW Auswerfer [1/10°C]	1.242	1.238	1.237	1.243	1.243	1,00	1.220	/	1.282	1.291	1.254	1,00
	Temp UW Rahmen [1/10°C]	1.212	1.224	1.226	1.214	1.221	1,00	1.085	/	1.138	1.154	1.120	1,00
	Temp UW Nest [1/10°C]	1.327	1.328	1.329	1.329	1.330	0,82	1.253	/	1.315	1.327	1.292	1,00
	Temp OW Auswerfer [1/10°C]	1.369	1.369	1.369	1.372	1.375	1,00	1.272	/	1.308	1.292	1.290	1,00
	Temp OW Rahmen [1/10°C]	1.225	1.232	1.231	1.222	1.221	0,98	1.158	/	1.179	1.171	1.170	0,53
	Temp OW Nest [1/10°C]	1.359	1.360	1.360	1.361	1.362	1,00	1.246	/	1.279	1.269	1.264	0,99
	Presskraft [kN]	1.555	1.480	1.497	1.517	1.476	0,67	1.403	/	1.407	1.410	1.404	0,86
	Temp Harz [1/10°C]	429	444	434	442	434	0,97	452	/	438	454	448	0,72
	Temp Härter [1/10°C]	330	333	327	335	333	1,00	346	/	339	343	340	0,92
	Lagerdauer Oberstack [d]	11,30	11,36	7,70	12,12	13,47	1,00	15,11	/	15,24	16,83	14,21	0,53
	Lagerdauer Unterstack [d]	4,21	2,56	3,77	9,87	11,32	1,00	15,11	/	10,41	15,67	13,49	1,00

		VS1						VS2					
		Querfalten	Längsfalten	Welligkeiten	Trockenstelle	Poren, Fehlstellen, Lufteinschlüsse	Wichtigkeit	Querfalten	Längsfalten	Welligkeiten	Trockenstelle	Poren, Fehlstellen, Lufteinschlüsse	Wichtigkeit
SS	Stackgewicht ohne Harz [g]	2.673	2.712	2.710	2.719	2.711	0,61	2.670	/	/	2.339	2.494	0,86
	Infiltrierzeit [s]	111	113	119	100	114	1,00	138	/	/	133	129	0,11
	Menge Harzauftrag 1 [kg]	0,698	0,690	0,714	0,608	0,698	1,00	0,695	/	/	0,594	0,653	0,57
	t bis WZ Stifte ausfahren [s]	287	339	182	861	285	1,00	217	/	/	214	209	0,48
	Temp UW Auswerfer [1/10°C]	1.014	1.022	1.023	1.159	993	1,00	1.261	/	/	1.266	1.259	0,97
	Temp UW Rahmen [1/10°C]	1.122	1.217	751	1.201	1.062	1,00	1.134	/	/	1.148	1.148	0,41
	Temp UW Nest [1/10°C]	1.290	1.282	1.270	1.331	1.285	1,00	1.342	/	/	1.347	1.347	0,45
	Temp OW Auswerfer [1/10°C]	1.169	1.167	1.154	1.201	1.168	1,00	1.186	/	/	1.187	1.191	0,67
	Temp OW Rahmen [1/10°C]	1.295	1.291	1.300	1.273	1.298	1,00	1.123	/	/	1.117	1.130	0,91
	Temp OW Nest [1/10°C]	1.163	1.175	1.165	1.211	1.170	1,00	1.242	/	/	1.245	1.250	0,94
	Presskraft [kN]	2.048	1.840	1.729	2.337	1.973	1,00	1.166	/	/	1.239	489	0,86
	Temp Harz [1/10°C]	384	410	414	364	403	1,00	392	/	/	375	416	0,62
	Temp Härter [1/10°C]	316	325	328	312	322	1,00	328	/	/	305	334	0,64
	Lagerdauer Oberstack [d]	5,01	2,51	1,24	5,57	4,35	1,00	29,31	/	28,24	29,97	31,66	0,91
	Lagerdauer Mittelstack [d]	6,56	1,80	1,08	6,87	4,56	1,00	29,14	/	27,93	29,83	31,63	0,94
	Lagerdauer Unterstack [d]	4,19	1,78	1,26	3,63	3,37	1,00	26,69	/	25,45	27,15	29,35	0,86

Anhang 17 Übersicht Korrelationsanalyse

Querträger hinten oben

VS1\VS2	Menge Harzauftrag 1 [kg]	Stackgewicht ohne Harz [g]	Infiltrierzeit [s]	Temp UW Auswerfer [1/10°C]	Temp UW Rahmen [1/10°C]	Temp UW Nest [1/10°C]	Temp OW Auswerfer [1/10°C]	Temp OW Rahmen [1/10°C]	Temp OW Nest [1/10°C]	t bis WZ Stifte ausfahren [s]	Presskraft [kN]	Temp Harz [1/10°C]	Temp Härter [1/10°C]	Lagerdauer Oberstack [d]	Lagerdauer Unterstack [d]	Verweilzeit Werkzeug [s]
Menge Harzauftrag 1 [kg]		0,359	-0,27	0,256	-0,212	0,008	0,255	-0,112	0,216	0,006	0,329	0,272	0,402	-0,204	-0,202	0,282
Stackgewicht ohne Harz [g]	0,119		-0,895	0,901	0,102	0,727	0,902	-0,585	0,741	0,003	0,744	0,002	0,5	0,058	0,059	0,902
Infiltrierzeit [s]	-0,011	0,062		-0,992	-0,077	-0,781	-0,993	0,678	-0,824	0,098	-0,792	-0,004	-0,559	-0,156	-0,157	-0,994
Temp UW Auswerfer [1/10°C]	0,503	0,261	0,077		0,115	0,81	0,999	-0,699	0,829	0,001	0,8	-0,01	0,557	0,166	0,167	0,998
Temp UW Rahmen [1/10°C]	0,194	-0,034	-0,081	0,345		0,618	0,096	0,073	0,075	-0,013	0,029	-0,173	-0,145	0,205	0,174	0,072
Temp UW Nest [1/10°C]	-0,156	-0,212	-0,201	-0,064	0,644		0,801	-0,459	0,675	-0,017	0,597	-0,099	0,335	0,255	0,244	-0,017
Temp OW Auswerfer [1/10°C]	-0,397	-0,316	-0,216	-0,637	0,237	0,777		-0,684	0,93	-0,001	0,789	-0,001	0,561	0,168	0,17	0,999
Temp OW Rahmen [1/10°C]	-0,368	0,308	-0,196	-0,756	0,169	0,643	0,937		-0,553	-0,068	-0,828	0,368	-0,222	-0,07	-0,067	-0,692
Temp OW Nest [1/10°C]	0,389	0,277	0,133	0,833	-0,06	-0,457	-0,831	-0,846		-0,002	0,642	0,001	0,469	0,288	0,289	0,828
t bis WZ Stifte ausfahren [s]	0,023	0,018	0,706	0,024	-0,04	-0,073	-0,087	-0,07	0,05		-0,006	-0,034	-0,009	-0,035	-0,035	0,002
Presskraft [kN]	-0,399	-0,298	-0,169	-0,596	0,107	0,628	0,826	0,78	-0,724	-0,049		-0,355	0,222	-0,108	-0,112	0,797
Temp Harz [1/10°C]	-0,109	-0,121	0,101	-0,575	-0,256	0,038	0,323	0,49	-0,49	0,02	0,273		0,788	0,055	0,057	0,008
Temp Härter [1/10°C]	-0,203	-0,132	0,104	-0,565	-0,219	0,052	0,322	0,475	-0,547	0,017	0,283	0,972		0,175	0,177	0,57
Lagerdauer Oberstack [d]	0,073	0,011	-0,057	0,291	0,234	0,07	-0,049	-0,229	0,134	-0,082	-0,083	-0,381	-0,3		0,998	0,15
Lagerdauer Unterstack [d]	0,055	0,124	-0,052	0,357	0,292	0,004	-0,205	-0,376	0,137	-0,071	-0,134	-0,409	-0,289	0,689		0,151
Verweilzeit Werkzeug [s]	0,012	0,065	0,019	0,095	0,092	0,009	-0,064	-0,088	0,079	0,055	0,006	-0,14	-0,127	0,029	0,051	

	VS1\VS2	Menge Harzauftrag 1 [kg]	Stackgewicht ohne Harz [g]	Infiltrierzeit [s]	Temp UW Auswerfer [1/10°C]	Temp UW Rahmen [1/10°C]	Temp UW Nest [1/10°C]	Temp OW Auswerfer [1/10°C]	Temp OW Rahmen [1/10°C]	Temp OW Nest [1/10°C]	t bis WZ Stifte ausfahren [s]	Presskraft [kN]	Temp Harz [1/10°C]	Temp Härter [1/10°C]	Lagerdauer Oberstack [d]	Lagerdauer Unterstack [d]	Verweilzeit Werkzeug [s]
Heckfensterrahmen	Menge Harzauftrag 1 [kg]		0,621	-0,356	0,677	-0,536	0,577	0,68	-0,168	0,434	0,076	-0,011	0,283	0,687	-0,185		0,685
	Stackgewicht ohne Harz [g]	0,138		-0,514	0,932	-0,654	0,929	0,913	-0,455	0,591	0,037	0,319	0,351	0,904	-0,083		0,922
	Infiltrierzeit [s]	0,596	0,112		-0,549	0,380	-0,53	-0,55	0,121	-0,354	-0,027	-0,272	-0,287	-0,55	0,088		-0,551
	Temp UW Auswerfer [1/10°C]	-0,234	-0,099	-0,212		-0,775	0,925	0,997	-0,312	0,638	0,051	0,333	0,369	0,979	-0,114		0,999
	Temp UW Rahmen [1/10°C]	0,109	-0,185	0,229	0,444		-0,542	-0,776	0,271	-0,497	-0,116	-0,454	0,062	-0,69	0,268		-0,776
	Temp UW Nest [1/10°C]	0,153	-0,228	0,156	0,424	0,9		0,91	-0,398	0,587	0,02	0,273	0,47	0,926	-0,005		0,918
	Temp OW Auswerfer [1/10°C]	0,306	-0,265	0,214	0,286	0,627	0,366		-0,266	0,639	0,052	0,328	0,373	0,98	-0,116		0,999
	Temp OW Rahmen [1/10°C]	-0,172	-0,094	0,16	0,237	0,584	0,362	0,624		-0,246	-0,049	-0,483	0,367	-0,19	0,053		-0,289
	Temp OW Nest [1/10°C]	-0,303	-0,054	-0,144	0,613	0,768	0,735	0,362	0,4		0,029	0,203	0,256	0,63	-0,056		0,639
	t bis WZ Stifte ausfahren [s]	-0,82	0,088	-0,574	0,348	-0,122	-0,175	-0,34	-0,021	0,288		0,069	-0,018	0,029	-0,005		0,053
	Presskraft [kN]	0,765	-0,06	0,582	-0,319	0,062	0,148	0,237	-0,036	-0,296	-0,917		-0,424	0,214	-0,217		0,329
	Temp Harz [1/10°C]	0,067	-0,884	-0,002	0,09	0,318	0,303	0,451	0,374	0,044	-0,172	0,119		0,536	0,232		0,371
	Temp Härter [1/10°C]	-0,287	-0,973	-0,126	0,137	0,219	0,247	0,294	0,157	0,053	-0,044	0,007	0,947		-0,053		0,980
	Lagerdauer Oberstack [d]	0,877	0,88	0,366	-0,203	-0,116	-0,133	-0,073	-0,13	-0,154	-0,322	0,345	-0,74	-0,873			-0,117
	Lagerdauer Unterstack [d]																
	Verweilzeit Werkzeug [s]	0,194	-0,122	0,075	0,065	-0,09	-0,136	0,041	-0,133	-0,119	-0,15	0,177	-0,021	0,061	-0,031		

	VS1\VS2	Menge Harzauftrag 1 [kg]	Stackgewicht ohne Harz [g]	Infiltrierzeit [s]	Temp UW Auswerfer [1/10°C]	Temp UW Rahmen [1/10°C]	Temp UW Nest [1/10°C]	Temp OW Auswerfer [1/10°C]	Temp OW Rahmen [1/10°C]	Temp OW Nest [1/10°C]	t bis WZ Stifte ausfahren [s]	Presskraft [kN]	Temp Harz [1/10°C]	Temp Härter [1/10°C]	Lagerdauer Oberstack [d]	Lagerdauer Unterstack [d]	Verweilzeit Werkzeug [s]
Winfdlauf Unterteil	Menge Harzauftrag 1 [kg]		0,457	-0,536	0,424	-0,49	-0,603	0,533	-0,299	0,439	0,229	0,517	0,426	0,514	0,038	0,039	0,541
	Stackgewicht ohne Harz [g]	-0,057		-0,947	0,946	-0,581	-0,047	0,948	-0,699	0,774	-0,242	0,946	0,543	0,945	-0,028	-0,027	0,952
	Infiltrierzeit [s]	0,011	0,017		-0,982	0,624	0,113	-0,995	0,716	-0,816	0,216	-0,992	-0,572	-0,983	-0,091	-0,094	-0,996
	Temp UW Auswerfer [1/10°C]	0,528	0,019	0,054		-0,557	0,053	0,985	-0,756	0,801	-0,238	0,984	0,496	0,973	0,085	0,088	0,985
	Temp UW Rahmen [1/10°C]	-0,078	-0,11	-0,035	-0,071		0,565	-0,634	0,212	-0,514	0,164	-0,61	-0,434	-0,558	-0,028	-0,03	-0,62
	Temp UW Nest [1/10°C]	0,496	-0,044	0,058	0,808	0,259		-0,18	-0,2	-0,128	-0,094	-0,089	-0,351	-0,075	-0,022	-0,023	-0,104
	Temp OW Auswerfer [1/10°C]	-0,036	-0,08	0,044	-0,015	0,43	-0,03		-0,705	0,814	-0,204	0,994	0,552	0,983	0,098	0,101	0,998
	Temp OW Rahmen [1/10°C]	0,03	-0,026	0,112	0,094	0,107	0,122	0,39		-0,59	0,148	-0,73	-0,026	-0,696	-0,049	-0,051	-0,72
	Temp OW Nest [1/10°C]	-0,014	-0,106	0,11	-0,057	0,693	0,146	0,766	0,437		-0,149	0,811	0,46	0,802	0,107	0,111	0,814
	t bis WZ Stifte ausfahren [s]	-0,073	0,02	-0,157	-0,363	0,429	-0,449	0,252	-0,111	0,312		-0,247	-0,168	-0,204	-0,015	-0,015	-0,204
	Presskraft [kN]	0,008	0,104	-0,116	-0,066	-0,102	-0,481	0,091	-0,126	-0,045	0,78		0,548	0,980	0,092	0,095	0,995
	Temp Harz [1/10°C]	-0,268	-0,024	-0,115	-0,317	0,239	-0,143	-0,05	0,269	0,119	-0,181	-0,011		0,633	-0,015	-0,013	0,563
	Temp Härter [1/10°C]	-0,02	-0,109	0,041	-0,104	0,132	-0,049	0,002	0,188	-0,035	0,095	-0,013	-0,455		0,073	0,076	0,986
	Lagerdauer Oberstack [d]	-0,101	0,052	-0,121	-0,491	0,116	0,339	-0,043	0,03	-0,115	0,072	0,217	0,11	0,055		1,000	0,088
	Lagerdauer Unterstack [d]	-0,487	0,116	-0,191	-0,159	0,237	-0,258	0,128	-0,02	0,05	0,528	0,483	0,329	0,022	-0,019		0,091
	Verweilzeit Werkzeug [s]	0,111	-0,078	0,061	0,244	-0,034	0,157	-0,036	-0,007	-0,078	-0,068	0,04	0,008	0,031	0,276	0,127	

	VS1\VS2	Menge Harzauftrag 1 [kg]	Stackgewicht ohne Harz [g]	Infiltrierzeit [s]	Temp UW Auswerfer [1/10°C]	Temp UW Rahmen [1/10°C]	Temp UW Nest [1/10°C]	Temp OW Auswerfer [1/10°C]	Temp OW Rahmen [1/10°C]	Temp OW Nest [1/10°C]	t bis WZ Stifte ausfahren [s]	Presskraft [kN]	Temp Harz [1/10°C]	Temp Härter [1/10°C]	Lagerdauer Oberstack [d]	Lagerdauer Unterstack [d]	Verweilzeit Werkzeug [s]
Windlauf Oberteil	Menge Harzauftrag 1 [kg]		0,113	0,025	-0,473	-0,708	-0,752	-0,233	-0,562	-0,242	0,536	0,086	-0,198	-0,127	-0,424	-0,385	0,066
	Stackgewicht ohne Harz [g]	0,148		-0,526	0,631	-0,096	0,05	0,691	-0,058	0,707	-0,026	0,495	0,221	0,689	-0,092	-0,093	0,764
	Infiltrierzeit [s]	-0,702	-0,082		-0,549	0,057	-0,027	-0,614	0,028	-0,638	0,117	-0,443	0,203	-0,58	-0,022	-0,029	-0,689
	Temp UW Auswerfer [1/10°C]	0,245	0,403	-0,177		0,449	0,613	0,919	0,26	0,931	-0,325	0,448	0,194	0,687	0,145	0,092	0,761
	Temp UW Rahmen [1/10°C]	-0,399	-0,506	0,3	-0,934		0,953	0,142	0,609	0,223	-0,485	0,063	0,116	-0,023	0,104	0,003	-0,145
	Temp UW Nest [1/10°C]	-0,283	-0,572	0,119	-0,697	0,79		0,33	0,635	0,367	-0,408	0,01	0,134	0,096	0,146	0,045	-0,024
	Temp OW Auswerfer [1/10°C]	-0,204	-0,27	0,112	0,138	0,095	0,173		0,14	0,972	-0,08	0,389	0,162	0,745	0,093	0,064	0,88
	Temp OW Rahmen [1/10°C]	-0,157	-0,275	0,248	-0,698	0,642	0,42	-0,35		0,175	-0,203	-0,333	0,661	0,247	0,147	0,143	-0,203
	Temp OW Nest [1/10°C]	-0,454	-0,448	0,329	-0,556	0,732	0,676	0,656	0,245		-0,218	0,531	0,222	0,791	0,092	0,067	0,896
	t bis WZ Stifte ausfahren [s]	0,189	0,439	-0,151	0,952	-0,953	-0,724	-0,146	-0,658	-0,612		-0,501	-0,175	-0,212	-0,323	-0,303	-0,106
	Presskraft [kN]	0,367	0,462	-0,214	0,885	-0,944	-0,823	-0,146	-0,527	-0,754	0,899		-0,093	0,385	-0,071	-0,08	0,647
	Temp Harz [1/10°C]	-0,295	-0,15	0,271	-0,598	0,56	0,556	-0,364	0,773	0,217	-0,512	-0,517		0,649	-0,026	0,03	0,13
	Temp Härter [1/10°C]	-0,401	0,086	0,354	-0,394	0,388	0,472	-0,3	0,479	0,2	-0,305	-0,39	0,828		0,049	0,087	0,789
	Lagerdauer Oberstack [d]	-0,327	-0,178	0,343	-0,064	0,209	0,141	0,251	-0,017	0,403	-0,149	-0,299	0,072	0,303		0,998	-0,021
	Lagerdauer Unterstack [d]	-0,302	-0,06	0,333	0,654	-0,477	-0,436	0,38	-0,5	-0,06	0,648	0,468	-0,42	-0,23	0,248		-0,019
	Verweilzeit Werkzeug [s]	-0,102	-0,093	0,08	-0,018	0,046	0,028	0,035	-0,029	0,039	-0,036	-0,045	0,003	-0,001	0,018	0,054	

	VS1\VS2	Menge Harzauftrag 1 [kg]	Stackgewicht ohne Harz [g]	Infiltrierzeit [s]	Temp UW Auswerfer [1/10°C]	Temp UW Rahmen [1/10°C]	Temp UW Nest [1/10°C]	Temp OW Auswerfer [1/10°C]	Temp OW Rahmen [1/10°C]	Temp OW Nest [1/10°C]	t bis WZ Stifte ausfahren [s]	Presskraft [kN]	Temp Harz [1/10°C]	Temp Härter [1/10°C]	Lagerdauer Oberstack [d]	Lagerdauer Unterstack [d]	Verweilzeit Werkzeug [s]
Stützträger Stirnwand	Menge Harzauftrag 1 [kg]		0,172	0,157	-0,635	-0,378	-0,591	0,258	0,357	0,228	-0,125	-0,043	0,427	0,356	-0,133	-0,124	0,11
	Stackgewicht ohne Harz [g]	-0,055		0,15	-0,055	-0,428	-0,222	0,018	0,212	-0,28	-0,485	-0,079	0,369	0,45	0,205	0,207	0,018
	Infiltrierzeit [s]	0,589	0,046		-0,042	-0,196	-0,181	-0,067	-0,023	-0,162	-0,152	0,09	0,187	0,214	0,028	0,029	0,025
	Temp UW Auswerfer [1/10°C]	-0,586	-0,015	-0,597		0,082	0,459	-0,709	-0,71	-0,481	0,086	-0,136	-0,409	-0,348	-0,031	-0,046	0,039
	Temp UW Rahmen [1/10°C]	-0,17	-0,008	-0,145	-0,057		0,816	-0,095	-0,315	0,591	0,443	0,214	-0,632	-0,732	0,202	0,202	0,03
	Temp UW Nest [1/10°C]	-0,844	-0,039	-0,641	0,753	0,114		-0,283	-0,47	0,259	0,228	0,118	-0,563	-0,589	0,42	0,419	-0,021
	Temp OW Auswerfer [1/10°C]	-0,85	-0,032	-0,672	0,691	0,191	0,914		0,811	0,359	-0,155	0,086	0,469	0,394	0,128	0,141	-0,075
	Temp OW Rahmen [1/10°C]	0,824	-0,003	0,505	-0,566	-0,058	-0,795	-0,77		0,21	-0,322	0,061	0,675	0,649	0,056	0,071	-0,15
	Temp OW Nest [1/10°C]	-0,874	0,123	-0,551	0,546	0,179	0,783	0,805	-0,677		0,196	0,05	-0,131	-0,313	-0,019	-0,006	-0,057
	t bis WZ Stifte ausfahren [s]	-0,952	0,066	-0,641	0,647	0,142	0,892	0,903	-0,907	0,885		0,129	-0,436	-0,513	-0,222	-0,231	0,103
	Presskraft [kN]	-0,666	-0,058	-0,732	0,762	0,219	0,811	0,792	-0,543	0,549	0,682		-0,131	-0,105	0,326	0,328	0,038
	Temp Harz [1/10°C]	0,42	0,073	0,473	-0,474	-0,053	-0,451	-0,415	0,407	-0,189	-0,426	-0,637		0,962	-0,04	-0,028	-0,143
	Temp Härter [1/10°C]	0,243	0,103	0,382	-0,288	-0,114	-0,288	-0,25	0,198	-0,016	-0,22	-0,559	0,907		0,031	0,041	-0,152
	Lagerdauer Oberstack [d]	-0,065	-0,106	-0,299	0,026	0,211	0,116	0,137	0,116	-0,06	-0,004	0,48	-0,369	-0,596		0,984	-0,128
	Lagerdauer Unterstack [d]	-0,056	0	-0,124	-0,285	0,353	-0,02	0,037	0,067	-0,026	-0,025	0,248	-0,152	-0,28	0,571		-0,132
	Verweilzeit Werkzeug [s]	-0,036	-0,028	-0,054	0,003	0,017	0,037	0,027	0,151	0,031	0,058	0,02	-0,036	-0,058	0,028	0,005	

Alle Bauteile

VS1\VS2	Menge Harzauftrag 1 [kg]	Stackgewicht ohne Harz [g]	Infiltrierzeit [s]	Temp UW Auswerfer [1/10°C]	Temp UW Rahmen [1/10°C]	Temp UW Nest [1/10°C]	Temp OW Auswerfer [1/10°C]	Temp OW Rahmen [1/10°C]	Temp OW Nest [1/10°C]	t bis WZ Stifte ausfahren [s]	Presskraft [kN]	Temp Harz [1/10°C]	Temp Härter [1/10°C]	Lagerdauer Oberstack [d]	Lagerdauer Unterstack [d]	Verweilzeit Werkzeug [s]
Menge Harzauftrag 1 [kg]		0,472	-0,148	0,089	-0,349	-0,188	0,207	-0,194	0,235	0,03	0,089	0,094	0,343	-0,129	0,038	0,325
Stackgewicht ohne Harz [g]	-0,055		-0,259	0,255	-0,383	0,367	0,256	-0,415	0,343	-0,016	0,155	-0,051	0,38	-0,013	0,067	0,458
Infiltrierzeit [s]	0,589	0,046		-0,527	0,094	-0,297	-0,538	0,146	-0,428	0,019	-0,263	-0,113	-0,481	0,011	-0,084	-0,598
Temp UW Auswerfer [1/10°C]	-0,586	-0,015	-0,597		0,169	0,354	0,954	0,142	0,644	0,011	0,289	0,191	0,733	-0,005	0,048	0,889
Temp UW Rahmen [1/10°C]	-0,17	-0,008	-0,145	-0,057		-0,057	-0,037	0,708	-0,241	0,013	-0,02	0,009	-0,192	0,011	-0,042	-0,187
Temp UW Nest [1/10°C]	-0,844	-0,039	-0,641	0,753	0,114		0,257	-0,364	0,286	-0,019	0,112	-0,039	0,257	0,053	0,02	0,358
Temp OW Auswerfer [1/10°C]	-0,85	-0,032	-0,672	0,691	0,191	0,914		0,092	0,694	0,012	0,28	0,215	0,778	-0,019	0,059	0,917
Temp OW Rahmen [1/10°C]	0,824	-0,003	0,505	-0,566	-0,058	-0,795	-0,77		-0,245	0,014	-0,153	0,206	-0,107	-0,067	-0,061	-0,24
Temp OW Nest [1/10°C]	-0,874	0,123	-0,551	0,546	0,179	0,783	0,805	-0,677		-0,002	0,247	0,125	0,615	0,025	0,101	0,749
t bis WZ Stifte ausfahren [s]	-0,952	0,066	-0,641	0,647	0,142	0,892	0,903	-0,907	0,885		0,023	-0,024	-0,006	-0,009	-0,004	0,004
Presskraft [kN]	-0,666	-0,058	-0,732	0,762	0,219	0,811	0,792	-0,543	0,549	0,682		-0,156	0,182	-0,158	-0,044	0,354
Temp Harz [1/10°C]	0,42	0,073	0,473	-0,474	-0,053	-0,451	-0,415	0,407	-0,189	-0,426	-0,637		0,652	0,048	-0,014	0,162
Temp Härter [1/10°C]	0,243	0,103	0,382	-0,288	-0,114	-0,288	-0,25	0,198	-0,016	-0,22	-0,559	0,907		0,016	0,057	0,81
Lagerdauer Oberstack [d]	-0,065	-0,106	-0,299	0,026	0,211	0,116	0,137	0,116	-0,06	-0,004	0,48	-0,369	-0,596		0,994	0,002
Lagerdauer Unterstack [d]	-0,056	0	-0,124	-0,285	0,353	-0,02	0,037	0,151	-0,026	-0,025	0,248	-0,152	-0,28	0,571		0,088
Verweilzeit Werkzeug [s]	-0,036	-0,028	-0,054	0,003	0,017	0,037	0,027	-0,089	0,031	0,058	0,02	-0,036	-0,058	0,028	0,005	

Anhang 18 Zusammenfassung Methodenauswahl Gesamtqualität

Gesamtbewertung Bauteilqualität

	VS1				VS2			
	Klassierung		Segmentierung		Klassierung		Segmentierung	
	Modell	Genauigkeit	Modell	Wichtigkeit	Modell	Genauigkeit	Modell	Wichtigkeit
Gesamt	C 5.0	76,32	Two Step	0,00	Entsch.-Liste	60,80	Two Step	0,00
	KNN	76,32	Kohonen	0,00	CHAID	50,18	K-Means	0,00
	SVM	76,32	K-Means	0,00	Diskriminanz	49,46	Kohonen	0,00
QT	C 5.0	89,41	Two Step	0,07	C 5.0	83,47	Kohonen	0,11
	C-RT	89,41	K-Means	0,07	CHAID	78,89	Two Step	0,07
	CHAID	88,24	Kohonen	0,06	C-RT	77,44	K-Means	0,05
HR	C 5.0	88,35	Two Step	0,65	C-RT	84,36	K-Means	0,06
	C-RT	88,35	Kohonen	0,07	C 5.0	83,57	Kohonen	0,05
	Bayes-Netz	85,44	K-Means	0,03	QUEST	83,18	Two Step	0,01
WU	C-RT	95,24	K-Means	0,23	C 5.0	78,09	K-Means	0,04
	CHAID	94,84	Two Step	0,19	C-RT	70,57	Kohonen	0,04
	C 5.0	94,05	Kohonen	0,14	CHAID	69,40	Two Step	0,00
WO	C 5.0	90,74	Kohonen	0,02	C 5.0	75,63	K-Means	0,01
	Bayes-Netz	86,11	K-Means	0,01	CHAID	72,01	Two Step	0,00
	KNN	84,88	Two Step	0,00	Entsch.-Liste	67,93	Kohonen	0,00
SS	C 5.0	78,13	K-Means	0,03	C-RT	90,24	Kohonen	0,10
	KNN	73,75	Two Step	0,03	C 5.0	87,57	K-Means	0,07
	C-RT	68,33	Kohonen	0,03	QUEST	85,80	Two Step	0,00

Anhang 19 Zusammenfassung Methodenauswahl Merkmale

Merkmalsart

	VS1				VS2			
	Klassierung		Segmentierung		Klassierung		Segmentierung	
	Modell	Genauigkeit	Modell	Wichtigkeit	Modell	Genauigkeit	Modell	Wichtigkeit
Gesamt	C 5.0	82,45	Kohonen	0,53	C 5.0	65,60	Kohonen	0,29
	C-RT	53,30	K-Means	0,25	C-RT	42,19	K-Means	0,08
	QUEST	53,30	Two Step	0,15	QUEST	42,19	Two Step	0,01
QT	C 5.0	77,40	Kohonen	0,07	QUEST	49,16	Kohonen	0,02
	C-RT	51,37	K-Means	0,02	CHAID	49,16	K-Means	0,00
	QUEST	51,37	Two Step	0,01	Netzwerk	46,37	Two Step	0,00
HR	/	/	Kohonen	0,03	C 5.0	69,91	Kohonen	0,06
	/	/	Two Step	0,01	C-RT	69,91	Two Step	0,04
	/	/	K-Means	0,00	QUEST	69,91	K-Means	0,04
WU	C 5.0	89,94	Kohonen	0,18	CHAID	48,24	Kohonen	0,01
	C-RT	86,98	K-Means	0,15	C-RT	48,24	K-Means	0,01
	QUEST	86,98	Two Step	0,14	Netzwerk	35,68	Two Step	0,00
WO	C 5.0	84,75	K-Means	0,15	CHAID	51,73	K-Means	0,14
	C-RT	72,88	Kohonen	0,13	QUEST	51,73	Kohonen	0,11
	QUEST	72,88	Two Step	0,12	C-RT	51,73	Two Step	0,05
SS	C 5.0	82,59	K-Means	0,07	C 5.0	68,97	Kohonen	0,05
	C-RT	63,97	Two Step	0,05	C-RT	53,10	K-Means	0,03
	QUEST	63,97	Kohonen	0,05	QUEST	53,10	Two Step	0,01

Anhang 20 Beispiele Fehlerbäume Bauteil QT

Bewertung Gesamtqualität CRT VS1: Keine Aufteilung mit CRT-Fehlerbaum

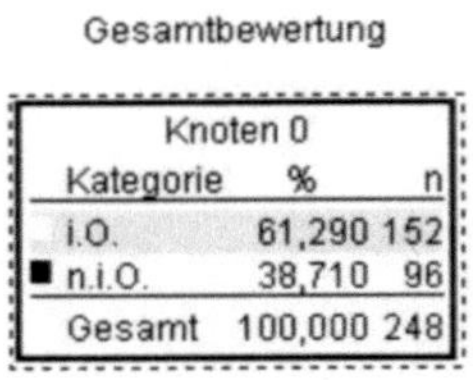

Bewertung Gesamtqualität C5.0 VS1:

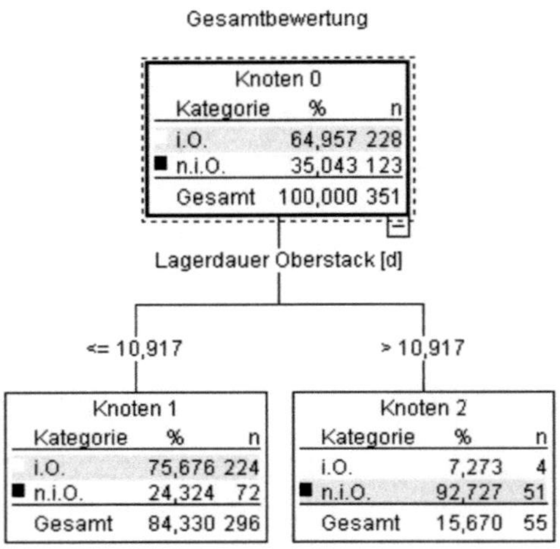

Bewertung Gesamtqualität CHAID VS1:

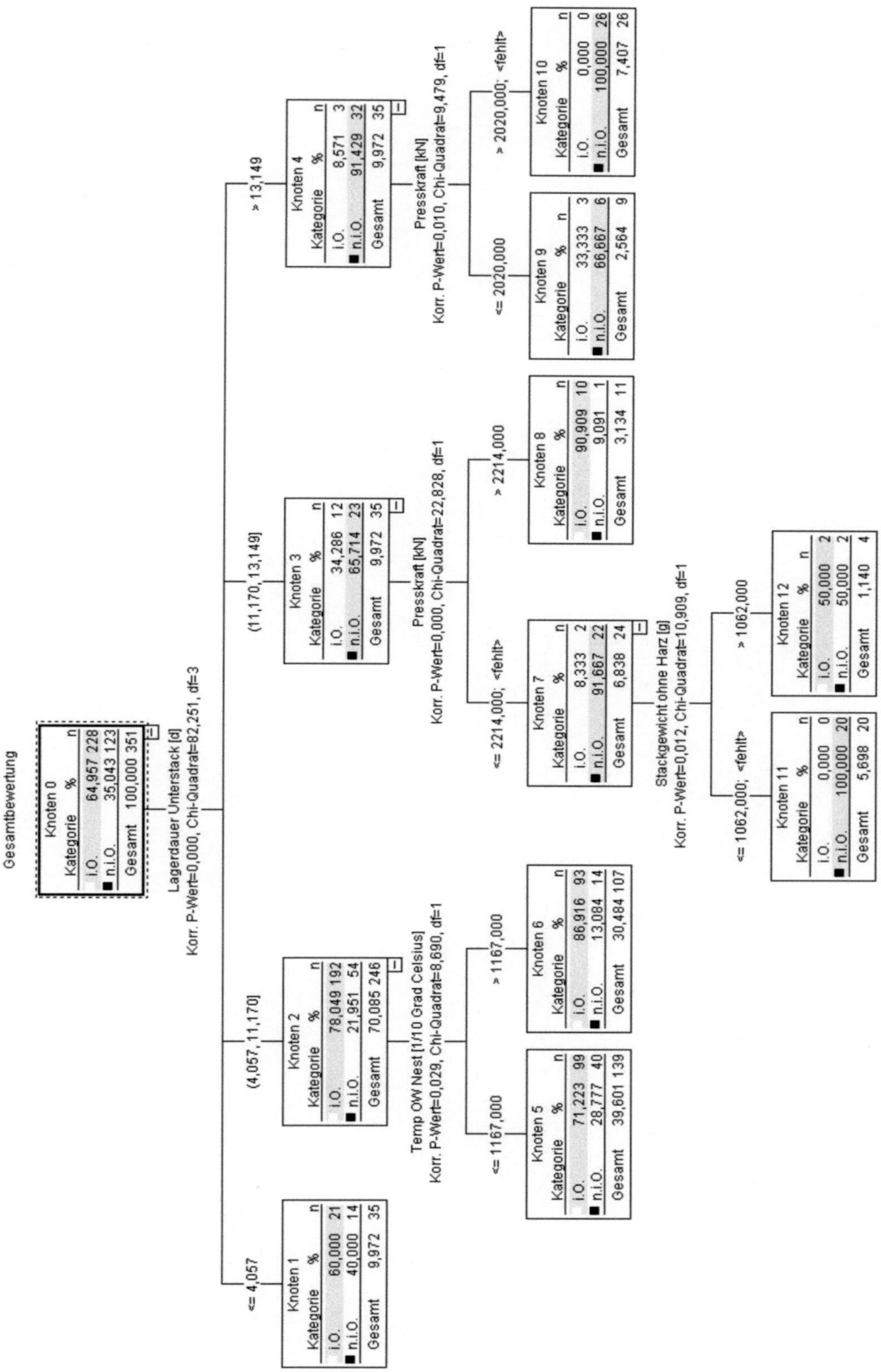

Bewertung Gesamtqualität Quest VS1:

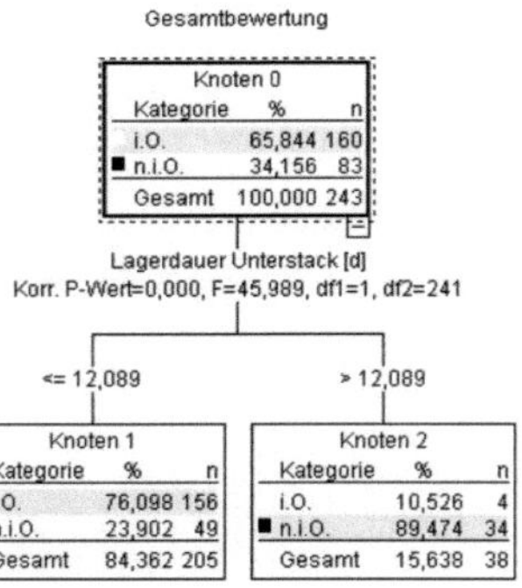

Bewertung Gesamtqualität CRT VS2:

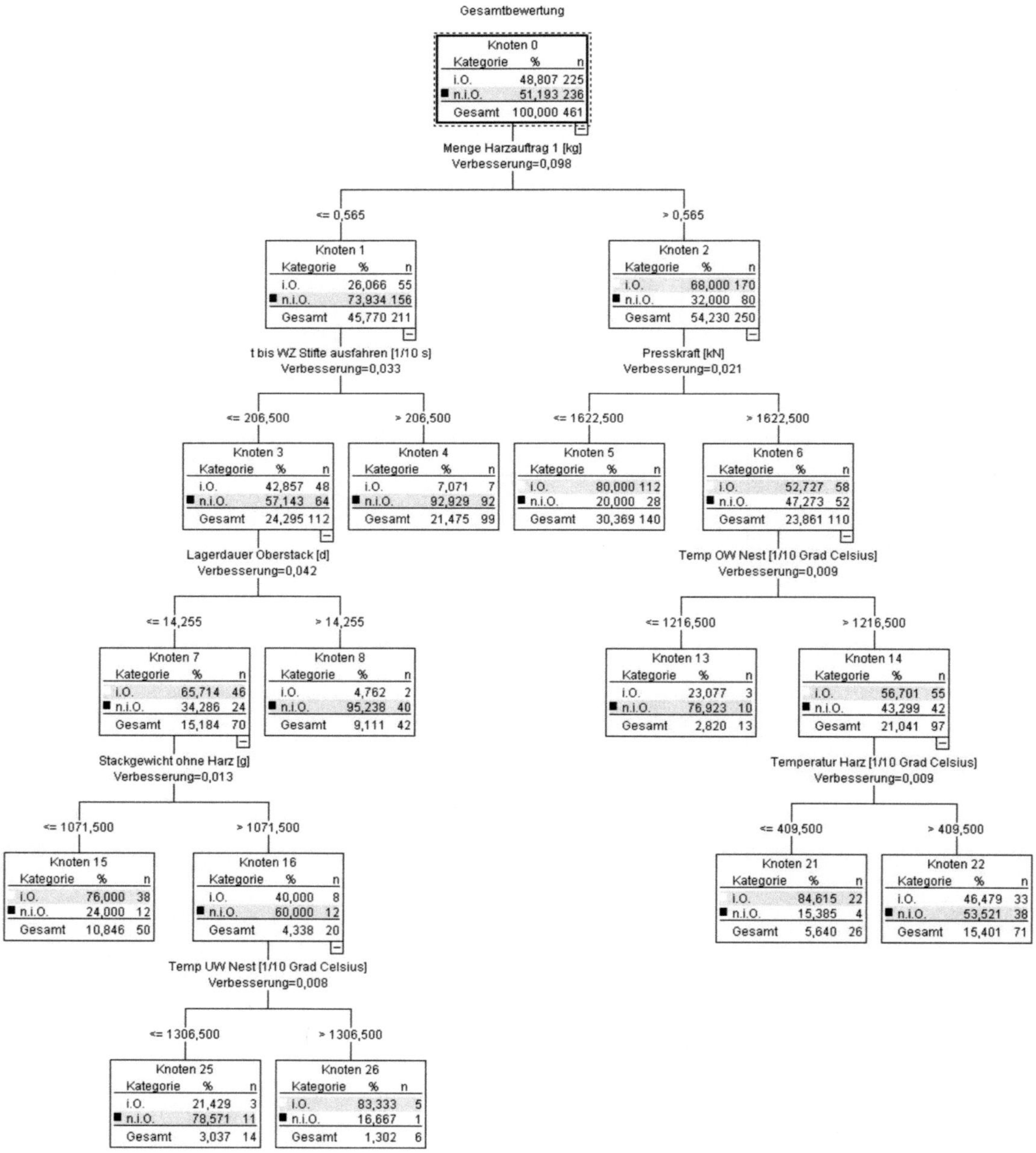

Bewertung Gesamtqualität C5.0 VS2:

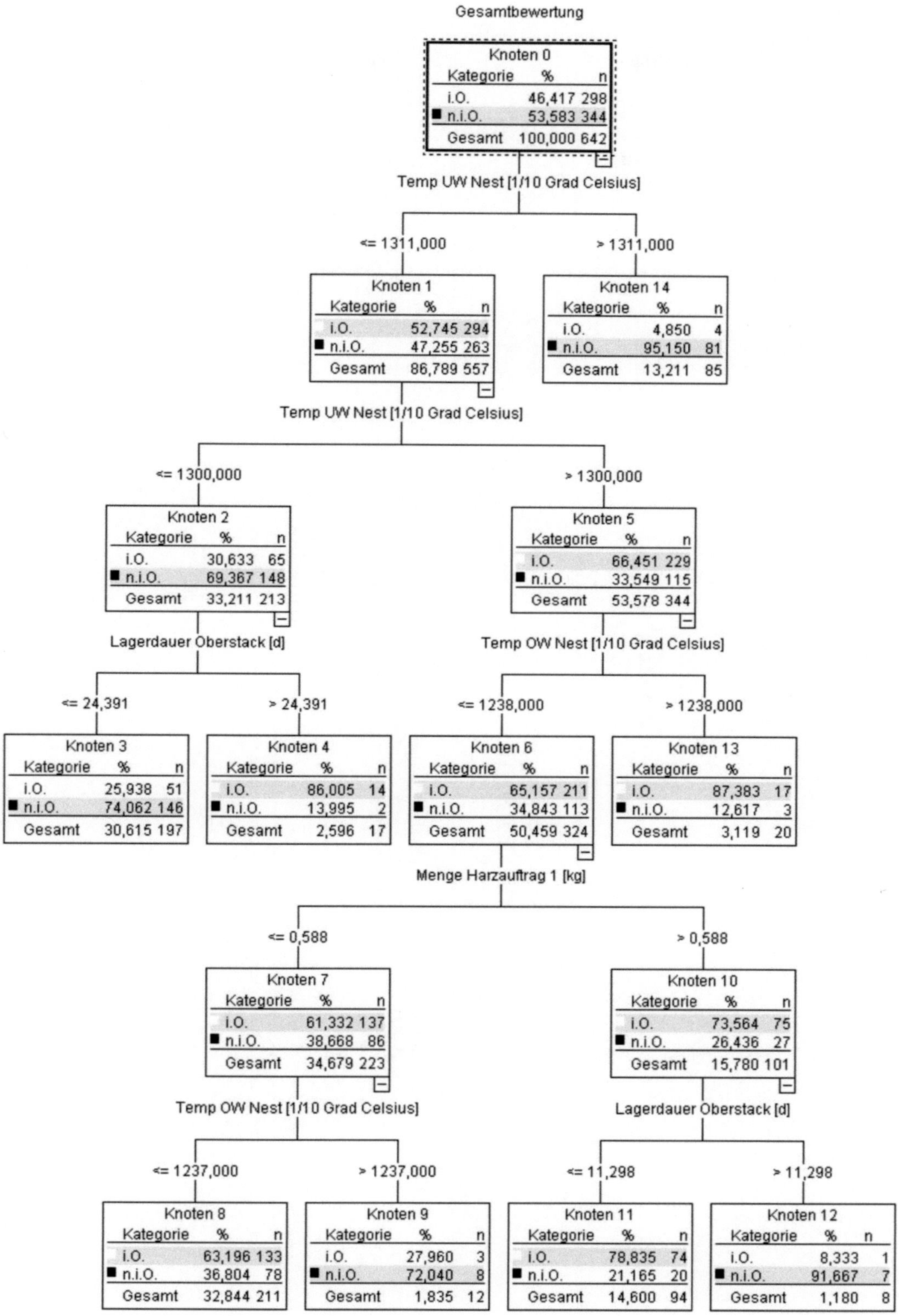

Bewertung Gesamtqualität CHAID VS2:

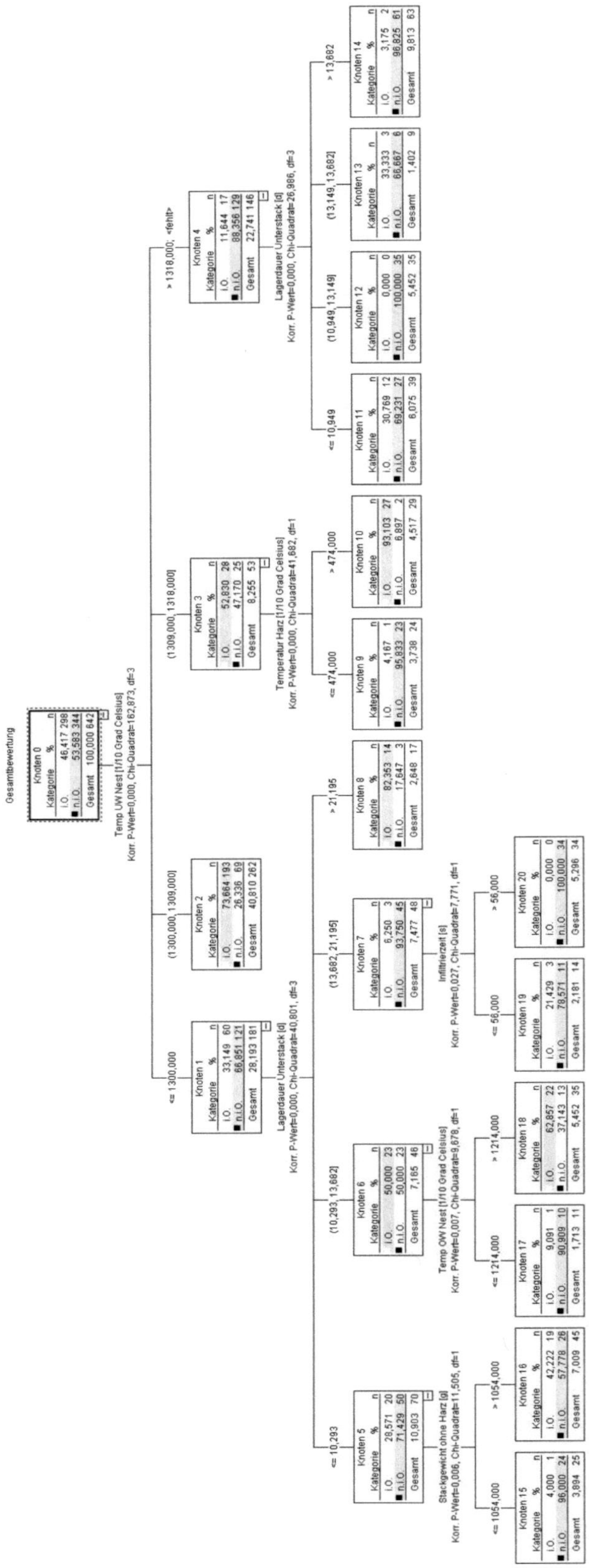

Bewertung Gesamtqualität Quest VS2:

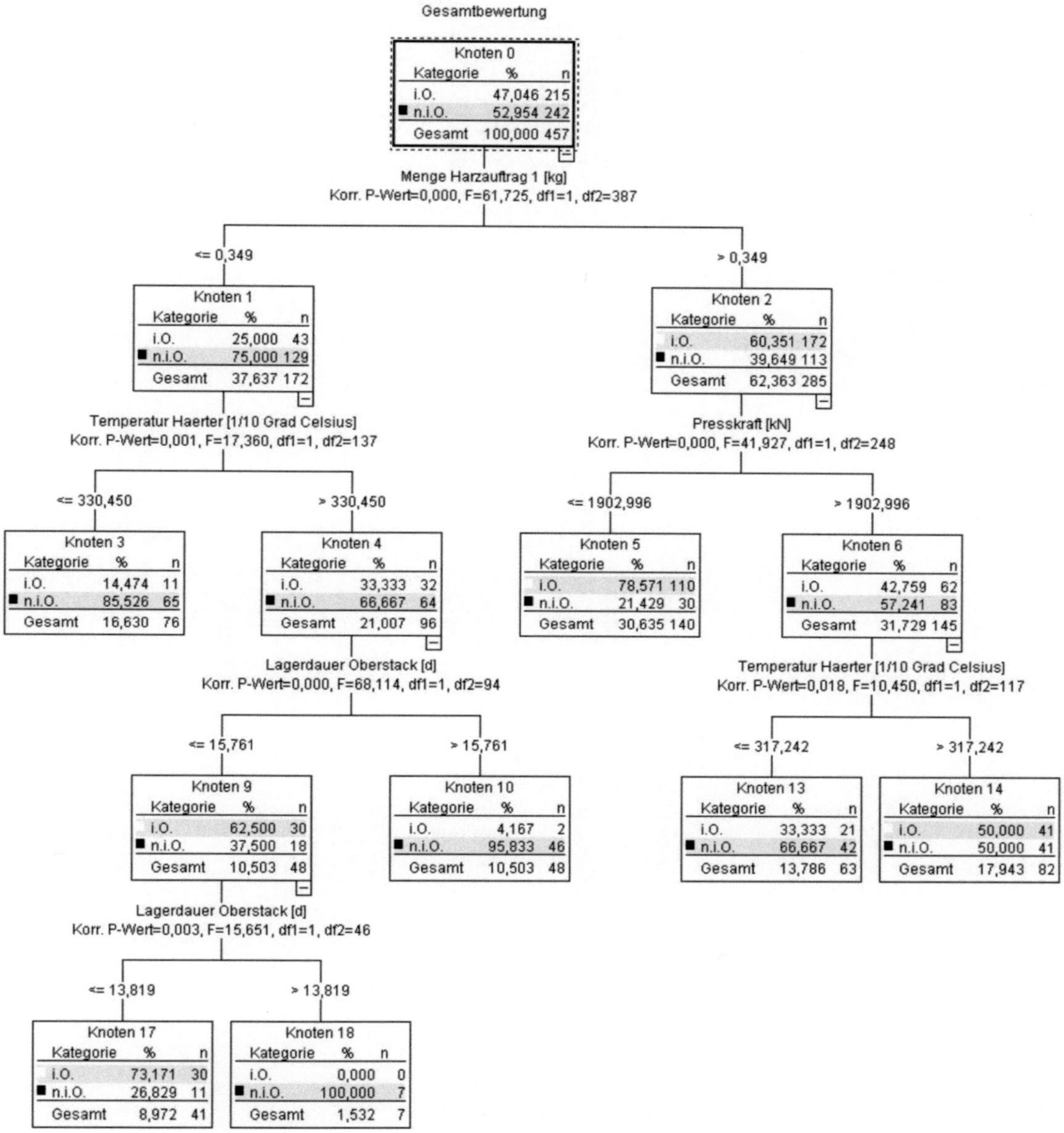

Bewertung Merkmalsart CRT VS1:

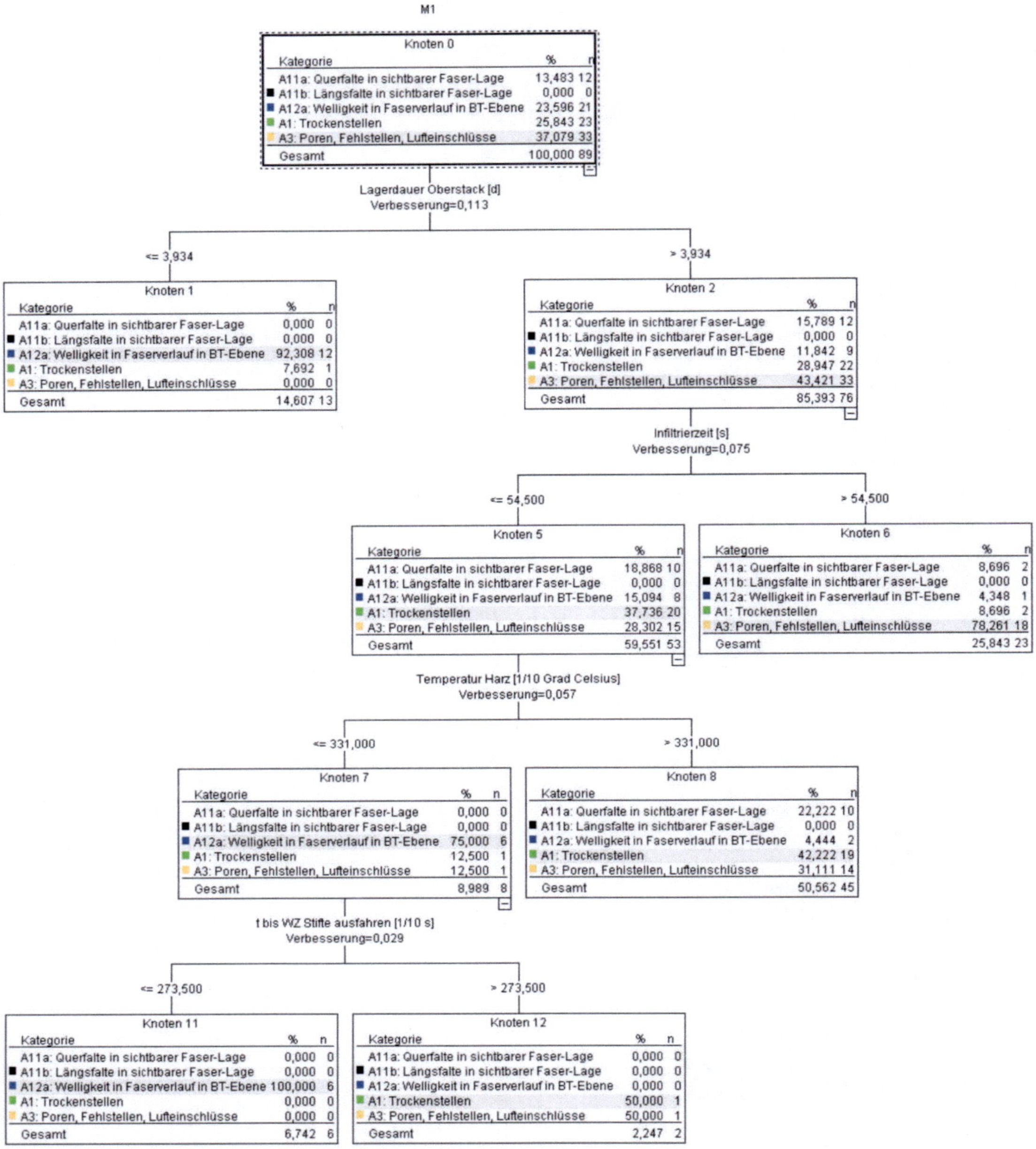

Bewertung Merkmalsart C5.0 VS1: Ausschnitt

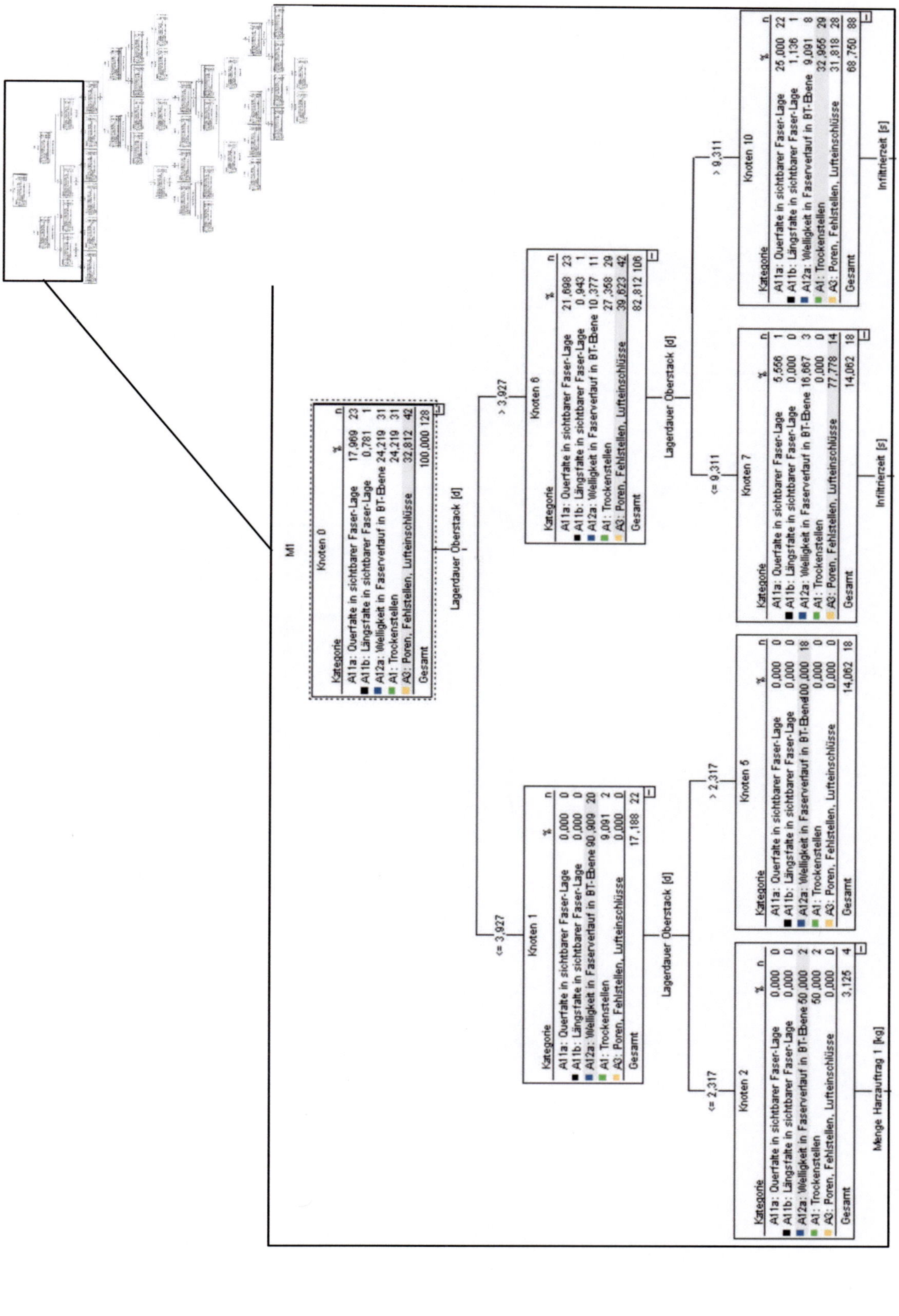

Bewertung Merkmalsart Quest VS1:

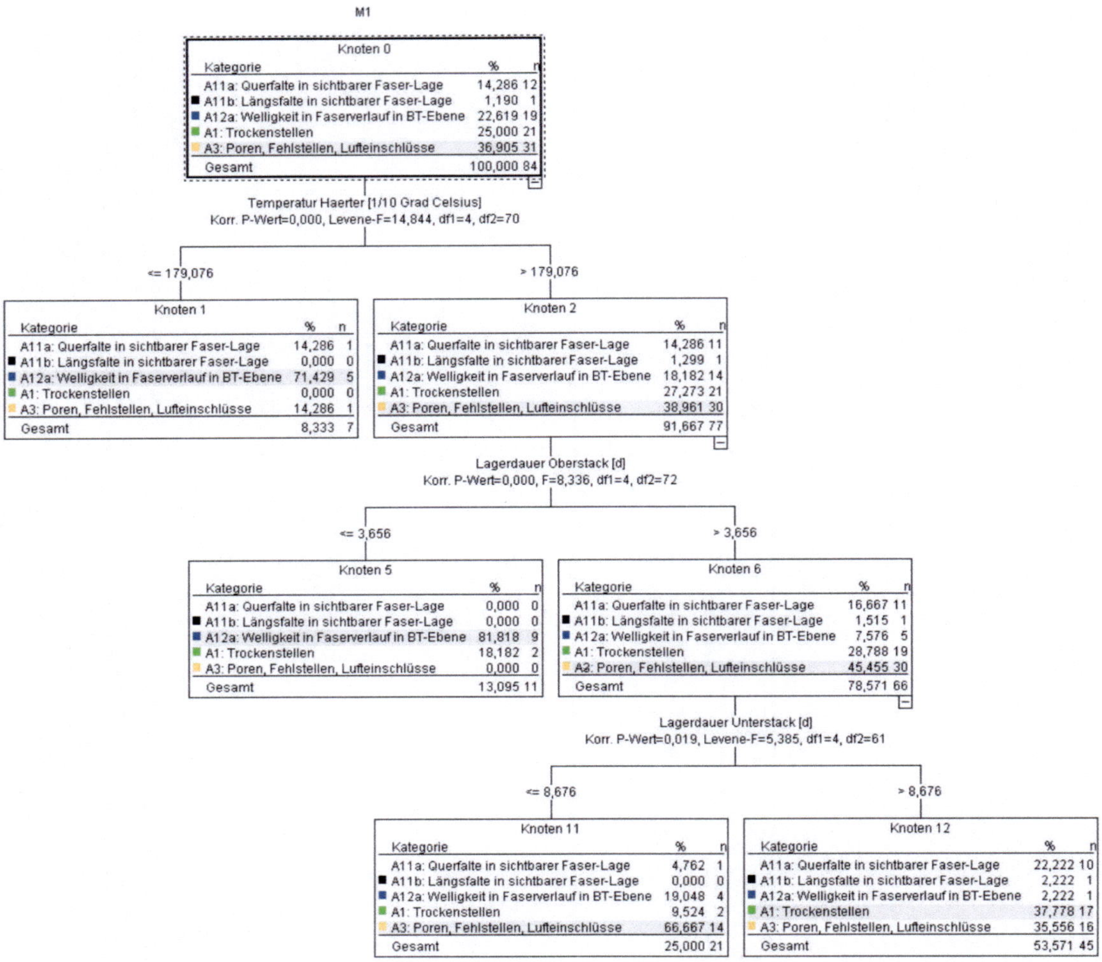

Bewertung Merkmalsart CRT VS2:

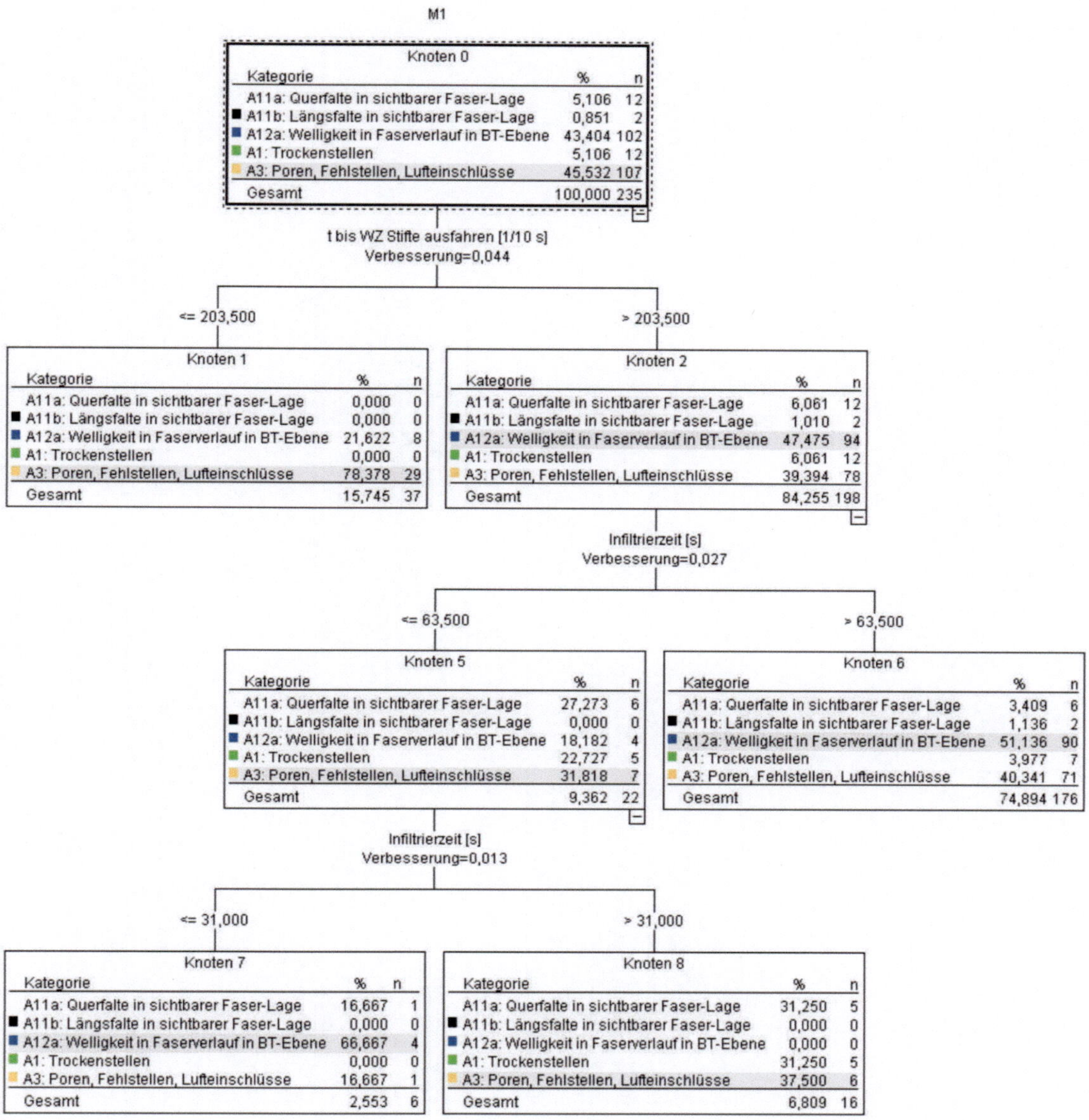

Bewertung Merkmalsart C5.0 VS2: Ausschnitt

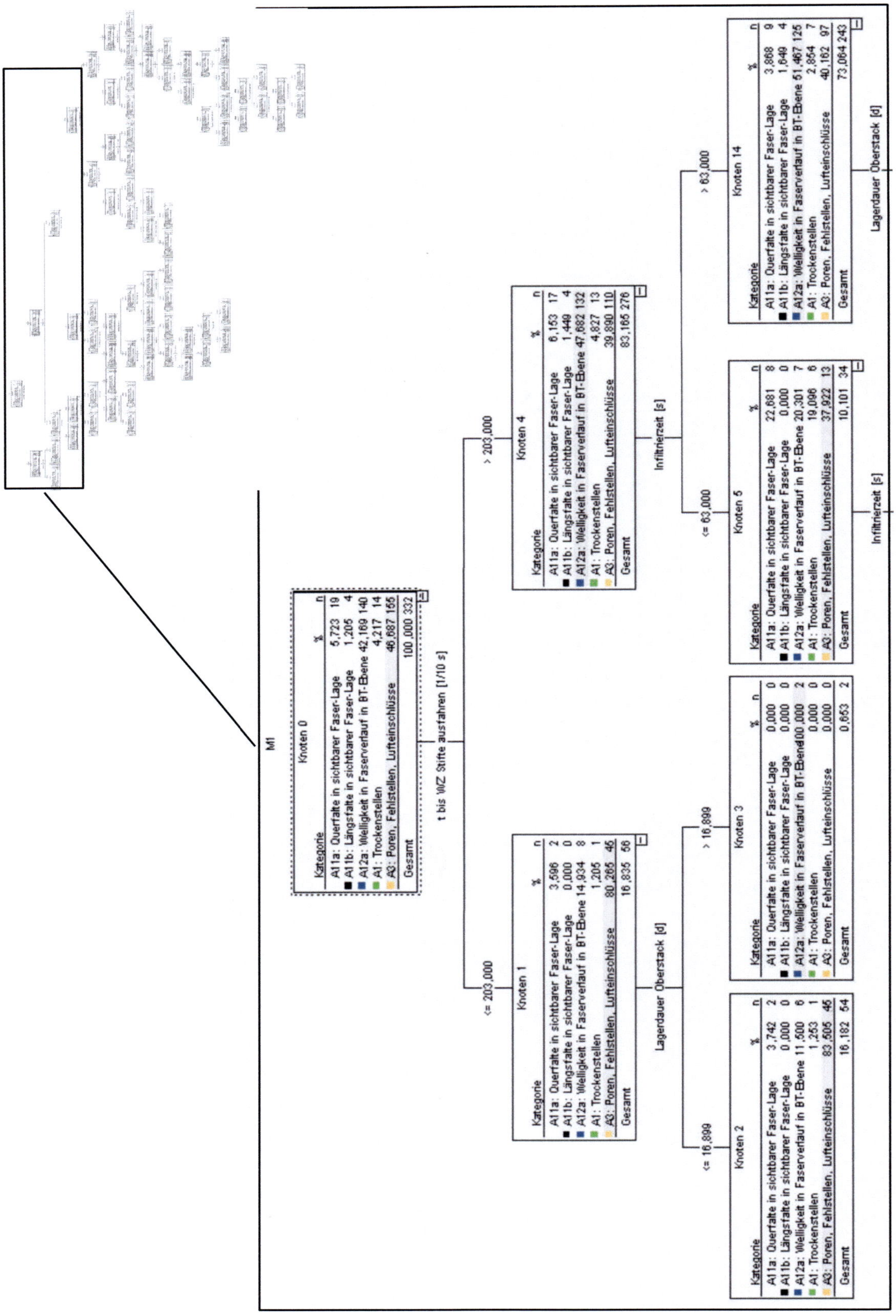

Bewertung Merkmalsart Quest VS2:

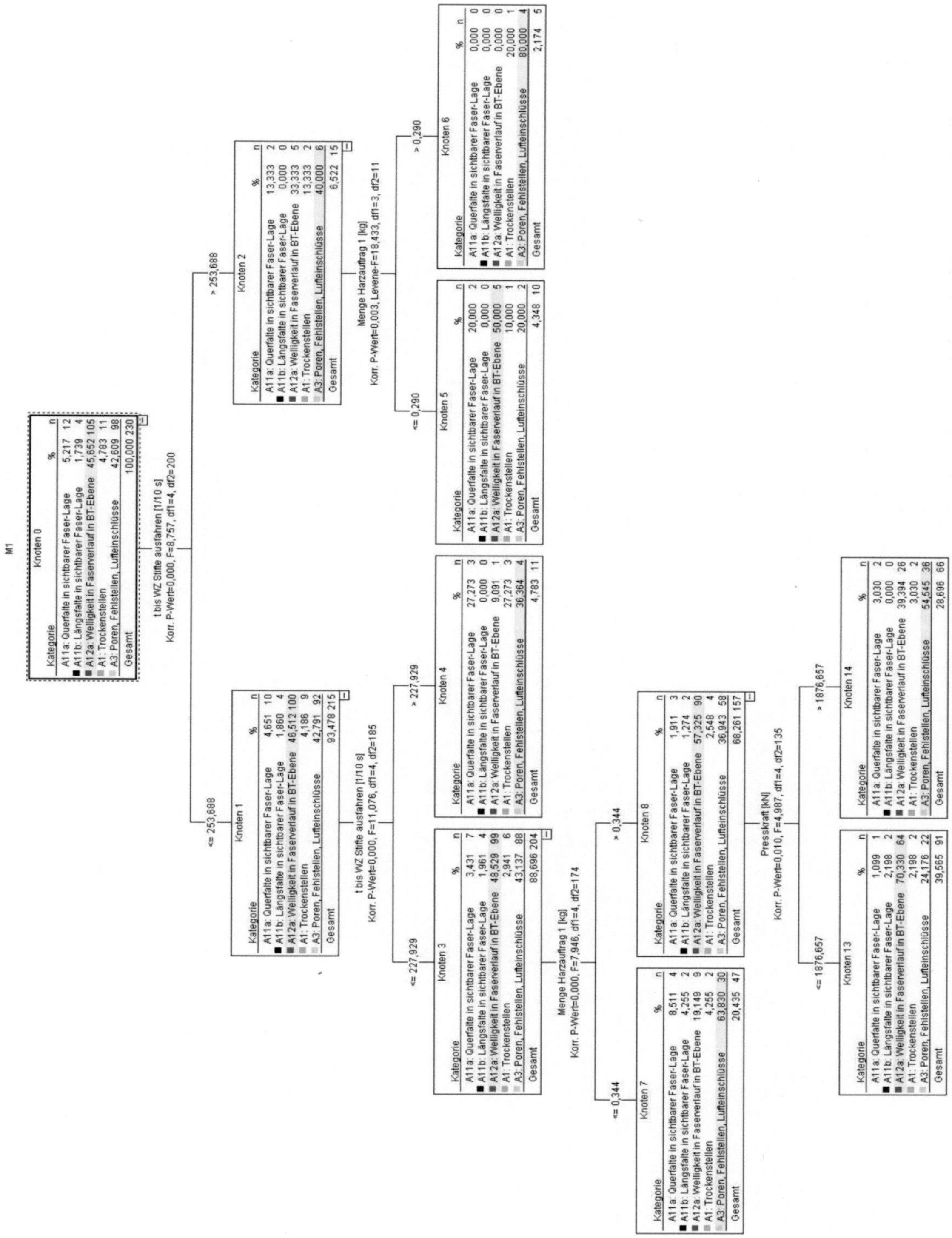

Anhang 21 Auswertung Parameterbedeutsamkeit Fehlerbäume Gesamtqualität

Bauteil /Prediktor	**C5.0**		**Quest**		**CRT**		**CHAID**	
VS1	**Parameter**	**Bedeuts.**	**Parameter**	**Bedeuts.**	**Parameter**	**Bedeuts.**	**Parameter**	**Bedeuts.**
	Lagerdauer MS	**0,74**	Lagerdauer MS	**0,78**	Lagerdauer MS	**0,63**	Lagerdauer MS	**0,65**
SS	t Stifte	0,21	Presskraft	0,03	t Stifte	0,21	t Stifte	0,27
	Harzmenge	0,05	Infiltrierzeit	0,03	Presskraft	0,02	Harzmenge	0,05
	Härtertemperatur	0,3	Lagerdauer US	0,35	Härtertemperatur	0,37	Lagerdauer US	**0,88**
WO	Lagerdauer US	0,25	Härtertemperatur	0,33	t Stifte	0,22	Härtertemperatur	0,12
	Lagerdauer OS	0,14	Harztemperatur	0,05	Lagerdauer OS	0,09	/	/
	Lagerdauer US	**0,89**	Lagerdauer US	**0,82**	Lagerdauer UW	**0,92**	t Stifte	**0,59**
WU	Temperatur UW	0,11	Harzmenge	0,05	Temperatur OW	0,03	Lagerdauer US	0,24
	/	/	Infiltrierzeit	0,02	Lagerdauer OS	0,03	Lagerdauer OS	0,17
	Lagerdauer OS	**1,00**	Lagerdauer US	**0,77**	/	/	Lagerdauer US	**0,82**
QT	/	/	Härtertemperatur	0,05	/	/	Temperatur OW	0,08
	/	/	Harztemperatur	0,05	/	/	Presskraft	0,02
	Lagerdauer OS	**0,60**	/	/	Temperatur UW	0,29	Infiltrierszeit	0,39
HR	t Stifte	0,29	/	/	Harzmenge	0,17	Temperatur UW	0,27
	Temperatur OW	0,11	/	/	Temperatur OW	0,15	Härtertemperatur	0,23
	Lagerdauer US	**0,69**	Lagerdauer US	**0,60**	Lagerdauer US	**0,69**	Lagerdauer US	**0,56**
Alle	Infiltrierzeit	0,19	Stackgewicht	0,31	Harzmenge	0,15	Harzmenge	0,25
	Harzmenge	0,07	Härtertemperatur	0,03	Stackgewicht	0,08	t Stifte	0,07
VS2	**Parameter**	**Bedeuts.**	**Parameter**	**Bedeuts.**	**Parameter**	**Bedeuts.**	**Parameter**	**Bedeuts.**
	Lagerdauer US	**0,99**	/	/	Lagerdauer US	**0,89**	Lagerdauer OS	**1,00**
SS	Lagerdauer OS	0,01	/	/	Lagerdauer MS	0,05	/	/
	/	/	/	/	Lagerdauer OS	0,05	/	/
	Lagerdauer US	**0,68**	Harzmenge	0,27	Lagerdauer US	0,17	Lagerdauer OS	**0,53**
WO	Härtertemperatur	0,09	Lagerdauer OS	0,20	Temperatur OW	0,17	Temperatur UW	0,24
	Presskraft	0,08	Harztemperatur	0,06	t Stifte	0,17	Temperatur OW	0,21
	Temperatur UW	**0,62**	Temperatur UW	**0,70**	Harzmenge	**0,53**	Harzmenge	**0,66**
WU	Lagerdauer US	0,31	Lagerdauer OS	0,04	Lagerdauer OS	0,19	Lagerdauer US	0,24
	Lagerdauer OS	0,07	Lagerdauer US	0,04	Harztemperatur	0,07	t Stifte	0,06
	Temperatur UW	**0,84**	Harzmenge	**0,56**	Harzmenge	**0,71**	Temperatur UW	**0,76**
QT	Lagerdauer OS	0,16	Presskraft	0,19	Presskraft	0,17	Harztemperatur	0,08
	/	/	Härtertemperatur	0,13	Temperatur OW	0,05	Lagerdauer US	0,06
	Lagerdauer OS	**1,00**	/	/	/	/	Lagerdauer OS	**1,00**
HR	/	/	/	/	/	/	/	/
	/	/	/	/	/	/	/	/
	Temperatur UW	0,44	Temperatur UW	**0,52**	Temperatur UW	0,50	Temperatur UW	**0,67**
Alle	Lagerdauer OS	0,40	Harztemperatur	0,27	Infiltrierzeit	0,26	Infiltrierszeit	0,18
	Lagerdauer US	0,08	Harzmenge	0,08	Lagerdauer US	0,06	Temperatur OW	0,07

Anhang 22 Auswertung Parameterbedeutsamkeit Fehlerbäume Merkmale

Bauteil /Prediktor	**C5.0**		**Quest**		**CRT**	
VS1	**Parameter**	**Bedeuts.**	**Parameter**	**Bedeuts.**	**Parameter**	**Bedeuts.**
SS	Lagerdauer US	0,45	Lagerdauer US	**0,58**	Harzmenge	0,41
	Temperatur OW	0,18	Harzmenge	0,24	Presskraft	0,24
	Härtertemperatur	0,10	Stackgewicht	0,02	t Stifte	0,12
WO	t Stifte	**0,76**	t Stifte	0,40	t Stifte	**0,65**
	Infiltrierszeit	0,05	Lagerdauer US	0,19	Harztemperatur	0,20
	Temperatur OW	0,05	Härtertemperatur	0,14	Lagerdauer US	0,02
WU	t Stifte	**0,82**	Lagerdauer US	0,40	/	/
	Lagerdauer OS	0,04	Lagerdauer OS	0,31	/	/
	Infiltrierszeit	0,04	Temperatur OW	0,09	/	/
QT	Lagerdauer OS	**0,59**	Lagerdauer OS	0,37	Lagerdauer OS	**0,66**
	t Stifte	0,19	Lagerdauer US	0,32	Infiltrierzeit	0,13
	Infiltrierszeit	0,16	t Stifte	0,04	Harztemperatur	0,06
HR	Harzmenge	**1,00**	/	/	/	/
	/	/	/	/	/	/
	/	/	/	/	/	/
Alle	Harzmenge	0,22	Lagerdauer US	0,48	Presskraft	0,36
	Lagerdauer OS	0,19	Stackgewicht	0,36	t Stifte	0,24
	Lagerdauer US	0,15	Harzmenge	0,08	Temperatur UW	0,21
VS1	**Parameter**	**Bedeuts.**	**Parameter**	**Bedeuts.**	**Parameter**	**Bedeuts.**
SS	Stackgewicht	0,31	/	/	/	/
	Lagerdauer OS	0,29	/	/	/	/
	Lagerdauer US	0,21	/	/	/	/
WO	Lagerdauer OS	0,49	Lagerdauer US	0,35	Temperatur UW	0,33
	Temperatur UW	0,30	Temperatur UW	0,09	Infiltrierzeit	0,13
	Härtertemperatur	0,18	Harzmenge	0,09	Lagerdauer OS	0,12
WU	Temperatur OW	0,49	/	/	Presskraft	0,37
	Presskraft	0,19	/	/	Infiltrierzeit	0,28
	Temperatur UW	0,09	/	/	Lagerdauer OS	0,13
QT	Härtertemperatur	0,46	t Stifte	0,45	Infiltrierzeit	**0,50**
	Infiltrierzeit	0,37	Harzmenge	0,26	t Stifte	0,33
	Lagerdauer OS	0,07	Presskraft	0,17	Temperatur UW	0,02
HR	Lagerdauer OS	**1,00**	/	/	Temperatur UW	**0,59**
	/	/	/	/	Lagerdauer OS	0,10
	/	/	/	/	Infiltrierzeit	0,04
Alle	Stackgewicht	0,31	Stackgewicht	**0,81**	Stackgewicht	**0,67**
	Infiltrierszeit	0,29	Temperatur UW	0,07	t Stifte	0,17
	Lagerdauer OS	0,25	Lagerdauer OS	0,05	Lagerdauer OS	0,12

Anhang 23 Beispiel Bayes-Netze Bauteil QT

Bayes-Netz VS1:

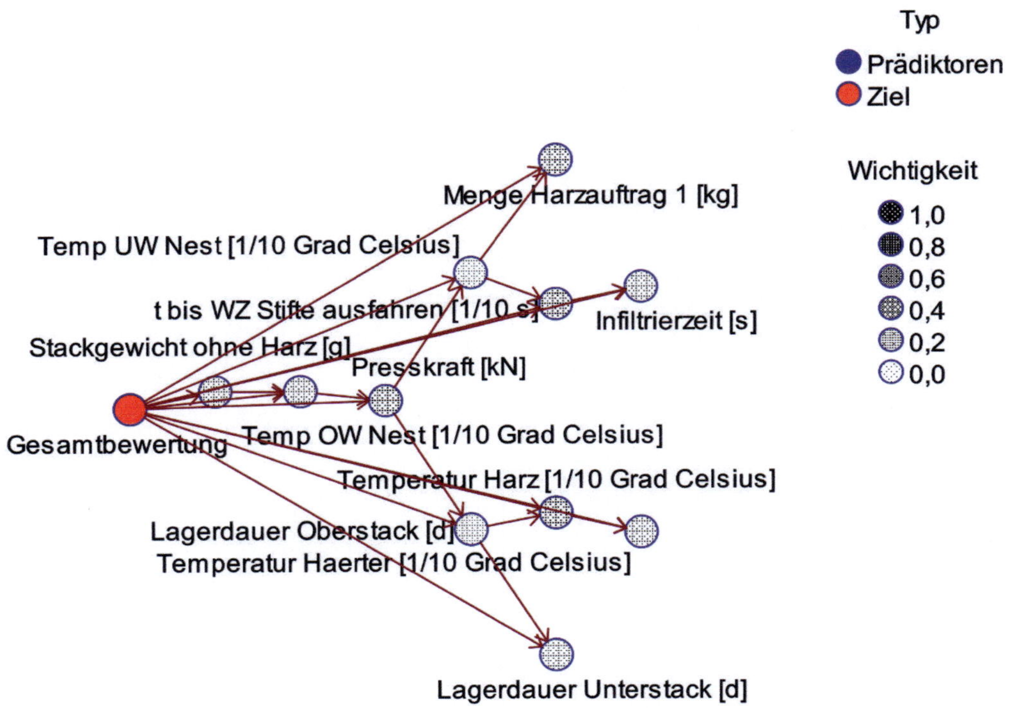

Bayes-Netz VS2:

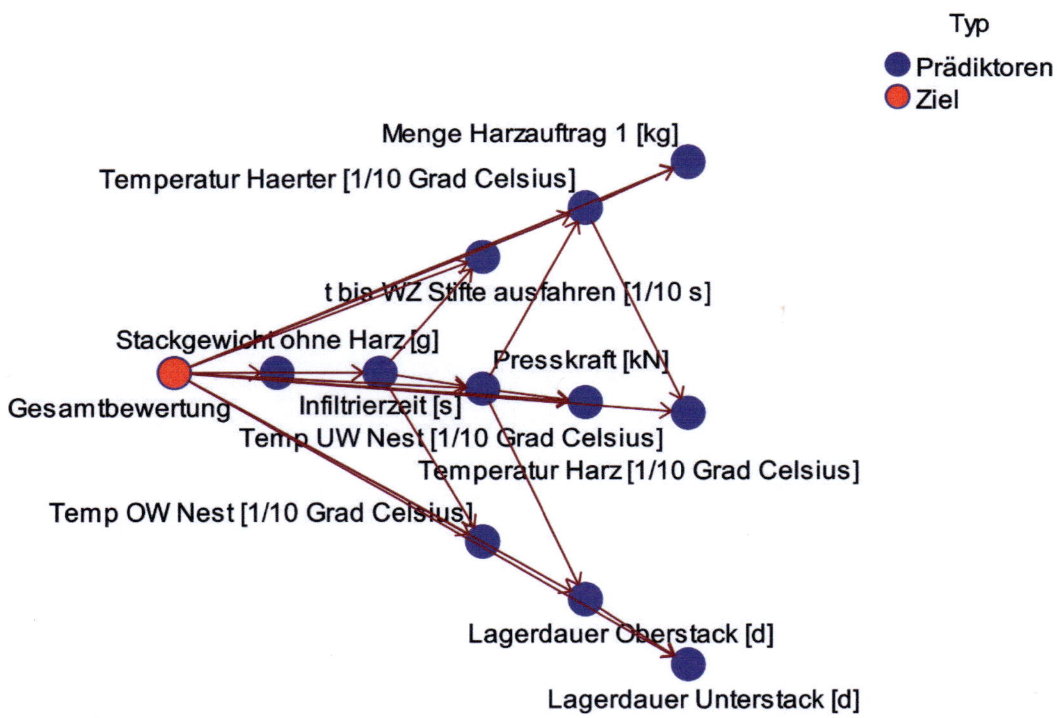

Anhang 24 Beispiele Parameter vs. Laufende Nummer Qualität Bauteil QT VS1

Diagramme VS1:

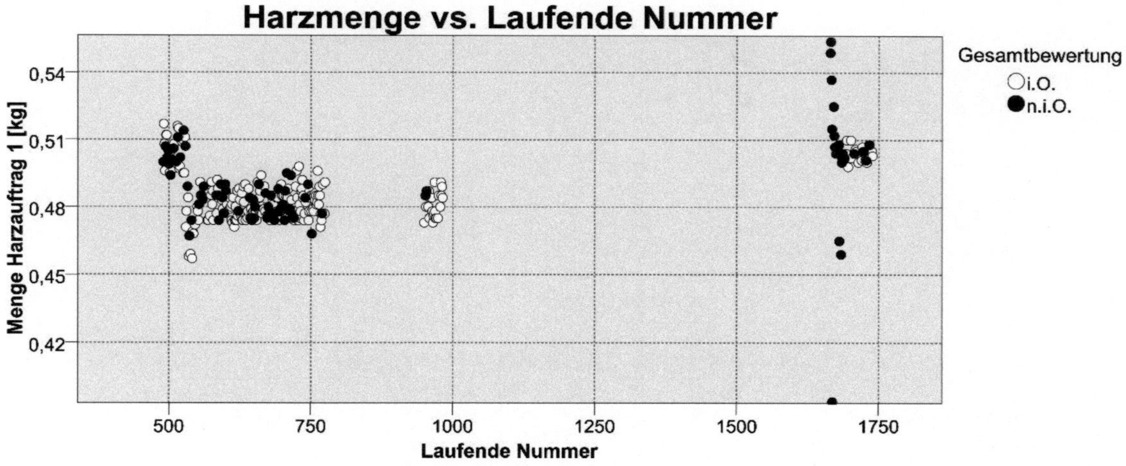

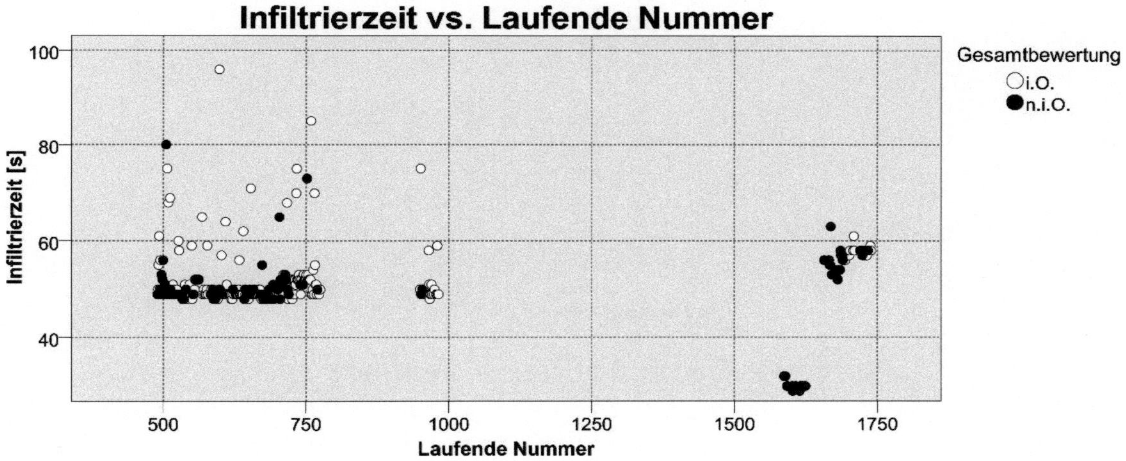

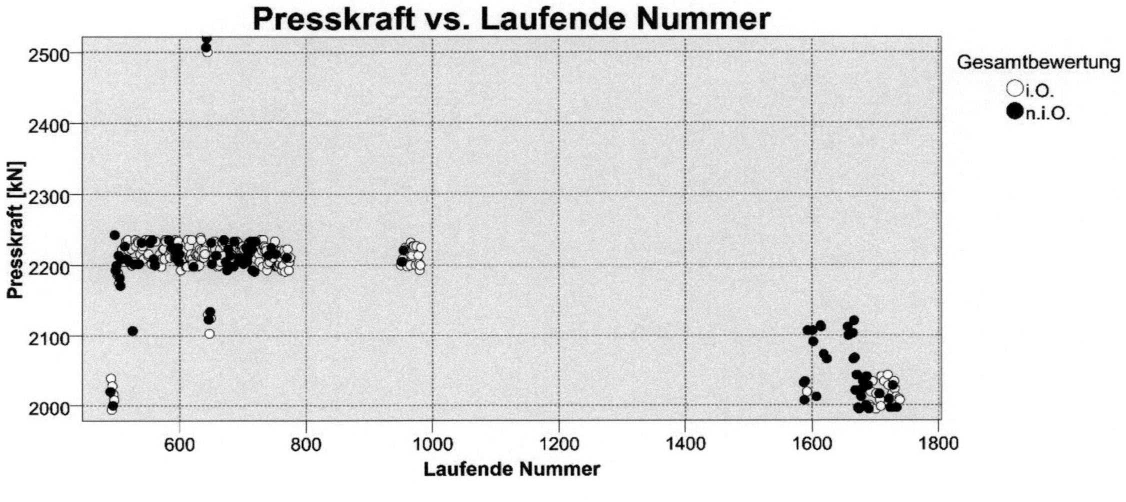

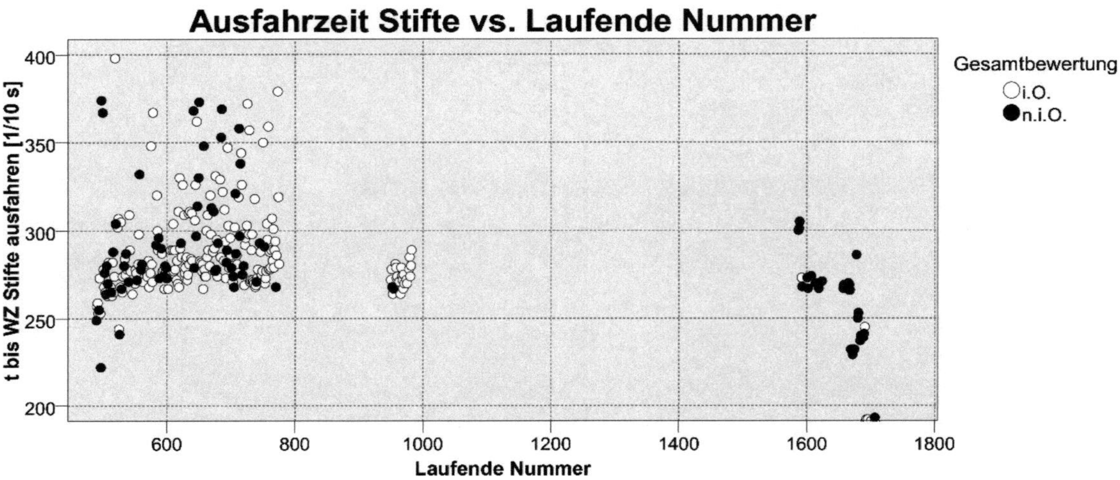
Ausfahrzeit Stifte vs. Laufende Nummer
t bis WZ Stifte ausfahren [1/10 s]
400
350
300
250
200
600
800
1000
1200
1400
1600
1800
Laufende Nummer
Gesamtbewertung
i.O.
n.i.O.

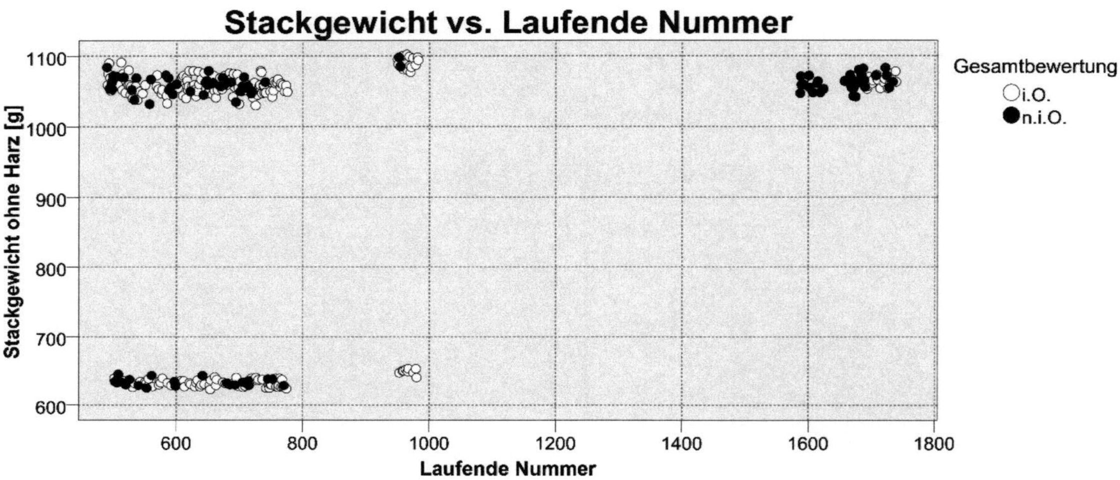
Stackgewicht vs. Laufende Nummer
Stackgewicht ohne Harz [g]
1100
1000
900
800
700
600
600
800
1000
1200
1400
1600
1800
Laufende Nummer
Gesamtbewertung
i.O.
n.i.O.

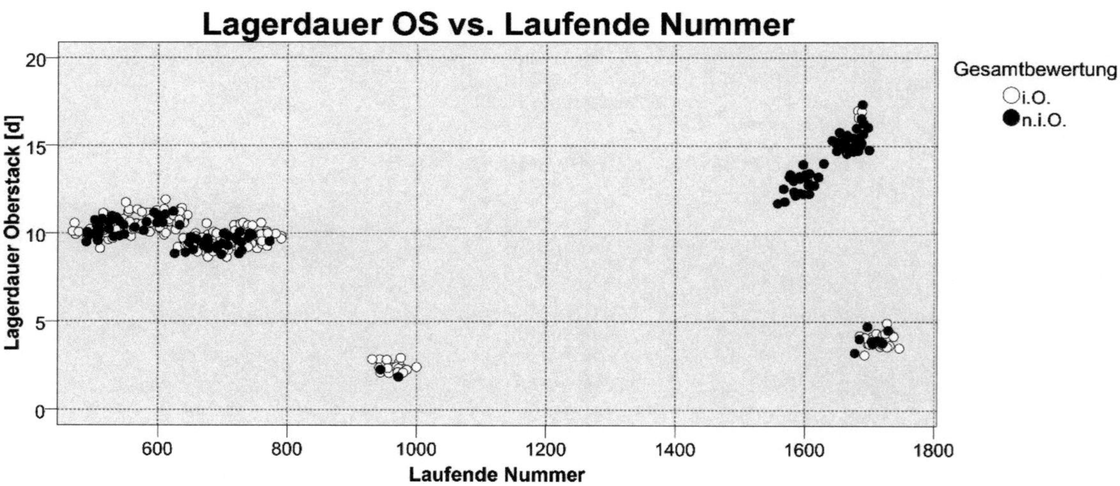
Lagerdauer OS vs. Laufende Nummer
Lagerdauer Oberstack [d]
20
15
10
5
0
600
800
1000
1200
1400
1600
1800
Laufende Nummer
Gesamtbewertung
i.O.
n.i.O.

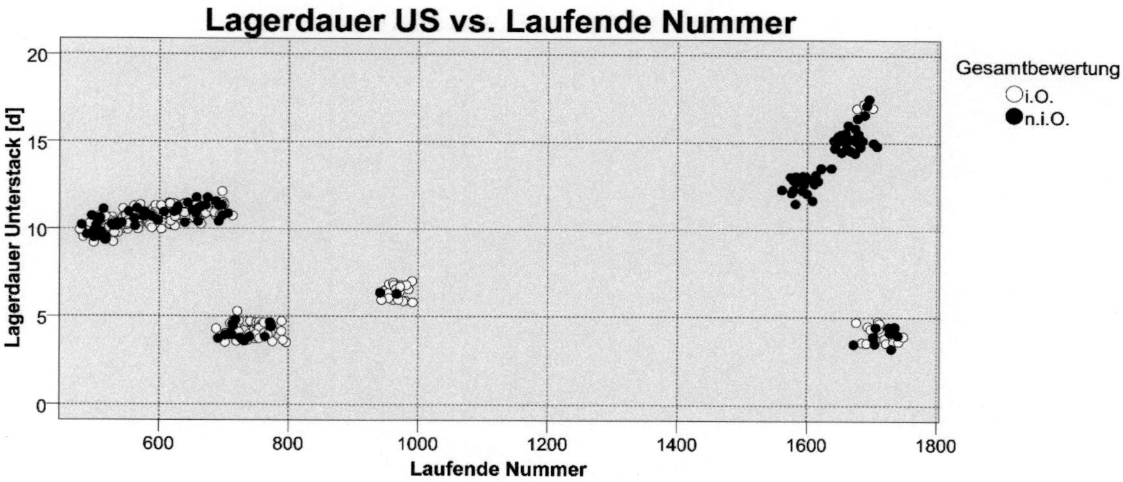
Lagerdauer US vs. Laufende Nummer
Lagerdauer Unterstack [d]
0
5
10
15
20
600
800
1000
1200
1400
1600
1800
Laufende Nummer
Gesamtbewertung
i.O.
n.i.O.

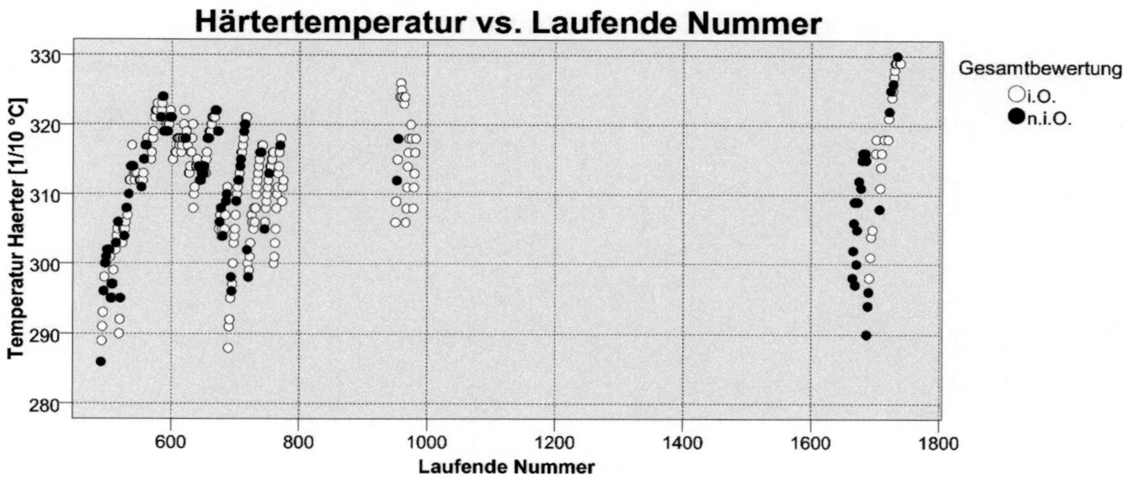
Härtertemperatur vs. Laufende Nummer
Temperatur Haerter [1/10 °C]
280
290
300
310
320
330
600
800
1000
1200
1400
1600
1800
Laufende Nummer
Gesamtbewertung
i.O.
n.i.O.

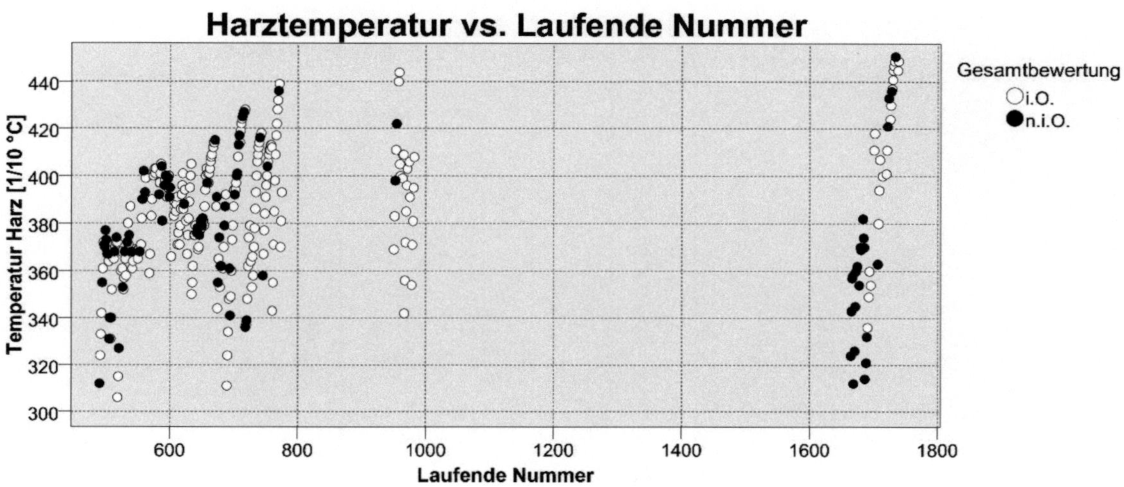
Harztemperatur vs. Laufende Nummer
Temperatur Harz [1/10 °C]
300
320
340
360
380
400
420
440
600
800
1000
1200
1400
1600
1800
Laufende Nummer
Gesamtbewertung
i.O.
n.i.O.

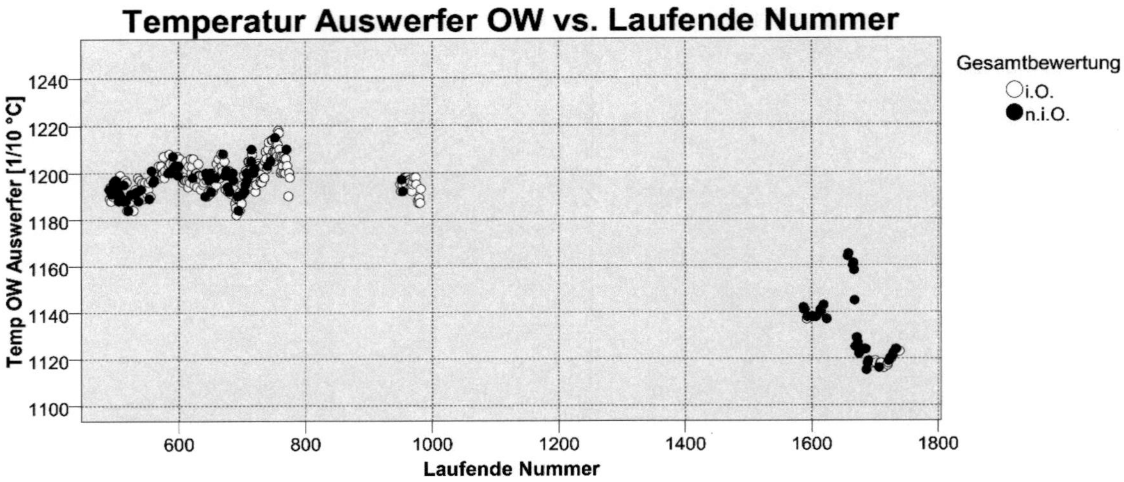
Temperatur Auswerfer OW vs. Laufende Nummer
Temp OW Auswerfer [1/10 °C]
1240
1220
1200
1180
1160
1140
1120
1100
600
800
1000
1200
1400
1600
1800
Laufende Nummer
Gesamtbewertung
i.O.
n.i.O.

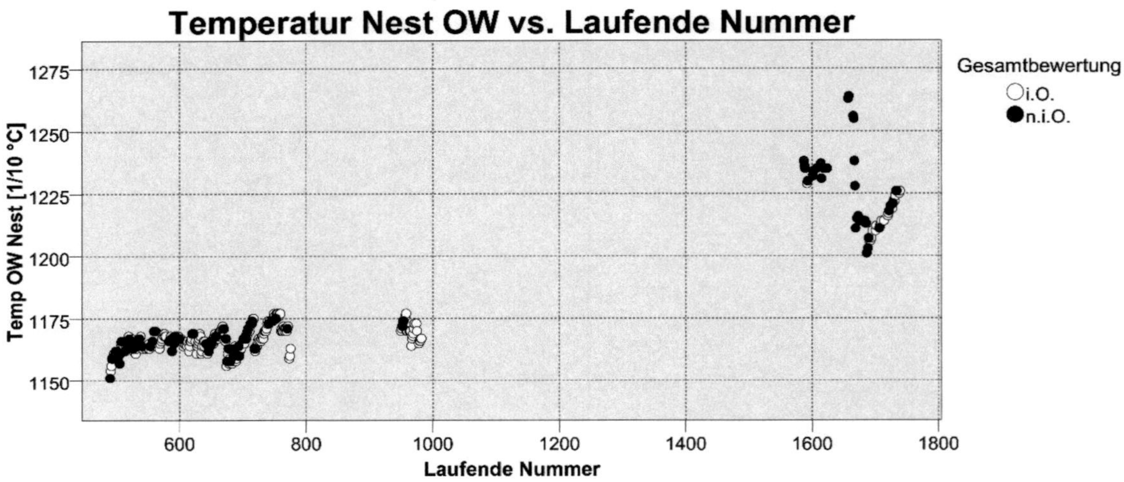
Temperatur Nest OW vs. Laufende Nummer
Temp OW Nest [1/10 °C]
1275
1250
1225
1200
1175
1150
600
800
1000
1200
1400
1600
1800
Laufende Nummer
Gesamtbewertung
i.O.
n.i.O.

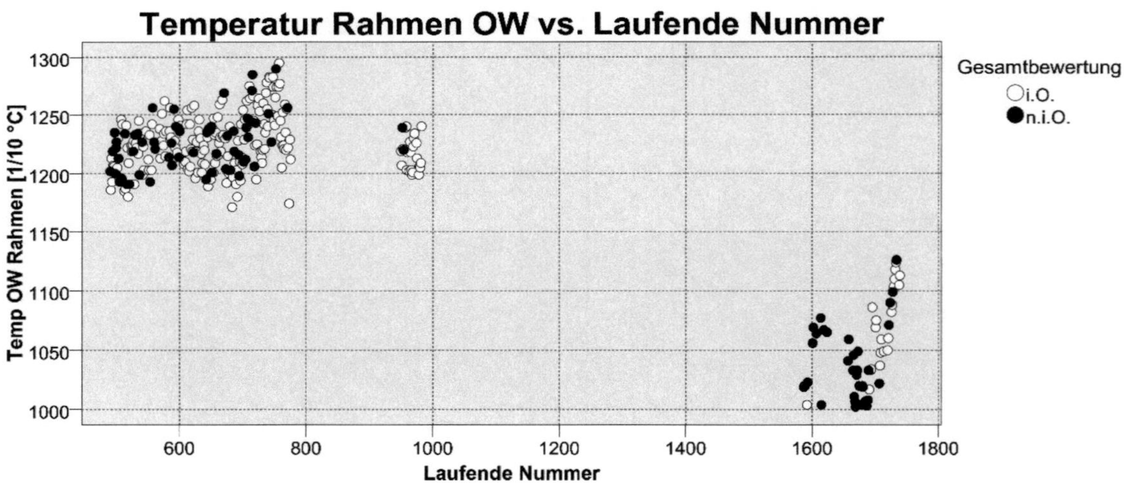
Temperatur Rahmen OW vs. Laufende Nummer
Temp OW Rahmen [1/10 °C]
1300
1250
1200
1150
1100
1050
1000
600
800
1000
1200
1400
1600
1800
Laufende Nummer
Gesamtbewertung
i.O.
n.i.O.

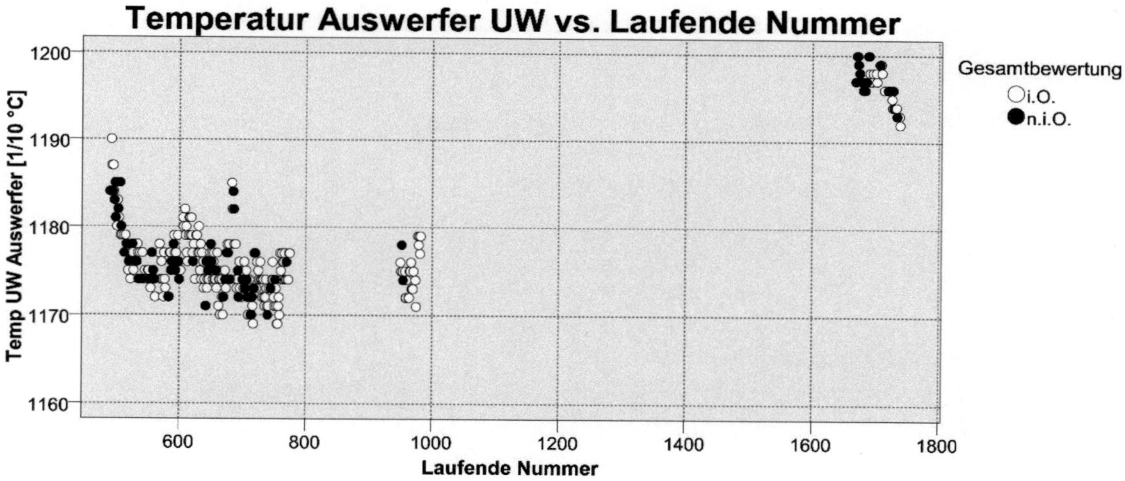
Temperatur Auswerfer UW vs. Laufende Nummer
Temp UW Auswerfer [1/10 °C]
1200
1190
1180
1170
1160
600
800
1000
1200
1400
1600
1800
Laufende Nummer
Gesamtbewertung
i.O.
n.i.O.

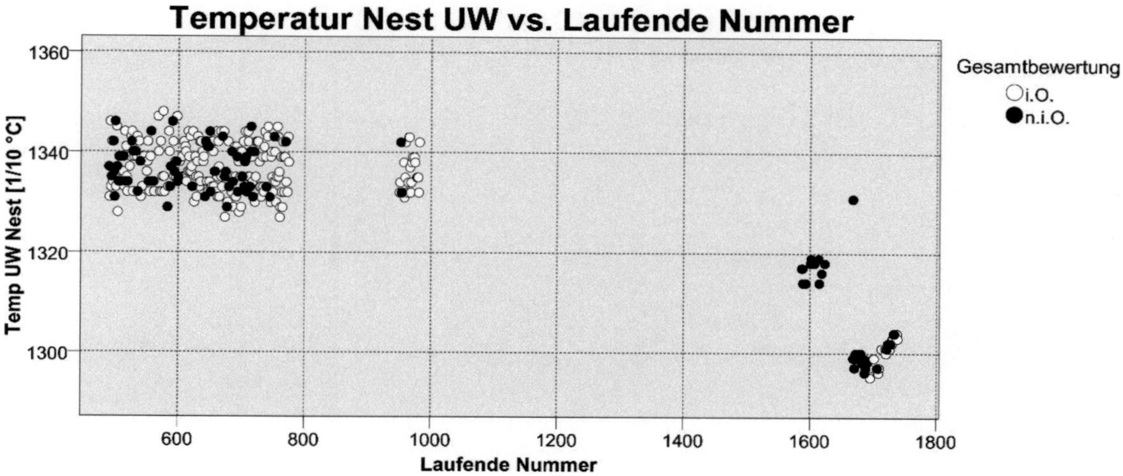
Temperatur Nest UW vs. Laufende Nummer
Temp UW Nest [1/10 °C]
1360
1340
1320
1300
600
800
1000
1200
1400
1600
1800
Laufende Nummer
Gesamtbewertung
i.O.
n.i.O.

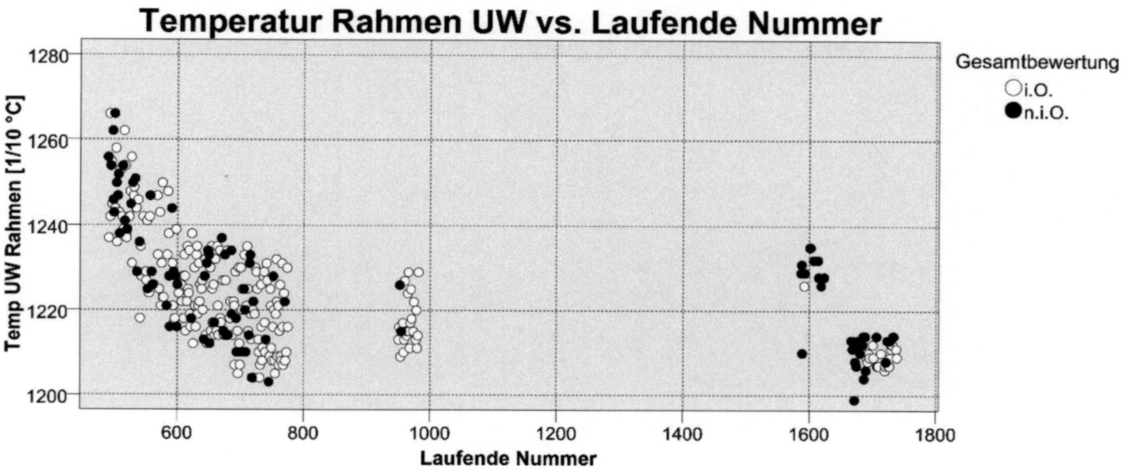
Temperatur Rahmen UW vs. Laufende Nummer
Temp UW Rahmen [1/10 °C]
1280
1260
1240
1220
1200
600
800
1000
1200
1400
1600
1800
Laufende Nummer
Gesamtbewertung
i.O.
n.i.O.

Anhang 25 Beispiele Diagramme Parameter vs. Laufende Nummer Merkmale VS1

Diagramme VS1:

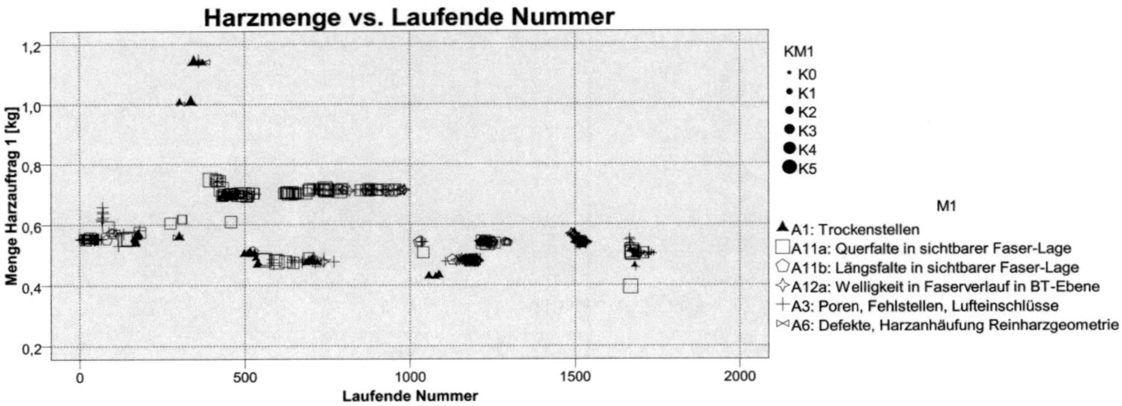

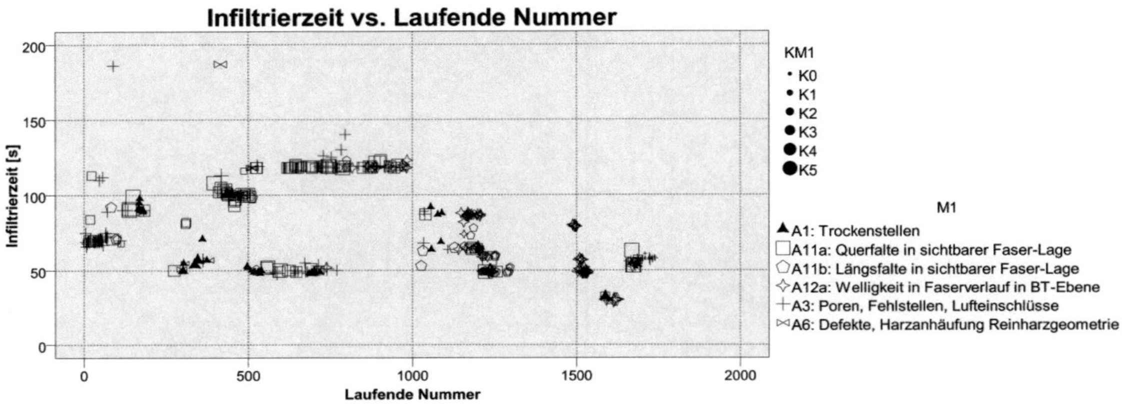

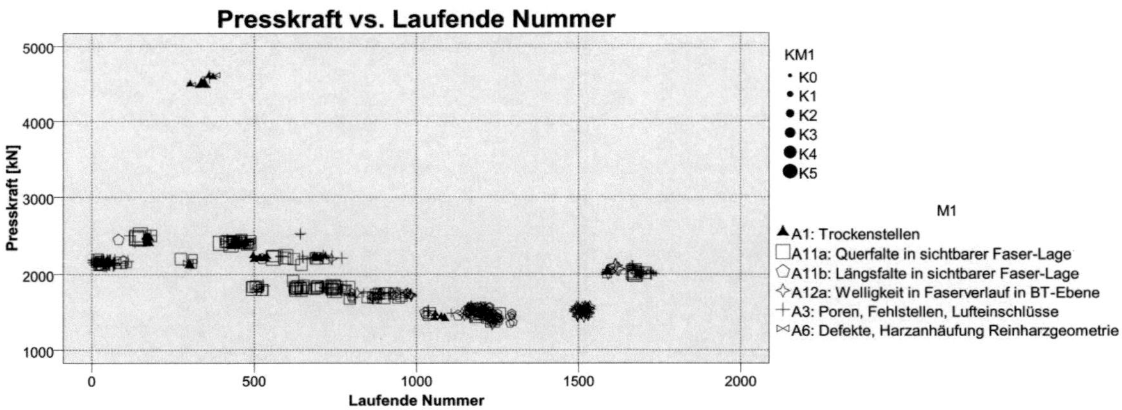

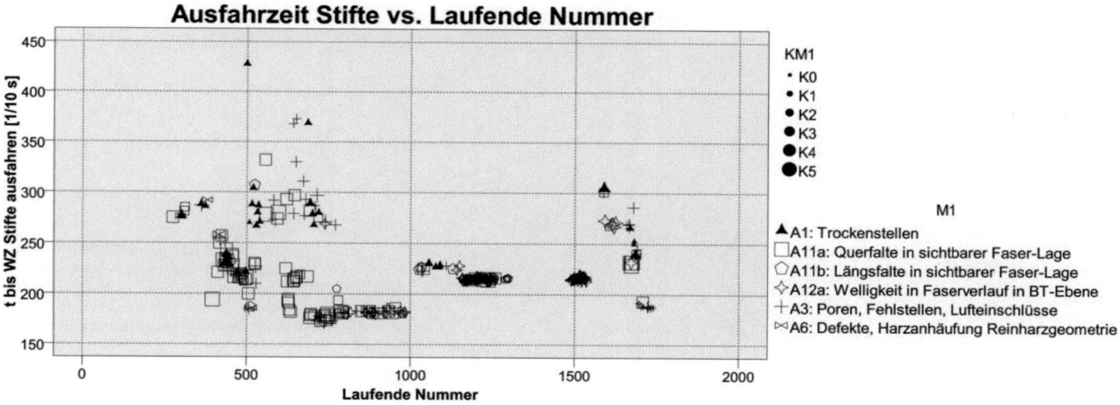
Ausfahrzeit Stifte vs. Laufende Nummer
t bis WZ Stifte ausfahren [1/10 s]
450
400
350
300
250
200
150
0
500
1000
1500
2000
Laufende Nummer
KM1
K0
K1
K2
K3
K4
K5
M1
A1: Trockenstellen
A11a: Querfalte in sichtbarer Faser-Lage
A11b: Längsfalte in sichtbarer Faser-Lage
A12a: Welligkeit in Faserverlauf in BT-Ebene
A3: Poren, Fehlstellen, Lufteinschlüsse
A6: Defekte, Harzanhäufung Reinharzgeometrie

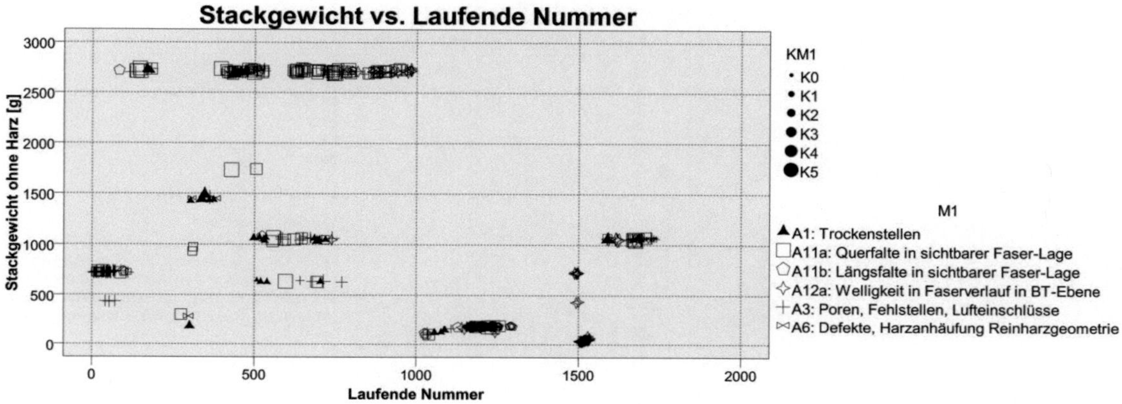
Stackgewicht vs. Laufende Nummer
Stackgewicht ohne Harz [g]
3000
2500
2000
1500
1000
500
0
0
500
1000
1500
2000
Laufende Nummer
KM1
K0
K1
K2
K3
K4
K5
M1
A1: Trockenstellen
A11a: Querfalte in sichtbarer Faser-Lage
A11b: Längsfalte in sichtbarer Faser-Lage
A12a: Welligkeit in Faserverlauf in BT-Ebene
A3: Poren, Fehlstellen, Lufteinschlüsse
A6: Defekte, Harzanhäufung Reinharzgeometrie

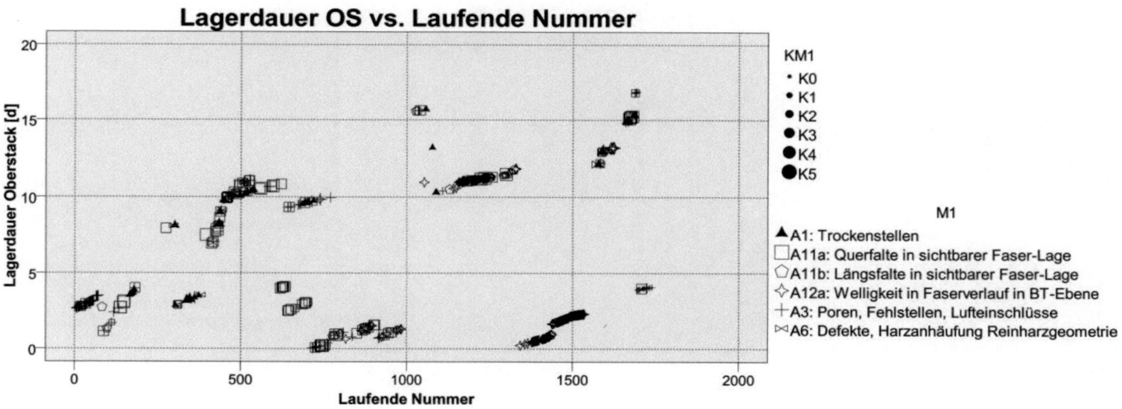
Lagerdauer OS vs. Laufende Nummer
Lagerdauer Oberstack [d]
20
15
10
5
0
0
500
1000
1500
2000
Laufende Nummer
KM1
K0
K1
K2
K3
K4
K5
M1
A1: Trockenstellen
A11a: Querfalte in sichtbarer Faser-Lage
A11b: Längsfalte in sichtbarer Faser-Lage
A12a: Welligkeit in Faserverlauf in BT-Ebene
A3: Poren, Fehlstellen, Lufteinschlüsse
A6: Defekte, Harzanhäufung Reinharzgeometrie

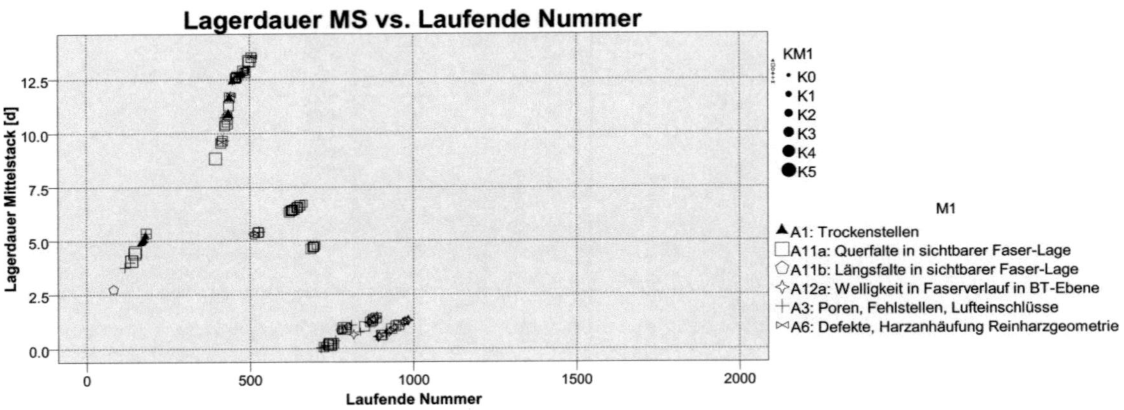

Lagerdauer MS vs. Laufende Nummer
Lagerdauer Mittelstack [d]
Laufende Nummer
KM1
K0
K1
K2
K3
K4
K5
M1
A1: Trockenstellen
A11a: Querfalte in sichtbarer Faser-Lage
A11b: Längsfalte in sichtbarer Faser-Lage
A12a: Welligkeit in Faserverlauf in BT-Ebene
A3: Poren, Fehlstellen, Lufteinschlüsse
A6: Defekte, Harzanhäufung Reinharzgeometrie

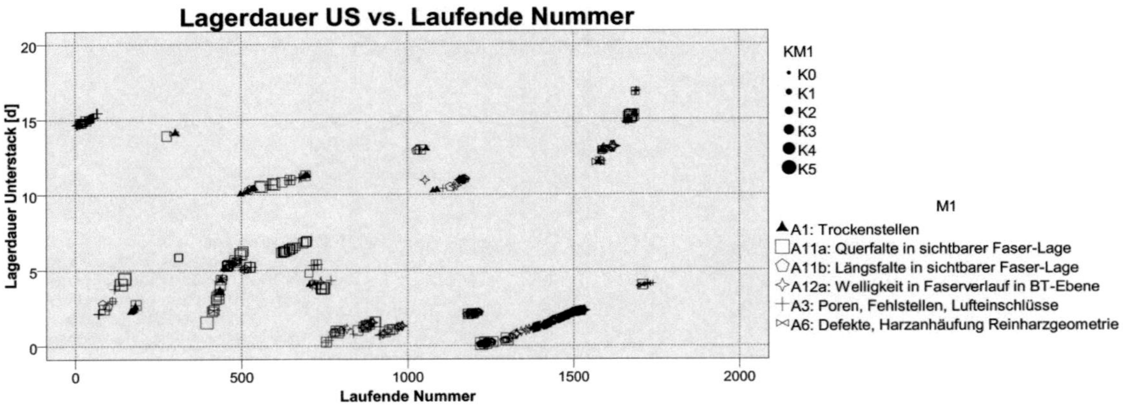

Lagerdauer US vs. Laufende Nummer
Lagerdauer Unterstack [d]
Laufende Nummer
KM1
K0
K1
K2
K3
K4
K5
M1
A1: Trockenstellen
A11a: Querfalte in sichtbarer Faser-Lage
A11b: Längsfalte in sichtbarer Faser-Lage
A12a: Welligkeit in Faserverlauf in BT-Ebene
A3: Poren, Fehlstellen, Lufteinschlüsse
A6: Defekte, Harzanhäufung Reinharzgeometrie

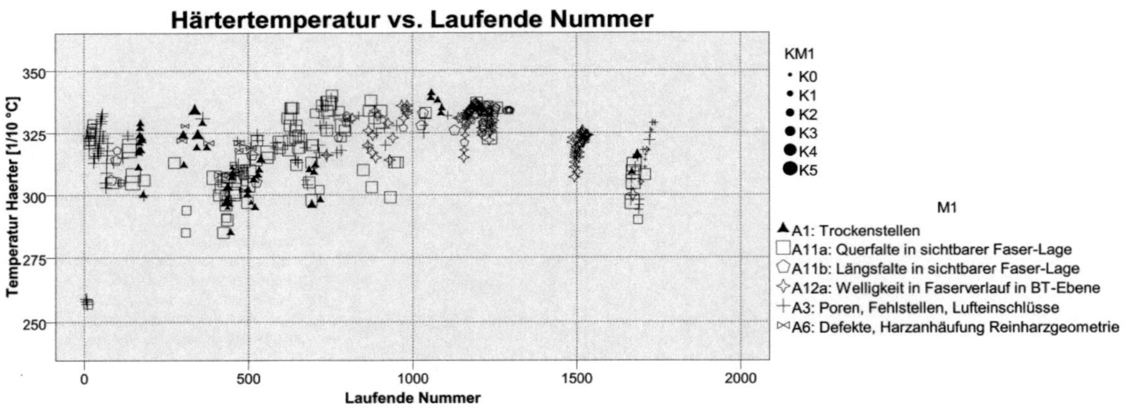

Härtertemperatur vs. Laufende Nummer
Temperatur Haerter [1/10 °C]
Laufende Nummer
KM1
K0
K1
K2
K3
K4
K5
M1
A1: Trockenstellen
A11a: Querfalte in sichtbarer Faser-Lage
A11b: Längsfalte in sichtbarer Faser-Lage
A12a: Welligkeit in Faserverlauf in BT-Ebene
A3: Poren, Fehlstellen, Lufteinschlüsse
A6: Defekte, Harzanhäufung Reinharzgeometrie

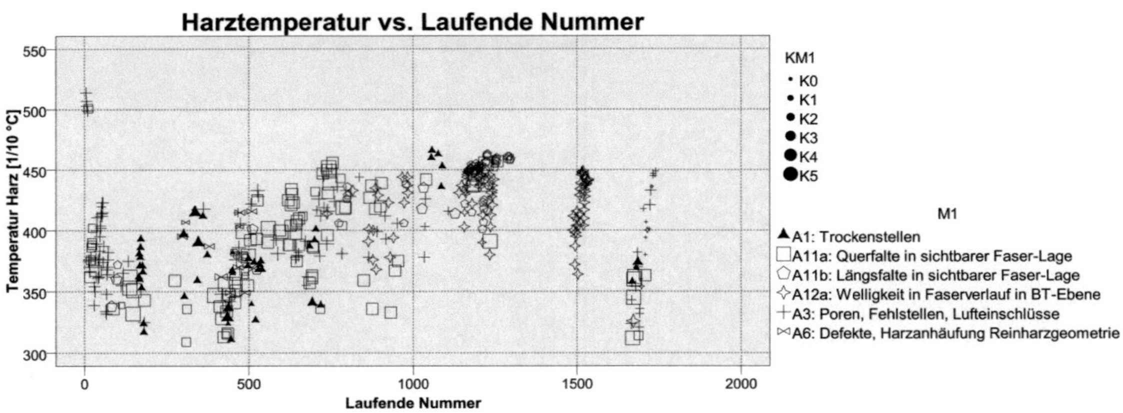

Harztemperatur vs. Laufende Nummer
Temperatur Harz [1/10 °C]
Laufende Nummer
KM1
K0
K1
K2
K3
K4
K5
M1
A1: Trockenstellen
A11a: Querfalte in sichtbarer Faser-Lage
A11b: Längsfalte in sichtbarer Faser-Lage
A12a: Welligkeit in Faserverlauf in BT-Ebene
A3: Poren, Fehlstellen, Lufteinschlüsse
A6: Defekte, Harzanhäufung Reinharzgeometrie

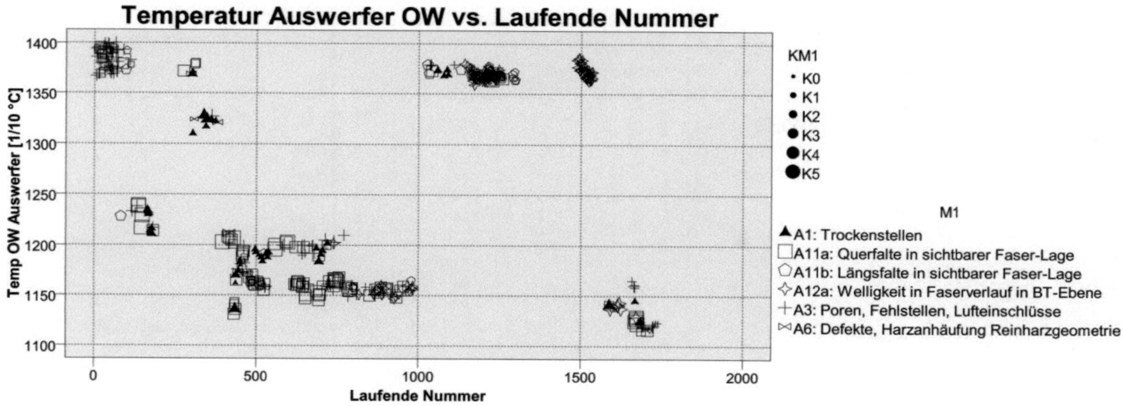
Temperatur Auswerfer OW vs. Laufende Nummer
Temp OW Auswerfer [1/10 °C]
Laufende Nummer
KM1
K0
K1
K2
K3
K4
K5
M1
A1: Trockenstellen
A11a: Querfalte in sichtbarer Faser-Lage
A11b: Längsfalte in sichtbarer Faser-Lage
A12a: Welligkeit in Faserverlauf in BT-Ebene
A3: Poren, Fehlstellen, Lufteinschlüsse
A6: Defekte, Harzanhäufung Reinharzgeometrie

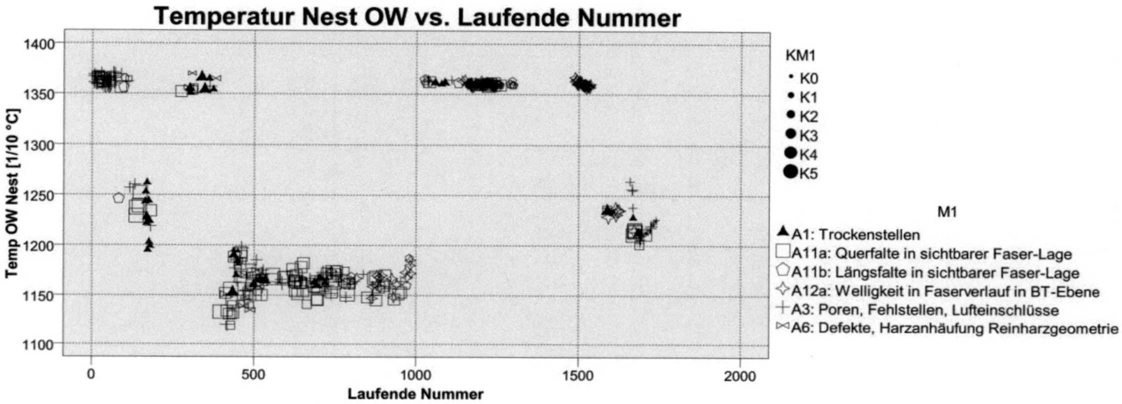
Temperatur Nest OW vs. Laufende Nummer
Temp OW Nest [1/10 °C]
Laufende Nummer
KM1
K0
K1
K2
K3
K4
K5
M1
A1: Trockenstellen
A11a: Querfalte in sichtbarer Faser-Lage
A11b: Längsfalte in sichtbarer Faser-Lage
A12a: Welligkeit in Faserverlauf in BT-Ebene
A3: Poren, Fehlstellen, Lufteinschlüsse
A6: Defekte, Harzanhäufung Reinharzgeometrie

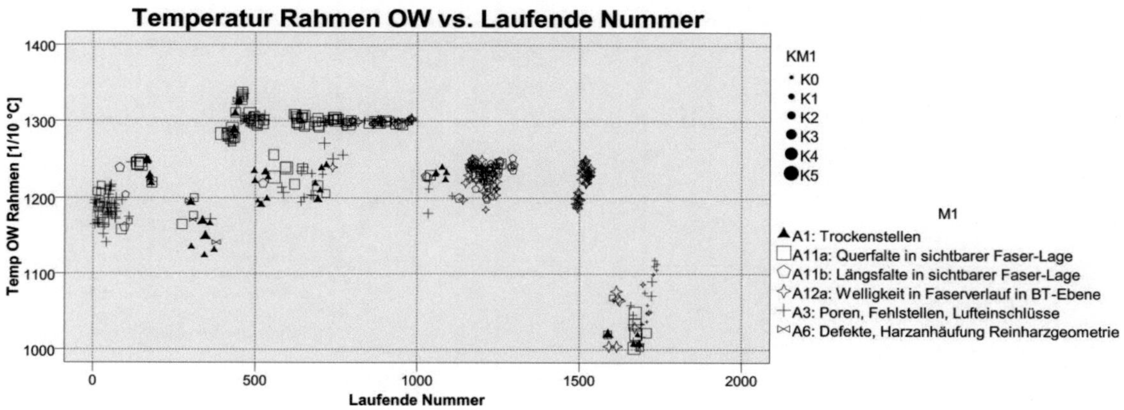
Temperatur Rahmen OW vs. Laufende Nummer
Temp OW Rahmen [1/10 °C]
Laufende Nummer
KM1
K0
K1
K2
K3
K4
K5
M1
A1: Trockenstellen
A11a: Querfalte in sichtbarer Faser-Lage
A11b: Längsfalte in sichtbarer Faser-Lage
A12a: Welligkeit in Faserverlauf in BT-Ebene
A3: Poren, Fehlstellen, Lufteinschlüsse
A6: Defekte, Harzanhäufung Reinharzgeometrie

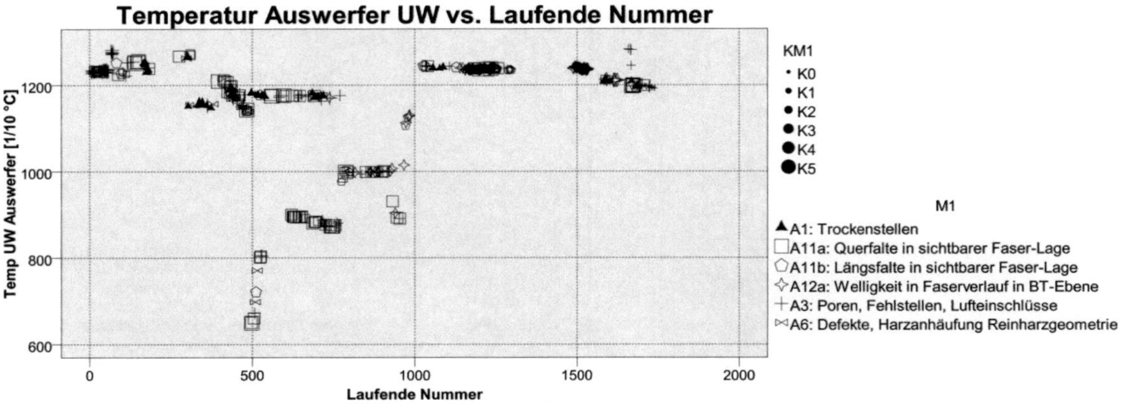
Temperatur Auswerfer UW vs. Laufende Nummer
Temp UW Auswerfer [1/10 °C]
Laufende Nummer
KM1
K0
K1
K2
K3
K4
K5
M1
A1: Trockenstellen
A11a: Querfalte in sichtbarer Faser-Lage
A11b: Längsfalte in sichtbarer Faser-Lage
A12a: Welligkeit in Faserverlauf in BT-Ebene
A3: Poren, Fehlstellen, Lufteinschlüsse
A6: Defekte, Harzanhäufung Reinharzgeometrie

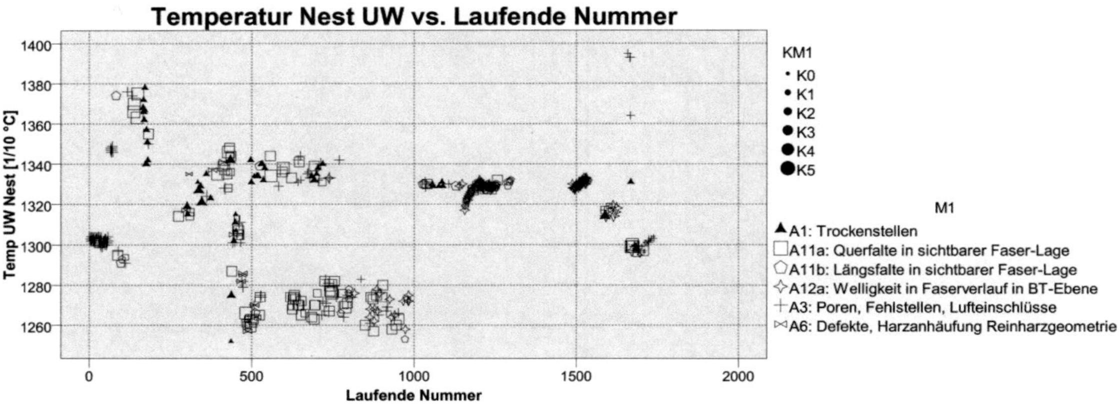
Temperatur Nest UW vs. Laufende Nummer
Temp UW Nest [1/10 °C]
Laufende Nummer
KM1
K0
K1
K2
K3
K4
K5
M1
A1: Trockenstellen
A11a: Querfalte in sichtbarer Faser-Lage
A11b: Längsfalte in sichtbarer Faser-Lage
A12a: Welligkeit in Faserverlauf in BT-Ebene
A3: Poren, Fehlstellen, Lufteinschlüsse
A6: Defekte, Harzanhäufung Reinharzgeometrie

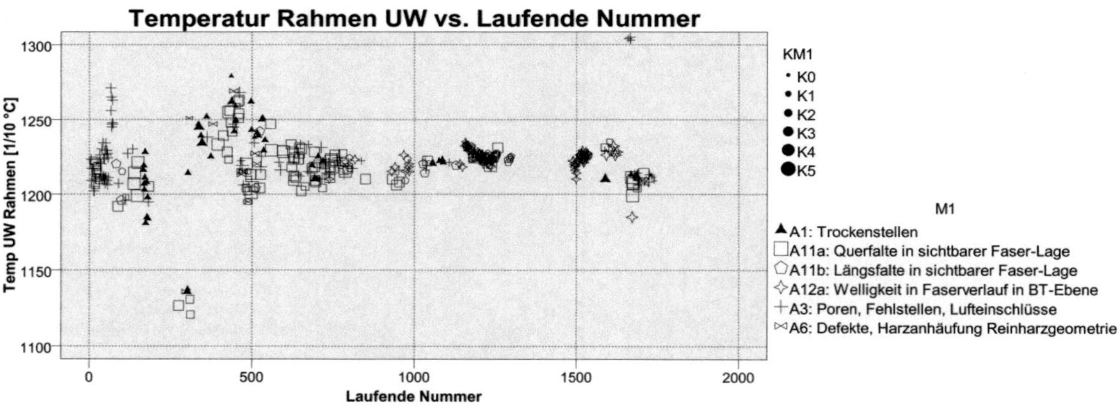
Temperatur Rahmen UW vs. Laufende Nummer
Temp UW Rahmen [1/10 °C]
Laufende Nummer
KM1
K0
K1
K2
K3
K4
K5
M1
A1: Trockenstellen
A11a: Querfalte in sichtbarer Faser-Lage
A11b: Längsfalte in sichtbarer Faser-Lage
A12a: Welligkeit in Faserverlauf in BT-Ebene
A3: Poren, Fehlstellen, Lufteinschlüsse
A6: Defekte, Harzanhäufung Reinharzgeometrie

Anhang 26 Beispiele Diagramme Wechselwirkungen VS1

Temperaturen OW

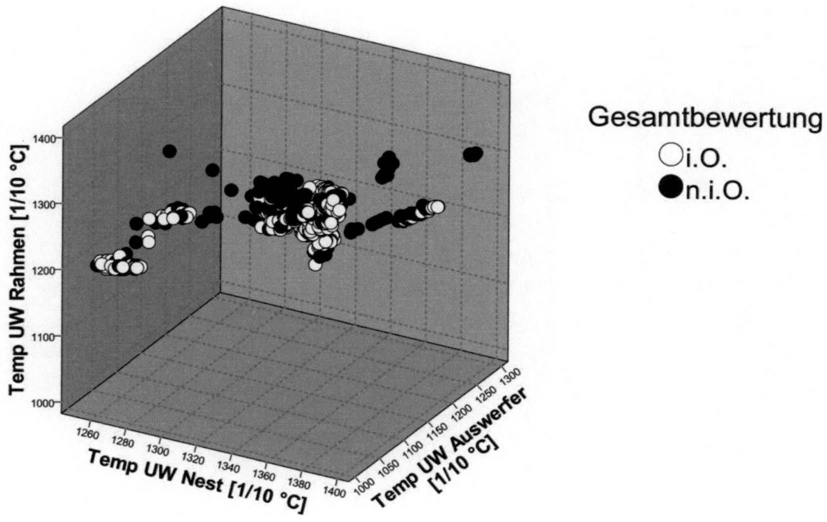

Temperaturen UW

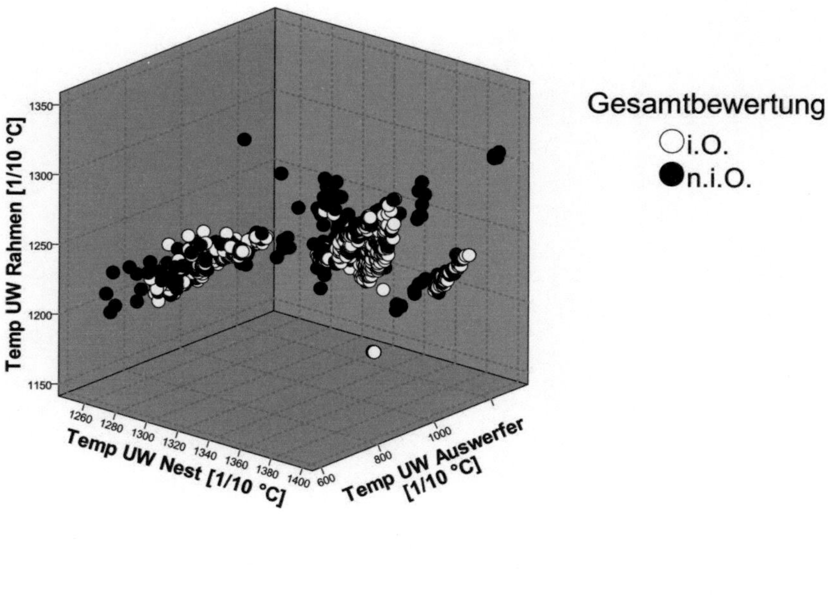

Temperaturen OW

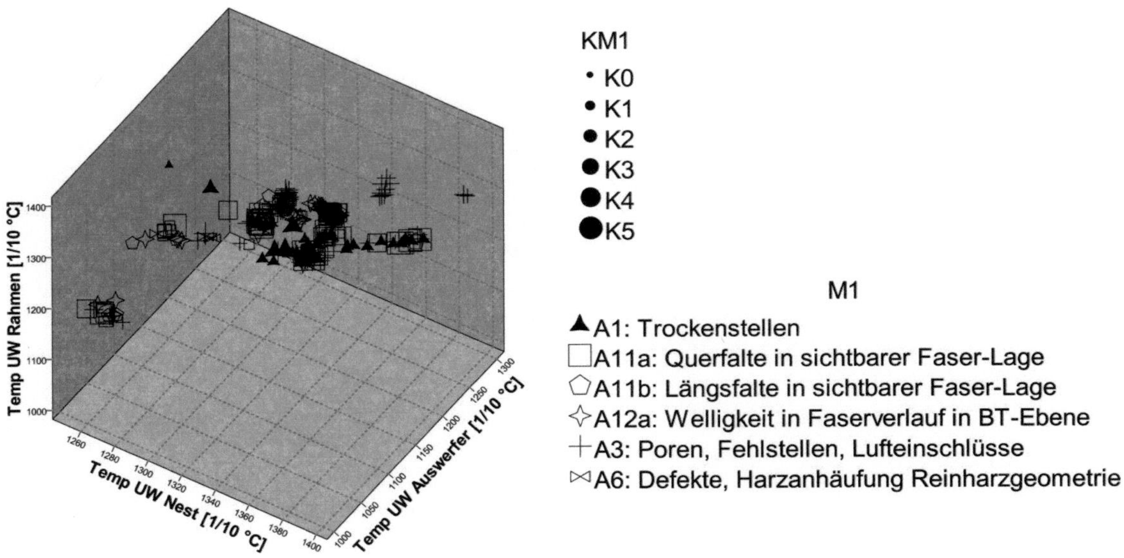

Temperaturen UW

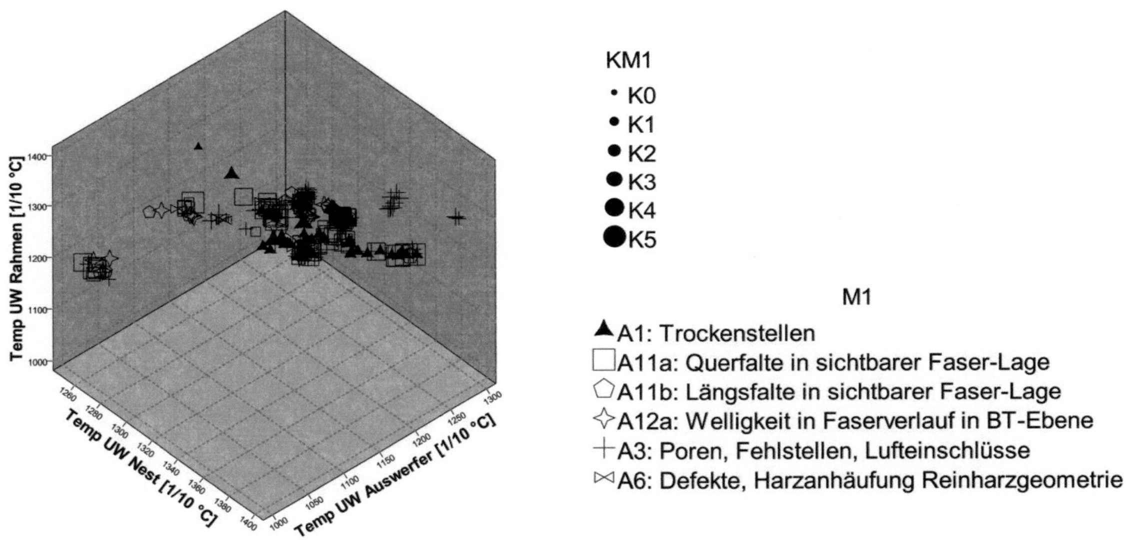

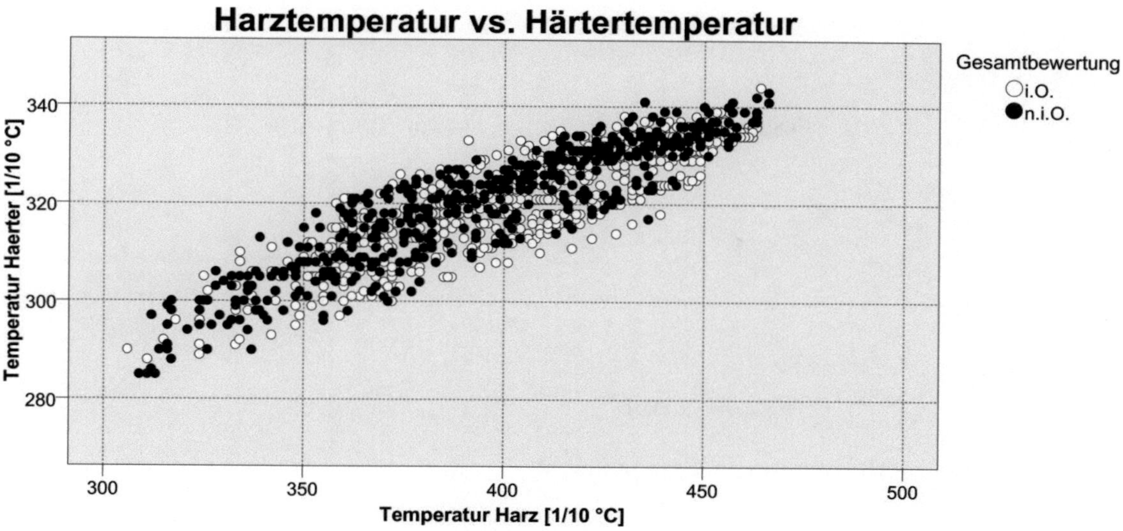
Harztemperatur vs. Härtertemperatur
Temperatur Haerter [1/10 °C]
280
300
320
340
300
350
400
450
500
Temperatur Harz [1/10 °C]
Gesamtbewertung
i.O.
n.i.O.

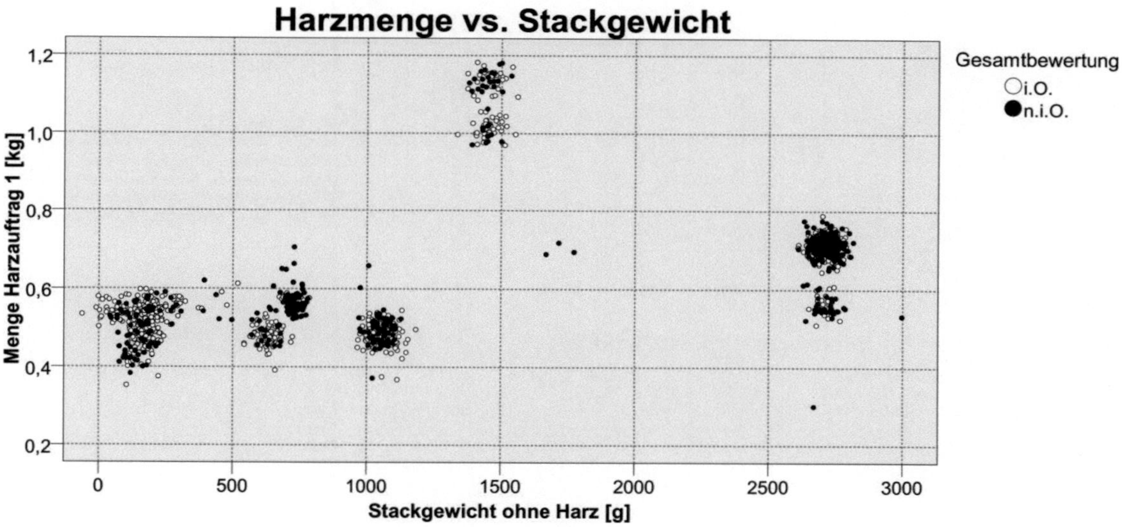
Harzmenge vs. Stackgewicht
Menge Harzauftrag 1 [kg]
0,2
0,4
0,6
0,8
1,0
1,2
0
500
1000
1500
2000
2500
3000
Stackgewicht ohne Harz [g]
Gesamtbewertung
i.O.
n.i.O.

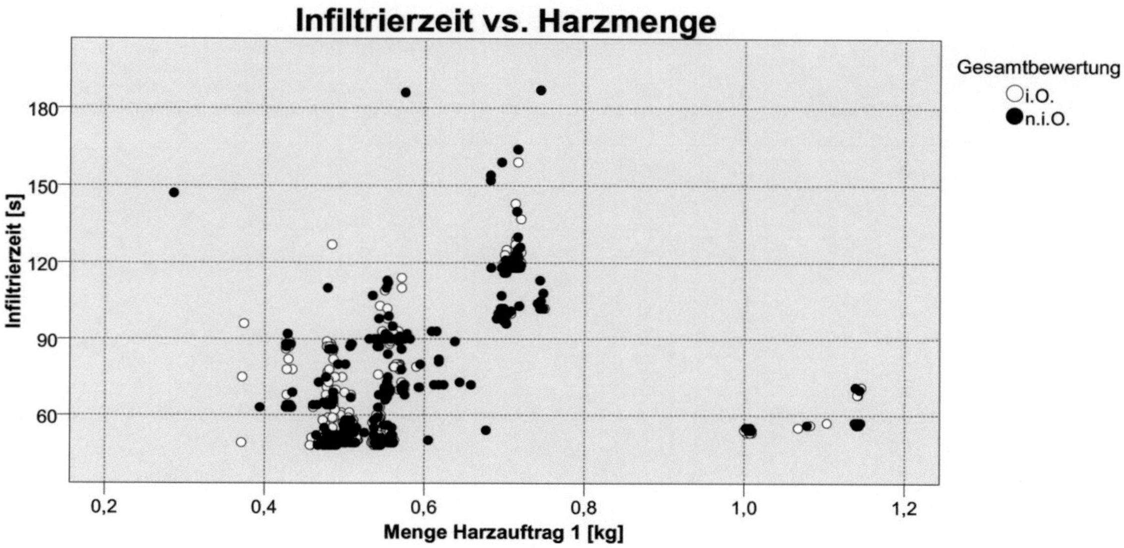
Infiltrierzeit vs. Harzmenge
Infiltrierzeit [s]
60
90
120
150
180
0,2
0,4
0,6
0,8
1,0
1,2
Menge Harzauftrag 1 [kg]
Gesamtbewertung
i.O.
n.i.O.

Harztemperatur vs. Härtertemperatur

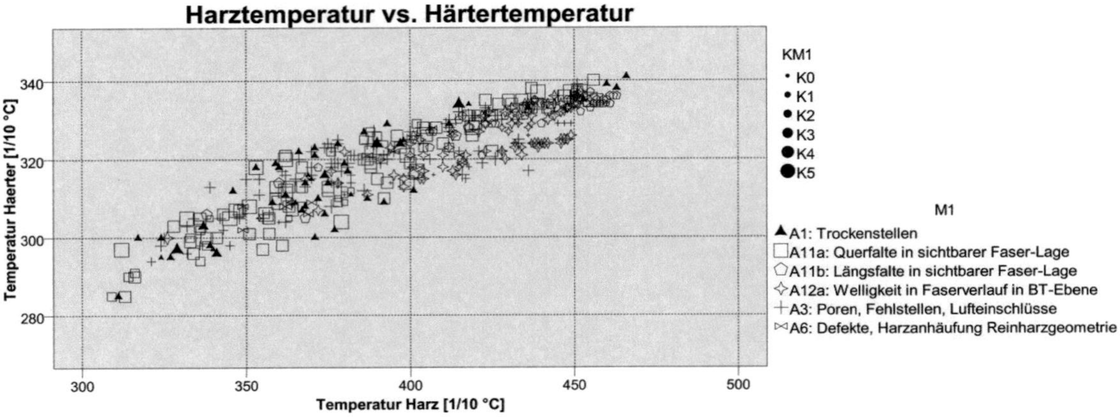

Harzmenge vs. Stackgewicht

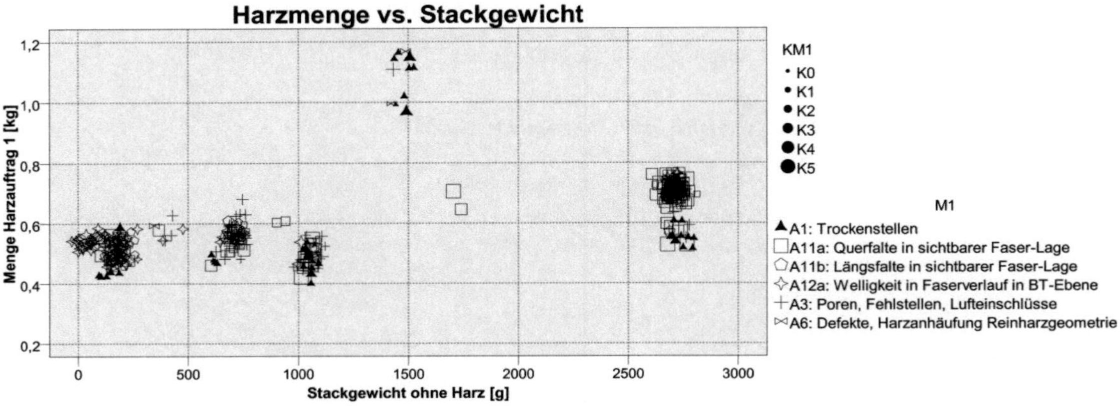

Infiltrierzeit vs. Harzmenge

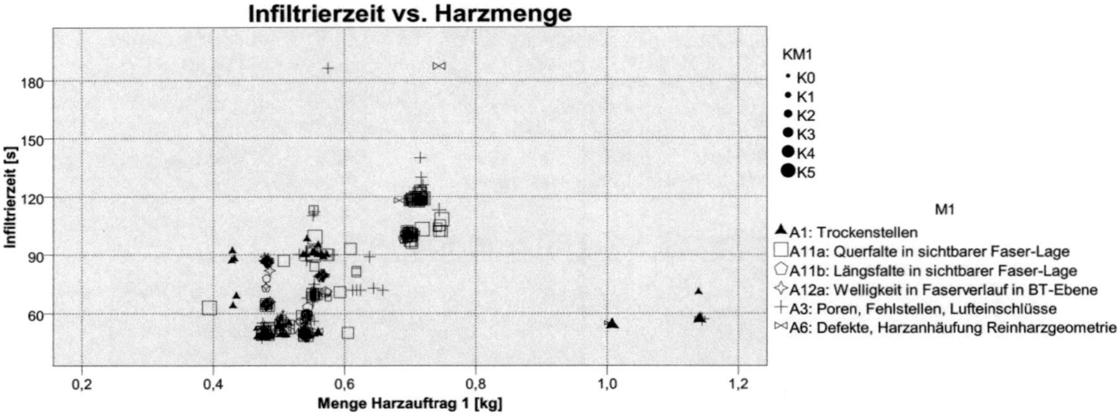

Anhang 27 Beispiele Diagramme Boxplot VS1

Diagramme Gesamtqualität:

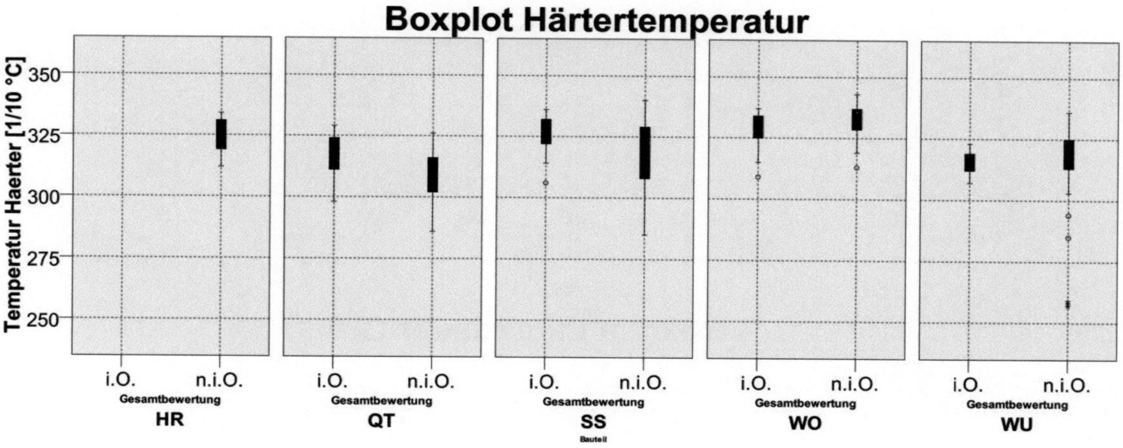

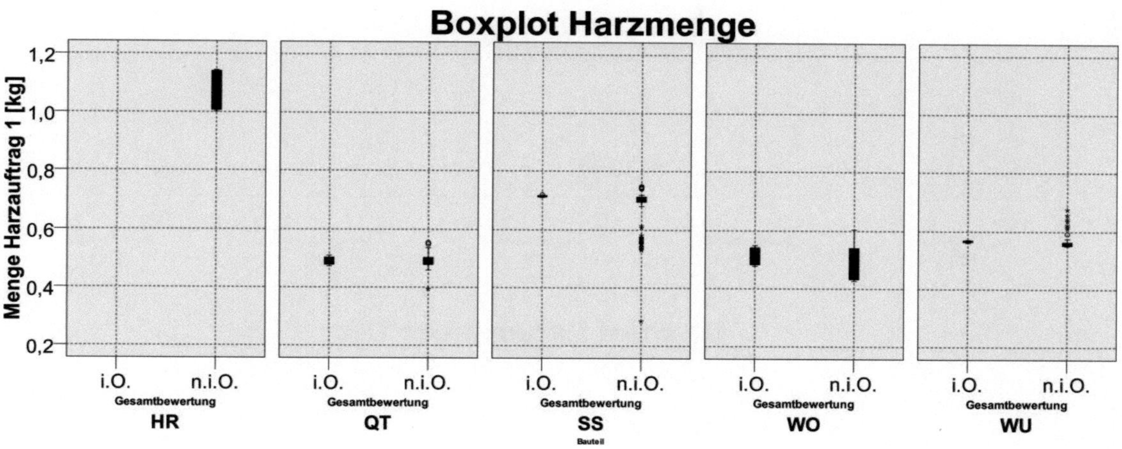

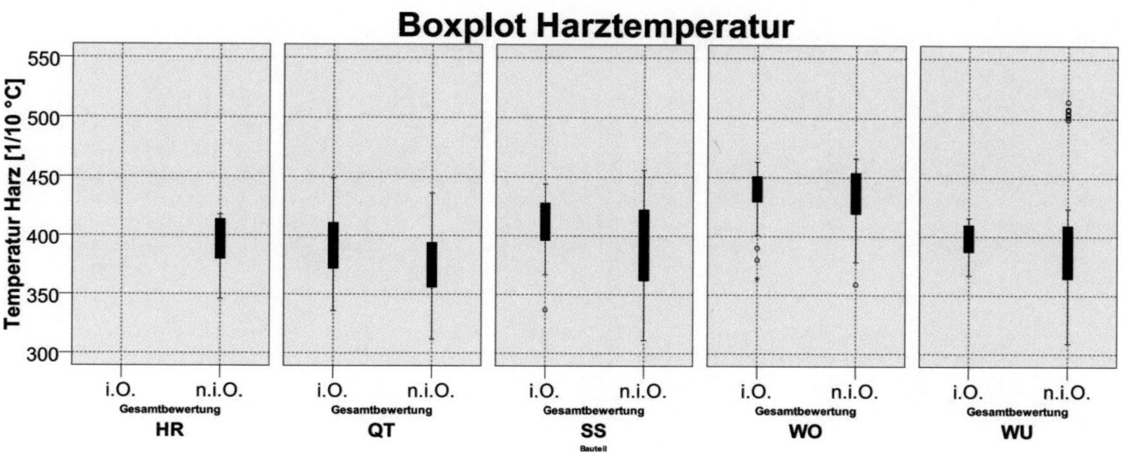

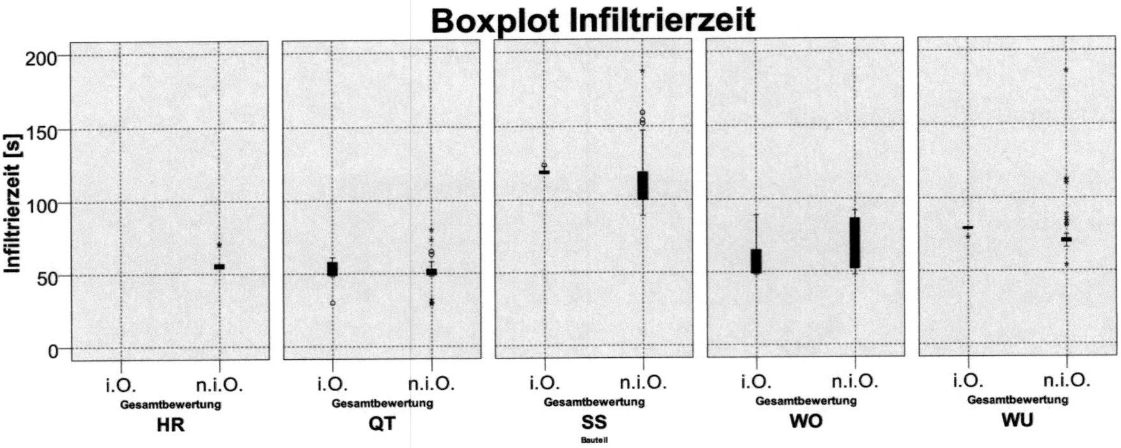
Boxplot Infiltrierzeit
Infiltrierzeit [s]
200
150
100
50
0
i.O.
n.i.O.
Gesamtbewertung
HR
QT
SS
WO
WU
Bauteil

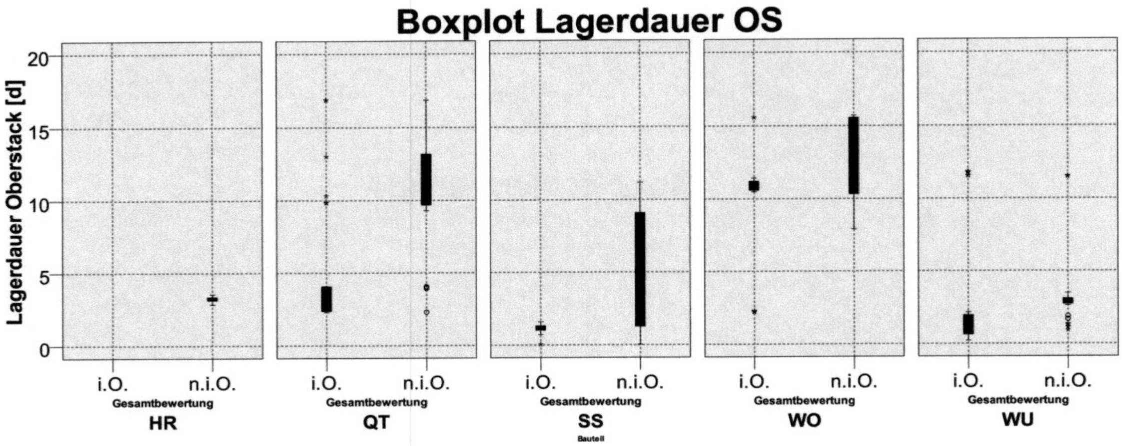
Boxplot Lagerdauer OS
Lagerdauer Oberstack [d]
20
15
10
5
0
i.O.
n.i.O.
Gesamtbewertung
HR
QT
SS
WO
WU
Bauteil

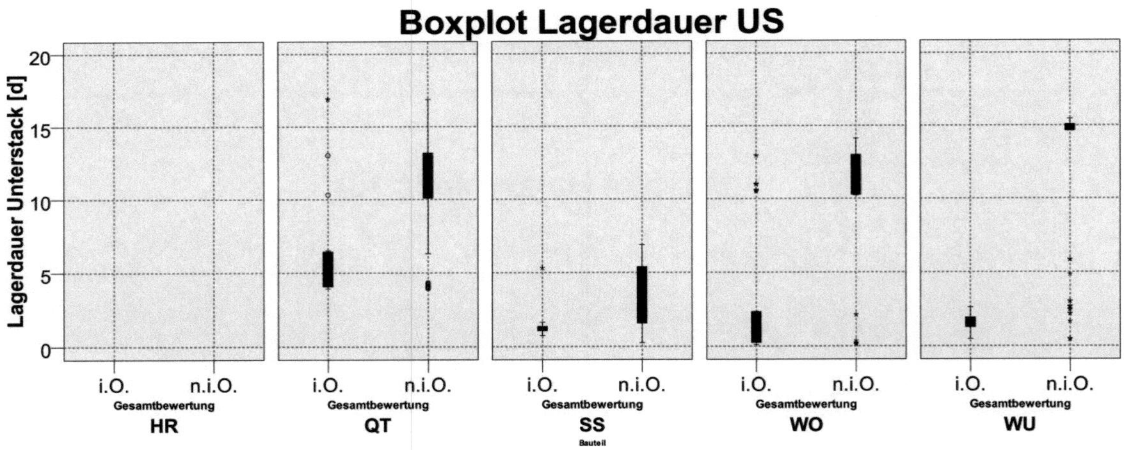
Boxplot Lagerdauer US
Lagerdauer Unterstack [d]
20
15
10
5
0
i.O.
n.i.O.
Gesamtbewertung
HR
QT
SS
WO
WU
Bauteil

Boxplot Presskraft

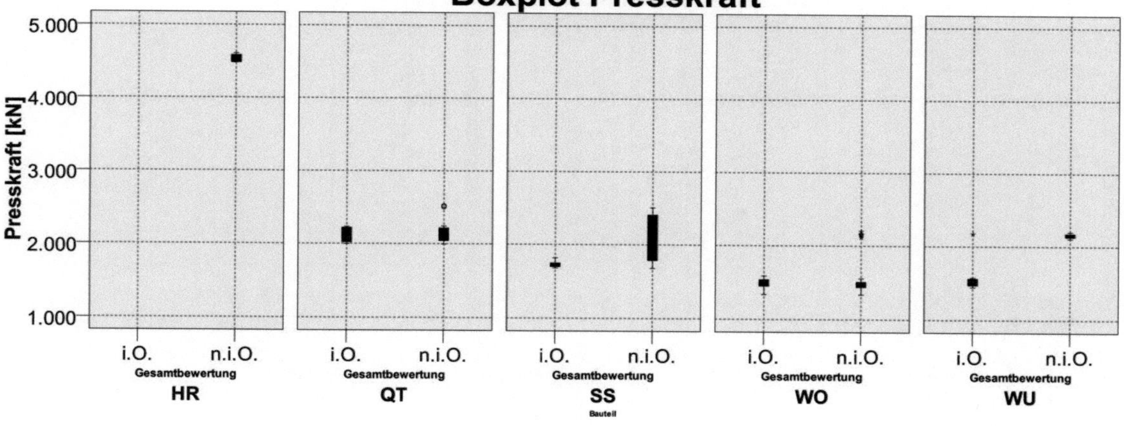

Boxplot Stackgewicht

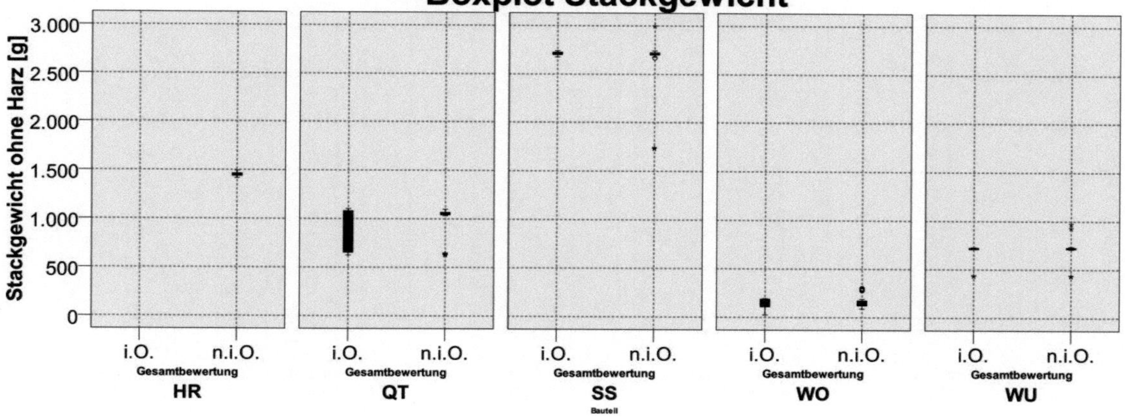

Boxplot Temperatur Auswerfer OW

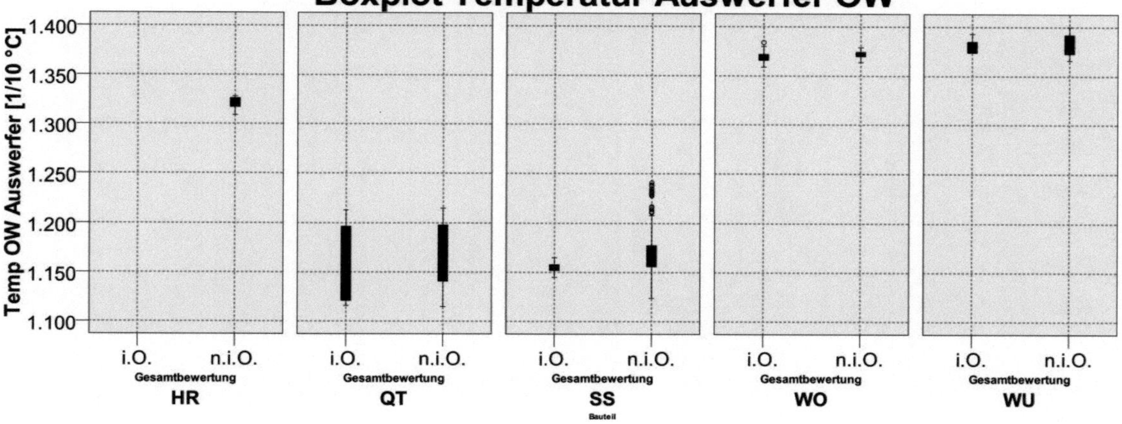

Boxplot Temperatur Auswerfer UW

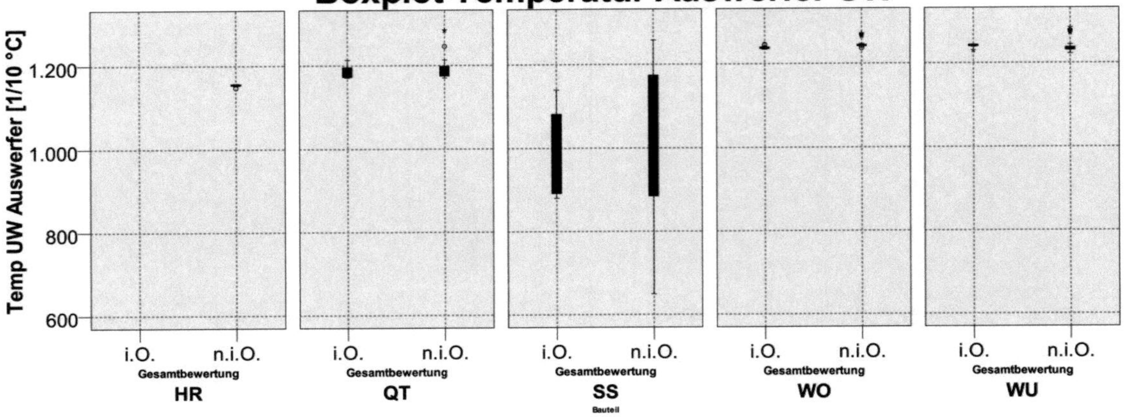

Boxplot Temperatur Nest OW

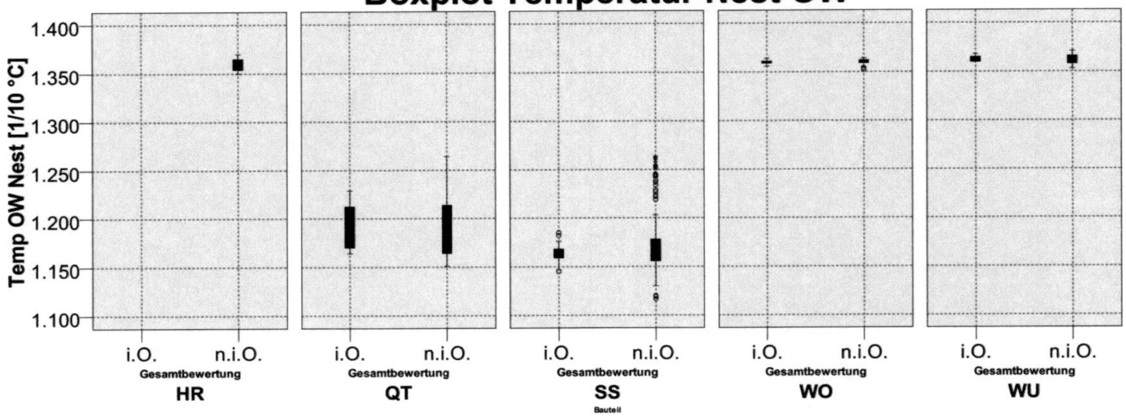

Boxplot Temperatur Nest UW

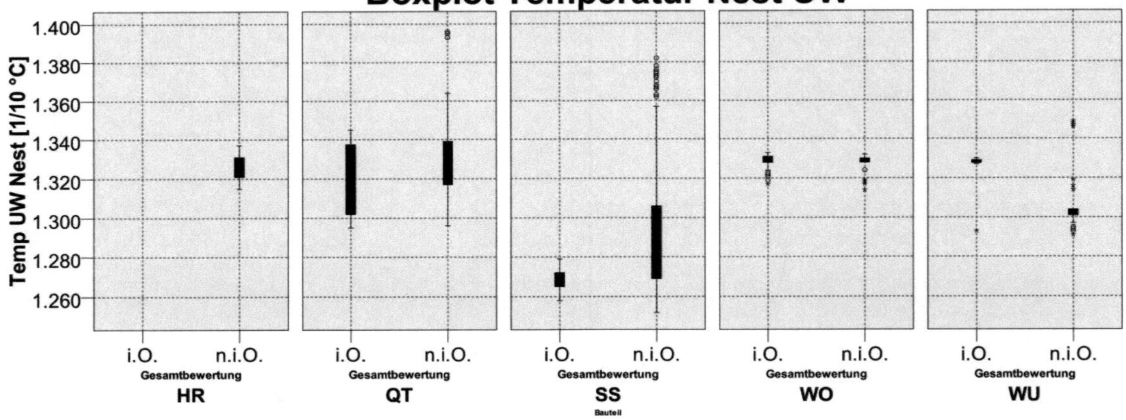

Boxplot Temperatur Rahmen OW

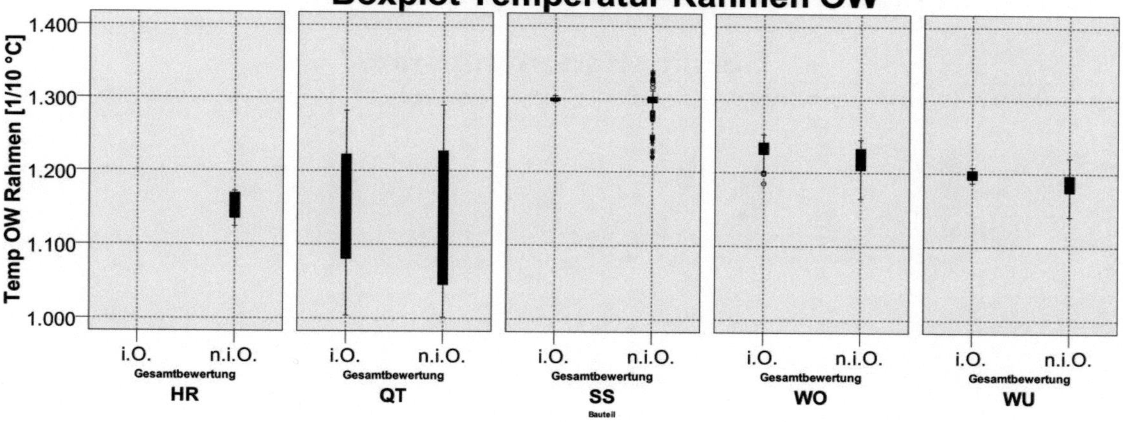

Boxplot Temperatur Rahmen UW

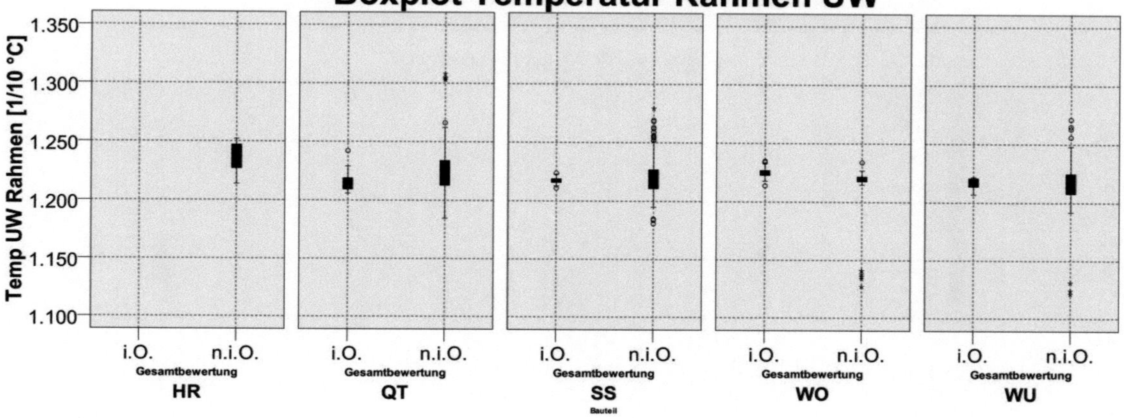

Boxplot Ausfahrzeit Stifte

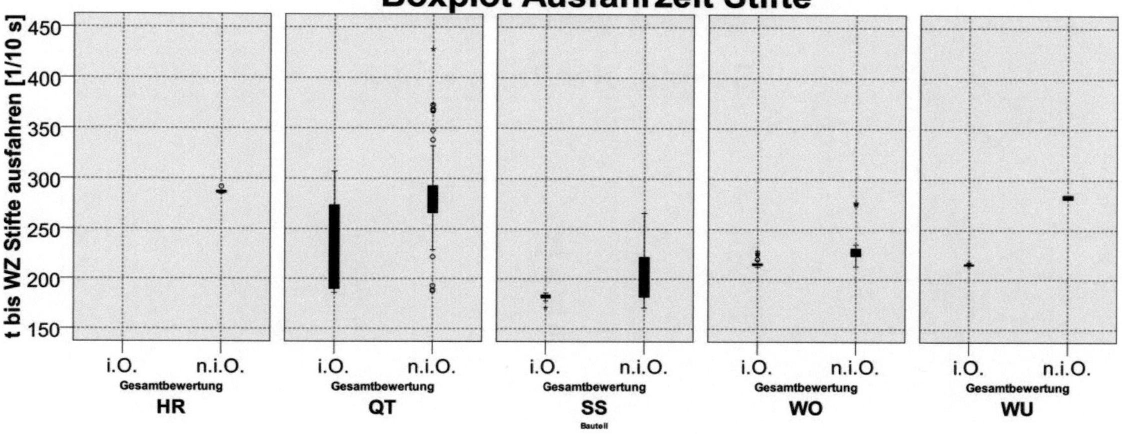

Diagramme Merkmale:

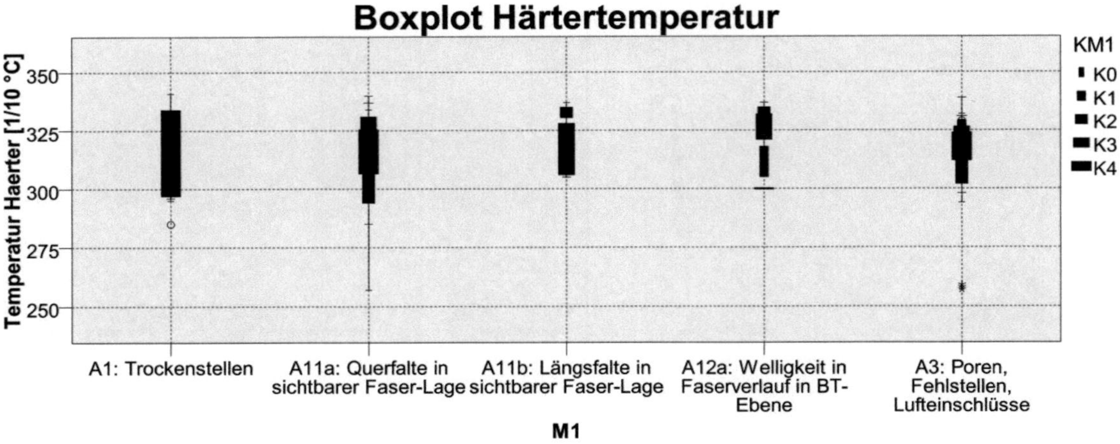

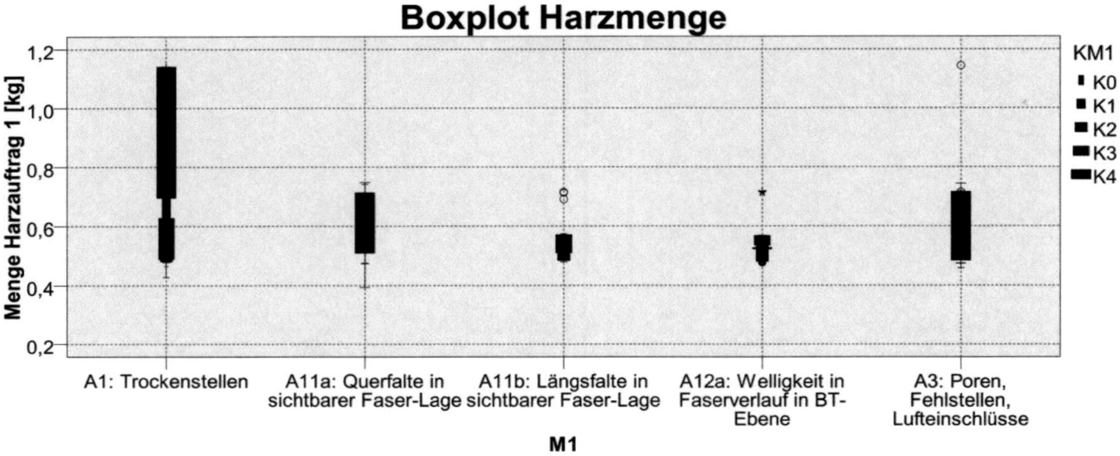

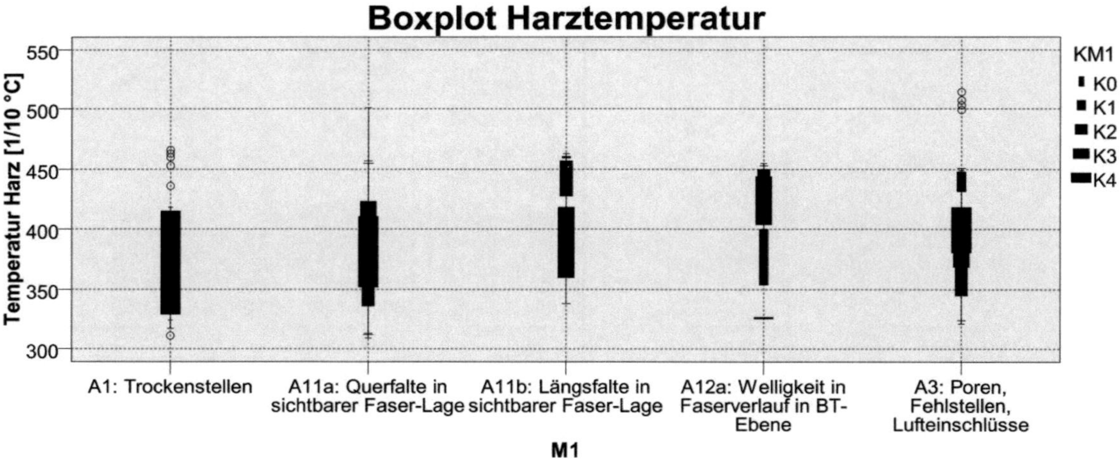

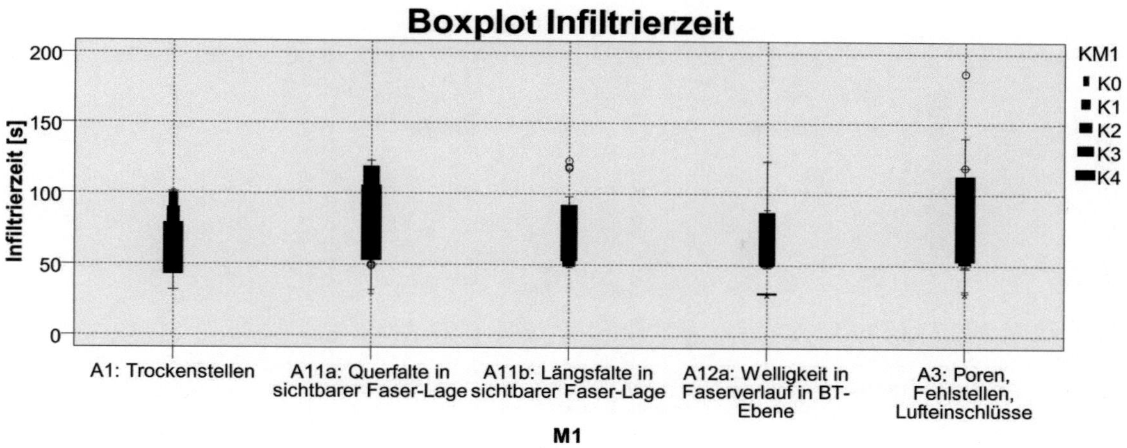
Boxplot Infiltrierzeit
Infiltrierzeit [s]
200
150
100
50
0
KM1
K0
K1
K2
K3
K4
A1: Trockenstellen
A11a: Querfalte in sichtbarer Faser-Lage
A11b: Längsfalte in sichtbarer Faser-Lage
A12a: Welligkeit in Faserverlauf in BT-Ebene
A3: Poren, Fehlstellen, Lufteinschlüsse
M1

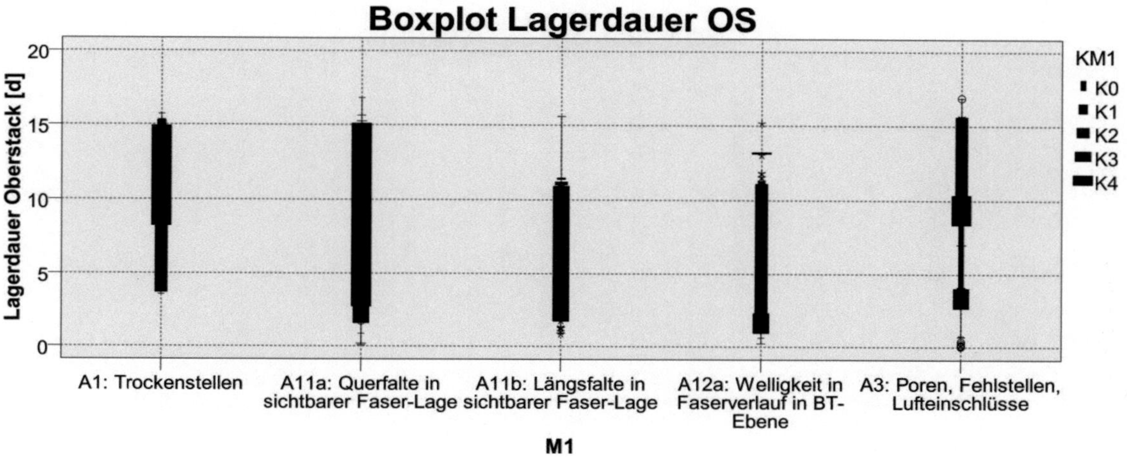
Boxplot Lagerdauer OS
Lagerdauer Oberstack [d]
20
15
10
5
0
KM1
K0
K1
K2
K3
K4
A1: Trockenstellen
A11a: Querfalte in sichtbarer Faser-Lage
A11b: Längsfalte in sichtbarer Faser-Lage
A12a: Welligkeit in Faserverlauf in BT-Ebene
A3: Poren, Fehlstellen, Lufteinschlüsse
M1

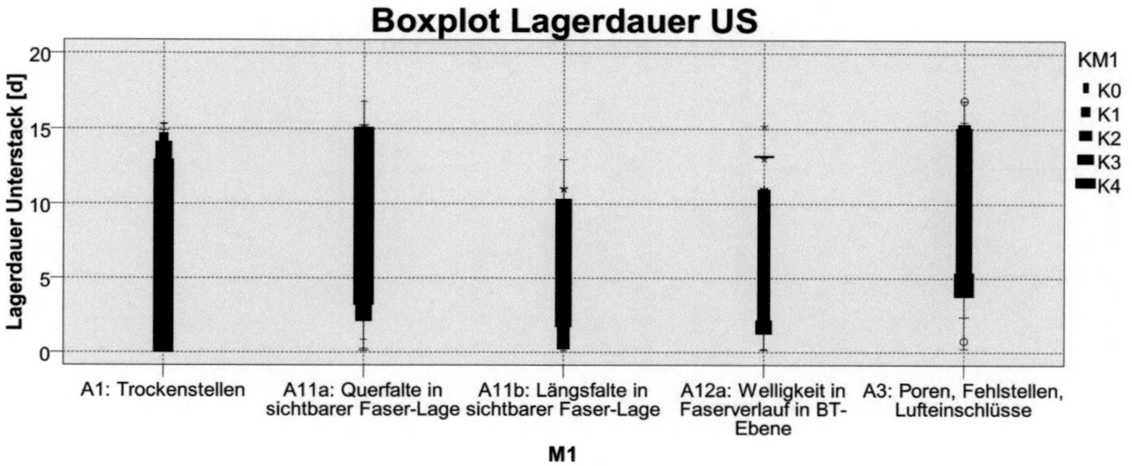
Boxplot Lagerdauer US
Lagerdauer Unterstack [d]
20
15
10
5
0
KM1
K0
K1
K2
K3
K4
A1: Trockenstellen
A11a: Querfalte in sichtbarer Faser-Lage
A11b: Längsfalte in sichtbarer Faser-Lage
A12a: Welligkeit in Faserverlauf in BT-Ebene
A3: Poren, Fehlstellen, Lufteinschlüsse
M1

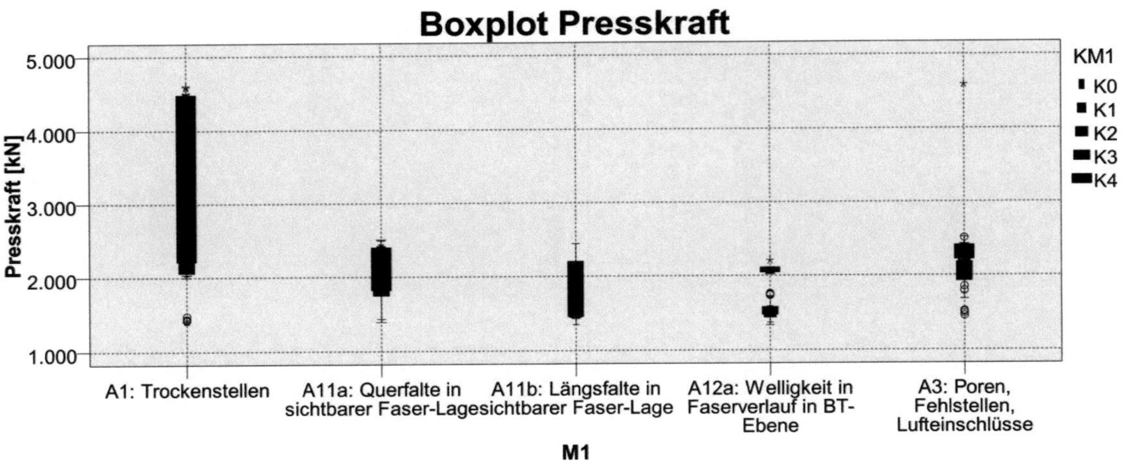
Boxplot Presskraft
Presskraft [kN]
5.000
4.000
3.000
2.000
1.000
KM1
K0
K1
K2
K3
K4
A1: Trockenstellen
A11a: Querfalte in sichtbarer Faser-Lage
A11b: Längsfalte in sichtbarer Faser-Lage
A12a: Welligkeit in Faserverlauf in BT-Ebene
A3: Poren, Fehlstellen, Lufteinschlüsse
M1

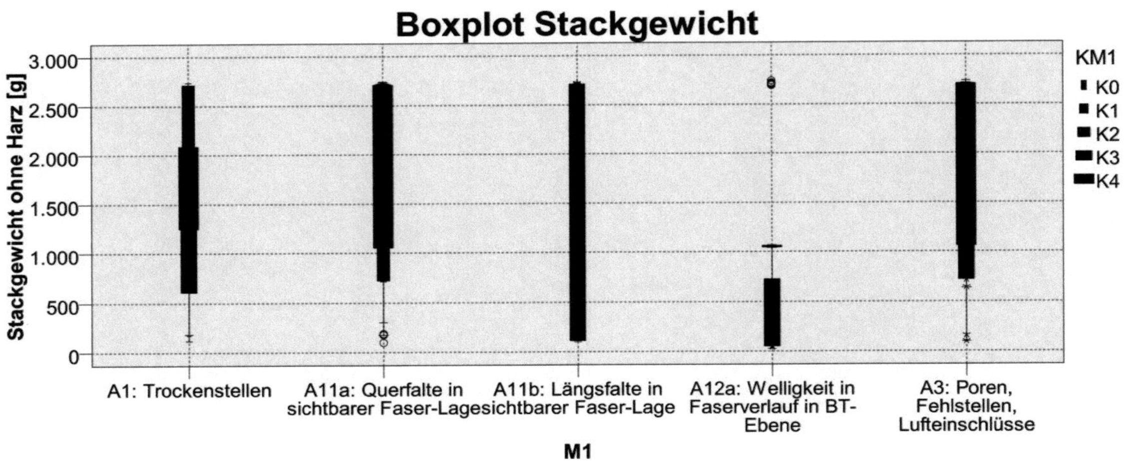
Boxplot Stackgewicht
Stackgewicht ohne Harz [g]
3.000
2.500
2.000
1.500
1.000
500
0
KM1
K0
K1
K2
K3
K4
A1: Trockenstellen
A11a: Querfalte in sichtbarer Faser-Lage
A11b: Längsfalte in sichtbarer Faser-Lage
A12a: Welligkeit in Faserverlauf in BT-Ebene
A3: Poren, Fehlstellen, Lufteinschlüsse
M1

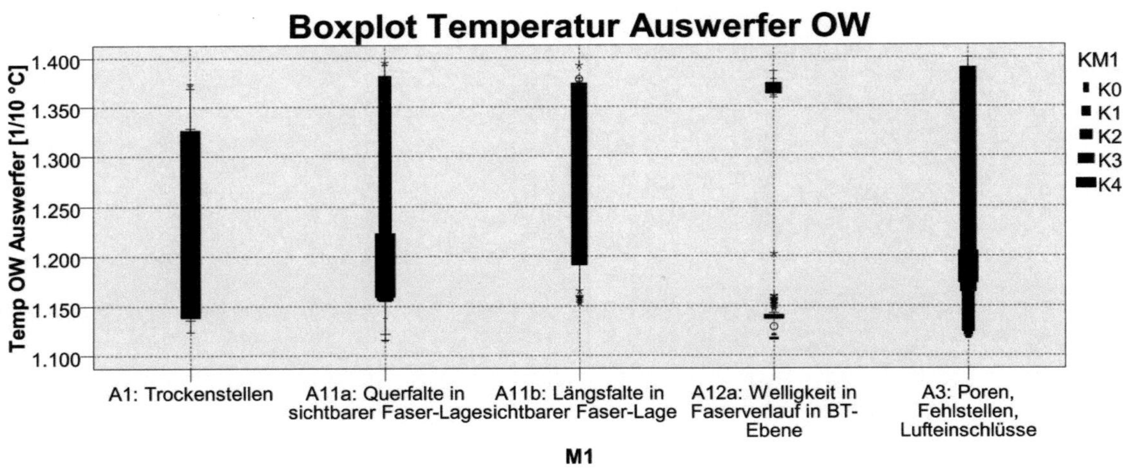
Boxplot Temperatur Auswerfer OW
Temp OW Auswerfer [1/10 °C]
1.400
1.350
1.300
1.250
1.200
1.150
1.100
KM1
K0
K1
K2
K3
K4
A1: Trockenstellen
A11a: Querfalte in sichtbarer Faser-Lage
A11b: Längsfalte in sichtbarer Faser-Lage
A12a: Welligkeit in Faserverlauf in BT-Ebene
A3: Poren, Fehlstellen, Lufteinschlüsse
M1

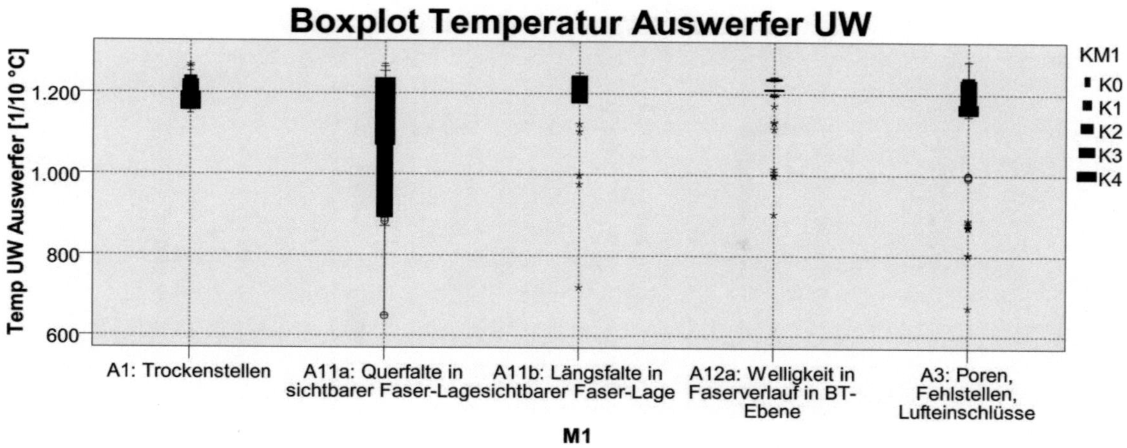
Boxplot Temperatur Auswerfer UW
Temp UW Auswerfer [1/10 °C]
1.200
1.000
800
600
KM1
K0
K1
K2
K3
K4
A1: Trockenstellen
A11a: Querfalte in sichtbarer Faser-Lage
A11b: Längsfalte in sichtbarer Faser-Lage
A12a: Welligkeit in Faserverlauf in BT-Ebene
A3: Poren, Fehlstellen, Lufteinschlüsse
M1

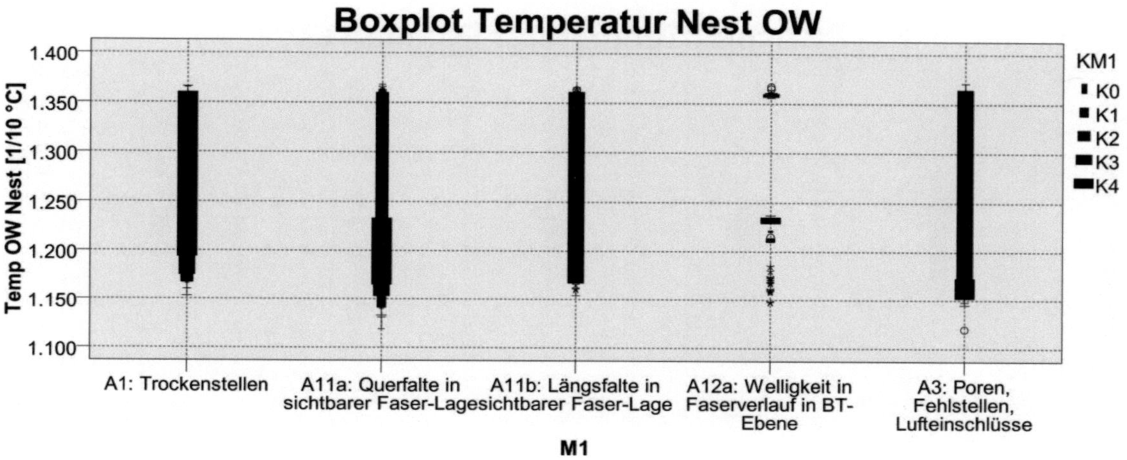
Boxplot Temperatur Nest OW
Temp OW Nest [1/10 °C]
1.400
1.350
1.300
1.250
1.200
1.150
1.100
KM1
K0
K1
K2
K3
K4
A1: Trockenstellen
A11a: Querfalte in sichtbarer Faser-Lage
A11b: Längsfalte in sichtbarer Faser-Lage
A12a: Welligkeit in Faserverlauf in BT-Ebene
A3: Poren, Fehlstellen, Lufteinschlüsse
M1

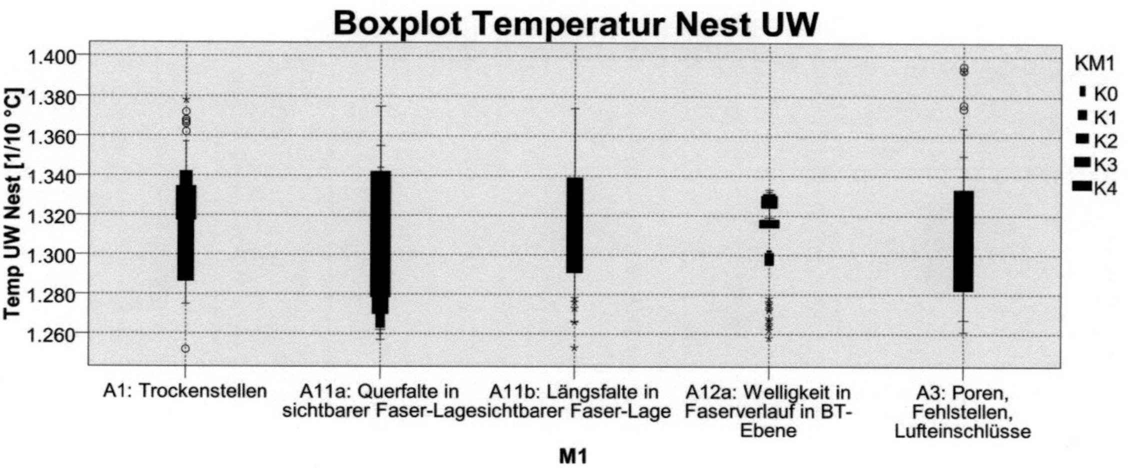
Boxplot Temperatur Nest UW
Temp UW Nest [1/10 °C]
1.400
1.380
1.360
1.340
1.320
1.300
1.280
1.260
KM1
K0
K1
K2
K3
K4
A1: Trockenstellen
A11a: Querfalte in sichtbarer Faser-Lage
A11b: Längsfalte in sichtbarer Faser-Lage
A12a: Welligkeit in Faserverlauf in BT-Ebene
A3: Poren, Fehlstellen, Lufteinschlüsse
M1

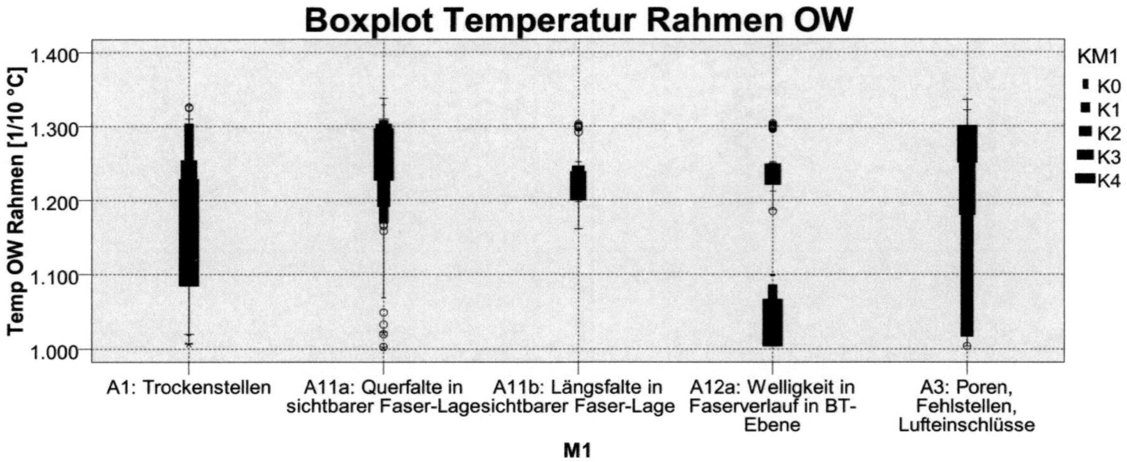
Boxplot Temperatur Rahmen OW
Temp OW Rahmen [1/10 °C]
1.400
1.300
1.200
1.100
1.000
KM1
K0
K1
K2
K3
K4
A1: Trockenstellen
A11a: Querfalte in sichtbarer Faser-Lage
A11b: Längsfalte in sichtbarer Faser-Lage
A12a: Welligkeit in Faserverlauf in BT-Ebene
A3: Poren, Fehlstellen, Lufteinschlüsse
M1

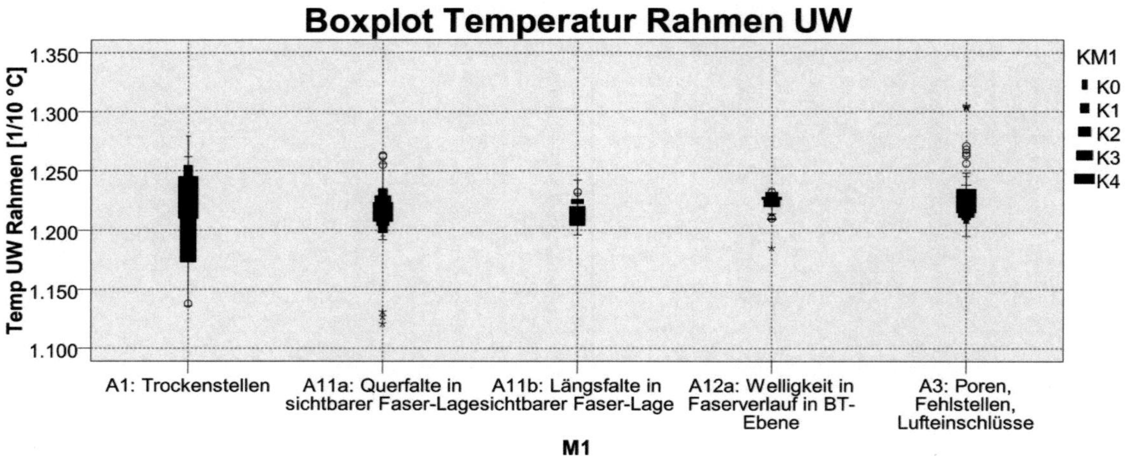
Boxplot Temperatur Rahmen UW
Temp UW Rahmen [1/10 °C]
1.350
1.300
1.250
1.200
1.150
1.100
KM1
K0
K1
K2
K3
K4
A1: Trockenstellen
A11a: Querfalte in sichtbarer Faser-Lage
A11b: Längsfalte in sichtbarer Faser-Lage
A12a: Welligkeit in Faserverlauf in BT-Ebene
A3: Poren, Fehlstellen, Lufteinschlüsse
M1

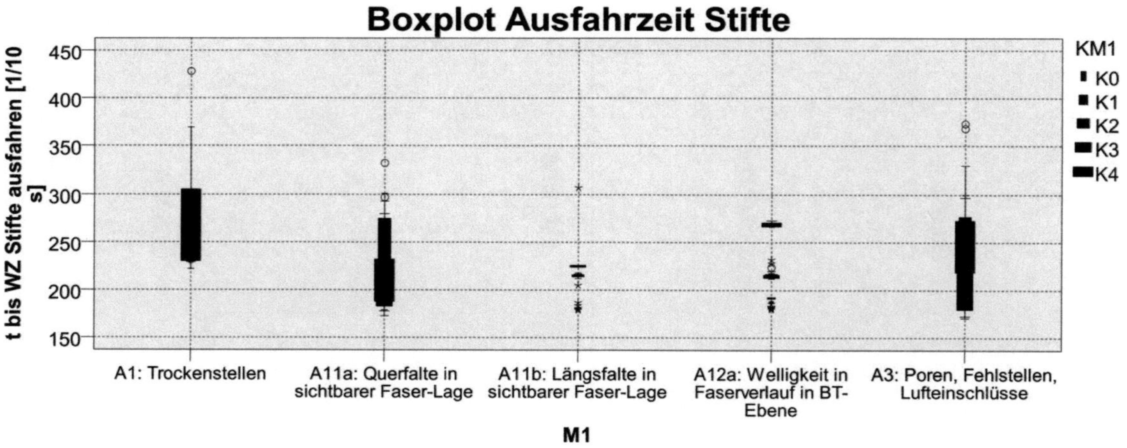
Boxplot Ausfahrzeit Stifte
t bis WZ Stifte ausfahren [1/10 s]
450
400
350
300
250
200
150
KM1
K0
K1
K2
K3
K4
A1: Trockenstellen
A11a: Querfalte in sichtbarer Faser-Lage
A11b: Längsfalte in sichtbarer Faser-Lage
A12a: Welligkeit in Faserverlauf in BT-Ebene
A3: Poren, Fehlstellen, Lufteinschlüsse
M1

Anhang 28 Fotos Aufbau Materialuntersuchungen [76]

Picture Frame Versuch:

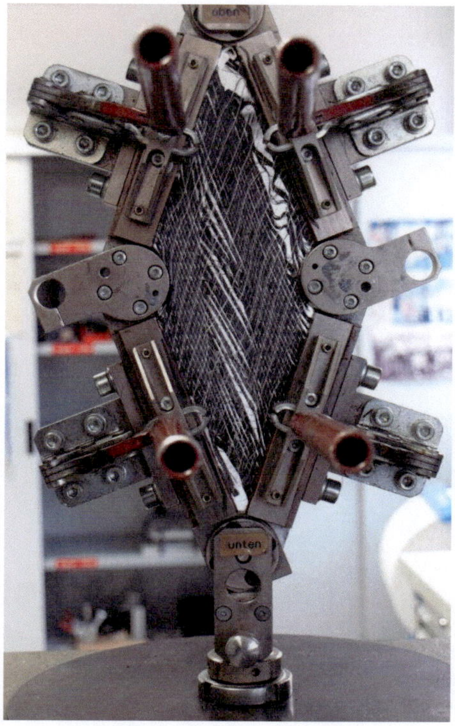

Haftversuch:

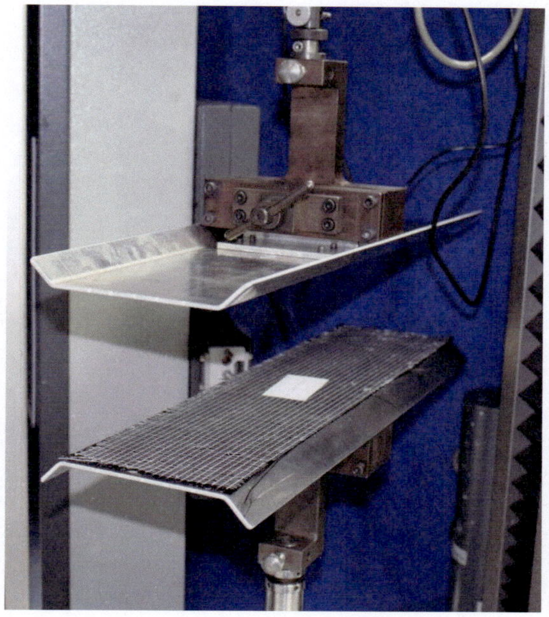

Auszug mittlere Lage:

Bestimmung Reibwerte:

Anhang 29 Berechnung der Normalkraft

Berechnung der Normalkraft F_N:

$$F_N = m * g$$

Anhang 30 Messdaten und Auswertung Materialprüfung

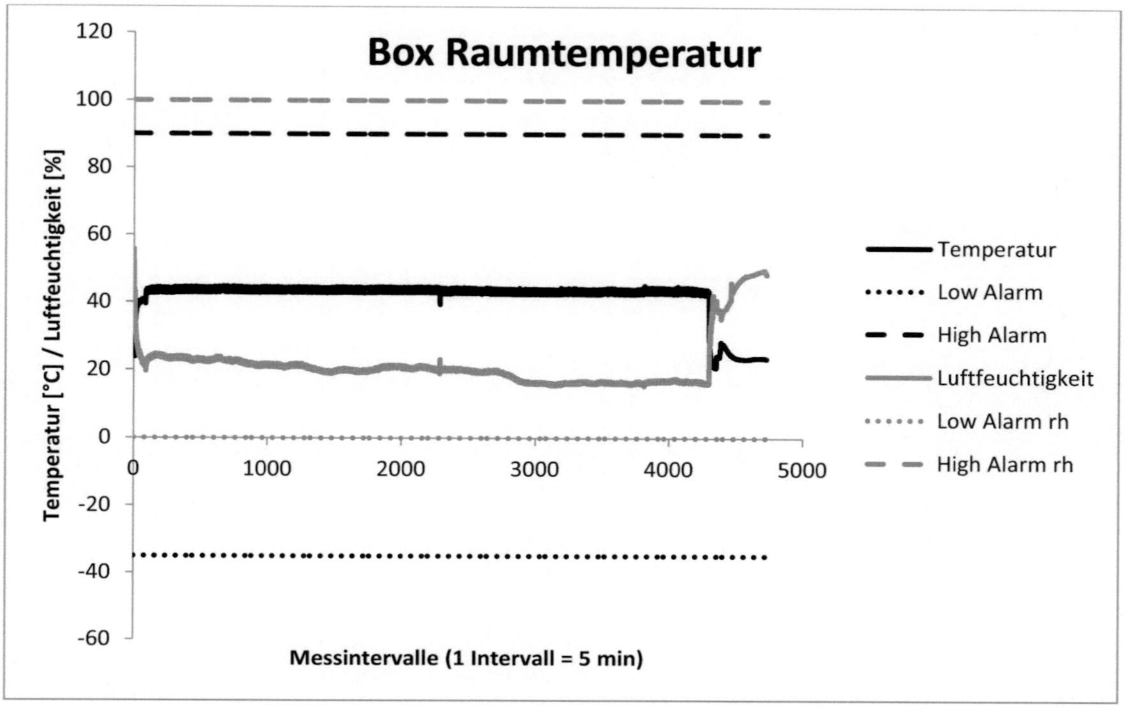

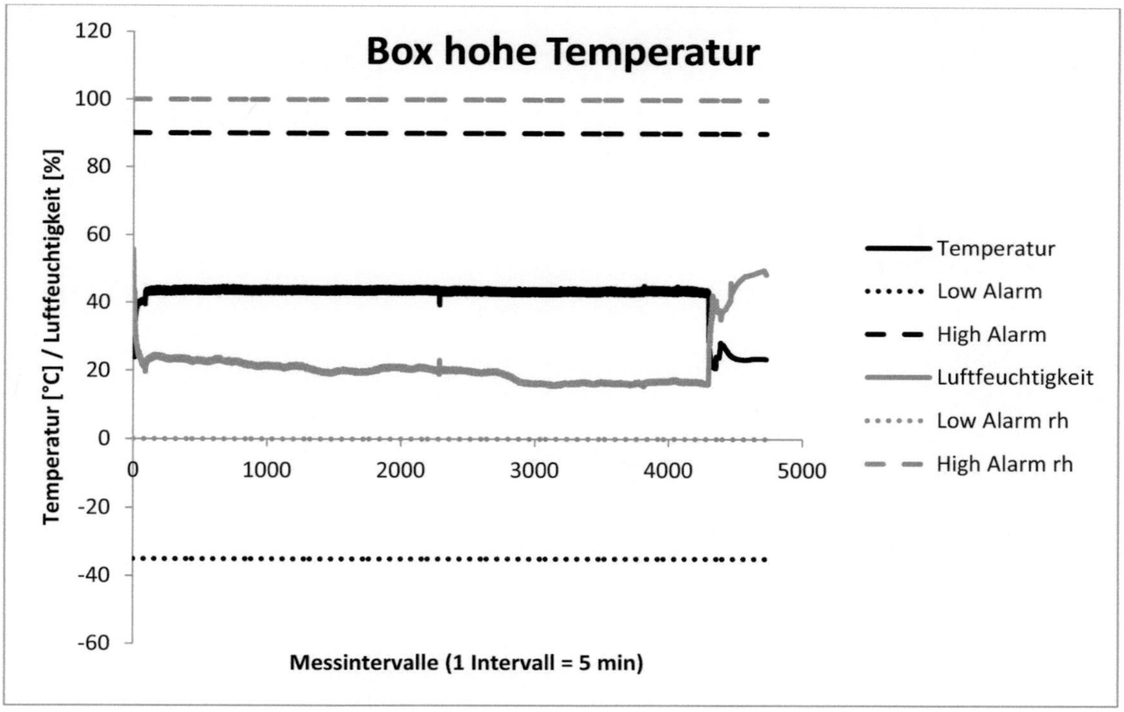

Ergebniszusammenfassung Reibwerte Materialvarianten:

HR Haftreibung
GR Gleitreibung

		Vor Versuch		1 Woche Lagerung kalt		1 Woche Lagerung warm		2 Wochen Lagerung kalt		2 Wochen Lagerung warm	
		HR 0W	***GR 0W***	***HR 1WR***	***GR 1WR***	***HR 1WH***	***GR 1WH***	***HR 2WR***	***GR 2WR***	***HR 2WH***	***GR WH***
(4-2B)	***(4-2B) Reibung L***	0,851	0,778	2,568	0,785	11,922	0,612	3,143	0,647	9,471	0,816
	(4-2B) Reibung B	0,919	0,815	2,890	0,885	4,613	0,925	3,527	0,811	5,725	0,924
	(4-2B) Reibungskoeffizient L	0,433	0,396	1,306	0,399	6,064	0,311	1,599	0,329	4,817	0,415
	(4-2B) Reibungskoeffizient B	0,468	0,414	1,470	0,450	2,347	0,470	1,794	0,413	2,912	0,470
(4B-2)	***(4B-2) Reibung L***	0,653	0,606	5,199	0,718	8,108	0,631	3,001	0,786	8,167	1,067
	(4B-2) Reibung B	0,655	0,664	4,142	0,799	4,988	0,794	4,370	0,975	7,784	3,195
	(4B-2) Reibungskoeffizient L	0,332	0,308	2,645	0,365	4,124	0,321	1,527	0,400	4,154	0,543
	(4B-2) Reibungskoeffizient B	0,333	0,338	2,107	0,407	2,537	0,404	2,223	0,496	3,959	1,625
(3B-2B)	***(3B-2B) Reibung L***	0,857	0,785	0,959	0,758	2,655	0,792	1,343	0,943	6,215	0,947
	(3B-2B) Reibung B	0,731	0,635	1,644	0,904	3,022	0,825	2,224	0,768	3,249	0,891
	(3B-2B) Reibungskoeffizient L	0,436	0,399	0,488	0,385	1,350	0,403	0,683	0,480	3,161	0,482
	(3B-2B) Reibungskoeffizient B	0,372	0,323	0,836	0,460	1,537	0,420	1,131	0,391	1,653	0,453
(2B-3)	***(2B-3) Reibung L***	0,664	0,586	7,226	0,670	9,977	0,518	2,829	0,601	13,671	0,644
	(2B-3) Reibung B	0,795	0,702	3,972	0,768	7,414	0,503	6,790	0,653	8,634	0,836
	(2B-3) Reibungskoeffizient L	0,338	0,298	3,676	0,341	5,075	0,264	1,439	0,306	6,953	0,327
	(2B-3) Reibungskoeffizient B	0,404	0,357	2,020	0,391	3,771	0,256	3,454	0,332	4,392	0,425
(2-3B)	***(2-3B) Reibung L***	0,670	0,582	10,570	0,292	15,488	0,662	15,888	0,680	3,320	0,724
	(2-3B) Reibung B	0,609	0,597	5,611	0,667	7,485	0,560	3,119	0,606	2,120	0,684
	(2-3B) Reibungskoeffizient L	0,341	0,296	5,376	0,148	7,878	0,337	8,081	0,346	1,688	0,368
	(2-3B) Reibungskoeffizient B	0,310	0,303	2,854	0,339	3,807	0,285	1,586	0,308	1,078	0,348

Anhang 31 Beispiele Dokumentation Merkmale Trockenpressung L-Profil

Neuware:

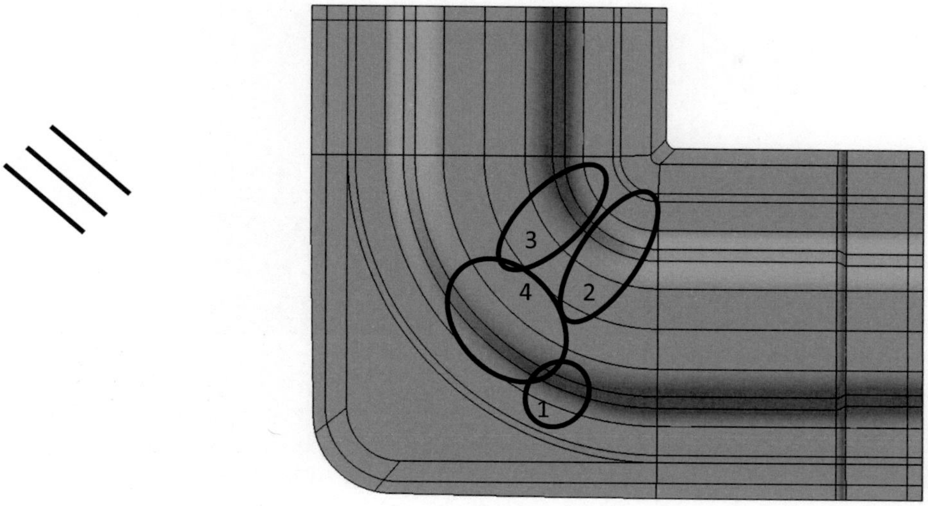

Position	Merkmal	Ausprägung
1	Locken 20x20mm	K2
2	Locken 20x50mm	K3
3	Welligkeit 20x50mm	K3
4	Welligkeit 40x60mm	K2

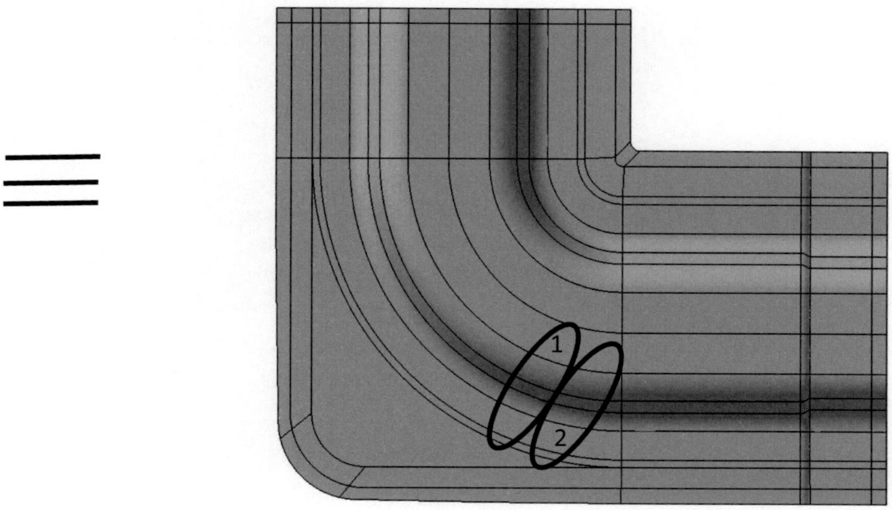

Position	Merkmal	Ausprägung
1	Locken 10x50mm	K3
2	Locken 10x50mm	K3

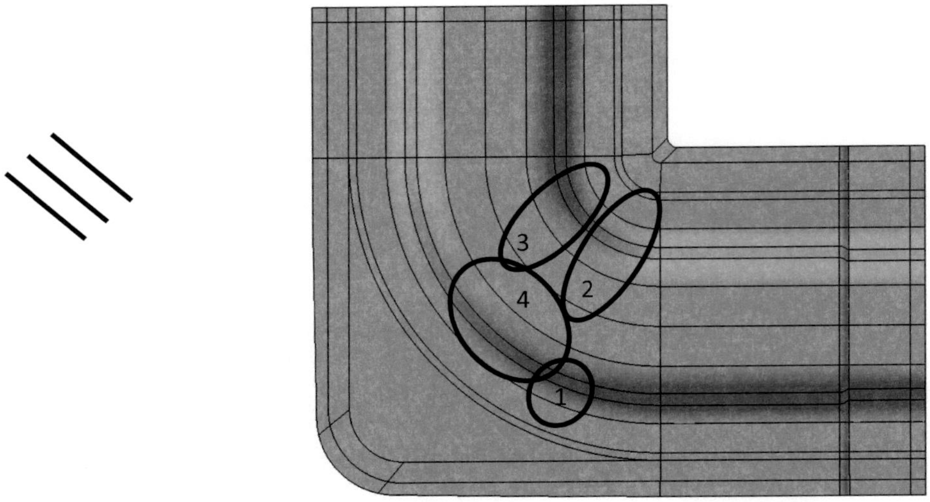

Position	Merkmal	Ausprägung
1	Locken 10x50mm	K3
2	Locken 10x50mm	K3

Lagerung 1 Woche hohe Temperatur:

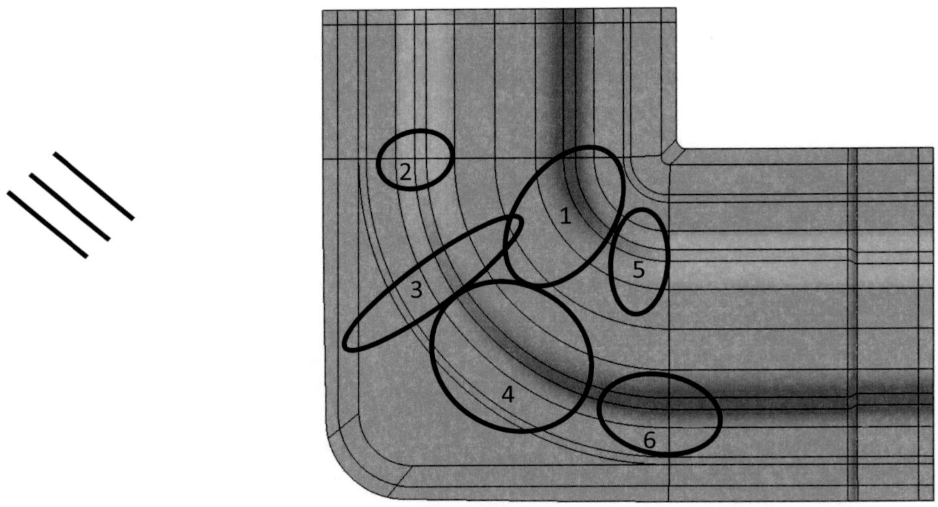

Position	Merkmal	Ausprägung
1	Locken 50x80mm	K4
2	Locken 20x20mm	K2
3	Querfalte 20x90mm	K4
4	Welligkeit 50x70mm	K1
5	Welligkeit 20x40mm	K3
6	Welligkeit 30x50mm	K2

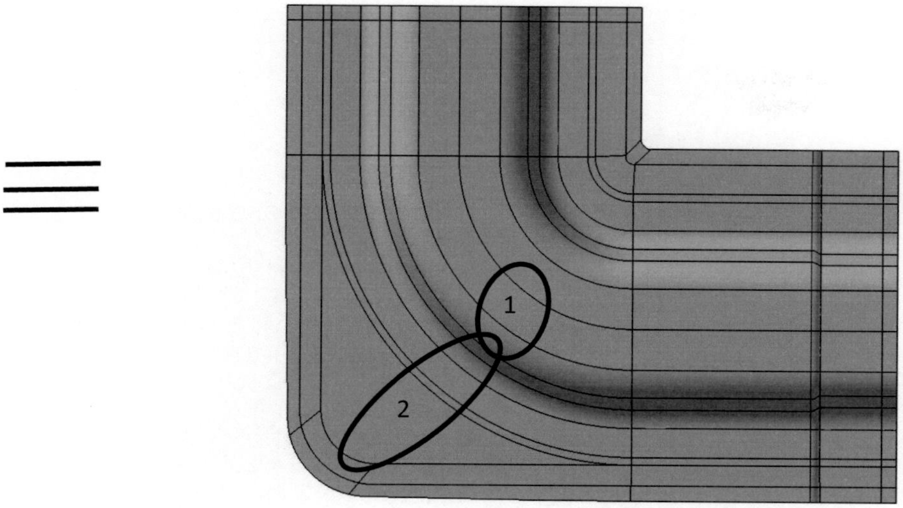

Position	Merkmal	Ausprägung
1	Locken 20x40mm	K3
2	Längsfalte 20x90mm	K4

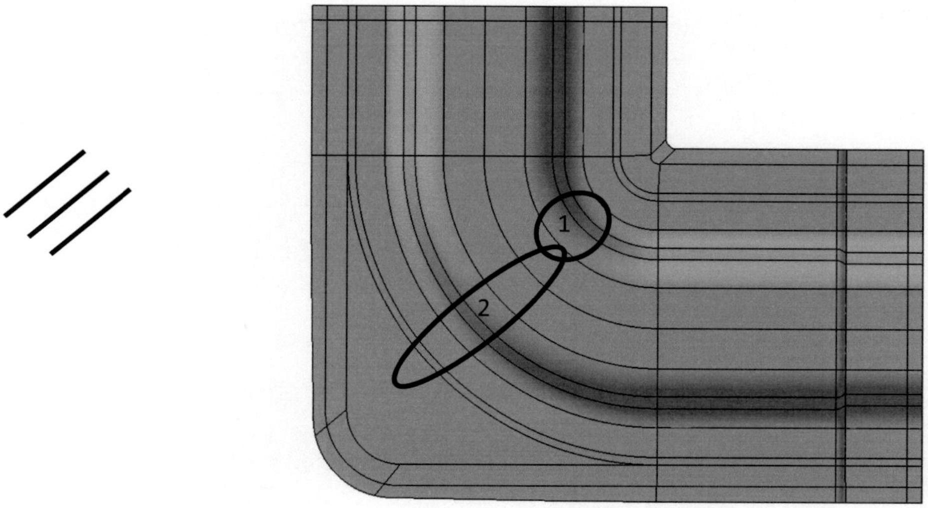

Position	Merkmal	Ausprägung
1	Locken 20x20mm	K2
2	Querfalte 10x90mm	K4

Lagerung 2 Wochen hohe Temperatur:

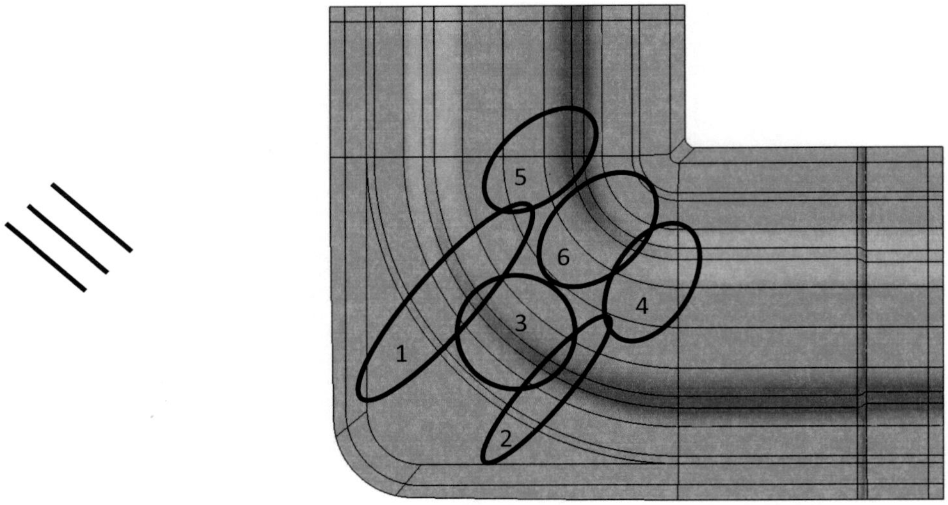

Position	Merkmal	Ausprägung
1	Querfalte 20x110mm	K5
2	Querfalte 10x70mm	K4
3	Welligkeit 50x50mm	K5
4	Welligkeit 20x60mm	K2
5	Welligkeit 20x60mm	K1
6	Locken 30x60mm	K4

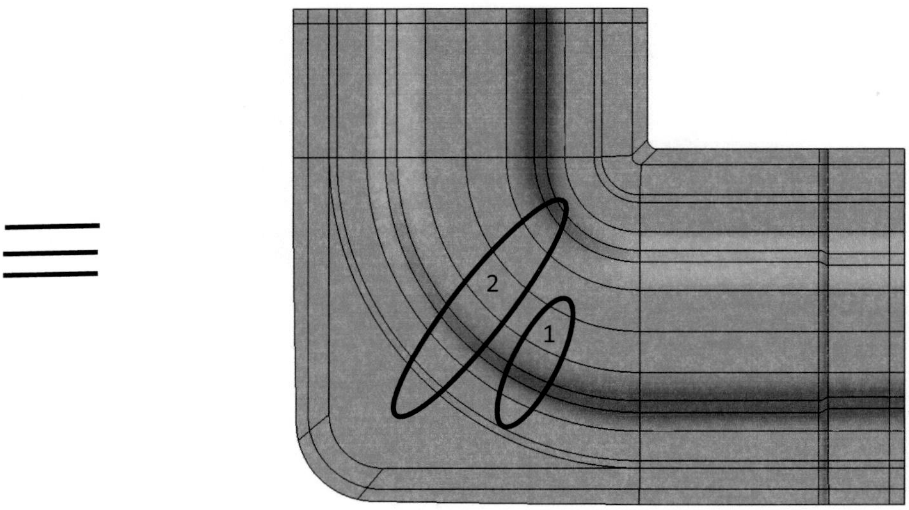

Position	Merkmal	Ausprägung
1	Längsfalte 10x70mm	K4
2	Längsfalte 20x110mm	K5

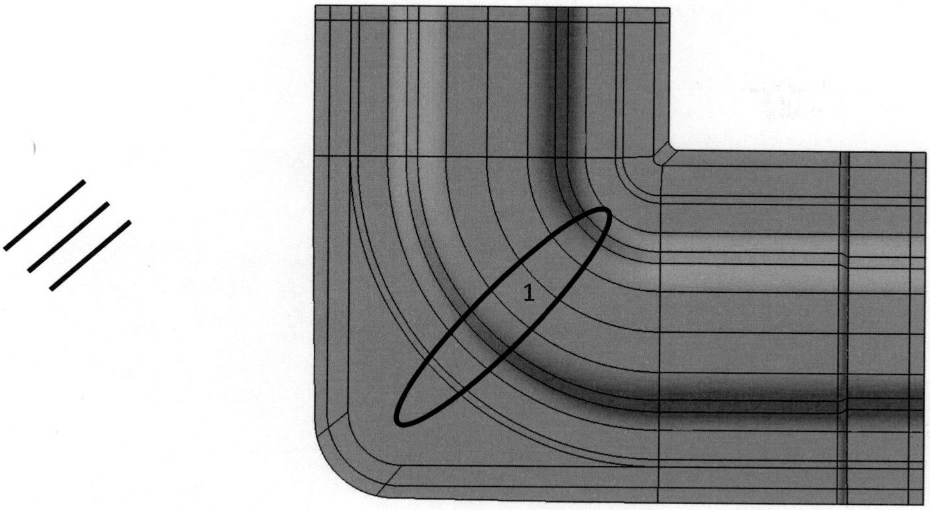

Position	Merkmal	Ausprägung
1	Querfalte 20x110mm	K5

Anhang 32 Simulationsdarstellung L-Profil [15]

<table>
<tr><th>Material</th><th>Stauchung
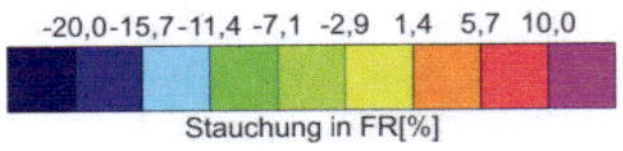
</th><th>Kompression
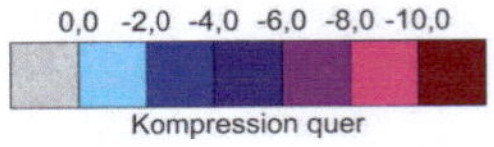
</th><th>Scherwinkel

</th></tr>
<tr><td>+45° N</td><td>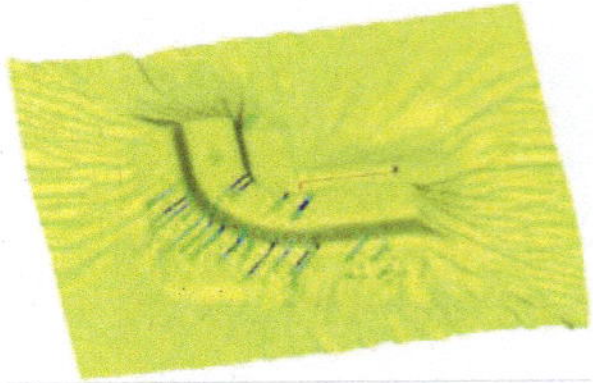</td><td>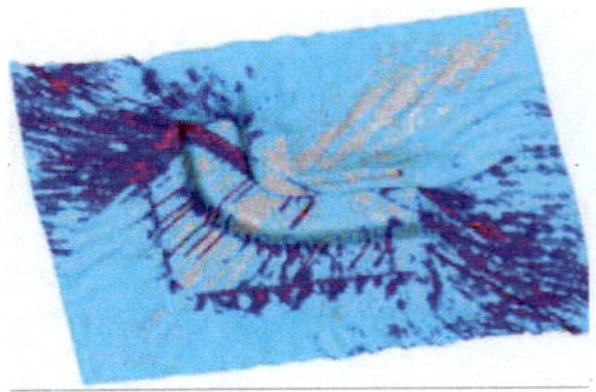</td><td>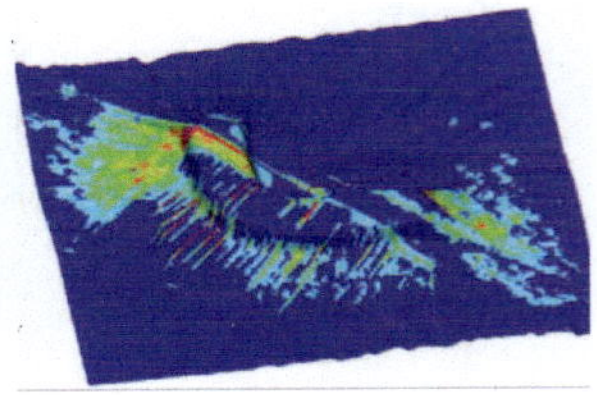</td></tr>
<tr><td>+45° L</td><td>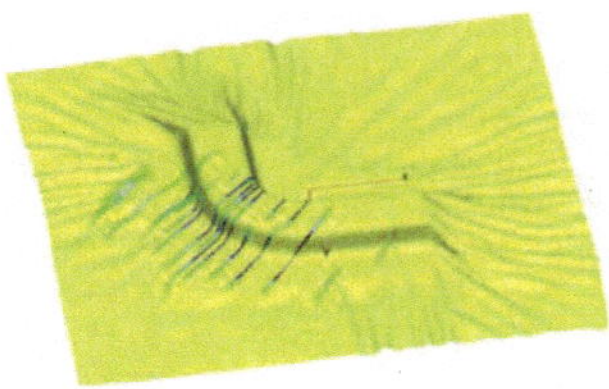</td><td>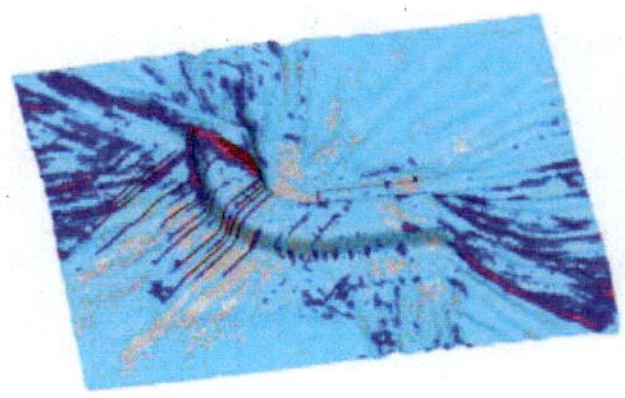</td><td></td></tr>
<tr><td>-45° N</td><td></td><td>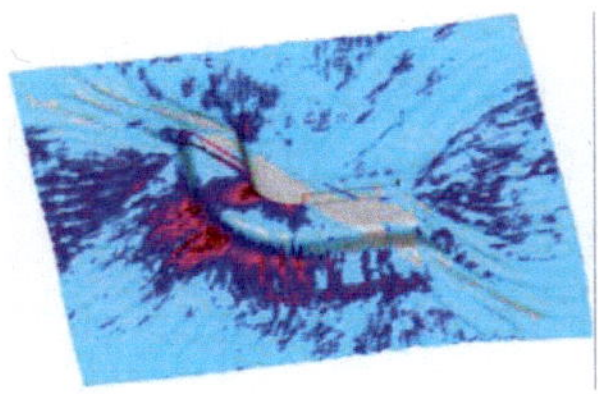</td><td></td></tr>
<tr><td>-45° L</td><td></td><td>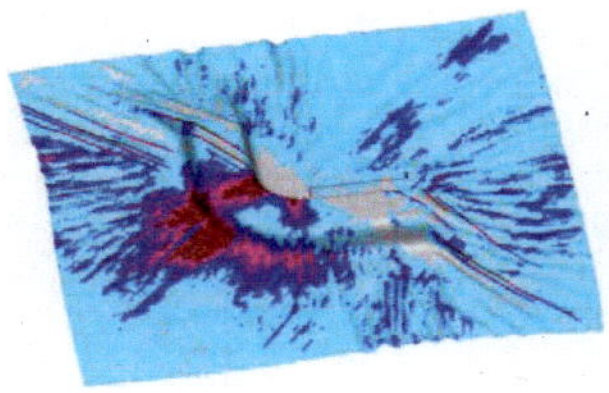</td><td>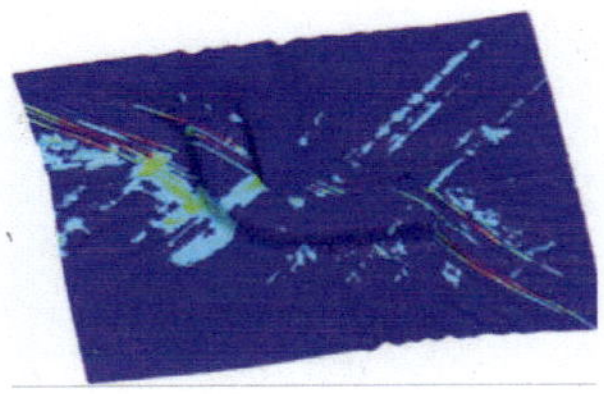</td></tr>
<tr><td>0° N</td><td>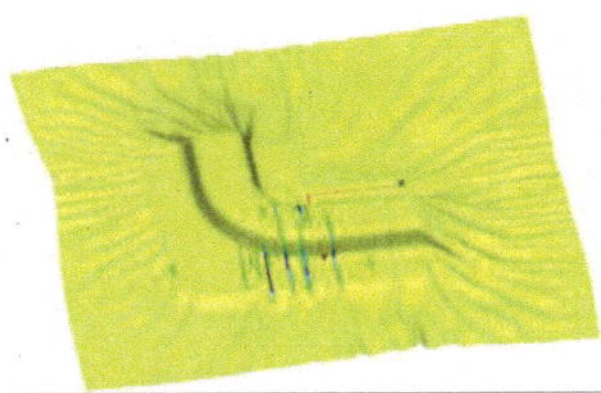</td><td>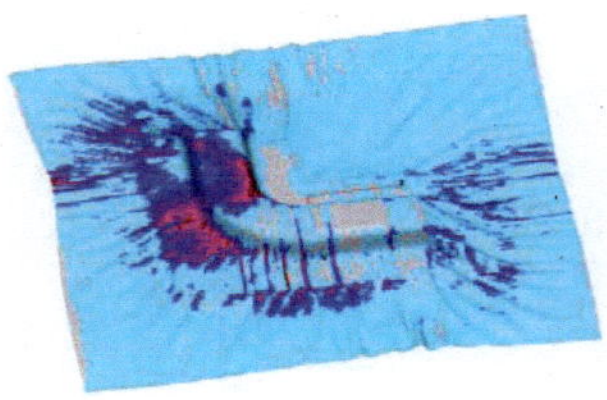</td><td></td></tr>
<tr><td>0° L</td><td>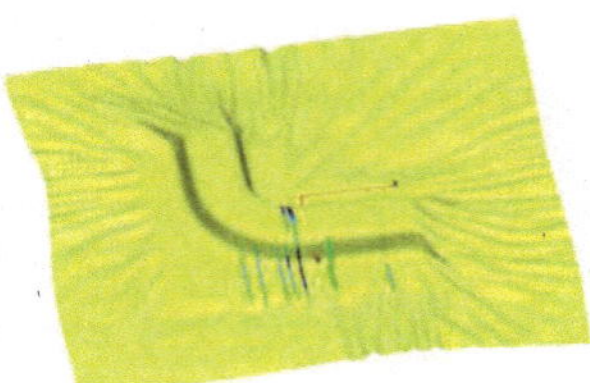</td><td>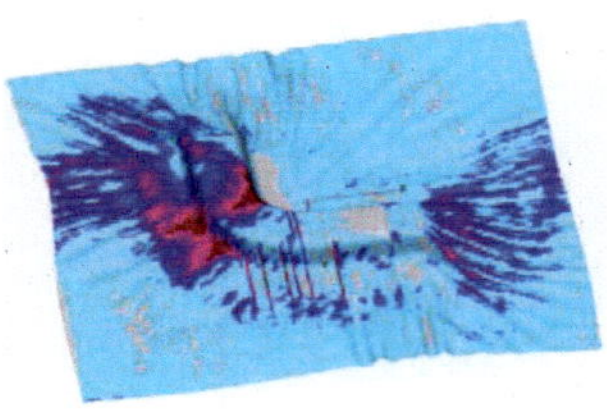</td><td>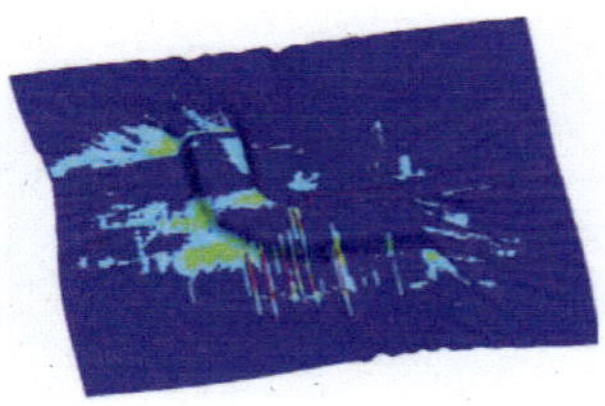</td></tr>
</table>